作者简介

成乔明 又名成桥铭，江苏泰兴人，艺术学博士。现为南京航空航天大学艺术学院副教授、硕士生导师，南京航空航天大学金城学院艺术系系主任。研究方向为设计管理学、艺术学理论。社会兼职为教育部研究生学位论文抽检评审专家、江苏省工艺美术协会高校评审组专家、《中国工艺美术全集（江苏卷）》编委、中国大学生广告艺术节学院奖评委、南京市雕塑协会会员、《南京航空航天大学学报（社会科学版）》通讯审稿专家。

出版的代表性著作有《艺术产业管理》（2004年）、《文化产业管理概论》（2006年）、《艺术市场学论纲》（2011年）、《潜性教育论》（2012年）、《设计管理学》（2013年）、《设计项目管理》（2014年）、《设计事业管理：服务型设计战略》（2015年）；在《中国工业经济》《装饰》《文艺理论与批评》《民族艺术》《东南文化》《南京艺术学院学报》等期刊上发表学术论文50多篇；主持和参与各类课题20多项；先后获得江苏省高等教育学术成果奖、江苏省高校哲学社会科学成果奖、浙江省精神文明建设"五个一工程奖"、南京航空航天大学哲学社会科学成果奖多项。

本书是中央高校基本科研业务费出版资金资助项目（NR2016049）

设 计 产 业 管 理

大国战略的一个理论视角

成乔明／著

中国社会出版社

国家一级出版社 全国百佳图书出版单位

图书在版编目（CIP）数据

设计产业管理：大国战略的一个理论视角 / 成乔明著.
－－北京：中国社会出版社，2016.11
ISBN 978－7－5087－5444－4

Ⅰ.①设… Ⅱ.①成… Ⅲ.①产品设计—文化产业—
发展战略—研究—中国 Ⅳ.①TB472

中国版本图书馆 CIP 数据核字（2016）第 248957 号

书　　　名：设计产业管理——大国战略的一个理论视角
著　　　者：成乔明

出 版 人：浦善新
终 审 人：李　浩
责任编辑：姜婷婷　陈贵红　　　　　　　责任校对：朱文静

出版发行：中国社会出版社　　　　邮政编码：100032
通联方法：北京市西城区二龙路甲 33 号
电　　话：编辑部：（010）58124828
　　　　　邮购部：（010）58124848
　　　　　销售部：（010）58124845
　　　　　传　真：（010）58124856
网　　址：www.shcbs.com.cm
　　　　　shcbs.mca.gov.cn
经　　销：各地新华书店

中国社会出版社天猫旗舰店

印刷装订：北京天正元印务有限公司
开　　本：170mm×240mm　1/16
印　　张：22
字　　数：395 千字
版　　次：2017 年 1 月第 1 版
印　　次：2017 年 1 月第 1 次印刷
定　　价：78.00 元

中国社会出版社微信公众号

序

谢建明

喜逢乔明请我为他的新著作序,我欣然提笔且充满期待。

这部《设计产业管理——大国战略的一个理论视角》算得上是国内专题探讨设计产业管理的开篇之作,也是乔明近年来专攻设计管理研究的又一个理论成果。

从书题可以看出本书的核心问题有两个:设计产业管理如何成为大国战略,设计产业管理有一种怎样的理论体系。前者重实践基础上的学术地位,后者重理论视角下的知识系统;前者挖掘实用价值,后者服务学科建设。

乔明从设计产业、设计市场本身运营的角度入手,层层推进,最终升至对当代社会生产力、生产关系的重新认识和厘定。今天的生产力和生产关系呈现历史性的新状态和新内涵,依靠创意、创新以及多元社会资源协同化发展而促生的内化经济控制了当前的社会生活和社会生产,设计创意力、设计产业的全面爆发是推动社会发生时代大转折的原动力,围绕设计的内化性生产力创生的合作式、追求共赢式的新型生产关系正在触发一场真正的社会大变革。剥削者对被剥削者赤裸裸盘剥型的传统生产关系正由发散式、点状式生产力体系彻底打破,传统的大国格局将经历一次真正意义上的全面洗盘,全球未来新型的大国体系将因此重新构建。乔明的大胆预判令人耳目一新、发人深思。

本书中众多观点和概念以及理论表述既属原创也富于智慧,一切的发现和创造都源自某种内在逻辑,即设计产业不仅仅是文化产业中最核心的部类,且设计的世界包含所有制造业,实在是人类文化遗产中最可靠、最实存的视觉证据,是对人类历史印迹最有力的说服者,诚如历史学必须建立在考古学之上才能建立起其高楼大厦一样。设计产业管理的战略意义不再仅仅是服务社会的经济发展与市场繁荣,铭刻下人类未来的文明轨迹、定格下人类的文化记忆才是其最高理想。紧紧围绕新兴生产力、新型生产关系构建的理论体系也就成了设计产业管理学术研究上的体系模式且令人信服。

我在日本留学时发现日本人对造物的实践和理论研究不但非常重视，而且他们的设计产业一直就是支柱性产业之一，且发展得很稳妥、很超前。日本无论是传统手工艺、现代制造业还是时尚消费品产业都堪称一种典范且享誉全世界。归根结底，日本从上到下都很敬畏造物活动，他们把设计以及制造业当成一种恒久的、民族的奠基事业来对待，所以日本能成为经济大国和文化大国绝非偶然，这与其完善的设计产业管理体制和造物习惯息息相关。乔明针对我国缺乏尊崇造物精神、轻视制造业法则制定和落实的现状而写作该书，可谓切中时弊、意义深远。这是对进一步确立"中国制造2025"、中华民族"工匠精神"的理念而鼓与呼，同样也对"中国制造"如何向"中国创造""中国创意"的目标迈进和拔高提供了学术上直接的佐证和解答。

中国的设计商业、设计产业看上去正处于飞速发展的状态，其实危机重重且商业功利味太浓。缺乏明确的民族精神、文化信仰，只会严重束缚中国设计产业包含制造业的持续发展。全书结论中如此定论："设计产业管理商业上的战略必须依赖文化的战略、民生的战略才能得以实现，如果抛弃了后面两个战略，商业战略不但会形同虚设，甚至会把中国人民引导向完全丧失自我的唯利是图之泥淖，至彼时，中国岂有民族之精神可言？如果不能很好继承中国曾经的工匠精神与精致主义的敬业心、服务心、创造心，中国的设计产业又如何能够解放社会生产力、创造新的生产关系、解除发展的桎梏、确立大国地位？设计产业是立国之本、兴国之器、强国之基，是确立大国地位的革命之利器、荣耀之实力。今天，美国、德国、英国、日本的制造业的确高于我们很多，但我们拥有不计其数的遗产内容、传统品牌、深厚技艺。在科技和新设计上的探求，我们在模仿与学习中开始反转，尽管输在起步晚、起点低，但在进步的速度上从来都没有真正落伍。在商业管理的发展上，尽管我们面临着体制带来的种种不顺，但我们从来都没有真正停止过反思与修正。中国今日真正缺乏的是工匠精神——一种精致主义的生存理念和价值取向；中国今日真正缺乏的是一种慢下来、剖开来、建起来的勇气。将奔跑的步伐慢下来，将功利的运营剖开来，将人文的精神建起来！"这振聋发聩的批判和反思精神是一名学者应有的态度,也是一个年轻人真正需要修炼的世界观和责任心。

作为乔明的师长,我看着他在东南大学读硕士,后来又读我的博士,他一贯勤奋而执着,从早期主攻艺术管理、艺术市场到今日专攻设计管理,可谓在这些领域已有一定建树。当然,作为交叉学科、边缘学科的拓荒者,他也承载着更多的压力,付出了更多的心血。我衷心祝福他在学术之路上锲而不舍永向前,成就非凡秉初心!

二〇一六年七月六日

(谢建明,现任南京艺术学院副院长,二级教授、博导;东南大学艺术学博士,日本立命馆大学文艺学博士;江苏省"333"工程第二层次领军人才;教育部课题评审专家组成员;人事部百千万人才工程有突出贡献的中青年专家。)

前　言

随着文化产业在国内越来越兴盛,设计产业也跟着水涨船高起来,文化产业与文化产业管理越来越成为显学,设计产业与设计产业管理就绝不可以遮遮隐隐、躲躲藏藏,甚至设计产业和设计产业管理还应该及时跳出来充当绝对的主角。为什么这么说? 这就要从设计产业与文化产业的关系谈起。

一、设计产业与文化产业的关系

设计产业是文化产业中首当其冲的大类,这跟设计作为造物活动强大的渗透力息息相关。文化产业综合政府与学界的分类,大致有新闻出版发行产业、广播电视电影产业、文化信息传输产业、文化创意和设计产业、工艺美术品的生产、文化用品的生产、文化专用设备的生产、文化艺术服务产业、文化休闲娱乐产业,这九大类没有哪一类撇开设计活动还能够独立存在和健康发展。设计行为几乎渗入到文化产业的方方面面,涵盖了传统工艺、文化遗产、流行时尚、新型科技、虚拟世界,只要涉及生产,涉及视觉的物化影像、信息传导,就不能不依赖设计活动,何况这本身就是一个强化视觉、推崇视觉消费的时代。我们用下图来表征设计活动无处不在的天性。

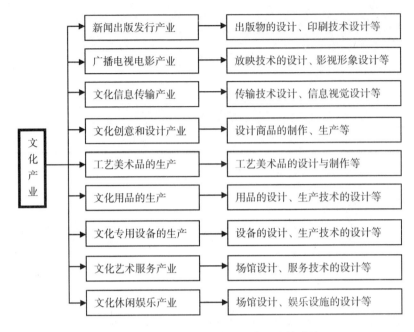

图 前言 -1　设计产业在文化产业中的地位

从上图我们可以看出,设计随处可见,整个文化产业实际上就是以设计产业得以支撑的,设计产业即文化产业的核心产业形式。事实上,人类的文化史就是语言、文字、设计三者的淘汰史与继承史,一切的思想包括哲学思维和宗教信仰皆凝固在这三者之上而得以活跃。舞蹈是人体动作的设计,音乐是建立在演奏技术、传声技术设计之上而发扬光大的。

所以说,要想让文化产业发展到何种高度,关键是看人类对设计创意和视觉世界认识、把握的熟练程度。在当下全球都在大力发展文化产业的节骨眼上,完成这部《设计产业管理——大国战略的一个理论视角》,绝非空穴来风,而是很有意义的。

二、前期研究成果综述

设计产业管理是设计管理学的分支。在笔者的知识体系中,设计产业管理与设计事业管理并驾齐驱,成为设计管理的核心内容之一。设计产业管理方面的论著目前比较缺乏,而专门作为探讨设计产业管理理论的书籍,本书绝对算是第一部(学术论文不算)。尽管理论略显滞后,这一方面的实践活动却广泛而成熟,像设计市场、设计商业、设计产业、设计企业活动自古以来就一直比较兴盛,前期设计管理方面较多的研究成果也是关注设计商业活动在实践中无比繁荣的初步性认知和阶段性成就,完全可以拿来论证我们想要深入讨论的主题。

倪岭芝在 2006 年国际工业设计会议上发表的文章《长三角地区海洋设计产业的市场定位与综合开发的设计管理》和汤重熹在《包装工程》2005 年第 3 期上发表的文章《珠三角产业簇群中的设计管理研究——专业镇中小企业设计管理的若干探讨》,都是落脚于地区性设计产业管理进行的专题性研究,可以为我们探讨中国的设计产业管理、审视外国的设计产业管理提供一定的思维方式。而江瑞青、傅亘平在首届亚洲质量网大会暨第 17 届亚洲质量研讨会上发表的文章《构建 IC 设计产业之供应链管理模式》,严楚越、李亚军在第四届国际创新设计与教育论坛上发表的文章《浅谈游戏产业的设计管理模式》和江南大学郭琰的学位论文《现代设计管理在传统梳篦产业中的应用研究》等,就是对微观的设计门类进行的专题研究。这些文章为我们讨论设计门类的产业化管理做出了前期的尝试。而朱海霞、权东计在《中国软科学》刊物上发表的文章《大遗址文化产业集群优化发展的动力因素与政府管理机制设计的建议》则是专门对管理类型如政府产业化管理所做的专题研究,而这正是本书在进行理论体系构建时所密切关注的研究视角。除了上述着重专题性或关注微观问题的设计产业管理的论文,能被列进来的文献,就只剩下设计管理方面的论著了。

英国学者格里夫·波伊尔的《设计项目管理》(中文版:2009 年)、美国学者凯瑟琳·贝斯特的《设计管理基础》(中文版:2012 年)、美国学者特里·李·斯通的《如何管理设计流程:设计思维》(中文版:2012 年)、邓连成的《设计管理:产品设计之组织、沟通与运作》(1999 年)、陈汗青等的《设计的营销与管理》(2002 年)、刘国余的《设计管理》(2007 年)、熊嬿的《设计管理》(2009 年)、陈汗青等的《设计管理基础》(2009 年)、成乔明的《设计管理学》(2013 年)、成乔明的《设计项目管理》(2014 年)、成乔明的《设计事业管理:服务型设计战略》(2015 年)等,都是写作本书前期重要的理论积淀。上述已有的论著,除了成乔明的《设计管理学》是从学科建设方面探讨设计管理理论体系构建的问题,成乔明的《设计事业管理:服务型设计战略》是从服务社会、服务人民大众的战略性高度从而揭示设计天生伟大的文化特征和事业特性之外,其他作品主要集中讨论设计项目推进、设计工程营运、设计品牌推广、设计产品生产和设计企业运作的管理问题,设计市场和设计商品微观的经营型管理是它们主要的研究视角。换句话讲,其他作品所关注的设计之商业特性和商品定位正是设计产业管理需要全面贯通的分视角、微知识,设计产业管理建立其上并构建出一个更为庞大的、战略性、系统性的知识体系和研究视角:即大国战略的一种理论分析。笔者的《设计管理学》从理论体系构建上完全可以指导设计产业管理理论体系的构建,而笔者的《设计事业管理:服务型设计战略》其实已经为大设计管理的战略意义进行了初步的描述和论证,那就是确立设计品牌、发展设计事业,传承和发扬民族之文化精神,确立和坚定大国之宏伟形象。毫无疑问,大设计管理包含了我们这里想要讨论的设计产业管理:一种剖析大国战略的全新视角。

大国战略理论起端于 21 世纪初期,已有的文字成果自 2010 年之后开始集中呈现,设计产业管理的学理其实是大国战略的一个理论视角和子理论体系。大国战略大致可以分为五大视角:经济理论视角、政治理论视角、思想理论视角、造物理论视角、教育理论视角。经济理论视角主商业文明,政治理论视角主制度文明包括军事文明,思想理论视角主精神文明,教育理论视角主创新文明,科技理论包含在教育理论视角内,艺术理论包含在思想理论视角内;而设计艺术理论与制造理论包含在造物理论视角内,设计产业管理是造物的重要基石。

三、设计产业管理的知识体系

设计产业管理是一门交叉知识,其本体性的知识体系涉及设计学、产业学、管理学。其中一切生产商品的设计活动皆属于设计产业管理需要关注的对象,如建筑设计、包装设计、广告设计、影视设计、动漫设计、通信技术设计、工业产品设计、生活日用品设计、工艺品设计、艺术产品设计、文化产品设计等,只要是商业性的造物活动都属于此列。而产业是众多企业、众多商贸活动、众多市场经济行为的集合概念。概括说来,产品市场上的主体包括生产企业、营销流通企业、消费企业以及终端消费者,它们共同构建了产业链系,从而形成了商业世界总体的产业范畴。产业的管理不局限于独立组织的微观管理,甚至产业链系自给自足、协调性的中观管理也不能涵盖产业管理。产业管理应当是由政府倡导、社会积极参与、行业组织与企业联合运筹的一种协同性综合管理，管理者之众、管理对象之杂、管理手段之多、管理目的之全可谓别具一格、独树一帜，所以产业管理其实是当之无愧的宏观性、系统性、全局性管理，基于此，设计产业管理才能成为研究大国战略的一个学术性视角。设计产业管理理应包含政府宏观上的行政管理，还包含设计行业对所辖区域内对口企业组织的协调性服务和指导管理，当然也包含设计企业作为竞争主体、竞争个体自律式的企业管理。在商业无比兴盛、经济活动无比繁荣的今天，市场化、功利化正成为普适性、置顶性社会生活方式，文化、艺术、教育、宗教包括设计活动并不能免俗。人类如何还能保持独立的精神世界、思想世界、情感世界以及高贵的人格，是一个当前需要深度警醒的问题。市场功利会给人类带来眼前利好，但这距离人类社会可持续发展、恒久理性健康的发展还很遥远，所以在面对市场、经济、商业国际化竞争泛滥时，需要一国在认定和巩固自身正确的价值体系和立场之上开展一场面向未来、行之有效的设计产业管理。这其实既是设计产业管理的战略意义所在，也是本课题的价值之根，更是中国确立大国地位的首要保证。

　　确立国家品牌是大国战略的必然之路，确立国家品牌就是要打好设计创意、设计管理的牌。我们的研究顺带还要探讨一下设计产业管理的理论体系构建，这样做的目的是要为今后设计产业管理的理论研究奠定基础。设计产业管理的管理者是谁，设计产业管理的管理对象是什么，设计产业管理的方法手段有哪些，设计产业管理与设计事业管理的关系是什么，如何在国际交流中体现本国的设计品牌，这五大内容正是设计产业管理最核心的理论体系，也是设计产业管理需要深入思考的五大理论问题。从设计产业管理的视角去剖析大国战略，首先也要先回答这五个问题。本书在"设计产业管理的层级"中讨论了设计产业的管理者和各自的功能；在"设计生产关系的管理"、"设计生产力的管理"两章中确立了设计产业管理的管理对象：一是设计生产关系，二是设计生产力；对于设计产业管理的方法手段没有单列讨论，而是融入了设计产业管理者的内容中做了细致的讨论与确证；第九章、第十章分别回答了上述第四个、第五个重大问题。

　　四、本书的结构框架

　　设计产业管理是一个宏观的、系统的、大局的、战略的实践性知识体系，是一个对设计产业发展的整体性发问和探究，是对一个大国当如何看待和发展本国设计创意和设计制造产业的正面表达。设计产业管理或设计创意管理一直被许多国家当成战略性的话题在讨论和实践，欧美发达国家在这方面的成就有目共睹，且几乎表现出相近甚至相同的特质：商业性、开放性、独创性、致用性、趣味性。欧洲诸国古城、文化古迹的保护促进了它们整体性文化生态的优化，从而大大带动了欧洲文化旅游产业一向的繁荣，也保证了欧洲人骨子里自觉、纯正的高贵精神；美国百老汇和好莱坞的演艺、影视产业在全球所向披靡；英国的设计创意救国战略让这个老牌帝国在艺术思想、文化和设计理论研究上近二十年来重树新风，势不可当。这些成就都与诸国中央政府的最高战略一脉相承。所以，本书从大国战略的高度来对商业型设计进行全方位的扫描和理论构建。大国战略理论必然知识庞杂、头绪繁多，本书在研究和写作过程中尽管小心翼翼，依然危难重重。当然首先应当明确，大国战略并非本书研究的核心，设计产业管理才是重点。大国战略背景下的设计产业管理既要追求高屋建瓴的效果，但对重要内容又不能偏漏，更不能点点滴滴逐一堆砌。重点突出、简单明了正是本书在构筑结构框架时的基本原则。

　　本书共立十一章。

　　第一章"设计产业概述"，详细介绍设计产业的概念和内涵。

　　第二章"设计产业管理概述"，概括分析设计产业管理的核心知识模块，同时从学理上界定设计产业管理。

　　前述两章是基础知识、基本概念的表达。

　　第三章"设计产业管理的战略意义"，这是本书的重点章之一。本章在内容上重在证明设计产业管理的战略意义，从而也点明了本课题的价值所在：设计产业管理何以成为大国战略的推进器。

　　第四章"设计产业管理的微观功能"。这是战略意义在实际设计产业运营中的贯彻，重在讨论如何实现战略意义，战略意义经过实操性的演化和落实才能真实可信、为我所用。这也解决了另一个重大问题：设计产业管理在实务中如何推进大国战略。

　　这两章其实解决了本课题的第一个中心立意。

　　第五章"设计产业管理的理论体系综述"，顾名思义，是对设计产业管理理论研究对象的整体性、粗略性白描。

第六章"设计产业管理的层级"。从三层级管理的角度证实了设计产业管理宏大的视域、复杂的社会分工和协作管理的天性，也首度构建了设计产业管理者体系。设计产业管理不是区域性、门类性、孤立性的管理，应该是落实在产业生态系上的全方位管理，与大国战略不谋而合。

第七章"设计生产关系的管理"。社会设计生活中的生产关系究竟是什么模式，该如何对这样的关系进行科学、合理的优化、调整，如何有效处理设计生产关系与设计生产力发展之间的矛盾，本章将进行详细的解答。这是设计产业管理的第一个主要对象。

第八章"设计生产力的管理"。设计生产力究竟是一种什么力，这种力的奥妙是什么，怎么样才能全面、稳定地促进设计生产力的发展，这其实是设计产业管理的第二个主要对象。生产力的发展将会推动产业的发展，生产力的发展也会推动生产关系的演变，将什么样的生产力立在核心地位决定会出现什么样的生产关系，而生产关系将严重影响社会形态和社会关系，这其实是实施大国战略始终需要深思的大课题。

第六章到第八章属于设计产业管理本体性的理论体系，明确了管理者、管理对象基本就抓住了设计产业管理的命脉。第五章到第八章完整解决了本书研究重点即设计产业管理理论体系的构建，从而也为大国战略画出了一个理论研究视角的完形。而后续的章节是设计产业管理的战略意义与理论体系的融合性内容。要想充分落实战略意义，就必须要有发展事业的理念，就必须真正让中国设计走向世界、完成品牌化战略的华丽转身，从而真正实现大国战略。

第九章"设计产业管理与设计事业管理"。这两者在设计管理体系中并驾齐驱却又往往对立相向，总是被社会视为一对矛盾。其实两者不但都是战略性管理，而且两者是特殊的一体二分，对于整个人类的设计文化而言，化解矛盾比强化矛盾对两者的发展更加功德无量。这是深度认识和贯彻落实设计产业管理创造大国战略意义的起点。

第十章"设计产业的国际化交流管理"。设计产业管理战略的根本意义不在于针对本国内部各环节进行内耗式的控管。作为大国战略的产业形态，文化产业包括设计产业其实都是应对国际竞争的必然选择，只有在国际上有地位、有影响才真正说明了自身国富民强,才真正让本国人民昂首挺胸、爱国自信、团结奋进,也才真正说明自己是大国。在国际上树立起本国品牌才是设计产业管理战略意义的根本要旨。

这两章是设计产业管理延伸性的理论体系,也是重申设计产业管理战略意义的高峰体验,敦促国家和社会各界对设计产业管理战略意义进行长远贯彻,如此才有望实现大国战略。从第五章到第十章就完成了本书第二个中心立意的研究:从理论上全面解析和建构设计产业管理,从而完成全书真正的研究重点,与本书的主标题完全对应上。同时在第九章、第十章中将第一个中心立意和第二个中心立意合二为一、融汇一体并节节拔高,实现了本书理论研究上的高潮式演绎和提升性总结。

第十一章"结论"。诸多国家为什么要从国家层面将设计产业作为国策?它们试图让设计产业呈现什么样的状态?它们认定的核心设计生产力究竟有多大威力?它们对设计产业的管理究竟想达到什么目的?恐怕,解放本国的设计创意力、推动本国做大做强是一切设计管理实践的归宿。本章是本书对设计产业需要政府出面倡导一种全局性管理的价值判断,创意力成为人类最大、最核心的生产力不就是人类掠夺性发展、穷奢化挥霍资源的必然结局吗?真正的大国要的是一场本国的可持续性全面发展,这需要创意来支撑。设计产业管理,就是一场解放人类创意力的革命,是对人类因贪婪而无度掠夺资源导致的终结的终结!是为本书研究之结论,也是对设计产业管理在大国战略中发挥重大功能的反向式点化。

目　录
CONTENTS

第一章

设计产业概述

　　设计产业作为文化产业中最为重要的部类,直接影响着文化产业的发展形态。因为设计作为一种造物活动几乎渗透进所有的文化形式,而设计产业并不等同于一般的造物经济活动,而是一种经营设计创意、精神创新的商业活动,物质商品不过是传递创意和精神的媒介。设计产业的类型总体上说来可以分为四大类:依据设计门类分类,依据设计时间跨度分类,依据设计空间范畴分类,依据设计主体的功能分类。这四大类设计产业类型其实都遵循着设计产业的本质,那就是设计创意的商品化过程和设计创意营销行为的总和。设计产业的商业模式大致可以从三个方面去进行讨论,那就是从设计市场、设计中介、设计产业政策三个方面去进行考察和分析。设计产业就是产业的一个分支,它在物质载体层面基本遵循产业经济的规律;当然,设计产业进入到设计之精神的领域,就需要用文化学的方法和手段进行剖析,这样做会更加有效。尽管如此,设计产业仍然属于造物生产、造物商业世界的属类。但在设计产业后面加上"管理"二字,情况又当别论。

第一节　设计产业的含义

　　要了解设计产业,首先来看看产业一词的内涵。

　　产业(industry)一词,在很多场合有不同的解释。在历史学和政治经济学中,它主要是指"工业",如"产业革命""产业工人"等。从法学的角度来解释,它主要是指"不动产",如"私有产业",一般是指个人拥有的土地、房产、工厂等财产。在传统的社会主义经济理论中,"产业"的主体内容是指与服务业相对应的物质资料生产部门。依据国际上通行惯例,产业的范围界定为国民经济的各行各业,大至部门,小至行业,从生产到流通、服务以至文化、教育……总之,它概括了国民经济各行各业的活动。①《辞海》中对"产业"的解释基本与上面的论述吻合：（1）指私有的土地、房屋等财产；家产。（2）指各种生产、经营事业……特指工业，如：产业革命。② 本书中的"产业"实际是国际通行惯例和《辞海》第二种解释的结合之义，特指在市场流通中的设计生产、设计营销、设计消费等活动，重点落实在广泛的设计商业活动。

何为设计产业，这里我们可以借用《文化产业管理概论》一书中对文化产业所做的表述："文化产业不同于一般的物质生产部门。文化产业是对精神内容和意义的生产、交换、分配和消费活动的总和。精神内容具有文化意义，精神内容是非物质的产品，具有与一般物质产品不同的特征和规律。文化产业也不同于一般的服务业。文化产业是智慧产业，其核心是创意，属于知识、智力密集型的产业。一般服务业所提供的服务随着消费的结束而完结，而创意等精神内容可以通过加载新的物质载体而被反复复制，并为产品注入很高的经济附加值。文化产业的特殊性还在于其包含了很多相关的行业群体，精神内容可以在这些行业之间被复制和扩散。同时，文化产业的精神内容还可以扩散到其他行业，产生较强的经济带动作用，推动产业的文化化，并影响到整个经济系统。"③设计产业作为文化产业的主要部类，首先设计产业不同于一般的物质生产部门，设计产业是对精神内容和意义物品化的生产、交换、分配和消费的综合，精神内容和意义物品化就必然借助设计来实现。设计产业也不同于一般的服务业，设计产业是智慧产业，其核心是设计创意，原创性的设计创意才能充分体现该产业的智慧性，每复制一次，设计经济的附加值就降低一档，当"山寨版"泛滥，原初的设计创意就成为经典，而所有的复制形式将会被市场慢慢淘汰或遗忘。设计产业的特殊性还在于其包含了很多相关的行业群体，精神内容可以在这些行业之间被复制和扩散，但最初完整的设计形式只能被使用一次，改版的设计形式必须在功能、普适性、便利性等方面有所突破和创新，否则，照抄的物化生产意义非常有限。

设计产业作为一种设计经济商业活动的集合，其产业环境或产业空间是自由、公平、活跃的设计市场。脱离了市场，也就谈不上生产、消费与买卖，没有了买卖销售的经济行为就不再是产业。在新中国成立头三十年的计划经济时代，由于政府的宏观调控与计划安排使设计行为一味为大众服务，设计机构与社会生产活

---

① 刘志彪、安同良、王国生：《现代产业经济分析》，南京．南京大学出版社，2001年版，第1页。

② 《辞海》编辑委员会：《辞海》（普及本），上海．上海辞书出版社，1999年版，第5063页。

③ 李向民、王晨、成乔明：《文化产业管理概论》，太原．书海出版社、山西人民出版社，2006年版，第7页。

动甚至美其名曰"事业"。事实上,"产业"在设计生产上的运用不过是近年来的事。因此,"事业"时代的设计商业活动其实是一种"地下"表现,仅局限于个体间的资源互换而个别存在,这只能属于局部的资源交换行为,显然还称不上产业。作为设计市场的综合性表现,在我国是自改革开放之后才逐渐兴盛起来,其市场主体应该是设计生产企业与设计商业组织。企业与商业组织是一切市场的主体,设计市场也不例外。因此,设计产业的理论研究落脚点也应该主要是设计企业与设计商业组织的市场化、贸易性行为。宏观上,设计产业活动的主体还离不开政府部门与行政机构以及设计行业协会、设计地区统筹与协调组织等。

设计产业的客体毫无疑问就应该是政府、设计生产者、设计商业机构和设计消费者的系列活动。如何为国家创造出更多的社会效益和经济效益是设计产业发展、繁荣的目标之一,当然,在设计产业发展、兴盛的初期,国家必须大力扶持、保护、照顾设计产业,给设计产业尽量创造更为宽松、真实的物质和非物质性的有利条件。设计生产者和设计商业机构也必须要知恩图报,给国家和社会报以相应的回馈。设计产业最终应该面向的是设计市场,始终寻思的就是如何为设计经营活动创造宽松的生产氛围并能让设计创意、设计产品萦绕我们人类,让社会大众娱乐身心、滋养精神、增强修养、丰富生活,让民众在色彩斑斓的设计功用或审美愉悦中体验宇宙流转,在造物精神的动心畅怀中感受生活韵味。

第二节 设计产业的分类

设计形式多种多样,这就决定了设计产业存在的类型也五花八门、丰富多彩。大致说来,我们可以从设计门类、设计时间跨度、设计空间范畴、设计主体功能四个方面来判定设计产业的分类。

一、依据设计门类分类

在现实的设计市场上,设计产业的门类是非常丰富的一个产业部类,设计产业门类也代表了物化功能类型。从人类正常的生存发展需要来看,物化功能类型涉及如下几个方面:吃、穿、住、行、用、学、乐等。其中,吃的方面有厨房用品、饮食餐具设计;穿的方面主要是服饰设计、首饰设计、化妆设计;住的方面主要是建筑设计、家居设计、庭院设计、装潢设计;行的方面主要是交通工具设计、道路及桥梁设计;用的方面更为宽泛,涉及工作、生活、健身、休闲等,如大多数的工业设计、包装设计、广告设计、通信技术设计、其他高科技设计等;学的方面涉及书籍装帧设计、版式设计、印刷技术设计、教具设计等;乐即娱乐,涉及旅游景观设计、影视设计、艺术品设计、网游动漫设计、娱乐设施设计等。这些分类是粗略的,彼此之间有一定交叉,但大致范畴不出其右。我们可以图示如下:

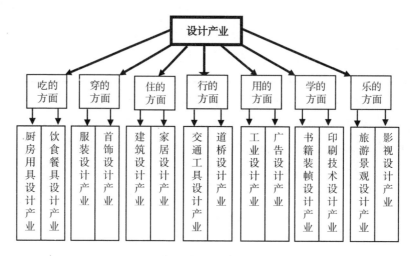

图1-1　依据设计门类进行的设计产业分类示意图

二、依据设计时间跨度分类

从设计历史传承上来看,设计可以分为传统设计、现当代设计、未来设计,这三大类设计基本是依据简单直观的实践跨度来进行分类的。传统设计可以形成传统设计产业、现当代设计可以形成现当代设计产业、未来设计也可以形成未来设计产业。如手工艺设计产业、工艺美术设计产业、戏剧戏曲设计产业一般都是传统设计产业;时尚设计产业、流行设计产业一般都是现当代设计产业;概念设计产业、实验设计产业包括高科技创意设计产业一般就属于未来设计产业。这种分类我们同样图示如下:

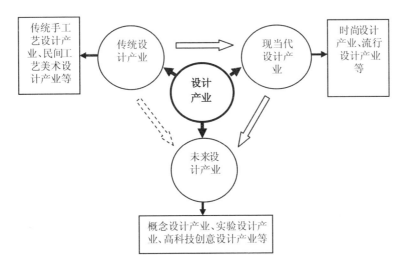

图 1 - 2　依据设计时间跨度进行的设计产业分类示意图

　　传统设计是现当代设计之根,同样也是未来设计之根,但传统设计与未来设计之间隔着一个最为重要的当下,现当代设计对未来设计的影响力更为直观,而传统设计对未来设计的影响力是曲折而隐晦的。当传统设计、现当代设计、未来设计在某一时间段内共存时,这三种设计产业完全可以同时出现,尽管传统设计产业总面临过气的危险、总处于稍稍弱势的地位。

三、依据设计空间范畴分类

　　设计产业也有空间范畴上的差别,全国性的设计产业是宏观大格局的产业布局,显然是一种顶层设计产业;而一省一市也有自己省市区域内的总体设计产业,它们基本就是区域性的设计产业总格局,在省内,如果说省级属于高层设计产业,那么市级就属于中层设计产业;而县市甚至乡镇也有自己别具一格的设计产业规划和业态布局,县级及以下的设计产业我们可以称之为基层设计产业类型。全国性的设计产业往往由中央一级的产业管理部门进行政策性的规划和布置,就像"Made in China"仅仅是一个概念称谓,全国性的设计产业仍然必须由具体的生产部门或省市所辖设计产业来构成;省市、乡镇性设计产业由具象而实存的设计市场和设计企业群落构成。所以要想真正发展强大的设计产业,除了中央政府的心胸和视野,也同样需要省市、乡镇政府的理念和能力,还需要所有设计企业、商业机构的全身心配合和大力投入。这里的设计空间范畴其实是行政区划的空间范畴。如今,国家已不是设计产业的最高空间级别,洲际乃至全球设计生产产业的对流化、合作化、分工化、一体化越来越兴盛,发展中国家世界工厂化的倾向就是设计产业国际化进程的重要阶段。这种分类我们可以用图1－3来表示：

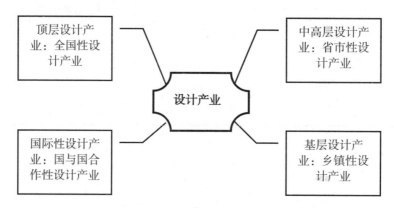

图1－3　依据设计空间范畴进行的设计产业分类示意图

四、依据设计主体的功能分类

设计产业依据造物活动与设计生产的紧密度、服务分工也存在一些主体功能上的差异,专业从事设计创意和造型及技术规划的主体显然是最为核心的设计部类,这样的设计主体构成的设计产业就是核心设计产业。对设计创意进行粗或精加工的生产性主体如生产企业对设计的实物化形成过程非常重要,但它是依据图纸、依据设计方案专门做加工生产任务的主体,这样的生产主体虽不做核心设计,但对设计者来说至关重要,我们把这样的产业叫作辅助设计产业。而像设计原料供应商、设计资金投资商、设计产品运输商、设计产品营销商毫无疑问对设计产业也必不可少,这样的产业其实就是一种关联设计产业。设计市场、设计企业一定会涉及工商、税务、消防、会计、审计等社会部门,这些部门对设计产业产生的功能虽不是设计造物性的,但有时候也影响到设计产业的发展方向和成长状态,这样的产业就是外围设计产业。上述内容可以图示如下：

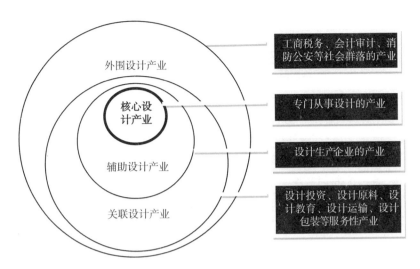

工商税务、会计审计、消防公安等社会群落的产业

专门从事设计的产业

设计生产企业的产业

设计投资、设计原料、设计教育、设计运输、设计包装等服务性产业

图1-4 依据设计主体属性进行的设计产业分类示意图

其中,外围设计产业其实与设计活动本身没有直接的设计技术业务上的关系,但它们作为社会性、政策性管理部门,它们对设计产业的发展与支撑功能不可否认,同时设计产业管理作为一个特殊性的管理本身就是一个需要政府、社会部类全面参与的管理,是宏观、全局上对市场行为、生产行为、经济行为、商业行为进行的管理,所以外围设计产业也是真真切切存在的功能部类。

第三节 设计产业的本质

设计产业的本质其实与设计的本质有着深刻的联系,因为设计产业就是经营设计的产业,表面上看来,设计产业就是经营生产物、物质商品的产业,狭义的设计就是物体的创造活动。那么设计的本质又是什么呢?

设计的本质就是造物的创新,就是一种创新力在造物上的体现,通俗点讲,设计的本质就是创意力。

创意就是突破、出新、别具一格、与众不同,循序渐进的创意在于延续性的突破,拿造房屋来说,如图1-5所示。

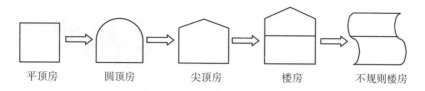

图1-5 房屋的突破变形示意图

由图1-5我们可以清晰地看出,房屋造型每一次的突破其实就是一种创意力的表现,每一次的创意都是建立在前一次成果之上的改进、创新,说到底不过是一次局部的突破,从而可以改变人们的视觉习惯甚至生活方式。创意力不在于要横空出世、惊世骇俗,而在于对普适的习惯世界进行崭新的改进,这种崭新可以是大跨度的,如图1-6所示,也可以是图1-5所示的循序渐进式创意。事实上,循序渐进的创意革命为数占多。

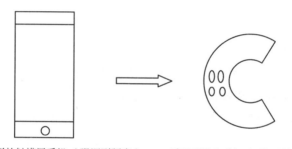

现在常用的触摸屏手机（强调刚硬度）　　　手环型概念手机（强调柔韧度）

图1-6 手机大跨度创意设计变形图

图1-5和图1-6还只是造型上的创意,设计创意还存在功能上的创意,如图1-7所示。

图1-7 手机常用软件 LOGO 设计图

从图1-7可以看出来,今天的手机不再是简单的通话工具、不再是简单的交流设备,而是一个全新而全面的掌中世界、掌上生活。掌握世界游天下、掌控天下而生活,这在今天已经变成活生生的现实,这是前人无法想象的生存状态和生命习性。诚如上图所示,其中任何一个LOGO就代表了一种生活的功能。这就是设计功能上的创意。

设计的本质不是简单的物的规划和生产,"设计"二字本身就拥有了谋设与计策,谋设、计策都是一种高级的智慧,都是一种复杂的精神活动,都是一种隐在的创造力,我们可以概括其为"创意力"。创造性的意志、创造性的意识就是创意力,而手头技术、机械生产不过是将创意力实物化的工具或手段。所以,设计的本质其实就是一个内在的智慧力、精神力、意志力、意识力,设计的本质其实就是创意力的发生与运用。

广义的创意力包含了精湛的手头技术、灵巧的机械生产。

综上所述,设计产业是物化设计的产业活动、产业过程与产业形态的总和。作为一种纵观全局的商业活动,设计产业的表象是物质商品、设计产品在产业政策指示下的买卖活动之总和,而设计产业内在的本质其实就是设计创意力商品化的经营与运作。用图1-8我们可以直观地发现设计创意与设计产品之间的关系。

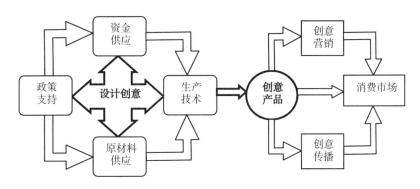

图1-8 设计创意的商业运作流程图

如图1-8所示,设计创意保证了设计产品是创意产品,而非一般的商品或普通的仿制类产品,创意产品的原创性保证了它的独特性和无可替代性。口水式的仿制再时尚也是口水,永远不能独树一帜或称为经典。设计创意需要通过政策支持、资金供应、原材料供应、生产技术的支撑才能转化为实物形态的创意产品,其中生产环节属于硬性转化条件,对设计创意的完型起到了至关重要的弥补效能。由图1-8可知,设计产品是设计创意的实物形态,设计创意是设计产品的精神内核,营销、传播貌似将实物产品推向市场。其实消费市场乐意认账埋单的不是简单的物质产品,而是产品别具一格的创意性、精神感和美学价值。"枕山面水的私家庭院"如果作为别墅的广告语,消费者就明白这样的别墅靠山靠水或周边环境有山有水,卖点不在房子而在风景;"大学城的优雅生活"如果作为某楼盘的广告语,我们该明白这里的卖点是大学城的文化氛围而不是多么高贵的楼房本身;"地铁从你家出发"作为广告语,不用说,一定在鼓吹楼盘紧挨着地下铁,便利的交通成了推销楼盘的热点;"让你的孩子自小快人一步",这样的广告语如果不是用在少儿培训机构身上就更合适用在学区房的宣传上。

设计产业的本质就是在经营、推销设计创意力,可以这么说,设计创意力的商业经营就是设计产业的本质,如果没有设计创意力值得挖掘,一切设计商业也就陷入粗陋的、普通物品市场的恶劣竞争。图1-8中的"创意传播"其实包含了创意信息的流通、设计产品的市场流通以及设计产品的运输行为。

第四节　设计产业的商业模式

设计产业的商业模式实际就是指设计市场上主流部类间的运营格局与这些市场主流部类间的作用关系。

一、设计市场的三角形商业模式

设计产业的生存环境是设计市场,设计产业的商业主体是设计生产机构,商业活动的客体是广大的设计消费者,而联系设计生产机构与设计消费者的中介是设计传播商和设计营销商,我们统称之为设计中介,其中设计市场上的流通媒介是设计产品和金钱。这样的商业模式是一种传统而牢固的商业模式,我们可以用下图来表示。

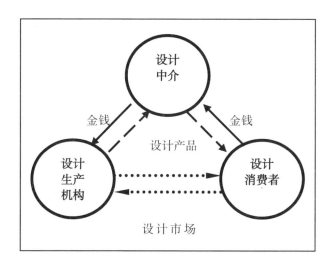

图1-9　传统的设计市场三角形运营模式图

在传统的设计市场上,设计产品与金钱通过设计中介发生反向流动。金钱由设计消费者流向设计中介,再流向设计生产机构(实线箭头所示);设计产品由设计生产机构流向设计中介,再流向设计消费者(虚线箭头所示);而设计消费者和设计生产机构之间的直接贸易曾经一度萎缩和退化(点线箭头所示)。在如图1-9所示的这种三角鼎立的设计市场结构中,设计中介是凌驾于设计生产机构和设计消费者之上的。这样一个结构模式中设计中介既是设计生产机构的代言人,又是设计消费者的代言人。失去了设计中介,即使设计生产者包括设计师不会饿死,也会迷失在寻求茫茫生机的奔波中。让我们来看看美国艺术市场上的情况:"(在美国)画家没有经纪人不行,你如果不通过经纪人而是自己去直接面对市场,必不会有人理你。所以,大范围上看,画家画好了画,只是成功了一半;另一半的任务是如何进入市场,而进入市场就意味着你必须要找到合适的经纪人……在西方社会中,脱离艺术市场和商业规则控制的所谓艺术追求几乎是不存在的。"①笔者无意拔高设计中介在设计市场中的地位,而东南大学艺术学博士赵莉在其论文《艺术中介存在必要性的经济分析》中讨论艺术中介的重要性时总结了以下几点:"促进信息对称②、促成商品交易、降低交易成本、促进艺术市场的繁荣与有序,进

---

①　张景儒:《美国艺术市场管窥》,载《美苑》1999年第6期,第77页。
②　艺术交易双方中一方掌握的信息比另一方掌握的信息更准确、更全面,称为信息不对称。艺术产业可以起到促进对称的作用。当然,这必须保证艺术产业本身是公平、公正和正义的。

而在更高层面上推动文化事业的进步。"①这几点总结基本还是中肯的,本书在此不再赘述。由此可见,从古至今的设计中介其实具有不可估量的市场强势功能。

二、设计中介的强势主导模式

设计中介包含了一般性的生产性企业、文化传播公司、广告公司、商业活动策划公司、设计经纪人公司、设计活动培训机构、批发商、传统商场、商业媒体等。庞大的设计中介群落无疑是设计市场、设计产业的晴雨表,甚至是主导者。哪怕再有名气的设计企业、设计师,如若与设计中介部类处理不好关系或者不被设计中介部类看好,也可能面临自己的产品被市场驱逐的现象。像摩托罗拉手机、诺基亚手机被挤对出手机市场的情形,如果说是因为两大品牌设计创意过时,莫如说是现代手机市场表现出了强大的反弹力、现代手机代理商更加现实和更为注重个性特征的优势发展使然。一些著名的设计师为何热衷于开设自己的工作室、事务所,不仅仅是因为渴望将自己的生意牢牢地掌握在自己手中,其实更方便于让自己的市场、客户跟着自己的设计创意跑,而不是相反。现在的设计中介无时不在影响着设计创意的发展,顺我者昌,逆我者直接就屏蔽掉,原因是设计中介是市场诸多资源绝对的控制者。电器营销商时常与电器生产商之间打旷日持久的口水仗,外界总以为是产品设计功能与形制、产品设计规格与参数等不达标或出了什么问题,其实更多时候就是电器营销商对某一或某些商品的利润判断并不乐观导致。作为商人谁不想盈利,利益分成上的悖逆其实更多时候是商人与生产者对待设计产品畅销与否不同态度的关键所在。

在设计创意上,谁也不是权威。作为创意的源头,设计师已不可能关在家中谋划外面的世界,走出去涉足设计中介甚至了解和充当设计中介,已是众多设计师的时代性选择:"许多企业也越来越依靠设计师们创造那些能够引导潮流的高新技术产品,尤其是将消费者的需求与相应的技术合二为一的产品来抢先占有市场。技术的发展和企业的需求促使设计人员除了设计产品的形式之外,还要扮演向公司提供革新产品的角色。因此,设计师一方面要了解和熟悉最新的技术发展,与工程师合作探讨产品的外观造型,另一方面则要关注用户对设计提出的要求,了解他们对技术产品的不满和抱怨,使设计既能够提供新技术的优势,同时又能够满足消费者的愿望。"②这是世界当代格局对设计师提出的新要求,也就是

① 赵莉:《艺术产业存在必要性的经济分析》,《东南大学学报》(哲社版)2002年第5期,第101页。
② 梁梅:《世界现代设计史》,上海.上海人民美术出版社,2009年版,第246页。

说,设计师要想真正与商业设计中介保持良好的合作,自己首先就得擅长充当社会需求与创意联通的中介。

设计中介衰落,就预示着设计市场、设计产业的堕落,甚至影响到整个国民经济。当然,设计中介的繁荣与昌盛也必定会带来设计市场、设计产业的繁盛与发展,哪怕这是建立在短效利益之上的繁盛与发展。拿娱乐传媒业来看,自20世纪90年代中下叶以来,娱乐传媒业跃居世界主要产业之一。据美国普华永道会计师事务所曾经公布的一项报告显示:"虽然2001年全球经济不景气、广告市场疲软,但是世界娱乐传媒产业的收入仍然增长1.5%,并且首次突破1万亿美元大关。该报告预测,今后5年内这一产业收入将以每年5.2%的速度增长,至2006年将达到1.4万亿美元。"[1]"美国的音像产业1985年在国民经济中排列第11位,到1994年已跃居第6位。另外,美国影视业自(20世纪)90年代以来创造的就业岗位比汽车工业、旅馆行业、制药工业所创造的就业岗位之总和还要多。"[2]娱乐传媒业、影视业本身既是设计业态,同时又是设计中介产业,如此可见,设计中介产业担当中坚力量的商业模式还在日益膨胀。

设计产业的主体本身就是设计生产部类和设计中介部类,设计生产部类不是简单的制造业,而应当是具有强大创意力的制造业,设计师和设计企业应当就是贩卖创意力的部类。今天,这类贩卖还在被设计中介所垄断,设计师主导社会物化形态的格局长时间被一种贩售式的商业模式所替代,那就是强大的商业宣传和营销模式。

三、产业政策的必要性

设计中介作为商业当之无愧的主体对设计产业产生的影响是无比深远的,客观上来讲这种影响是一种悖论。设计中介在选取设计创意也就是挑选所要经营的设计产品时,也会称赞惊为天人的创意。不管这种称赞是发自内心还是迫于在外人面前假装懂得欣赏的压力,但是作为人类,中介商在感官上的猎奇与普通人没有区别。拿锅来说,一般的锅都是凹底锅,如图1-10,当我们看到凸底锅时,如图1-11,我们首先会感到惊奇,然后才去考虑它有什么用、怎么用。中介商的感受大致如此,但他们会更进一步考虑:凸底锅的市场有多大?很大呀,那就赶紧批发来卖掉,凸底锅的产业链和产能效应就会很快增长起来。中介商对于凸底锅用

---

① 金冠军、郑涵:《全球化视野:传媒产业经济比较研究》,上海.学林出版社,2003年版,第107页。

② 杨志清:《欧洲影视业的出路何在》,1997年1月14日《光明日报》,第7版。

来做煎饼果子或是煎鸡蛋的美学意蕴没有那么关心,卖哪种锅更赚钱是他们考虑的根本。

图1－10　凹底锅　　　　　　　图1－11　凸底锅

设计中介唯利是图的本性不会丢弃,为商之道就是要在商言商。欣赏创意对于设计中介来说永远是业余爱好,屈服于对金钱利润的图谋往往才是他们的主业。那么,究竟什么样的设计创意才是更有价值、更有生命的呢? 出于对技术进步、造物创新负责的调研永远不要去询问设计中介,他们在金钱至上的要求下给出的答案永远分裂而矛盾,市场前景才是他们价值判定的王道。这就是设计中介思维天生的悖论。

在人类追求持续、稳固、均衡的设计产业的进程中,设计中介的贡献率恐怕不如破坏率更大。因为矿产重要,矿商鼓励全力采矿;因为土地重要,开发商就会大肆圈地开发;因为战事紧张,军火商就会大力贩卖军火;因为实木珍贵,家具商就会偷伐森林;因为合成制品畅销,生产商就会全面发展化学工业。这些表现从来就没有真正顾虑到社会和他人的诉求与权利,当然这些现象与大国战略绝对相悖。

产业政策对于设计产业尤为重要,要想规范设计中介的唯利是图,要想打破设计中介的思维悖论,政府以及授权的设计行会如果不拿出有效的产业政策只会让设计产业快步进入穷途末路。政府的政策哪怕是宏观的、条文性的,起码对设计市场、设计中介拥有了考量的依据与管辖的效力。

如《世界知识产权组织表演和录音制品条约》(1996年12月20日:日内瓦关于版权和邻接权若干问题外交会议)、《保护非物质文化遗产公约》(2003年11月3日:第32届联合国教科文组织大会)、《中华人民共和国著作权法》(1990年9月7日:第七届全国人民代表大会常务委员会第15次会议)、《中华人民共和国建筑法》(1997年11月1日:第八届全国人大常委会第28次会议)、《建设工程勘察设计管理条例》(2000年9月20日:国务院第31次常务会议)、《文物藏品定级标准》(2001年4月9日:文化部)、《文化部关于广泛开展群众歌咏活动的通知》(2001年8月17日:文化部)、《艺术档案管理办法》(2001年12月31日:文化部、国家档案局)、《中华人民共和国文物保护法》(2002年10月28日:第九届全国人民代表大会常务委员会第30次会议)、《建设工程安全生产管理条例》(2003年11月12日:国务院第28次常务会议)、《社会艺术水平考级管理办法》(2004年6月2日:文化部部务会议)、《互联网著作权行政保护办法》(2005年4月29日:国家版权局、国家信息产业部)、《国家中长期科学和技术发展规划纲要(2006—2020年)》(国发〔2005〕44号)、《国务院办公厅转发广电总局等部门关于做好农村电影工作意见的通知》(2007年5月22日:国务院办公厅)、《中华人民共和国城乡规划法》(2007年10月28日:第十届全国人民代表大会常务委员会第30次会议)、《关于全国博物馆、纪念馆免费开放的通知》(2008年1月23日:中共中央宣传部、财政部、文化部、国家文物局)、《中华人民共和国水污染防治法》(2008年2月28日:第十届全国人民代表大会常务委员会第32次会议)、《中华人民共和国环境保护法》(2014年4月24日:第十二届全国人民代表大会常务委员会第8次会议)《国务院关于加快发展生产性服务业促进产业结构调整升级的指导意见》(国发〔2014〕26号)等,就是国家利用法律条文对设计、生产、制造、建设方面进行政策性规范的典型成就。

政府即使不直接开办商业、创办市场,也绝不可以放手不管理商业和市场,更何况在中国还存在一大批央企、国企、公办企业,这些企业也直接参与了产业市场的竞争甚至还充当了行业的引导者。政府其实脱不了商业身份,国家的经营也需要商业头脑、经济头脑。作为国家或区域产业的倡导者与鼓励者,政府对产业的组织、指导与监管责任绝对不能丧失。这正是设计产业商业模式的政策管理部分,不是该不该有的问题,而是如何做得更精准、更有效的问题。当然政府如何在产业管理过程中保持自身的廉洁和公正,这是需要专门讨论的话题。

对于长江和黄河上的大型水力发电、南水北调工程、宇宙飞船火箭发射、航空母舰设计制造、国家大型公共服务设施、沙漠治理、地震等自然灾害防范、全民性的医疗保健与住房保障等项目的建设甚至就应当是以政府为主导、相关企业组织为辅的设计产业和设计事业,全部交由市场来运作,在功利盛行的年代,其后果不堪设想。大国战略的第一个特征就是政府倡导,不分何种产业、事业,只分做或不做。

产业必须对市场、行业以及整个社会具有宏观上的正面价值,靠企业自身不能完成这种社会理想,尽管计划经济大可不必太盛,但政府合理、适度、有效的计划把控行为必须存在,这才是产业管理的本义。深入社会命脉、国民经济骨髓的设计产业管理更应如此。

第二章

设计产业管理概述

设计产业管理,通俗点讲,就是设计产业管理主体对设计产业相关要素、相关产业运作过程、相关设计产品的生产与市场营销活动等的策划、组织、决策、指挥与执行的全过程。深入且严格去分析的话,设计产业管理不仅仅是对设计产品的生产活动、设计商品的市场运营行为、设计产业链的打造等进行科学、合理的管理,更是对设计创意的培育、运用和品牌化过程的完整策划和充分展现。说到底,设计产业管理就是要开启人类的创意之路,迎合需求—开发潜力—创造世界的步步为营、层层递进,从而让人类永远处于童稚的好奇和不懈的探求之中。设计产业管理起源于人们对生活以及生理世界本身的客观需求,但设计产业管理永远不能够停留在产业化和商业型活动的层面。从大设计的角度去看问题,我们完全可以相信设计产业管理既是整个社会深度发展的原动力之一,同样也是整个社会保持高度系统性、宏观性运转的技术保障。没有了物质世界的设计生产,现在我们所看到和拥有的一切都不复存在,将来同样如此。没有物质文化广博和久远的积淀、没有大面积文物古迹的遗存,人类整个文化和整个文明史都是一片荒芜的想象,甚至都不再存在。这就是设计产业管理能够成就大国战略的根本。

第一节　设计产业管理的含义

管理(manage),是一个很现代又很古老的话题。自弗雷得里克·W. 泰罗(Frederick W. Taylor)(《科学管理原理》)和亨利·法约尔(Henri Fayel)(《工业管理和一般管理》)创造管理科学以来,学术界对"管理"一词的定义一直是众说纷纭。有人认为管理是通过别人的工作实现自己为组织确定的计划和目标;有人认为管理是通过研究和组织活动使系统不断呈现出新的状态;赫伯特·A. 西蒙(Herbert A. Simon)指出管理的本质是决策;法约尔的结论是:管理就是实行计划、组织、指挥、协调和控制的过程;等等。综合前人的研究,笔者倾向于认为管理应该包含上述所有的理论认识。拿企业管理为例,让我们先来分析一下管理本身的含义:(1)管理不同于生产,管理活动是两方或多方相对人(含组织)之间的活动,即管理应该具备管理主体(管理者)和管理客体(被管理者)两个或多个相对部分;(2)管理必须要有明确的目标,一是组织目标,二是个人目标(如生活、自我价值的实现等),管理者和被管理者都有各自相应的目标;(3)管理必须讲究方法论。管理是一门艺术,更是一门科学,它必须讲究技巧、手段,这些技巧、手段可以是制度化的,也可以是约定俗成的,还可以是临时性随机应变的计划、组织、指挥、协调、纠偏、控制和检验的过程以及方法。三者齐全,才能称为完整或真正意义的管理。

如果说"设计管理自设计出发、流经设计过程、归结于设计解决"①,那么设计管理其实就是一个完整的运动管理、过程管理。设计产业管理自然就是针对设计产业活动进行的运动性过程管理,属于设计管理的分支,是设计管理中的专项管理。

对照本节第一段的描述来分析和界定设计产业管理,我们同样应该考虑三个部分的内容:

1. 设计产业管理主体应该就是对设计产业行为实施宏观、中观和微观管束和调配的组织,以及个人、政府、文化机构、生产机构、设计行业协会、设计企业、生产企业、设计市场资源调配者等,毫无疑问都是设计产业的管理者即设计产业管理主体。其中政府主要是设计产业政策的制定者和监督者;文化管理机构、生产管理机构是政府管理职能的外派机构;设计行业协会包括设计产业协会是社会自发产生的行业性、区域性设计产业自治组织,一般情况下,设计行业协会并不具备政府背景或身份,由政府组织成立行业协会的情形并不多见;设计企业、生产企业、设计市场资源调配者往往就是设计市场的主体性参与者,为了在竞争中获胜,它们会想方设法对自身进行各种各样的调整与管理,也会间接影响竞争对手的调整与管理,如设计企业之间开展的人才争夺战就是设计人力资源管理在设计企业间的具体表现。设计产业管理的客体或称管理对象包括设计组织(主要是设计企业)、人(如设计师)、财(资金)、物(设计产品、设计原料、生产设备等)、时间(工作计划的安排和时间的运用)、信息(内外部信息的搜集与整理、上报等)、设计创意与设计思想等,而不能简单地把管理客体界定为人和组织。当然,设计产业政策管理的客体是宏观的设计产业本身。

2. 设计产业的管理目标也较细化,大致可以划分为几大块:(1)保证全局性设计产业的有序发展;(2)促进设计市场的全面繁荣;(3)推动设计商业活动走出国门,为国争光;(4)完善设计创意的商业环境,鼓励设计行业出精品、出经典;(5)改良国民的物质生活,倡导人民健康美好的生活习惯,开辟设计创造生活的发

① 成乔明:《设计管理学》,北京.中国人民大学出版社,2013年版,第11页。

展之路;(6)保护优秀的设计传统和设计遗产,将过往精湛的设计生产技艺发扬光大。这些目标的实现也是大国战略的基本追求。归根结底,设计产业管理是一种产业性的管理,有时候起码是运用商业手段、经济手段、市场运作手段来发展本国的设计,产业管理与商业和市场活动脱不了干系,因为"产业管理主要是以市场竞争、商业活动、经济盈利为主要目的的,服务性功能比较隐晦和次要。"①这恐怕是设计产业管理与设计事业管理最本质的区别,即两者目的之异。

3. 设计产业管理的方法包括技巧、工具手段也非常重要,方法手段的运用要讲究科学性、系统性、计划性、实效性,而其中艺术性尤显重要。柔情管理、尊重设计师的精神追求和艺术抱负、给予设计师宽松自由的创意施展空间、以朋友的身份平等面对员工、注重企业文化的建设,都是设计产业管理合适、有效的方法,但这些在一般性产业管理中都较通行。设计产业是一个个设计项目构成的,设计项目是设计运营大局中的基本单位,没有项目的概念和实践就不存在所谓的设计世界。在研究设计项目管理的方法时,笔者提出过七大类方法体系:"弃车保帅法、浑水摸鱼法、迂回跳跃法、借尸还魂法、刮骨疗伤法、废长立幼法、金蝉脱壳法"②。这些就是设计产业项目实操层面细致而具体的管理法。另外,法律调节、经济调节、市场调节、税收调节、行政调节等,是设计产业宏观政策管理层面常用的管理方法与管理手段。

综上所述,我们可以看出,所谓的设计产业管理就是设计产业管理者通过对设计产业的企业实体、人、财、物、信息、时间和设计创意等实行有计划地组织、协调以及开发利用,从而使设计产业世界实现最大的商业价值和尽可能大的文化与社会效益。其中文化与社会效益目前的最高定位就是利用产业战略让本国的设计文化最大化满足本国需要,以及走出国门、影响甚至征服世界。什么是大国?就是在情理和实力上征服世界。如何做到? 靠产业战略。

作为商业型设计战略,这既是设计产业管理的要义,同样也是设计产业管理的最高使命。最大化满足本国物质生活和精神生活的需要是设计产业的内向型战略之一。利用设计展现自身风采、征服世界是外向型战略,这种外向型战略没有硝烟、没有武力,却更加深入人心、改造人心,此乃真大国。

中国的设计产业真正征服世界的开端并非是用中国的设计击破或挤迫他国、他民族的设计文化,从而实现中国设计文化唯吾独尊的格局,这不叫征服,也不可能实现。中国的设计产业真正征服世界的开端其实就是中国不再是世界工业、世界设计艺术的加工厂,而是成为世界设计创意的中心极之一,而开始将自己的设

① 成乔明:《设计管理学》,北京. 中国人民大学出版社,2013 年版,第 21 页。
② 成乔明:《设计项目管理》,南京. 河海大学出版社,2014 年版,第 37 - 44 页。

计品牌大力输往国外,让他国成为中国设计品牌的生产工厂。今天代加工的温州模式、宁波模式有朝一日与他国能调换一下位置,就说明中国的设计开始征服世界了。中国大国战略的推进依赖已经位居世界前列的军事力量还远远不够,能将国内的制造业特别是日用商品设计和生产的国际竞争权牢牢掌控在自己的手中才是关键。2016 年 7 月份,中国南海的海军实弹演习逼退美国气势汹汹的航空母舰战斗群,说明现代大国之间军事上的全面开战并非易事。而商业以及文化上鱼死网破的明争暗斗,一刻也没停止过。

在前言中,笔者已经提及设计产业管理实际包含三层管理:政府对设计产业的宏观调控与管理,设计行业对所辖区域内设计产业的管理,设计企业自律式的企业管理。由于以政府为管理主体从事的管理行为实际上是一种行政管理或指导性政策行为,我们大可以称之为设计产业政策管理或设计产业行政管理,因为政府对产业进行的管理行为在国外早就有比较合理的称谓:产业政策。日本经济学家贝冢启明在 20 世纪 70 年代出版的一本书就叫《经济政策之课题》,在该书中,他把产业政策定义为:"产业政策为通产省执行的政策。"其实就是内阁的辅助机构、总理府以及下属的外局和日本行政省的政府部门对本国各种经济产业从事的行政干预与调控。后来美国学者布莱昂·辛特利说得更为明确:"产业政策是装有政府直接影响产业结构的措施的皮包。"英国的阿格拉也说:"产业政策就是与产业有关的一切国家的法令和政策。"美国社会经济学家埃利斯·霍利的说法更为犀利:"产业政策是(国家)为了实现国家的经济目标而发展或抑制某些产业的政策。"[①]这一认识基本已得到世界各国的认同。而设计产业自身自为的管理就是经济管理、企业管理、工业管理的综合概念,市场盈利是设计产业自我管理的根本目的。事实上,我们常常将企业管理和中介管理放大到代替产业管理的地步,因为"企业管理和中介管理已越来越成为产业管理的重头戏,我国在计划经济时代曾经风光一时的文化艺术产业政策管理如今已日显暮气,其在产业管理中实质性的地位也越来越为淡化。"[②]今天看来,这是实践界的误区,并非理所当然的归宿,作为学术界仍然应当要从科学化的角度为政府的宏观调控给予正名。

特别在市场经济异常发达、功利思想极度泛滥、现实世界快速滑坡、人心所向唯利至上的今天,政府对产业管理的特定地位越发显得不可或缺,产业本身就代表了一国一地区经济的集群体系。这不再是单笔的买卖行为,而是整个国民经济

---

① 刘志彪、安同良、王国生:《现代产业经济分析》,南京. 南京大学出版社,2001 年版,第 7 – 8 页。

② 成乔明:《艺术产业管理》,昆明. 云南大学出版社,2004 年版,第 28 页。

的导向性表现,政府岂可袖手旁观、任其兴衰? 这也是本书所要论述的"大国战略"的要害所在。既然是国家性战略就应当是全国重视、全民同力的大事情,如此才能设计救国、创意兴邦。

第二节 设计产业管理的主体

设计产业管理的主体即设计产业管理的管理者,这是设计产业管理的重中之重。被管理者如设计企业、生产企业、设计中介机构以及设计师即使先于设计管理者存在,也未必就一定存在设计产业管理行为,或明确意义上的设计产业管理思维和实践肯定要晚于设计企业、设计师、设计产品的泛滥。因为设计产业是所有单个设计企业市场行为、贸易行为的总和,而设计产业管理显然就是一种对总和的集群式管理。

当设计管理历史起源于人类社会兴盛的起端时,那时肯定是由于物质生产交换行为已经成为风尚并引起人们足够的关注才慢慢产生了设计管理这个社会部类。等到设计管理需要做管理学上的分工又必须要经过一段漫长的历史进程。当设计管理行为进一步遇到难以解决的瓶颈、进一步需要细化之后,设计产业管理才会慢慢具象化为一种社会活动,当然是商业社会兴盛之后商业性社会活动的重要部类。而将设计产业管理上升到国家和民族的高度去考虑并逐渐以政策管理为支撑加以法理化、战略化则是近一百年之内的事。将职业化的设计产业管理作为一种社会行为和政府思想理念独立出来时,对设计产业管理主体全面化的考量才会慢慢进入人类的实践和学术视野并成为一个颇为重要的话题。

设计产业管理主体可以是个人,如设计产业机构的高层管理者、中层管理者、基层管理者,也可以是组织,如政府、政府派出机构、政府委托机构、设计行会、设计企业、生产企业、设计宣传组织、设计传播组织、设计项目组等。宏观性的政府管理侧重政策制定与业态布局;中观性的产业行会或设计行会的管理侧重政策的考量与落实以及区域性产业链系的构建与协调;设计企业和中介组织的管理侧重内部的企业化管理与市场竞争的具体实践性管理。

设计产业管理的名词真正诞生从表象上来说,首先必须要有职业管理者。如商纣王对乐舞的沉迷几乎已达荒淫之地①,于是"使师涓作新淫声,北里之舞,靡靡之

---

① 成乔明:《艺术市场学论纲》,南京.河海大学出版社,2011年版,第36页。

乐"①,以至于"大聚乐戏于沙丘,以酒为池,悬肉为林,使男女倮相逐其间,为长夜之饮。"②这是一个多么大的国家性产业,堪称后世阿房宫、京杭大运河、圆明园、承德避暑山庄等大型工程项目和设计产业的鼻祖,如此可见商纣王绝对是当时设计产业代表国家和中央政府的最高管理者,且对设计项目要求的高度绝非业余。

如今,设计产业管理的主体已成为一个庞大的体系,我们也可以称之为"主体维",因为"管理学有基础的三维理论,其体系实际也就是对管理学三大核心问题的探讨:管理者、管理对象、管理手段。管理者又是管理学的重中之重,即谁管理,其可以是个人,亦可以是机构。"③"没有机构(如工商企业),就不会有管理。"④在主体维中,毫无疑问,中央政府是一国设计产业最高级别的管理者,今天的国家主席、总统与总理在一般情况下已不能够也不可以仅代表个人来发号施令、行使特权。中央政府可以有灵魂人物,但大国战略的倡导与落实仍必须以中央政府的名义来进行,以灵魂人物的个人名义来发号施令与君主制无异。

在广阔而具象的社会生产活动中,设计产业管理系统独立出来的标志就是设计产业管理者成为设计产业管理的主体维。如果将设计产品、设计师的诞生作为设计产业管理的主体维,尽管在时间上会更加早一些,但削弱了设计产业管理作为社会部类大系统、大活动的整体观。另外,设计产品是物体,是明确的被管理者,所以不能被确立为设计产业管理者,设计师顶多只能指挥一个事务所或工作作坊,要让他们真真切切引导社会设计的流行趋势、产业命运,在今天这样一个社会化大生产环境中实在勉为其难。当然,我们要承认设计产品和设计师是设计市场最早的两大基本要素且设计师出售的设计创意依然是推动设计产业向前高速发展最根本的生产力,但设计师在创意之外真正所能做的事少而又少。

社会化大生产的出现促生了管理学的成熟,社会系统性的设计艺术高度、集中的实践推动了设计产业管理学的出现,所以,设计产业管理者独立为社会群落才真正推动了设计产业的发展。政府、行会、设计企业(可含生产企业)、设计中介组织是设计产业管理主要的四类管理者,政府具有的设计产业管理功能,我们可以称之为设计产业政策管理。设计产业政策管理是行政管理的一个细小分支,设计产业政策管理的主体是政府或政府的代表性机构;设计行会或设计产业行会主

---

① (汉)司马迁:《史记·殷本纪》,北京.中华书局,1959 年版,第 105 页。
② (汉)司马迁:《史记·殷本纪》,北京.中华书局,1959 年版,第 105 页。
③ 成乔明:《艺术管理五层级管理模式的研究》,《长春理工大学学报(社会科学版)》,2012年第 9 期,第 130 页。
④ 【美】彼得·德鲁克:《管理的实践》,齐若兰.译,北京.机械工业出版社,2007 年版,第 28页。

导的设计产业管理,我们可以称之为设计产业行业管理;以设计企业和设计中介组织为代表的设计市场中的直接竞争者对设计产业的管理,可以被统称为设计企业管理。毫无疑问,设计企业管理实际就是设计企业自身自为的内部管理和市场竞争管理,这里的设计企业涵盖了设计中介组织,毕竟设计企业远比设计中介组织对设计活动更在行、更忠诚。另外,绝大多数中介组织过去也被称为商贸企业,这证实了其是企业性质、营利性质的社会组织,与设计企业性质一致。对于具体的设计产品来说,还存在一种设计消费对产业成果的倒逼性管理。即对设计产品的检验性管理,如此说来,社会消费者作为设计产业管理主体也值得我们深入思考,不容忽视。毕竟消费者才是设计产业最终的埋单人。我们在这里用图 2 – 1来表示设计产业管理的主体体系。

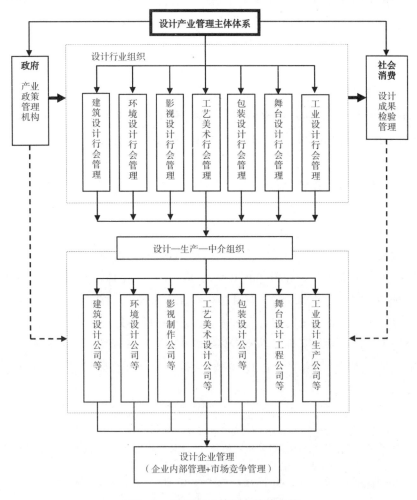

图 2 – 1 设计产业管理主体体系图

政府、设计行业协会、设计企业对设计产业的管理属于正向性管理,社会设计消费部类对设计产业的管理属于逆向性倒逼管理,即消费者作为设计产品的享用者,通过正当的使用对设计产品感触最深也最有发言权。他们对设计产品无论是肯定还是否定,都会反过来刺激设计企业更好地改进自己的企业管理、改进自己的设计创意,从而推动设计产业向更高的境界提升。消费者不仅仅对设计师,对设计企业、生产商、营销商,都具有隐含的指挥权。这种指挥权来自于消费者的购买意愿,购买意愿就是指挥一切设计产品的"撒手锏"。而这一现象早在18世纪的欧洲已然成熟,"工业化的发展,使工厂林立的大城市接踵而来,工人成为城市的居民,并且是廉价产品的主要消费者。商品经济成为城市的主要经济形态,商品流通环节畅通无阻,设计者和工厂主、经销人不论在其他环节上存在着多少矛盾和争论,但有一点却是一致的:我们共同的目标是消费者。"①如此看来,社会消费对设计产业的管理其实是一种倒逼式的目标管理,即让设计市场上的消费者满意的目标。

在我们的理论体系中,一直没有将生产者即传统意义上的工厂对立于设计企业看待,18世纪以前的制造者本身也兼任着设计者,往往是生产与设计的一体化。尽管后来设计师从制造业中独立出来,但工厂里的工程师、制造师如若不懂设计,就不可能完整实现设计师的理念和设计成果。同时,生产者即工厂对设计理念能从客观的角度提出更加理性、现实和切合实际需要的修改意见,从而让设计无论从想象上还是实践上趋于完整、统一和可行。所以,本书后面提及的设计企业应当是包含了生产企业的大设计企业,而不再把生产企业即制造商另立加以描述。对于商业性的商贸组织即设计中介算作设计产业辅助的社会部类,比较中肯。

第三节　设计产业管理的客体

设计产业管理的客体实际就是设计产业管理对象,即设计产业的被管理者。

如图2-1所示,设计产业管理的整个主体体系真正管理的对象其实就是设计企业,因为一切管理者的管理行为、管理目标最终都会落实到设计企业上来。这并不难理解,因为设计市场是设计产业主要的运行空间,如果设计市场可以理解为直观的商品买卖的场所的话。没有设计市场就不会存在设计产业,而设计市

---

①　朱铭、荆雷:《设计史》(下),济南.山东美术出版社,1995年版,第367页。

场主要的引领者和竞争者就是设计企业。没有企业的大量集聚，也就不会有所谓的设计市场。

　　但这不是说所有的设计产业管理主体都直接面对设计企业，起码政府的政策管理就很难说全部直接针对设计企业。如对设计行业协会、产业行业协会所做的政策性规范管理，如对国家内区域性产业布局的设置，如对设计师的职业规划和职能的培训与考级管理，如对自然环境的保护性政策，如国家的有关货币性政策和投融资政策等，就不涉及具体的企业行为，顶多是间接性地对设计企业产生了引导功能。而设计行会、产业行会的管理对象主要就是针对区域内的设计企业而言的，大多数行会本身就是区域内的设计企业推举而生的组织，用于协调、规范、监管本区域内所有设计企业的行为和市场竞争行为。设计消费者的逆向性管理行为主要从设计产品、设计成果出发，倒逼向设计生产的上游组织、上游活动进发。这种进发多头发展，既可以对国家设计产业政策"指手画脚"，也可以对设计行业协会的利弊得失发起"弹劾"，余下来的就是对设计企业、设计中介组织的"发难"。有人说设计师必须带着批判的眼光看世界。其实设计消费者才是整日"挖空心思"责难现有生活状况的主力军，当然，这是设计消费者为自己谋福利的主要方式，无可厚非。设计企业、设计中介的自我约束和自我内部管理显然主要就是一种企业化管理。

　　管理活动是两方或多方相对人(含组织)之间的活动，即管理应该具备管理本位(管理者角度)和管理他位(被管理者角度)两个或多个相对部分。① 管理客体即管理对象实际上就是管理什么的基本问题。根据管理学的研究体系，管理者究竟需要管理什么呢？大概不外乎人、财、事、物、时间、信息、品牌、创意等。

　　政策也是一种管理客体，如政策的制定、政策的论证、政策的修缮、政策的发布、政策的监督、政策的落实、政策的实效检测、政策的反馈等，这就是一整套的政策管理流程。有时候，政策也是一种管理手段、管理方法，政策是政府管理产业发展的手段与方法，这是政策管理的另一层含义。设计产业政策更多时候是一种规划，规划往往针对全过程的大局，不拘泥于市场细节，规划完成后，具体的实现就是设计行业自身把握的事情。政府管理说到底就是规划管理，执政之要就在于规划、在于描蓝图，管理对象越出这个规划，就由政府相应的权力机关去把这种越轨行为拉回来，不服者将被"正法"。设计产业行会的一切主张和区域政策也不能违背国家政策，在国家规划范畴内正向引导设计产业的发展是设计产业行会所能为的职责，有时候，政策甚至等同于法律，政策之下才谈得上行规，而行规又是设计

---

　　① 成乔明：《艺术管理纵横谈》，载《东南文化》2004 年第 5 期，第 84 页。

企业奉行的圭臬。层层叠叠的上述内容最终构成设计产业管理的高楼大厦。

设计产业管理的客体对应于管理学中的对象体系应当可以确定为人力资源管理（管理设计师与设计从业者）、财务管理（设计产业的财会管理工作）、物品管理（设计原材料与设计产品的管理）、信息管理（管理各类设计信息和市场信息）、时间管理（设计项目运营周期的把控）、活动管理（设计行业一切事件的处理）、创意管理（设计创意的产生与运作）等。

人力资源管理、财务管理、物品管理、信息管理、时间管理、活动管理、创意管理等不是设计企业的专利，甚至像政府内部也会涉及这些具体的管理。除了对设计产业进行政策管理和宏观规划，政府也会对国家的用人给予很高的关注。2015年7月9日，59岁的东方演艺集团董事长、总经理顾欣就在自己的办公室里被检察机关戴上手铐带走；2014年12月23日，曾任中国黄金集团公司总经理、中国铝业公司总经理、中国稀有稀土有限公司董事长的孙兆学因涉嫌收受巨额贿赂而被立案侦查；曾任国务院国有资产监督管理委员会主任、中国石油天然气集团公司董事长、中国石油天然气股份有限公司总裁的蒋洁敏因受贿罪、巨额财产来源不明、国有公司人员滥用职权而于2014年7月14日被正式立案侦查；2013年6月9日，北京市第二中级人民法院一审判决中华人民共和国原铁道部部长刘志军死刑，缓期两年执行；2012年12月31日，经黑龙江省双城市纪委、监察局上报，双城市委、市政府批准，决定给予双城市工业总公司总经理孙德江开除党籍、开除公职处分并就其涉嫌犯罪的问题和有关线索一并移交司法机关，2013年1月21日双城市检察院依法对孙德江批捕。这些人事上的处置对国家或地区性相关产业、行业来说必将产生巨大的震动。但政府不依不饶、该出手时就出手的做法和勇气，其实是为了让整个中国的产业环境、行业氛围充满更多的正能量，更加积极向上。同时，这也是大国战略得以实现的保障：任何侵犯国家与人民整体利益的人，必得惩处。

也就是说在设计产业管理的大局中，政府和委派机构具有硬性的管理权限，无规矩将不成方圆，而其管理客体除了法律和政策，还包含了央企、国企在内的所有设计企业、设计中介，主要是针对设计企业、设计中介种种的违法违纪行为进行及时的纠偏和更正。正常状态下，政府只是处于一种观察员、指导员的位置隐退在幕后，坐拥法律和行政权的威慑力。

另一个重要的设计产业管理客体就是设计创意及设计创意力。设计创意是一个近乎成形的设计想法或设计成果；设计创意力却是人类设计生产、制作营销的生产力，是人类最核心的物质生产力。尽管设计创意力作为一种内化思维力看不见摸不着，但设计创意力却无时无刻不在影响着整个设计产业的发展与状态。

设计产业管理最本质、最重要的客体其实就是设计创意力。如果一种设计产业管理不适合设计创意力的迸发、不能将最优异的设计创意发扬光大,那么这种设计产业管理无疑就是消极的,哪怕此时的设计市场再繁荣、设计盈利再丰厚。因为设计创意力与短期的商业利润没有直接关系,就像网络商务平台、网络商业创意、网上贸易帝国产生之初总是被人们称为"骗子"一样。一种设计产业管理如果能较好地推动社会设计创意力的健康发展、总是能将最优异的设计创意培育成业,这样的设计产业管理就是积极而有益的,这是判断设计产业管理成功与否的唯一标准。关于设计创意力的问题这里不作展开,后文将深入细致地研究和分析。

第四节　设计产业管理的性质

设计产业管理作为管理行为中的一个分支,具有明显的特殊性。首先它可以归结为文化产业管理的一个门类、设计管理的一个枝丫,其次它与生产制造管理、工程项目管理又紧密重合。概括说来,设计产业管理的基础应该是物质生产性管理和产品商业性管理的合二为一。

一、设计产业管理的商业性

尽管我们一直注意理念与措辞态度,总是试图将设计文化推到很高的地步,其实造物设计就是一个非常现实的工作,一切围绕生活以及人身心的实际需要而发展。没有高于生命的文化,没有高于生活的创造,说到底,文化是千古流传的积淀,设计活动总会落脚于当下。进一步讲,设计生产过程中、设计市场范畴内,设计生产者、设计消费者无暇顾及所谓的文化。设计市场、设计产业讲的就是投入、产出与效益。

这样说话很伤那些主张文化高于一切的文化学者们、文化浮夸者们还有一些伪文化娘炮们。其实文化也是生活的积累、社会实践的积淀、生产制造的叠加,文化是现实和生命历程在时间长河中的淘汰、优选以及凤凰涅槃式不断推翻、毁灭与重生的结果。文化不在现实之外,文化在生命之内,是人之真实需求、人俗需求的开花结果。

设计产业管理的商业性就是它的第一特性,不谈商业就无所谓市场,也就无所谓产业。讨论市场与产业就不能不肯定其商业性。

(一)商业是产业的本质

在第一章第一节中,我们对产业一词做了解释,并确定本书中的"产业"之义实为"国际通行惯例和《辞海》第二种解释的结合之义,特指在市场流通中的设计生产、设计营销、设计消费等活动,重点落实在广泛的设计商业活动。"这里再做一个简单的补充说明。产业实际上是经济领域的商业性概念,工业、私产是其基本的注脚。谈到工业就不能不谈到投入、生产、流通、交换、消费等市场经济学的概念,而市场就是依靠商业模式进行运转的经济活动领域。因为商业就是以货币为媒介,通过买卖的交换方式促进商品在市场上流通的活动和行业,现代市场倾向于作为工业产品流通的主要活动场所。同时,产业又是投入、生产、流通、交换、消费即市场行为的总称,所以在产业政策、产业格局布局、产业整体规划、产业链系打造之外,产业行为的基本含义就是商业活动的总和,就是设计、生产、制造、销售工业产品的商业活动的总和。

针对社会生活,商业是最敏感、最通透的部类,没有商业的存在,社会就不成立,没有商业的存在,世界将死水一潭。最近风行全球的一句话就是:"地球都两个了,而你还单身?"这不是普通的一句网络语,是商业世界对新闻事件敏感捕捉和利用的结果。2015 年 7 月 24 日北京时间凌晨零点,美国宇航局 NASA 发布了有关系外行星搜寻的"令人兴奋的新消息",瞬间点爆全球,人类猜测真正的"第二个地球"(Kepler – 452b:实际上很可能是类地球行星)可能被发现了。7 月 24 日当天,最先做出大面积、大范围动作的就是商业世界的公关、广告设计活动。请看下表:

表 2 –1　汽车品牌利用 Kepler – 452b 所做的商业广告展示表

汽车品牌	商业广告语	广告形制设计简述
宝马	你那里,是否也有"蓝天白云"? Hi,另一个地球	左上角是 452b 的半球形,右下角是蓝色的宝马车形
奔驰	你那里,是否看到满天星徽? Hi,另一个地球 心所向,驰以恒	右上角是 452b 的半球形,左下角是奔驰 SUV
长安马自达	0.98≠1 守护,也是一种责任,创驰蓝天	左上角是马自达车标,车标下是蓝色的地球半球形,右侧是 452b 半球形,正中间是广告语
DENZA 腾势	我们对远方的渴望从未止步,更珍惜啊当下的每一步	上面中央是 452b 半球形,向下穿过带有文字的片片星云,文字是"如果以光的速度向 TA 飞驰,到达 TA 的时间,是地球公元 3415 年";下面中央是腾势汽车的正面形象图与地球轮廓线,车下面是广告语

汽车品牌	商业广告语	广告形制设计简述
吉利汽车	谁说美只能被远观？对美的追求,我们一直都在前行的路上!发现它,只一眼就想去驰骋!	左上角是吉利车标,中间是硕大的广告标题"准备好驰骋下一个'地球'了吗?"右侧是452b半球形,底边是一行小字:距离Kepler-452b/1400光年
凯迪拉克	Hello! Kepler-452b	上面是一个硕大的452b部分图,下面是广告语,再下面是凯迪拉克经典款老爷车,车下面是三行字母"from/1932 Cadillac/Series 452B V16",最下面是车标
别克	不断向前,才有发现更多自己的可能	左上角是地球图(EARTH OUR HOME),在中央部位顺势向下是硕大的蓝色星球图标(KEPLER-22b/DECEMBER 2011)、小型的红色星球图标(KEPLER-20e/DECEMBER 2011)、中型的褐色星球图标(KEPLER-186f/APRIL 2014)、较大型的白褐相间星球图标(KEPLER-452b/JULY 23,2015),左下角是别克车标,车标右面是广告语
东风风行	孤独了40亿年的地球都"脱单"了,我们有什么理由不好好珍惜身边的人	左上角是"景逸S50"文字,左侧是竖排的两行广告语,右边是452b半球形,下面是汽车驾驶室截图
丰田中国	双擎以更低排放,呵护我们的地球	左边是地球半球形,中间是广告语,右边是452b半球形,下面是两辆一蓝一红的丰田汽车,右下角是丰田中国字样
东风悦达起亚	报告总部,已成功登陆Kepler-452b	右上角是一个硕大的地球,地球侧下端是一辆倒置的起亚汽车,左面靠近汽车处有一个较小的452b球形图,下面中间位置是广告语,最底端是起亚车标
东风标致	有人说强者是孤独的存在,其实,double才是最好的搭配	广告语在最上面,下面左边是完整的地球图形,右面是452b半球形,最底下是两行文字"Twin Scroll双涡单管涡轮技术,以更高的进排气效率带来高效、经济、环保!"

续表

汽车品牌	商业广告语	广告形制设计简述
江淮汽车	宇宙那么大,"易"起去看看	左边是地球半球形,右边是452b半球形,两球之间是广告语,广告语下面是一辆红色的江淮汽车图标,汽车上面有两行文字"瑞风S3/Drive So Easy!"
上汽荣威	你好,地球2.0! 你好,动力2.0!	上面是452b的半球形,中间是广告语,两句广告语之间插入"荣威550PLUG－IN以'绿芯'新能源科技诠释不断探索的意义"的字样,下面是一辆天蓝色的荣威汽车,右下角是"上海汽车荣威"的字样
一汽红旗	理想之路,探索不止	左半边是广告语,广告语下面是红旗车头,右半边是硕大的452b球形图,底色纯黑
长安汽车	人类对星空的好奇永不止步,前进,与KEPLER–452b更近	左上角是长安汽车的车标,左半边是广告语,广告语下面是一簇强光笼罩的长安汽车,被灯光照亮的路伸向右上方,路尽头的上空有一颗闪光的星星,右下角是"长安汽车"的字样,整幅广告背景是夜色笼罩的星空

限于写作篇幅,这里不能一一收录全部汽车品牌的广告案例,仅以上表以飨读者。表2-1中的广告案例都是在新闻发布后两天内完成的设计,商业讲究效率,像这样整个行业都无比灵敏且步调一致的效率,的确令人吃惊。但商业整齐划一、一窝蜂而动且标准化、数模化、程式化的逆根性也值得设计产业管理去控制和妥善处理。因为,设计是个性化、差异化的创意事业。

(二)商业是产业的目标

为什么要进行设计产业管理,我们可以理想地要求设计产业管理以设计文化的发展为己任,事实上,在设计管理数十种管理类别①中,这样的要求让设计产业管理有些委曲求全或者勉为其难。发展设计文化或人类所有文化,本身就是设计管理的大事业、大目标,设计管理的细分某种意义上来说就是让各种细化管理从

---

① 成乔明:《设计管理学》,北京．中国人民大学出版社,2013年版,第21页。

不同角度推动设计文化的大发展。设计产业管理就是从商业目标发展的角度来推动设计经济文化、设计商业文化发展的,这是它天生的功能。当然,设计企业管理、设计市场管理、设计生产管理、设计营销管理、设计消费管理等都属于设计产业管理更细化的部类,其中,设计企业管理就是设计企业文化发展最主要的推手。

商业是产业的目标,尽管不是唯一目标,但确实是相当主要的目标。这决定了设计商业的宏阔发展是设计产业管理需要孜孜追求的愿景。

为什么对设计商业活动要进行产业化管理,肯定是设计商业或国民经济遇到了瓶颈。每每当经济危机爆发之后,产业格局、经济局势都会不可避免地经历一次重大调整,以期推动国民经济进入下一轮顺畅发展的轨道。人类社会经历了很多次的产业大调整,今天进入了文化产业和设计创意产业越来越受到关注的时代。大国战略追求经济实力繁荣的同时也渴望人和自然平衡共存,文化产业、设计创意产业最符合这一要求。

人类社会先后经历了采摘经济、渔猎经济、农业经济、工业经济、资本经济的时代。采摘经济与渔猎经济是原始社会和奴隶社会前中期的主要经济形式,农业经济是奴隶社会后期和封建社会的主流经济,工业经济是封建社会后期以来的主流经济,而进入资本主义社会之后,工业经济和资本经济并驾齐驱成为其经济发展的双驾马车。进入资本主义社会后期与社会主义社会,人类发现工业发展消耗的资源太浪费,社会与自然环境的矛盾越来越突出,完全的工业经济老态龙钟、不合时宜,而资本经济又显得虚拟、空泛甚至浮夸得不着调。在经过种种经济发展的困境以及多次遍及全球的经济危机之后,人类开始痛定思痛,开始反思未来经济的发展可能。于是,20 世纪中后期,后工业经济、头脑经济、智慧经济、信息经济、精神经济、文化经济、创意经济等一股脑儿开始涌现,相应产生的头脑产业、智慧产业、信息产业、精神产业、文化产业、设计创意产业越来越成为人们津津乐道的事物。头脑、智慧、信息、精神、文化其实都有一个共同的特征,那就是与人们大脑中的创意紧密相连,而设计又是创意在物质形态上的集中体现。设计产业首当其冲在工业经济领域、军事制造领域、民用生活领域、文化艺术领域脱颖而出成为一面旗帜并对当今社会带来了不可估量的利好。

英国靠设计创意、设计产业来拯救新一轮的经济增长,德国、法国靠文化产业、旅游产业来推动本国的新发展,美国靠多元化、全面化的文化产业来应对可能面临的经济大萧条,日本、韩国、新加坡早就将自己的文化产业、设计创意产业列入国民经济的总纲并已经成绩斐然,东欧、东南亚、非洲各国更是不遗余力挖掘自己传统的文化底蕴以此构建新的、富有民族特色的文化产业格局。说到底,吃饭和活下去是根本问题,生存权是人类归根结底的追求目标,无论到何种时代、无论面临怎样的局面,人类骨子里的生存潜意识都不可能淡漠或被放弃,任何一次产业革命都是为了让人类生存得更美好。

　　有市场、有贸易、有交换、有事儿干,人类的生存就有了保证,而这一切都得以发达的商业作基础、作保证,没有贸易,要么抢要么盗,否则资源之间的交换就成了零。商业贸易的资源互换,目前看来显然是最合法、最公平的交换形式。这就是一个商业社会,然后才是一个创意经济的社会。商业发展是经济发展的根脉,一个国家的产能再大,如果没有跨国商业活动或限制跨国商业活动,其自给自足的内循环也难以创造出更大的经济发展空间,只有能够获得自己没有而别人手中垄断着的资源,才能寻求到新的经济发展空间和新的经济增长点。我国为什么要制定"一带一路"①的发展战略,又为什么要策划成立"亚投行"②,毫无疑问,这是我国对世界贸易、世界经济格局创造性发展的又一个新贡献,也是中国推进大国战略新的里程碑。

　　经济商业活动历来是人类最重要的活动之一,这是关乎生存和发展的基础,所以,设计产业管理仍应当将设计商业的发展作为自己最重要的任务,因为商业本来就是产业发展的主要目标。

---

① 一带一路 ——英文名是 The Belt and Road Initiative/One Belt And One Road/Belt And Road,简称"OBAOR/OBOR/BRA"。一带一路指的是"丝绸之路经济带"和"21世纪海上丝绸之路"的简称。这个战略构想由中华人民共和国国家主席习近平于2013年9月和10月间提出。这既是对历史的传承,又是对新的历史时期所做出的伟大战略布局,对中国未来的商业和经济发展意义非凡。因为"一带一路"实际上是一种国家双边和多边合作机制的重要平台,也是中国确立在政治互信、经济互通、文化互融理念之上构建新型世界经济贸易、政治格局的重大举措。而一带一路的构建首先是沿带沿路国家间新时期贸易互惠历史缔造的开端。

② 亚投行——全称是亚洲基础设施投资银行(Asian Infrastructure Investment Bank:AIIB)。该投资银行是一个政府间性质的亚洲区域多边开发投资机构,重点支持基础设施的建设,总部设在北京,法定资本1000亿美元。中国初始认缴资本目标为500亿美元左右,中国出资50%,为最大股东。2013年10月2日,国家主席习近平在雅加达同印度尼西亚总统苏西洛(Susilo)举行会谈时倡议筹建亚洲基础设施投资银行,用于促进本地区互联互通建设和经济一体化进程,并向包括东盟国家在内的本地区所有发展中国家基础设施建设提供资金支持。这一提议得到了苏西洛的积极响应并开始吸引了好多国家的关注。2014年10月24日,在经过多次筹备谈判会议之后,包括中国、印度、新加坡等在内的21个首批意向创始成员国的财长和授权代表在北京签约,共同决定成立亚洲基础设施投资银行。截至2015年4月15日,亚投行意向创始成员国确定为57个,其中亚洲为34个、欧洲为18个、大洋洲2个、南美洲1个、非洲2个。亚投行意向创始成员国遍及世界五大洲,涵盖了除美国、日本和加拿大之外的主要西方国家,后续的加入者可以普通成员身份加入亚投行。亚投行成立后的第一个投资项目就是"丝绸之路经济带"的建设。

（三）商业是产业的桥梁

商业既是产业的本质和目标，同样还是产业的桥梁。

怎么来理解这个意思，这中间有个较复杂的认知体系。

尽管我们把设计商业作为设计产业的本质和目标，这仅仅是从设计产业直接的任务出发的，即设计产业要发展设计市场、设计商业和设计经济，但是我们不能忘了，设计产业管理还有催生设计文化、培植设计创意的使命。换句话说，人类除了物质产品的需要、生活与生存的需要，还有文化精神享受的需要，还有创造的需要。对于人们内心的精神和情感方面的需要，物质只是起了一个桥梁的作用，哪怕这个物质商品使用功能强大得跟阿拉丁神灯一样，人们也希望能通过这种商品造型、使用功能欣赏到美、领略到生活的趣味，这是设计产业间接的、附带的任务。

梁思成先生带队考察云冈石窟（见图2－2）的建筑后，在考察报告"结论"中这样写道："装饰花纹在云冈所见，中外杂陈，但是外来者，数量超过原有者甚多。观察后代中国所熟见的装饰花纹，则此种外来的影响势力范围极广。殷周秦汉金石上的花纹，始终不能与之抗衡。云冈石窟

图2－2　云冈石窟窟景之一（成乔明绘）

乃西域印度佛教艺术大规模侵入中国的实证。但观其结果，在建筑上并未动摇中国基本结构。在雕刻上只强烈地触动了中国雕刻艺术的新创造——其精神，格调，根本保持着中国固有的。而最后却在装饰花纹上，输给中国以大量的新题材，新变化，新刻法，散布流传直至今日，的确是个值得注意的现象。"①这是总结论，梁先生从中外对比的方式谈了云冈石窟建筑内装饰花纹的总体印象："中外杂陈"，"外来者，数量超过原有者甚多"，"殷周秦汉金石上的花纹"，"中国雕刻艺术的新创造"，"其精神，格调……保持着中国固有的"，"输给中国以大量的新题材，新变化，新刻法"。一连串艺术化的语词对于主攻建筑结构和工程设计的建筑师

---

① 梁思成：《中国古建筑调查报告（上）》，北京．生活·读书·新知三联书店，2012年版，第323－324页。

来说实属宕开一笔。但如若建筑师关注到了装饰问题倒也是令人振奋的好现象，这说明这样的建筑师更能给人以美好、完善的建筑造物，这还说明设计除了技术、功能之外，天生也存在大量美与情感的问题。

相同的房产，精装修房肯定比毛坯房价格更高、更有竞争力；相同形制的椅子，用料讲究、做工精细、装饰美观的肯定比那种粗制滥造的更容易打动消费者，即便贵一点，相信生活不拮据的消费者都愿意接受。金碧辉煌的龙袍在功用上甚至比不上棉质的素袍更舒服、更保暖、更贴身，但让皇帝穿着布衣坐在朝廷上接见大臣和外宾成何体统。高楼林立的大都市如果晚间没有路灯和楼房装饰灯的点缀即没有亮化工程，这与巨大的水泥怪兽或废墟有何区别？

别以为设计产业追求商业的目标就可以完全抛弃优美、精巧的价值，抛弃了美的设计产业与极尽浪费、奢侈的设计产业一样，都是犯罪。

真正优秀的设计产业管理应当能将设计产业控制在一个均衡的尺度之内：即功用与美观的均衡、商业与情意的均衡、生存与享受的均衡。

商业只是一种手段、一个桥梁，一种创造美好生活的手段、一个通向愉悦世界的桥梁，而设计产业管理就是保证构建好这个手段、充分维护好这个桥梁的管理。大国战略不是唯商业强大为止，而是唯综合国力的强大而强大。

二、设计产业管理的宏观性

设计产业管理是一种宏观性管理，即它不同于一般性针对某事某物所进行的微观管理，如某工程项目管理、某产品的生产管理、某大型活动管理、某企业管理或组织管理、某种情报信息管理、某场战役管理、人力资源管理、财务管理、宣传公关管理、品牌管理、运输管理等，相较于设计产业管理都不过是微观管理。设计产业管理作为针对一个巨大产业的管理，其宏观性涵盖了尽可能多的管理内容和管理形式，上至国家法律政策的制定与落实，下至一个设计商品在商场内被标价又遭遇无情地砍价皆属此列。

我们将从时间跨度漫长、空间跨度宽广、管理层级复杂、管理内容繁多四个方面展开对设计产业管理宏观的表述与论证。

（一）时间跨度漫长

一个产业的成长要远远大于一个企业的成长，无数个同类企业的集中、组合与协调发展才会构成产业，而一个产业要想成长为支柱产业，没有长时间的酝酿、积累与跋涉一定不可能。设计是随着时间的推移而慢慢向前发展的，这种发展短则数年，长则要经过数个时代，某些产品需要历经数百上千年才会形成今天的设计格局、设计模式以及设计生活的习惯与产业样式。就人类的坐姿而言，有跪坐，有跏趺坐①,有垂足坐等。坐姿习惯有时候促进了家具样式的改变,有时候家具形制的改变又推动了人类坐姿习惯的进化。在中国古代曾流行一种箕踞坐(见图2-3):"'箕踞坐',两腿向前伸直而坐。这种坐法很像'箕',所以古人把这种坐法称为'箕踞'。低矮家具时期,以历史朝代来划分,从夏、商、周到隋、唐、五代。夏、商、周到汉魏这一段主要是低矮简单的小家具,多为凭倚型家具。南北朝至隋、唐、五代,这一时期中坐法很复杂。家具随人的生活习惯变化,由矮小型家具走向垂足坐的高坐型家具。然而,实际上它是属于承前启后阶段,

图2-3　箕踞坐(成乔明绘)

所以,又称之为'过渡时期'。高坐型家具时期,以历史时代来划分,是从北宋、辽、金、元至明、清。从北宋开始已经普遍使用高坐具。从宋张择端《清明上河图》中可以看出高坐具普及使用的程度,人们不再'席地而坐'了。高坐型家具,宋代已兴盛,金、辽、元代发展滞缓,明嘉靖、万历以后到清康熙年间才形成了高坐型家具使用的高潮。明清时期,无论是家具的种类品种,还是家具的制作技术工艺,家具作坊、专业化市场都处于中国古代家具发展的鼎盛时期。"②从五代顾闳中的《韩熙载夜宴图》中我们可以判定,高坐型家具兴盛于宋代,但起源起码是五代甚至唐代中后期。

中国的坐式家具在低矮家具时期,即从夏代至唐代不会耗费太多的原材料,当然主要是木料。这一时期的木料主要耗费在中国古式建筑上,在家具上远没有后代的耗费更巨大。同样,唐之前的家具产业也不可能超越后代,因为唐之前的人们习惯于席地而坐,既然高式家具不流行甚至还处于萌芽状态,那么,家具的制作技术与工艺水平也不可能达到后世的高度。尽管周朝的鲁班被奉为中国木匠技艺的鼻祖,但据前述,我们可以断定鲁班最大的成就仍然不是中国木式家具的

---

① 跏趺坐——也就是我们常说的盘腿打坐。

② 董伯信:《中国古代家具综览》,合肥. 安徽科学技术出版社,2004年版,第4-6页。

制作和发明上,应该在中国的古建筑上更加非凡,即所谓"大小木作"①。中国自唐代后期开始,人们开始离地而坐,别看一把椅子只是升高了30—50厘米,但却代表着人类文明提高了几个等级,人类进入了一个坐视更高的高度和范域,整个室内形制都彻底脱离了地

图2-4　榻榻米(成乔明绘)

面,升至空中,从而使中国人脱离了与尘土为伍的生活习性。而今天韩日榻榻米(见图2-4)及矮式家具格局仍然秉承了中国汉唐制。

一把椅子升高30—50厘米,对于整个家具产业可谓是翻天覆地的变化。应该自唐后期始,木材的使用量在中国必将翻几番,家具对木料的总用量和中国木结构建筑相比,不会少,只会远远超过;树木的种植与选拣业、树木采伐业、木料的粗细加工业、木料的运输业、板材合成业、家具设计业、家具生产制作业、家具运输业、家具营销业等都会蓬勃发展起来,其产业规模形制绝非历史前期所能比拟。也许有人会说,中国木式家具对木料的消耗应该是在明式家具发展和成熟时期抵达顶峰吧。笔者不认同这一观点。明式家具最大的特征之一就是木料讲究,常用非常珍贵的紫檀木、花梨木、鸡翅木、金丝楠木等硬木制作。应该说,在整个明式家具兴起至成熟时期,珍贵硬木的用量出现了空前的增长,以致过了这段时期,珍贵硬木因来不及生长而逐渐走向衰落和稀少。后世如自清朝后期始,普通人家也开始流行起明式家具而又没有经济实力去购买珍贵木料,就出现了以榉、柞、松、杉、杨、柳、榆等木料制作明式家具的盛况。今日,民间普通人家中能够见到的明式家具多以这些木料为主,这就说明,在明式家具成熟之后,中国在家具行业上,对木料使用的总量绝对超过了明式家具发展至成熟的时期。

---

① 大小木作——即大木作和小木作。大小木作都是对中国古代汉族木式建筑构成部类的称呼。其中大木作指木构架建筑的主要构成部分,由柱、梁、枋、檩等的承重结构组成,大木作也是古代木构架建筑尺度、比例、功能、主要形制和外观的决定部分。小木作顾名思义就是木构架建筑上不决定主要功能和结构的组成部分,小木作也不具备承重的作用,其制作的构件有门、窗、隔断、栏杆、外檐装饰、防护构件、地板、天花(顶棚)、楼梯、龛橱、篱墙、井亭等42种。

我们拿中国木式家具的发展做一个简单的回顾,可以看出设计产业管理的成长期一定是漫长而曲折的。设计产业管理者应当要用发展观、持续观、追踪观去观察、总结、调整、推行设计产业的发展。不懂史无以为鉴,不知古无以造未来。今天的计算机产业无论从硬件还是软件设计生产上来说都空前繁荣,但计算机思维的产生绕不过一个人,即英国数学家艾伦·麦席森·图灵(Alan Mathison Turing)(见图2-5)。图灵是世界上第一个提出利用某种机器实现逻辑代码执行的人,他一生都在努力思考用机器来代替人脑的思考和计算,正是这一貌

图2-5　图灵画像(成乔明绘)

似妄想的科学设想成了发明创造出计算机的思路来源,成为当今各种计算机设备得以涌现的理论基石。图灵利用他的机器模拟人脑的思维实验破解了德国纳粹军事情报的"谜式密码",从而使"二战"提前2年结束,拯救了至少1400万人的生命。1939年,美国的约翰·阿塔那索夫(John Vincent Atanasoff)制造了世界上第一台电子计算机ABC,这是图灵设想在硬件设计制造上的第一次实现;冯·诺依曼(John von Neumann)1945年提出了计算机硬件设计的改进方案,1946年在改进硬件设计的基础上发明了电子计算机存储和控制程序的软件编写设计体系,至此,人类电子计算机时代呼之欲出,也真正将图灵设想化为现实,揭开今日人类全新的电子产业时代的序幕。

(二)空间跨度宽广

除了在时间上,设计产业管理需要兼顾所管设计产业的来龙去脉、诞生与发展史,设计产业管理要慢慢培植、经营、发展设计产业。同时,设计产业管理还具有管理空间跨度宽广的事实,这一宽广程度不可测量,几乎涉及人类的各行各业。

这里的空间不仅仅包含物理上的地域、区划和方向上的视觉范围,这里的空间还包含产业门类、产业业态即行业与产业覆盖的范畴。

从地域、区划和视觉范围上来看,设计产业管理有一国、一民族的设计产业管理,也有一省一市甚至一乡一村的设计产业管理,这种管理空间上的跨度受制于设计产业在空间上的分布。如沙漠整治管理当然主要集中于沙漠区,海上渔猎管

理当然主要集中在海域,伐木管理当然集中在森林区,矿藏开采管理当然主要集中在矿藏储备区,商业广告设计制作和发布管理不集中于广告盛行的都市区和商业发达区就属于离题万里。今天的特例就是设计产业出现分散设计、分散生产、分散组装、分散营销的趋向,如一部汽车的设计生产被拆成诸多部分,发动机的设计生产在德国、汽车电气设备的设计生产在美国、车身和底盘的生产在沙特阿拉伯、方向盘的生产在伊朗、轮胎的生产在马来西亚、汽车组装又在中国等实属常有之事。这种分散性的产业布局打破了国别性的界限,从而让一件产品从设计到市场营销的整个过程切割为不同的部落,国别区域空间很难在这样的生产经营模式中得到完整的维系,这样的现象产生的原因很复杂。分散性生产经营模式是一种趋势,也是一种灵巧的设计产业管理形式。这种灵巧来自于资源整合,我们可以称之为区域性整合发展、区域性协作发展或者区域协同发展模式。其本质就是商业宗旨的坚决贯彻。商业宗旨就是以最小的投入获得最大的收益,这是一笔经济账:发动机的核心技术要数德国最先进,当然在德国生产可保证汽车的动力技术高人一筹;美国的现代电气自动化技术毫无疑问一枝独秀,将汽车电气设备的设计生产放在美国,同样可以使汽车品质有保证,这样可以卖上一个好价格;车身和底盘放在沙特阿拉伯生产完全是因为沙特阿拉伯人力资本便宜,在发达国家人工费高不可攀的情况下,选择人力资本便宜的国家来生产技术含量低、劳动密集程度高的部件着实是一个如意算盘;方向盘放在伊朗生产也有其原因,伊朗人力资本也不算贵,伊朗跟欧美关系还不错,欧美给它些事做做也算是救济一下伊朗的制造业吧,伊朗在制造业的税收上非常低亦可以省下一大笔成本;轮胎的主要原料是橡胶,马来西亚盛产橡胶,那将轮胎放在马来西亚生产自然是盯上了马来西亚的橡胶资源,就地取材、就地生产,实在划算;汽车组装放在中国,这还用说,中国是世界上最大的汽车消费国,汽车最大的市场在中国呀,就地组装就地销售可以节省一大批的运输费和宣传费。如此可见,设计产业管理以宽广的视野突破国界实现全球性的把控和调配,实在富有玄机。

另外,除却物理空间和视觉空间,设计产业管理涉及的行业范围也是相当宽广。如设计产业法律法规的修订、设计产业政策的制定与落实、设计产业投资环境的构建与维护、设计市场环境的构建与维护、设计生产行业的监管、设计流通行业的监管、设计消费行业的监管、设计的咨询和服务产业、设计版权的申请与保护管理、设计产业教育环境的构建与维护、设计产业包装宣传行业的构建与维护、传统设计文化遗产的保护与管理等,几乎涉及全体社会的各个部类。我们很难从设计产业管理上去说这些社会部类之间的因果逻辑关系、前后位置关系,这些部类不分轻重、不分缓急、没有顺序,在设计产业上的功能和作用是错综纠缠在一起的。而具体到单个的设计项目而言,任何一个设计项目也会涉及许多步骤和部类,尽管这个步骤明确、部类清晰,但其宏观性的视野其实就是设计产业管理宏观性质的纳米级组成元素。

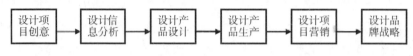

图 2-6 设计项目的运营过程示意图

图 2-6 揭示了设计项目运营中最为粗略和简化的过程,这种简化几乎已经到了至简的地步,即使至简,仍然可见有六个阶段。如果加上筹集资金、组织人员、售后服务三个阶段,那么该当有九个步骤。①一个小小的设计项目就是一个宽广的工作领域,其中项目创意又要兼顾到国家设计产业政策、法律法规的允许范畴;设计信息分析还会涉及计算机网络行业、新闻发布行业、新闻传播行业、信息码的破译等;产品生产会涉及原料供应、机械制造技术业、财会核算行业、现场测管行业等;项目营销涉及营销策划行业、广告设计和发布行业、城市公共活动审批和监管等;设计品牌战略又是一个更加宽广、周期更长、环节更复杂的管理工作。如此一折腾,我们可以发现设计项目也绝不是一个单纯的小型工作,而且同样需要宏观的视角、宽广的心胸,才能保证设计项目的有序推进和尽量的完备无损。

设计产业就是由一个个设计项目组成的,一个设计项目可能会伸展到一个庞大的领域,何况是一群一群、一堆一堆设计项目的群落集合呢,而且还要极尽所能将这些设计项目群落整合协调,布局出更大、更合理、更加相互依存和互惠互利的设计产业链系和设计产业大局。设计产业管理必须是空间极为宽广的范畴,才能容下无穷无尽的人类生活和物质与精神的创意。

(三)管理层级复杂

管理层级往往是按照管理主体的定位和管理功能的大小确定的,诚如我们平常所谈论的顶层管理、高层管理、中层管理、基层管理一样,管理其实有层级之分及管理上的纵深度问题。作为一个产业,其管理幅度宽泛,那么层级就相应复杂和厚实一些为好,因为没有任何一个管理团队或管理组织能在绝对扁平化程度上管得好所有的事情。即使在封建王朝里,尽管"溥天之下,莫非王土"②,但皇帝和

---

① 成乔明:《设计项目管理》,南京.河海大学出版社,2014 年版,第 29 页。

② 出自《诗经·小雅》。迟文浚:《诗经百科辞典》(上),沈阳.辽宁人民出版社,1998 年版,第 394 页。

国王底下也会组建层层叠叠、授权排位的大臣队伍,从而用大臣式官僚体系去管理整个国家,所以才有"率土之滨,莫非王臣"①。

设计产业涉及的方面众多、对应的环节复杂,这一点我们在上面第二点中已有触及,所以设计产业管理自然也就需要设置层层级级的管理来一一对应、各司其职。

1. 政府及其职能管理机构。中央政府及其直属部、委、总局等职能管理机构主要从事国家设计产业管理的顶层设计工作,如确定全国性的设计产业类型、设计产业格局、设计产业发展目标,如指挥设计产业统计数据的全国性编纂和发布,代表国家制定与外国设计文化的交流制度、制定设计产业方面的国家性大法和规章条例、组织并指挥国家大型设计工程项目的论证以及建设工作、制定设计产品进出口方面的参数和要求等。层级越高的设计产业管理越为宏观、越为粗线条,在设计产业工作上也越具有指向性、规划性,对大面上的设计产业发展指挥权也越大。对于涉及设计产业行业、设计市场、设计产品、设计贸易、设计文化发展具体事项或具体区域的问题,中央政府一般会委派部、委、总局等直属职能管理机构去指导办理和处置,各部、委、总局又会责成垂直一级的职能部门去具体办理和处置。当然,中央政府所属的直属职能管理机构对设计产业方面的所作所为应当是代表了中央政府的决策,实际上充当了中央政府的代言人在管理设计产业,他们是顶层设计管理工作的参与者。

2. 如果说中央政府及所属的部、委、总局就是国家设计产业管理的顶层管理,那么省、自治区、直辖市人民政府及其直属厅、委、局对设计产业管理方针政策的拟定和监督落实就属于设计产业的高层管理。这个高层管理必须服从顶层管理的意愿,是顶层管理理念在区域性、设计行业性方面最高的行动指南,当然,只是在本区域设计行业内最高的行动指南。顶层往往给指导意见,高层来解读顶层的指导意见并制定出相应的行动指南。如我国 2000 年 9 月 25 日发布的《建设工程勘察设计管理条例》就是由中华人民共和国建设部制定、由中华人民共和国国务院发布的管理条例,尽管制发分离,但毫无疑问这就是中央政府在建设工程勘察设计方面最高的法令。该法令发往各省、自治区、直辖市政府及相应建设部门、工程部门、勘察部门,而省、自治区、直辖市政府依据此法令可以结合本地区实际情况继续制定省、自治区、直辖市一级的《建设工程勘察设计管理条例》。这一次的制定将是本地区建设工程勘察设计方面最高的、具体的行动指南。下一级条例只

---

① 出自《诗经·小雅》。迟文浚:《诗经百科辞典》(上),沈阳. 辽宁人民出版社,1998 年版,第 394 页。

能是对上一级条例的服从和细化,逾越上一级条例的指令是无效的。

3. 到了再低一级政府制定的条例如县、乡镇政府的规定,就只能属于土政策。既然是"土"政策,严格意义上说来是不合法或不受法律保护的,但对于行之有效又不违法的土政策,国家也会睁只眼闭只眼。国家、省市一级的设计行业协会往往也会成为相应级别政府的设计产业社会化辅助管理组织,如各省一般都有省级工艺美术协会、民间文化遗产保护协会、门类设计的管理协会等。如果不是由政府职能部门设定的协会、行会通常不吃"皇粮",靠区域内设计企业共同出资维持。这些协会、行会其实对本区域内的设计行业、设计企业状况更加熟悉和了解,它们对本区域内的设计市场、设计发展、设计布局、设计运营尽管没有法定的指挥和执行权,但它们通常是众设计企业推举产生的行业组织,有时候深受设计从业者和设计企业们的信任与拥戴。这个时候,行业管理组织的功能和作用会显得尤为重要,它们成为政府与区域设计产业实践之间重要的桥梁。设计行业协会与行业组织对本区域设计产业的管理与服务功能就是一种中观设计产业管理。

4. 设计市场上的竞争者主要是设计企业,这使设计企业成为设计项目、设计工程、设计产品、设计创意直接的创造者、运营者和版权所有者,所以设计企业自给自足的运营状况直接决定了设计产业的发展形势。设计企业作为设计市场直接的构成者和竞争者,必然都会不遗余力地发展自己、加强自己的软硬实力,特别对自己内部的管理更是兢兢业业、一丝不苟,这种内部的管理就是通常意义上描述的企业管理。设计企业管理是顶层、高层、中层设计产业管理根本的落脚点,设计企业管理普遍规范、设计企业的素质普遍高,那么设计市场一定更加繁荣与规范,相反,只会让设计市场充斥恶性竞争、混沌竞争。当硝烟弥漫的恶性竞争、混沌竞争过度泛滥,那么设计产业必将走向死亡,要么垄断形成,要么市场崩溃,此时政府会出手干预、整顿并通过政策调整以求建立新的市场秩序和产业格局。具体的设计企业管理、设计项目运营管理就是设计产业管理的微观管理,也是设计产业中的基层管理。如果把设计市场比喻成战场,设计企业管理与设计项目运营管理基本就是战场上的前线,是面对面作战的"敢死队"。

上述四点构成了设计产业管理的具体层级,仅仅以为其中任何一层就代表了设计产业管理全貌,不管是从实践上还是学术研究上来说都有失偏颇。上述四层级管理由上往下看,一层比一层具象、一层比一层细化、一层比一层微观,同时,权力层层下移。但设计产业管理的精神广泛度、深刻度却层层上移。

(四)管理内容繁多

时间跨度漫长、空间跨度宽广、管理层级复杂,那么,管理内容就必然丰富而繁多。

　　如果要真想将一国的设计产业管理做精做细,那么了解本国的设计产业历史就显得尤为重要,如建筑(产业)史、工艺美术(产业)史、服装设计(产业)史、园林设计(产业)史、家具设计(产业)史、印刷装帧(产业)史、工业技术(产业)史、广告设计(产业)史等。对一国历史的深度把握可以知道本国设计产业曾经发展的高度与深广度,可以了解前人在设计产业方面的经验和教训,可以在今天发展设计产业的时候能够兼顾到民族产业的历史延贯性,不保守也不冒进,但又有了追求时代特色与创新取向的参照依据。同样,对国内外设计产业管理需要进行对比性研究,了解别国的经验与教训、深刻掌握别国的具体做法、研究和揣摩别国发展设计产业的经济意图和政治用意,知己知彼,才能在国际化竞争中立于不败。那么,设计产业的研究毫无疑问也属于设计产业管理的重大内容,这是一项严肃性的学术研究工作。这类研究性成果显然对国家产业政策的制定和贯彻将提供重要的依据和参考,势必对整个设计产业管理环节产生重大的引导和纠偏功能。设计产业管理不是只考虑赚钱的问题,在设计产业战略被中央政府明确为治国方略的时候,研究先行、学术先行尤为重要。研究和教育不是与商业无关的事情,我们总习惯于将商业确定在市场范围内,往往疏忽了非市场行为对于商业和市场的发展总能起到功不可没的支撑、服务、引导效能。遗憾的是,我国在设计产业、设计产业管理方面的学术研究尚处于非常迟缓的状态,学术界对此迟钝的表现让有见地的学术成果寥寥无几。

　　这里拿设计产业学术研究做一个比方,以此说明设计产业管理的管理内容是多么庞杂。设计产业管理应该有宏观的胸襟,在市场内外来确立自己的地位,构建自己的管理内容,而不能自我局限地将自己限定在设计市场之内。我们先来看一看下面的图。

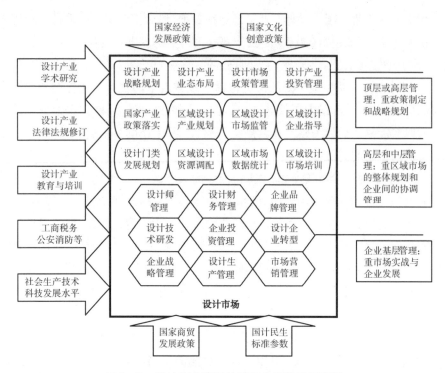

图 2 - 7   设计产业管理的管理内容体系示意图

由上图可以看出,设计产业管理在设计市场内有一个庞大的内容集群,这个内容集群可以从中央政府的顶层管理、省一级政府的高层管理、全国或地方行业协会的中层管理、设计企业的基层管理四个层级上去确定,当然,中间有复杂的交叉和重叠关系。设计市场内的内容集群是紧密围绕市场、商贸、产能、投入与利润等商业范畴而生成的,这符合市场本身就是一个商贸与交换场域的本义。我们对设计产业通常的认识,更多集中在这个范畴上。根据图 2 - 7 所示,其实在设计市场外围还有一些社会部类在紧密影响着设计市场的发展与变化,这个外围的社会部类有些与设计有关,有些与设计工作甚至毫无关系,但作为社会的职能部类,它们不可避免将对设计市场产生或隐或显的作用。无论是设计市场内还是设计市场外,图中的管理内容都是设计产业管理不容忽视的内容,这里的内容不可能全面,仅作为例证用来说明问题。同时,图 2 - 7 还只是设计产业管理在内容上的简单罗列,没有严格地按现实中的生产性生态关系进行展示,因为生产性生态关系的排列展示不是本节的重点。

三、设计产业管理的系统性

什么叫系统？系统就是由无数部类组合而成的一个整体。这个整体不是简单的拼凑、堆砌、罗列形成的简单组合，这个整体是无数部类之间相互有机整合、相互协调运作、相互支撑合作而形成的一个完善的生命体，通过部类的整合协同从而让整个生命体呈现一个动作有先有后、气韵有进有出、功能有强有弱的生态体系。系统不但有生命，系统也有变化，系统还会有自我修复能力，系统应该是活的。具体到设计产业管理上来看，设计产业管理的系统性主要体现在三个方面：管理目标的系统，管理程序的系统，管理方法的系统。

(一)管理目标的系统

设计产业管理的目标是一个系统，如果说设计产业管理的目标就是要发展设计产业，这是一个含混的说法，容易让人丈二和尚摸不着头脑。尽管这个说法本身没有任何问题，但我们必须将目标稍作分解，即可更加清晰。

政府参与设计产业管理的目标究竟是什么？前面已经花较大篇幅谈了政府对设计产业就是一种政策性的宏观管理。宏观管理不是大而空洞的管理，这种大是一种战略上的大、层面视野上的大、空间涵盖上的大，是大国战略之大。越宏观就越无所不包、就越影响大局、就越意义深远。相较于一场战斗来说，整体上的战略把控显然意义非凡。如新中国的伟大领袖毛泽东就是宏观战略、系统作战上的大师。

政府在对待设计产业发展上的目标经分解可以涉及社会发展的方方面面，概括说来如下：

表2-2 政府设计产业管理目标分解细化表

总目标	分目标	子目标
发展设计文化	发展传统设计文化	非物质文化遗产保护
		物质文化遗产保护
		传统设计文化的应用与发展
	发展现代设计文化	时尚文化的运用
		现代设计的收藏
		现代设计精神的研究
	发展未来设计文化	立足当下的设计构想
		实验设计的发展
		概念设计的展示与评价

总目标	分目标	子目标
发展设计经济	发展设计生产	新型设计材料产业
		新型工艺技术产业
		新型制造科技产业
	发展设计流通	设计商品的信息产业
		设计商品的运输产业
		设计商品的展示陈列产业
	发展设计消费	设计信息消费产业
		设计商品消费产业
		设计消费服务产业
改善人民物质生活	改善物质供给	物质供给渠道的发展
		物质展示方法的发展
		物质试用服务的发展
	改善物质品位	商品质量的控制
		商品健康指标的制定
		商品节能体系的确立
	改善物质功能	商品功能的开发
		商品功能与需求的配套
		商品功能与消费力的配套
	改善物质形式	商品形制的改进
		商品形制的创新
		商品功能与形式的吻合
改善人民精神生活	改善精神商品的供给	人民精神需求的挖掘
		精神商品的供给渠道
		精神商品的展现方式
	改善精神商品的品位	精神商品的内容质量
		精神商品的情感力
		精神商品的改造力
	改善精神商品的功能	精神商品的收藏功能
		精神商品的教育功能
		精神商品的娱乐功能

总目标	分目标	子目标
	改善精神商品的形式	精神商品的艺术形式
		精神商品的审美方式
		精神商品的呈现手段
促进设计国际交流	促进设计商品的出口	传统设计商品的出口
		时尚设计商品的出口
		设计商品的出口政策
	促进设计商品的进口	优秀设计商品的进口
		异国设计文化的选择性进口
		设计商品的进口政策
	促进设计商品的融合	国际交流的平等对话
		国际交流的互通有无
		国际交流的强强联合

表2-2中大致将政府设计产业管理目标分为总目标、分目标、子目标,这些目标还只是择取一部分陈列于此。这些目标之间不是简单的并列关系,而是具有内在相互关联的关系,其中,子目标聚合形成分目标,分目标再聚合形成总目标。如果先确立了总目标,那么可以分解出分目标和子目标;如果先确立了子目标,也可以同类合并归纳出分目标与总目标,这是表格中横向上的内联关系。尽管表格在纵向上没有严格按照一定的逻辑关系排列,但它们之间其实是具有内联的:发展设计经济可以改善人民的物质生活,人民物质生活的提升可以推动人民精神生活,人民精神生活不断提高毫无疑问对设计文化的发展具有强大的推动作用。只有本国设计文化实力雄厚、积淀丰富,本国的设计文化才能具有冲出国门、走向世界的底气和自信,才能在国际上与优秀设计文化平等对话。

设计行会或设计协会的管理目标是本区域、本行业设定的理想状态,它是在政府目标指引下围绕限定区域、限定行业的特色而稍作调整制定出适合本区域、本行业的特定目标系统,虽说特定,但几乎与政府设计产业管理目标系统一致。但设计企业管理目标的设定更加具体且更加富有实战性,这是由设计企业的组织特性、市场竞争主体决定的,我们可以用下图来对设计企业管理的目标系统稍作分析。

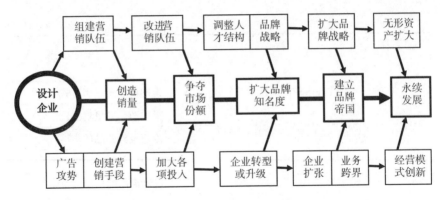

图 2-8　设计企业管理的目标系统示意图

对于诚意做企业的企业家来说,这样一个目标系统是必然的选择,创造销量是眼前总目标、争夺市场份额是短期总目标、扩大品牌知名度是中期总目标、建立品牌帝国是长期总目标、永续发展是一个企业的终极目标;中轴线上下两排方框就是设计企业管理的分目标,分目标之外还有配套的子目标,这里不一一呈现。前一个目标的实现继而会促生后一个目标,每一步的分目标又必须为相应的总目标配套,否则就会失去分寸与节奏。这是一个庞大的交响乐团,协同式前进才能奏出最美乐章。

(二)管理方法的系统

管理总是有方法的,设计产业管理的方法绝非一两种,也应该是一个庞大的系统。我们按照生命的进化理论来确定设计产业管理的方法系统,会显得清晰而有序。

立足根本法是第一大法。谈到立足根本,就又回到了最初、最基本的一个问题,那就是为什么要倡导文化产业和设计产业,这就像问"人为何而生"一样是一个永恒的问题。人为何而生?在现代科学与哲学的观照下,我们已经明白这个答案。人的出生就是为了生命的延续、为了人类的繁衍。这是根本性答案。或许有人说:人的出生是人类追求身体性欲的副产品,人类在性行为中能得到快乐和舒畅,所以不是为了造人才有性行为,是为了追求性行为本身才附带性地造了人。对此,笔者不以为然。得不到快乐和舒畅,人类会冒着淫荡好色之骂名去追求性行为吗?如果不快乐和舒畅,人类生命可能早就灭绝了。这正是上帝的高明之处,任何鲜美的体验和华丽的诱惑之后都带着更深层次的目的。用快乐和舒畅诱惑人类进行性行为只是一种方法手段,根本上依然是为了生命得以延续的自然性选择。

生命的延续不仅仅是"人为何而生"的根本答案,其实也是"为什么要倡导文化产业和设计产业"的根本答案。有两种情况是促进设计产业被隆重推上历史舞台的根本。第一,物质创造需求的丰富、扩大与发展;第二,人类社会的可持续发展。

1. 物质创造需求的丰富、扩大与发展

物质创造是人类赖以生存下去的基础。前面谈到,生命的延续才是倡导设计产业的根本。随着社会的进步,人类对物质生活的渴望越来越兴盛:今天的人们需要更科学、高效地劳动;今天的人们不愁吃、不愁穿,可对吃穿要求越来越高,要有品位、有个性、更体面、更引人注目;今天的人们生活在物质相对过剩的时期,对精神追求、娱乐享受、身心放松要求也越来越多,于是影视、游戏、网购、网上交友、娱乐场所、旅游、阅读、运动、各种培训等方面的需求变得更加丰富,这就需要设计创意力发挥更大的功能、设计产业表现得更加优异,如此才能满足人们日益增长的物质和文化精神生活的需求。如果设计创意、设计生产力、设计丰富度跟不上人们的需求,那么政府就会背上"拖社会福利后腿"的骂名。生命本能是一切创造发明的原动力,只要始终尊重自然生命的本能和社会生命的本能,人类设计发明的实践就不会停止,人类产业革命的实践就不会停止。既然如此,不如大力发展设计产业。

2. 人类社会的可持续发展

人类社会还能走多远,或者说地球还能存在多久? 记得几年前,好莱坞一部大片《2012》(Farewell Atlantis)(见图2-9)掀起全球恐惧和沉思的浪潮。一部电影固然对人们的生活习性造成不了什么巨大的影响,关键是电影内容向人们揭示了地球毁灭前的

图2-9 电影《2012》剧照形象图(成乔明绘)

悲惨景象。电影用先进的特效技术向世人"真实"、形象地揭示了地球毁灭是一场前所未有的灾难,谁也无法逃脱上帝设定的最终宿命。一个有趣的背景知识就是:玛雅人(Maya peoples)的日历也到那天为止,即2012年12月21日,再没有下一页。大家恐惧的是,这一天难道就是世界末日? 虽然我们都侥幸活过了2012年,但可持续性发展问题已不可回避地越来越受到重视和反复的盘诘。现代工业

对环境的破坏似乎已到了无可收拾的地步,2012 年不是世界末日,总有一天会是世界末日。而一个国家在这之前难道还要经受种种磨难和打击吗? 对国家和人民来说,最大的打击无非就是两个:战争和贫穷。在和平年代,贫穷是最可怕的灾难,而造成贫穷的原因也无非是两个:自然灾害和经济危机。今天,经济危机是各国真正害怕的东西。传统工业正在遭遇转型,否则会加剧地球毁灭,于是各国都在寻求新的经济增长点。文化产业和设计产业故而以无烟工业、绿色工业、健康工业、可持续性工业的美誉度赢得人类的青睐,成为今天产业转型最佳的选择。

这两个根本不能丢,这两个根本是关乎生死的战略问题。设计产业管理一定要牢牢抓住这两个根本而做到有的放矢、精心策划。这就是立足根本法。

循序渐进法是设计产业管理第二个需要谨记的方法。设计产业是一个庞大而繁杂的体系,前面已有论述,这么多目标、这么多部类、这么多环节注定了设计产业管理将是一个漫长甚至遥遥无期的管理工作。梦想设计产业发展能一蹴而就达到预想的状态和目标,注定不能成功,所谓欲速则不达。设计产业格局的全面形成也只是耗时耗力完成的第一步,随后设计产业业态的整合以及设计产业品质的高端化提升将会更加艰难。一定要用打持久战的心态来对待设计产业管理工作,一步一步脚踏实地前进并坚持不放松,才会有成功的希望。

分而治之法是设计产业管理第三个可以采取的方法。毛泽东依靠持久战、游击战,哪怕是小米加步枪,也成功获得了抗日战争、解放战争的全面胜利。游击战思想在设计产业管理中就是分而治之的方法实践。一个政府再强大、再有能耐,也不可能事无巨细、面面俱到。必须按区域、按行业对设计产业工作进行部署,由各职能部门、各委派机构、各社会组织进行有针对性的分工去管理和发展设计产业。只有全社会各司其职、各守其道、各尽其力,设计产业的发展才会赢得最终胜利。

整体统合法。全社会各司其职、各守其道、各尽其力不是说全社会各部类随性自由、无组织、无纪律。政府及行政职能部门还要一条线地从上到下对各自权力范围内的设计产业管理工作进行整体的统合,杜绝社会在设计产业、设计市场运营中出现一盘散沙的状况。没有整体统合,再有特色、再有创造力的地方做法、行业做法也很难对设计产业大局产生积极性的影响。这几年,设计创意产业园区遍布全国各地,几乎每个省、每个市都曾大力建设过文化或设计创意产业园区,但真正最后有赢利、真正做出像样产品的产业园区十不过一二。其间耗费的人力、物力、精力、财力估计最后都没有谁来承担,社会资金、时间、智力就这样白白流失掉了。政府需要尽快拿出设计创意产业园区建设的相关制度、准入机制和评价指标,没有整体统合,设计产业漫长的冤枉路将会更长、更加起伏不平。

依法奖惩法。借助设计创意产业的发展，有没有贪污腐败、假公济私、恶意炒作、毁灭文化的行为出现甚至长期存在，这个答案不用笔者作答。嵩山少林寺公司化的运营模式颇为令人生疑，一个佛教圣地、一个宗教文化的集大成者，如今被拆分成数十家公司在全球范围内进行注册和商业运营，且不说这些钱的来源合不合法、合不合情，且不说这些钱的去向究竟有没有假公济私的成分，就说这种做法本身究竟是为国争光还是丢人现眼、玷污中国的宗教文化是需要依法进行认真研究、确证的，对于其中隐藏着的、差强人意的不法行为也应该要依法给予总清算。任何一次产业大变革过程中，都会产生一大批的贪官污吏，这一次一定要严肃认真对待设计产业发展的契机，该奖的奖，该严惩的，绝不能手软。

目标设定法。前面讲了设计产业管理的目标系统，可见目标是完成未竟事业最重要的发展方向。设计产业发展是国家的大事件，举国上下都应该明确目标、认准目标，目标明确了才能有条不紊地朝着目标前进和追求，绝不能出现屁股决定脑袋、依某些权力官僚的喜好而破坏设计产业总纲、总战略、总目标的现象。无论是宏观调控还是微观市场竞争，都应该设定目标，同时，目标的设定不能违背国家设计产业政策的总纲领、总目标和总方略。

过程监控法。有了目标之后就要认真把控实现目标的过程。目标究竟能不能成功，关键看设计产业的发展过程，过程远比目标更复杂、更多变，如何保证过程的有序进展关键看制度、规章、标准贯彻的程度和深度。政府的职能机构、检察部门、执法部门、市场管理部门、行业机构应该要通力合作、携手狠抓设计产业运营的过程，一步一步不放松、一步一步不动摇，如此实现目标并非难事。

立足根本——循序渐进——分而治之——整体统合——依法奖惩——目标设定——过程监控，是设计产业管理的七大方法系统，大到国家层面、小到企业内部都应当使用这样的方法系统。其中，立足根本、循序渐进是理念性方法；分而治之、整体统合是一种宏观管理性方法，是将理念转变为行动的贯彻法；依法奖惩、目标设定、过程监控是具体的行动执行方法，从而构成"理念法—贯彻法—执行法"三位一体的设计产业管理方法体系。

（三）管理程序的系统

所谓的管理程序显然就是具有相对固定步骤和先后顺序的实践操作和管理行为，这种固定步骤和先后顺序基本就是法定操作和法定程序，无论是约定俗成的设计操作流程还是一件事情的办理流程，其实都属于一种程序。

建一座屋舍，显然需要经过一些大致的步骤：选址——打地基——基础工程——主体工程——装饰工程——装修工程——园林工程，其中打地基和基础工程又分为开挖——打桩——浇筑——砌基墙——填料——夯土，当然主体工程主要就是浇筑——立柱——砌墙,等等。又如建筑表皮的问题,它绝非是在外墙上刷一层墙外漆、涂料或贴一层外墙砖那么简单;"不论项目类型是什么,对于建筑表皮的设计方法,第一步都是清楚地理解工程的约束条件:设计大纲、地段、背景、规划、立法和经济。这些参数成为设计的驱动力,提供了最大的可能性而非限制。这种方法产生了适用于多种建筑类型的、应对复杂问题的整体解决方案。"①在第一步完成的基础上,第二步才真正需要考虑建筑室内的功能和内部空间的需求,即需要让建筑表皮与建筑内部功能应景;第三步还需要观察建筑外部周边的大环境和空间的特征,不能让建筑表皮过于跳跃而与外环境相距甚远;当然,随后究竟选取什么样的材质、设计成什么样的形制必须要与建筑主的收入状况和消费水平相匹配,不能过于奢侈,但也不必寒碜。

凡事其实都有固定的程序,成熟的程序可以保证人们少犯错、少走弯路。设计上的流程属于技术程序,而对于一些管理或办事流程,其程序就属于事件程序,有时候事件程序同样严格且更重要。大国战略的推进和落实也有其固定程序。

某单位如果想在自有土地上以自有资金建设自用办公楼,照理说是自有、自用,是不是可以自己做主呢?那可不行。尽管你没有占用人家的地皮、没有欠人钱,也不是用于商业建房,但建房程序还是要一板一眼,不得马虎:1. 向市规划委员办公室申报规划意见,取得《规划意见书》;同时,委托发改委认可机构编制立项用的"项目申请报告"及"投资项目独立节能专篇";同时,委托环保局认可机构编制环保审查用的"环境影响评估报告";同时,委托交通委认可机构编制交通审查用的"交通影响评估报告"。2. 向国土局申请用地预审,取得《用地预审意见》;同时,委托设计院根据建设方及规划意见书的要求完成"总体方案设计"和"单体方案设计"。3. 向环保局申请环保审查,取得《环境保护审查意见》;同时,向规划委员会和交通委员会申请交通审查,取得《交通影响审查意见》。4. 向发改委提出立项申请和节能审查申请,取得《项目核准批复》《节能审查意见》;同时,委托招投标机构完成勘察设计招投标程序,取得《中标勘察单位、中标设计单位备案回执》。5. 向规划委员会送审设计方案,取得《设计方案审查意见》;同时,向发改委交纳基础设施建设费,取得《基础设施建设费缴纳回执》。6. 委托勘察院进行地质勘探,提交"地质勘查报告";同时,委托设计院完成"人防报审图纸设计",向人防办报审,取得《人防设计审查意见》;同时,委托设计院完成"消防报审图纸设计",向消防局报审,取得《消防设计审查意见》;同时,委托设计院完成"工程规划

---

① 【英】珍妮·洛弗尔:《建筑表皮设计要点指南》,(李宛.译),南京.江苏科学技术出版社,2014年版,第90页。

许可证报审图纸设计"和"建筑、结构、水、电、气、暖、信等各专业初步设计";同时,向规划委员会申请用地规划许可,取得《建设用地规划许可证》;同时,向发改委申请年度开工计划,取得《年度开工计划通知书》;同时,到城建档案馆办理档案预保管登记,取得回执。

不管多烦,这就是程序。任何程序特别是需要法律确立的程序都一定是经过长期实践检验过的、良好的行事流程。当然,中间为谋私利而设置障碍的程序一定要依法审查并严格取缔。

我国在 20 世纪末期提出要大力发展文化产业,进入 21 世纪第二个十年才慢慢提出设计产业大发展的方针战略,这也是深思熟虑的程序性结论:20 世纪末期,中国经济要更高更快地发展——环境保护以及经济危机防范意识制约了传统产业的进一步深度发展——国际上开始兴盛文化产业战略——中国政府智囊团及参事机构研究分析——国家主席与国务院总理宣布确立文化产业战略——文化产业的法律法规进入正式修订程序——同时,试点城市与试点行业上马——同时,文化创意产业园区涌现——文化产业战略成为基本国策——设计创意产业被细化出来——各种设计创意产业的政策纷纷被制定。尽管存在一定的漏洞和问题,但这是一个相对完整的程序。

政府在应对当下精神经济与消费娱乐经济时的政策也有一个初步的程序:"1. 加快调整国民经济产业结构的步伐——保持农林牧渔等优势产业的传统,加快有利于或无害于生态环境的工业、制造业的发展,在此基础之上全力发展精神产业,在一定时期内有计划地使精神产业成为国民经济产业结构的主力军,这其实是需要树立理念。2. 分层次、分类别地积极开发和促进、引导精神产业的全面发展——对于强势精神产业,政府要用法律、财税等手段进行规范和优势互补,给它们创造优良公平的市场氛围;对于中势精神产业要积极引导它们参与市场竞争,鼓励它们走产业化道路,用税收政策给予它们一定的优惠条件和帮助措施;对于弱势精神产业要认真做好调研部署工作,做好产业思路的准备工作,对教育、科研、文博等弱势精神产业要尤为给予重视和资助,这里的强、中、弱是依据市场化程度而言的。3. 积极创造人才自由流动的大环境——在精神经济时代,我们不难肯定,是智慧、知识、信息引导财富流、资金流、产业流,而智慧、知识的拥有者是人才,对人才特别是高级人才的运筹帷幄将是大国战略得以实现的最大法宝。4. 关注困难群体,建立人文政治和人文经济——精神经济时代的最大问题可能就是会让贫富悬殊因智力技能的分配不均再次扩大,我们可以借鉴他国经验解决贫富悬殊的难题。5. 积极运用和发挥精神经济的后发优势,推动整个国民经济的发展——我国悠久的历史文化和历史精神资源可谓博大精深,如何借助精神经济刮起的东风将民族文化做大做强是中国政府时下的重任之一。发展中国家唯一可以后来居上的经济形式就是精神经济，其中尤以文化艺术产业、影视产业、旅游产业、民间工艺产业等为重。"①树立理念、规划产业格局、解放设计与产业人才、关注困难群体、用实践来检验后发优势的可能性并定为国策。这就是国民经济和产业结构调整的程序。

其实，最可怕的不是设计企业按不按程序来做事，最怕的是政府自己定的程序自己不遵守，在设计市场上的设计企业只不过更像是散兵游勇。而政府才是设计产业发展的定海神针，所谓"兵熊熊一个，将熊熊一窝"，如果政府都不遵守自己定的程序，那么又有什么威信要求社会不要触犯程序呢？"2006年感动河北十大年度人物"郜艳敏（见图2－10），是一位被人贩子从河南贩卖到河北曲阳县下岸村的悲惨女人，因为是村里学历最高的人（初中毕业）而成为一名小学以及

图2－10 郜艳敏肖像图（成乔明绘）

学前教育的代课教师。她的事迹被改编成2009年上映的电影《嫁给大山的女人》，被誉为中国"最美乡村女教师"。笔者无能确认被拐卖人口安居之后的合法性，也无力要求法律对被拐卖的"最美乡村女教师"做出怎样的法律救助，但笔者注意到一个事件：自郜艳敏成名后，乡亲们利用她的声誉多次呼吁河北曲阳县委以及当地政府能为这个闭塞的穷山村修建一条通往山外的公路。县里迫于多方压力，最终采纳了这个呼吁。2007年，县里筹集40多万元为下岸村修路，乡亲们出义务工，当年9月，公路修通。公路修通后，虽然方便了乡亲们的出行，可好多家采石场也开进来了，放炮开山，严重破坏了山里的生态不说，经常进出、拉石料的超载卡车也很快就碾碎了这条来之不易、服务民生的公路。

是谁同意采石场这么随意就来放炮开山？修条民生路是为民服务，却成了众

---

① 成乔明：《精神经济时代的到来与政府对策》，载《中国工业经济》2005年第3期，第41－43页。

多采石场逐利肥私的通道。基础设施的使用权发生重大转移和性质改变,向谁申请了? 谁又批准了? 因为是穷山村难道谁都可以超越国家法律来随意破坏环境和生态吗? 曲阳县委县政府究竟是安的什么心修建这条公路? 其中究竟纠结着怎样的利益关系? 公路被碾碎了,谁来承担责任? 谁又该出资出力来重造此路? 程序不仅要设定,一旦设定就必须要严格遵守,谁也没有特权随意违背程序、破坏程序。程序的制定者更应当带头遵守程序。

　　从管理目标的系统、管理方法的系统、管理程序的系统上来看,设计产业管理就是一个系统工程、就是一个天生具有系统性的大局管理。其实,设计产业管理还有第四个最为典型的性质,那就是战略性。我们将在下一章重点论述。

第三章

设计产业管理的战略意义

设计产业当然属于产业经济的属类,但设计产业管理却不完全属于产业经济管理或产业管理的属类,因为设计带有重大的文化和精神隐喻。文化与精神具有独立于市场、经济、商业的特殊性,这就让设计产业管理在首先满足产业化管理的基础之上产生了更多的延展性与包容性,例如行政管理、国家品牌管理、民族文化战略管理等也成为设计产业管理最为重要的构成部分甚至组合体系。解放社会生产力、创造新的生产关系是设计产业管理在产业化视角下所具有的最核心、最重大的战略意义,而要想实现大国战略就必须从转变本国的生产力和生产关系开始;解除发展的桎梏、确立大国地位的革命却是设计产业管理在文化和精神视角下所具有的最本质、最宏伟的战略意义。设计产业管理完全可以包含一切造物生产性和商品产业化的管理,言下之意,观照现在政治经济学中所论的社会生产力、社会生产关系,具象化一点看,与设计造物能力、设计造物过程中的种种关系息息相关,设计产业管理的运筹帷幄完全可以动摇甚至决策到一国一民族生产力、生产关系的格局,这正是设计生产管理能够推进大国战略的大筹划,而设计创造上形形色色的创意力是维护这种大筹划的内生机制。

第一节　设计产业管理的战略综述

本节开篇让我们先来谈谈什么叫战略。

战略(Strategy)一词在历史上是军事方面使用的概念,指的是战争的谋略、战争中的施诈。古希腊最早"战略"(Strategos)的意思指的是军事将领、地方行政长官,后来才慢慢演变成军事术语,指的是军官带兵作战的谋划与方略。战略思想在中国最早起源于《孙子兵法》:"兵者,国之大事,死生之地,存亡之道,不可不察也。"①"故善用兵者,屈人之兵而非战也,拔人之城而非攻也,毁人之国而非久也,必以全争于天下,故兵不顿而利可全,此谋攻之法也。"②剧作家洪深认为:"战略与战术乃两个全异之行动。战术是关于战斗诸种行动之指导法,战略乃联系配合各种战斗之谓。战略为作战之根源,即创意定计;战术乃实行战略所要求之手段。"③由此可见,战略是一个宏观的策略、全局的谋划,实指对整个战役的全局布置。

如今,战略一词早就起出战争、军事范畴,在政治、经济、文化等各个领域被广泛使用。产业管理、企业管理、市场管理中都大量使用战略一词,如人力资源战略、企业经营战略、品牌战略、市场营销战略、广告宣传战略等。设计产业管理本身也是一个战略性管理,具体表现在三个方面:商业的战略、文化的战略、民生的战略。在大国战略理论体系中,实际包含了商业战略、政治战略、造物战略、思想战略、教育战略,设计产业管理战略主要属于造物战略,又兼顾着大国战略中的其他战略。

一、商业的战略

商业性本身就是设计产业管理的第一大性质,我们在前一章中已有论述。所以设计产业管理就是一种商业性、经济性、市场性管理。

促进商业和市场的发展继而推动国民经济的转型升级是设计产业管理的主要目标之一。但设计产业管理不是局限于一地一行业局部的商业发展,而是关注全国、着眼国际范畴内的商业竞争和产业升级。

从国内来看,设计产业发展是针对全国范围而制定的产业政策。并非说经济发达地区需要考虑产业升级、需要推动设计产业的全面发展,而经济落后地区就不用如此考虑、如此做。无论是经济发达地区还是经济落后地区,无论是设计行业兴盛的地区还是设计行业不那么突出的地区,都有自身的设计行业、制造行业和物质性发明创造的存在,结合自身的设计创造、物质生产来发展设计产业,抓住地区特色、彰显地域优势从而推动当地的产业升级和设计创意的前进,这才是我国设计产业政策的本义。设计产业不是一哄而上,更不是千篇一律,要充分挖掘地方特色,并将这种地方设计和物质创造的特色发挥到极致,如此才能真正实现

---

① (春秋)孙武:《孙子兵法》,武汉 . 武汉出版社,1994 年版,第 1 页。
② (春秋)孙武:《孙子兵法》,武汉 . 武汉出版社,1994 年版,第 25 页。
③ 洪深:《戏剧导演的初步知识》,上海 . 中国文化服务社,"中华民国"三十四年十二月沪一版,第 57 页。

多元发展前提下设计产业兴国的战略。

　　笔者在研究江苏艺术品市场时曾提出过江苏模块化协同发展的艺术品市场格局,这个全省范围内艺术文化模块的分化和确立是基于江苏从北到南历史文化各不相同的差异和积淀,由于文化内涵上地域性差别明显,所以尊重各地方的文化内涵去做艺术品市场的不同定位既准确又便利。关于江苏文化内涵区域性的分布可图示如下:

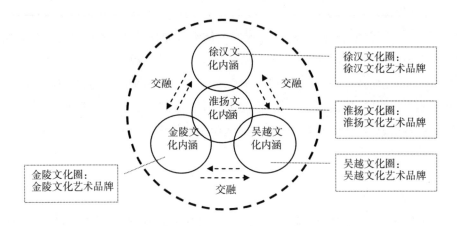

图 3-1　江苏艺术品市场品牌的内涵示意图①

　　江苏北部地区以徐州为中心形成苏北文化圈,江苏中部地区以扬州为中心形成苏中文化圈,江苏西南部以南京为中心形成西南部文化圈,江苏南部及东南部以无锡、苏州为中心形成苏南文化圈,而在每一个文化圈中又存在诸多不同类型的、各区域的设计特色。如徐州的砖雕、石雕,连云港的水晶工艺,扬州的玉雕、漆器艺术,南通的蓝印花布,南京的云锦、金箔,常州的梳篦,无锡大阿福泥人,宜兴紫砂,苏州刺绣、缂丝、木刻年画等,这些积淀丰厚的工艺美术风范天成、堪称精品。于是全省性的工艺美术产业就几乎有了主心骨。

　　设计产业管理政策只是一个战略性的规划,并不涉及某一品种、某一门类的具体市场操作,具体的操作可以留给设计企业自己去揣摩和执行。设计产业在国内的推行可以改变国内老化的产业部类和产业格局,同时又能最大限度满足人民对创新型物质文化生活的需求,当然也能落实国内经济发展新的亮点,从而带动新一轮国民经济的增长。

---

　　①　成乔明:《艺术品市场疲软是江苏文化大省的"软肋"》,载《东南文化》2007 年第 2 期,第 87 页。

从国际环境来说,大量国外的文化商品、时尚商品、流行商品、高科技商品以及生活用品如潮水一般涌进国门。国外先进的设计固然给本国人民带来了生活上的便利和享乐,但同时不但赚取了国人的钱,也牢牢培养了本国人民对外国品牌的忠实度。不少人在物质生产力上对发达国家无比羡慕,甚至崇洋媚外,长此以往,国内的金钱财富就会越来越多地流向国外,国人在国外物欲的诱惑下只能越来越淡化对本国的信任与归宿感。设计产业政策显示了本国政府奋起反击的决心。从经济平衡发展的角度来说,出口略高于进口形成适度的国际贸易顺差,是合理的外贸政策。中国设计、中国制造一定要强盛起来,否则不出十年,中国的制造业将面临更大的危险。彼时,大国战略不过是一个妄论。

二、文化的战略

设计产业管理虽然是一种以商业为主的管理,但其宏观性和系统性又决定了设计产业管理具有超越商业之外的其他部分,如果把产业管理仅仅局限于商业本身,那么这样的产业管理不但非常狭隘,而且不会长久。

任何一种设计创造都起码具有两个部分,那就是物质性、精神性,也可以说是物质性、艺术性,其中精神性和艺术性属于狭义文化的主要内容。所以,我们也可以说任何一种设计创造都具有物质性和文化性。设计创造物在市场上传播的过程中不仅被当成商品具有交换价值,而且具有可欣赏的视觉审美价值。如古希腊建筑庄严肃穆的柱式结构、哥特式建筑高耸入云的奇特形制、洛可可设计(见图3-2)繁杂叠覆的装饰、包豪斯设计简洁明快的造型等,都影响了数代人审美观和生活习惯的形成。设计创造物的两面性决定了设计产业管理同样具有发扬文化的一方面。

图3-2　洛可可风格的座椅(成乔明绘)

文化是物质载体背后隐藏着的民族的习性、创造者的思维、国家的精神和理念,这些习性、思维、精神和理念通过劳动人民勤劳的双手、借助物质的实体传递出来,随后可以通过物质的交换和贸易传送到四面八方甚至其他国家和其他民族。文化的影响力除了通过文字的介绍、口头的传播、绘画和影视艺术的展示，主要还是通过物质商品的慢慢渗透而形成。

如旗袍（见图3-3）蕴含着中国女性委婉绰约而宁静平和的风姿，明式家具凝聚着中国古代文人高洁挺拔的风骨，筷子散发着中华民族灵巧均衡的智慧，笔墨纸砚展示了中国悠久的文脉传承，洋枪洋炮揭示了欧洲文明中崇尚武力和侵略的特性，瑞士手表表现了瑞士人精巧细致的创造力，麦当劳和肯德基说明了美国人热衷于快餐式消费文化的时尚。

设计产业管理就是要通过物质商品商业交换的手段和形式将中国文化传出去，让国外更多更深入地了解中国文化、喜爱中国文化。这种主动出击的方式有诸多好处：1. 增加外汇创收。2. 融入文化底蕴可以让中国的物质生产更有内涵、更加耐看和耐读。3. 全方位地展示中华民族的风采，可以改变国外对中国莫须有的偏见。4. 有意识的文化输出，可以通过精神

图3-3　穿旗袍的女人（成乔明绘）

上的交流培养外国对中国的喜爱与敬佩之情，敌对者可消弭仇视态度，友好者可增进情感。5. 抵制文化霸权和文化侵略，来而不往非礼也。今天国与国的抗衡不再借助于军事力量，而是一种逐渐渗透、拉拢对手的攻心战。除了政治宣传、意识形态的口号，文化成了这种攻心战最突出、最锐利的武器。6. 增进文化交流与融合。一个封闭的文化迟早要走向衰落，文化需要发展、精神需要改进，其中扬弃式的吸收与主动的融合态度至关重要。中国传统文化已经到了不得不革新的历史关口，在笔者写下这几个字的当口，已有一些传统文化、传统技艺正在消失或濒临消亡。你若不前，必待宰割。文化发展中的这种辩证关系再而三地被历史所证实，古老的文明古国都吃过这样的大亏。既然明白这个道理，就应当时刻准备着走出去、引进来，择优秀者而融之，择真诚者而奉之。如若自己探究不出发展之道，那就借用他者之智慧、之资源、之能力将自己的文化发扬光大，亦不失是对人

类的伟大贡献。

所以说,设计产业管理绝不是简单的商业行为,它其实蕴藉着更加深远和深刻的文化意蕴。这是一个中华民族复兴的伟大战略,只是选择了商业这样一个强而有力的显性手段去实现包含了商业振兴在内的更大的中国梦、中华梦。这也是大国战略的实现路径。

三、民生的战略

前面在讨论管理方法的系统性时已经提及,发展设计产业基于两大原因:人们的物质需求在不断增加,国民经济可持续发展与国家产业转型升级迫在眉睫。这两大原因其实都是事关民生的大问题。

何谓民生? 自然就是人民生存权、生活权的简称。生存权即日常维持身心基本需求的权利,如获得维持生命所需的物质生活资料、维持生命所需的精神食粮的权利,这种精神食粮如恋爱权、读书权、学习权等;生活权即在维持正常身心安全的基础之上能获得进一步发展和完善的权利,如就业权、教育权等。生存权是生活权的基础,生活权是包括生存权、发展权、言论权、交友权、选举权、娱乐权等在内的更高一级、具有更多内涵的复合概念。

设计产业管理归根结底的宗旨是为民生而服务,为最大多数人民生存权、生活权的实现而服务。设计产业管理绝不是为某个政府而服务,更不是为某些掌权或过气的官僚而服务。即使追求国民经济可持续发展、国家产业转型升级这样的大目标,也是为了保证本国人民能够过上好日子、能有更好的生活环境、能够拥有更多的发展机会。

其实,政府就是本国人民的代言人,是本国人民的公仆。政府一切的所作所为都应当关注民生、服务民生,如果政府发展到想为自己牟私利的地步而去行使权力、挥霍资源、树碑立传,这样的政府离垮台很可能就是一步之遥。哪怕是设计制造航母、火箭发射、卫星升空、外星球探寻、海底探测这样的大事件,也与人民的生活和福祉紧密相连。当初毛泽东同志要求中国的科学家们要在最短时间内研制发明出原子弹、氢弹、中子弹等大威力核武器,今天看来,这样做的国际性战略意义显而易见,如若当初没有研制成功,今天就已经丧失全面研制核武器的国际环境了,中国的大国梦、强国梦就只能是痴人说梦。八国联军之所以能打进中国、之所以能在中国为非作歹,日本人之所以能打进中国、之所以能不顾国际舆论公然大面积屠杀中国人,说到底,这些都是当时中国的军事武力、军队装备相较于帝国主义列强弱爆的原因所致。

今天的中国是人口大国,是经济大国,是文化大国,关键还是核武大国,一切对中国的侵略性行动都消停了,列强们顶多在外围指三道四、在背后捣鼓捣鼓,真要动起手来,他们肯定吃不了兜着走。美国对这一点看得很清楚,这些年来对中国虽然摩擦不断,但在大局上也无能为力且没有什么实质性的收获。中国现在的军事实力、核武储备在那摆着呢,然后中国可以关起门来大搞国内的各项建设,抓紧时间把人民的生活环境搞上去,抓紧时间把人民的生活福利搞上去,抓紧时间把人民的生活水平搞上去。于是,有了下表中一系列大型工程项目的脱颖而出或伟大的规划。

表 3-1　中国部分大型工程项目展示表

项目名称	预期投资金额(¥)	开始时间	预期完工时间
"五纵七横"国道主干线工程总投资——世界最大规模高速公路项目	超过 9000 亿	1991 年	2007 年
西部大开发——规模宏大的系统工程	超过 8500 亿	2000 年	2020 年
"南水北调"工程——世界最大水利工程	5000 亿	2002 年	2020 年
长兴岛造船基地——打造世界最大造船基地	超过 350 亿	2003 年	2020 年
上海临港新城——世界最大填海造地项目	超过 1200 亿	2003 年	2020 年
宁夏宁东能源化工基地	超过 1000 亿	2003 年	2020 年
曹妃甸开发区——规模远超三峡工程	2300 亿	2005 年	2020 年
全国棚户区改造工程	超过 2000 亿	2005 年	~
战略石油储备工程	超过 1000 亿	2006 年	2020 年
京沪高速铁路——世界最长的高速铁路项目	2209.4 亿	2008 年	2013 年
丝绸之路复兴计划	超过 2800 亿	2008 年	2014 年

这些项目是中国政府抓住和平年代所做出的功绩,这些功绩具有全面的战略意义,我们不做,别的国家也一定在运筹帷幄、策划同样或相类似的事情。这些工程项目件件都是利国利民的大事,都是能福及后人的大手笔。中国的富强、中国人的幸福、中华民族的复兴不是转瞬即达的理想,需要百年如一日的不懈追求。

关注民生,助力前行,赤诚为民,无私奉献,大国战略目标明确,中华民族在路上。

第二节 解放社会生产力

一、认识内化经济时代

内化经济是笔者在 2013 年提出来的概念,是对当下我们面临的经济形势和经济特征所做的一个判定和指断。

(一)研究背景

回顾历史,我们会发现人力是原始社会、奴隶社会主要的生产力,我们可以称之为体力或伐猎经济;土地和简单器具是封建社会主要的生产力,我们可以称之为土地或农业经济;机器包括简单自动化是资本主义社会主要的生产力,我们可以称之为机器或工业经济;金钱是帝国主义时代最主要的生产力,我们可以称之为金钱或货币经济。相应的,我们可以将不同的时代称为人力或伐猎经济时代、土地或农业经济时代、机器或工业经济时代、金钱或货币经济时代。传统社会是一种单一性的经济范式,起码也是以某一种生产力作为主体生产力的单一生产范式。当下的经济范式是怎样的呢? 许多学者都有自己的看法和判定,曾出现过知识经济(【美】保罗·罗默、【日】堺屋太一等)、头脑经济(【美】阿瑟·C. 布鲁克斯等)、智慧经济(陈世清)、创意经济(英国)、眼球经济(【美】汤姆·达文波特、【美】约翰·贝克)、网络经济(美国)等不一而足的称呼。起源于美国的"新经济"(New Economy)究竟是一个什么样的概念,或该如何给新时代的经济范式下定义,一直困扰着当代的经济学界。上述新经济的各种称呼其实都继承了单一经济范式的传统,是单一生产力思维习惯的延续。冷静思考和研究之后,我们会发现上述表现都不符合当前的实际情况。

(二)当下经济的表现与实质

当下经济其实不再是单一的生产力经济。笔者以为无论是头脑经济、知识经济、智慧经济、创意经济、眼球经济,恐怕都不能涵盖今日的新经济本质,而且都有可能将一种原本多元化生发的复合经济形式以偏概全、单一孤立化了。其实无论是头脑、知识、智慧还是创意,不过都是一种内化的力量,其中头脑是知识、智慧、创意储存和施展的媒介,而知识、智慧、创意是储存的内容和能量。尽管卢小珠等人在《头脑经济开发》一书中拓展了"头脑"内容化的内涵,肯定了生物学上头脑的载体性质,但头脑经济一词似乎有排斥体力劳动者的歧视意味。

知识、智慧、创意经济的表述是形象又理性的,但说句老实话,显得单调而片面,今日经济的发展完全单靠知识或智慧或创意并不符合实际。教授、博士、科研人员生活条件简陋的并不是个别现象。尽管今日社会经济的发展与点子、知识、智慧、创意、精神、文化、技艺的确关系越来越密切,但权位、相貌、人脉、名气、出生背景也越来越成为赢取财富的主导力量。美国收入最高也就是顶尖富有的家庭约占美国全部家庭的1%,年均收入在150万美元,这些家庭的人均年收入约在50万美元。哪些人才能进入1%最富有阶层的行列呢?从职业上来看,如表3-2中所列。

表3-2 美国最富有阶层的职业分布表
(表中数据来源于乔磊《美国哪些职业盛产富翁》①)

美国最富者的职业	在最富阶层中所占比例(%)	占本行业总人数的比例(%)	生产力主体	备注
企业高管	31	银行业总裁(最低)(8.4);电讯行业总裁(最高)(16.4)	管理能力、智商、情商、人脉关系	推动企业发展的生力军
医生	15.7	诊所医生(27.2);医疗服务机构医生(20.7);大学附属医院医生(19);医院医生(17.2);牙医(15.3);其他医生(13.3)	技艺、服务意识	医术垄断和健康意识增强使医生成为热门职业
金融专家金融管理	13.9	证券、期货和投资公司金融专家(10.7);信用卡公司金融专家(3.1);银行业金融专家(2.9);其他行业金融专家(2.2);金融管理专家(6.8)	理财投资技术、金融业专业知识、政策、信誉和人脉关系	金融行业不再以钱为主,金融服务成为吸金法宝
计算机数学工程行业	4.6	计算机软件开发(1.3)	技术、知识、智慧、创意	科技价值尚没完全挖掘
蓝领行业	4.6	秘书(0.8);零售店售货员(0.8);社会工作者(0.6);餐饮服务生(0.5);技术员(0.5);托儿所护理员(0.5)	服务技术、服务意识、工作态度、工作耐性	无微不至的服务和敬业精神使自己成功

---

① 乔磊:《美国哪些职业盛产富翁》,载《理财周刊》2012年第6期,第24-26页。

续表

美国最富者的职业	在最富阶层中所占比例(%)	占本行业总人数的比例(%)	生产力主体	备注
会计师审计师	4.3	证券、期货和投资会计师、审计师(7.5)	技术、知识、人脉	容易成为老板亲信
继承遗产	4.3	——	血亲关系	血缘关系是天然资源
销售员	4.2	计算机行业推销员(5.1);管理服务行业推销员(4.3);设备公司推销员(3.9);房地产经纪(3.1);医药、化学产品推销员(2.7);保险行业经纪人(2.7)	人脉关系、工作经验、情商、心理素质、销售点子、服务意识	推销是一种想办法说服消费者的职业
房地产行业	3.2	——	土地、人脉资源、货币资源	传统资源的新整合
律师	3	证券、期货、投资公司律师(29.3);法律服务律师(14.6);其他行业律师(12);政府司法部门律师(3.3)	法律技术、人脉关系、经验和服务	法治社会,律师越来越重要
企业经理	2.8	证券、期货、投资公司经理(12.3);医疗行业经理(7.4);计算机设备公司经理(5.7);石油天然气开采公司经理(5.7);医疗设备公司经理(5.4);广告公司经理(5.3);电子机械设备公司经理(5.1)	管理经验、人脉关系、管理技巧、协同能力、合作意识、服务精神	是企业发展的执行者和实现者
其他职业	8.4	体育明星、运动员和教练(6.4);商业服务行业艺术者(3.5);演员、导演和制片人(3.1);其他行业艺术者(1.2)	名气、长相、人脉、商业炒作、专业能力	文化产业中比较核心和重要的行业

从上表我们可以看出,当下的重要性生产力无比丰富,从长相、人脉、血亲关

系、经验、智商、情商、名气、创意等无所不包。的确,传统社会单一的生产力体系已被打破,我们从当下风靡全球的文化产业亦可见一斑。

文化产业是今日的朝阳产业。与 2004 年相比,2008 年文化产业实现增加值达到 7630 亿元,增长 121.8%;增加值占同期 GDP 的比重由 2.15% 提高到 2.43%,提高了近 0.3 个百分点。2009 年,文化产业增加值为 8400 亿元左右,比 2008 年增长 10%,快于同期 GDP 增长速度,相当于同期 GDP 的 2.5% 左右。① 2010 年,文化产业产值规模达 1.1 万亿元,占 GDP 总量的 2.75%。② 2011 年,我国文化产业总产值预计超过 3.9 万亿元,占 GDP 比重将首次超过 3%。③ 2012 年,我国文化产业总产值超过 4 万亿元。④ 文化产业到底包括哪些?不同的国家有不同的统计标准——欧盟的文化产业统计包括了建筑学;加拿大的文化统计包括了建筑和设计;澳大利亚的包括了设计和体育;而美国,文化产业更是"巨无霸",是包括艺术、休闲和旅游、体育、信息和通信的"大文化",在国民经济中的份额能达到 50% 以上。2008 年,我国文化服务业中市场化程度较高(90% 以上)的有 14 个行业,分别为摄影扩印服务、广告业、其他计算机服务、旅行社、知识产权服务、互联网信息服务、室内娱乐活动、图书及音像制品出租、休闲健身娱乐活动、会议及展览服务、电子出版物出版、游乐园等。⑤ 我们可以清晰地看到仅文化服务业中涉及的生产力形式就有技艺力(摄影扩印服务、广告设计)、创意力(互联网信息、图书及音像制品)、智慧力(计算机服务、电子出版物、会议及展览)、身体力(休闲健身娱乐、室内娱乐)、土地力(旅行、游乐园)、法权力(知识产权)等。由此可见,文化产业不再是单一的生产力产业。

中国民营经济研究会专职研究员刘奇洪认为中国政府在创造政府经济收益方面,共有三个常用的方法手段,排在第一位的就是国家权力即税收权,然后才能数到国有经营性资产经营收益,排第三位的是土地、海洋、矿山等自然资源的转让开发权。⑥ 法权、公权如今的确已经成为重要的生产力,即使土地等自然资源的转让仍然依赖政府的法权力、公权力得以实现。

另外,人的相貌也已经成为一种稀缺的生产力,能给生产主体带来巨大的收

---

① 张玉玲:《中国文化产业"家庭"大盘点》,2010 年 6 月 16 日《光明日报》,第 6 版。
② 任小雨、黄作金:《2300 点附近再现长阳,四大行业净流入近 8 亿元》,《证券日报》2011 年 10 月 25 日,第 B2 版。
③ 韩娜:《去年文化产业占 GDP 首超 3%》,2012 年 1 月 8 日《北京晨报》,第 A02 版。
④ 陈涛:《国内文化产业总产值去年破 4 万亿》,2013 年 1 月 6 日《北京日报》,第 2 版。
⑤ 张玉玲:《中国文化产业"家庭"大盘点》,2010 年 6 月 16 日《光明日报》,第 6 版。
⑥ 刘奇洪:《该动动 GDP 的收入结构了》,载《中国经济报告》2012 年第 5 期,第 44 页。

益。美女俊男不但开发了模特业,还开发了广告业、演艺业、化妆品业、各类展览业、会务服务业、服装设计业等。人的美貌能为主体带来更多的发展机会和不菲的经济收益,所以现在整容已成为普遍的现象。据国际美容整形协会(ISAPS)统计,人均接受整形手术的排名是:第一名匈牙利(230件),第二名韩国(133件)。据2009年资料显示,虽然美国的整形手术数排在世界第一(303万件),但排在第三位的中国(219万件)迟早会登上第一名。同时,化妆品产业随着整形手术热潮迎来了暴涨势,甚至出现了"美女经济"等新潮词语。据悉,"美女经济"在中国国内生产总值(GDP)当中占据了1.8%。《美国纽约时报》曾报道,首尔的整形外科顾客当中,有30%是中国人。虽然中国政府欲采取措施管制整形旅游,但估计很难阻挡女性"追求美的欲望"①,最根本的原因就是美貌已经成为不可忽视的经济生产力。

(三)内化经济:一种复合型生产力经济

当今经济形式应当是一种内化经济,而不是与生产主体分离的传统经济形式。无论是传统的体力或伐猎经济(原始社会和奴隶社会)、土地或农业经济(封建社会)、机器或工业经济(资本主义社会)、金钱或货币经济(帝国主义时代)都存在与生产主体即人本身的分离。要么是生物性的分离,如土地、机器、金钱作为生产力都是脱离于人的生物体而独立存在的;要么是生产关系性的分离,如体力尽管属于奴隶的生物身体,但作为生产力,体力却不能给生物体带来更多的收益,而是成为奴隶主获取财富的生产力,这由当时剥削性的生产关系所决定。

相较于历史而言,今天的生产力多种多样,且无论从生物性还是从生产关系上来看,都与生产主体紧密相连、有机融合,即呈现一种内化的、独享的特征。

内化经济的生产力不再是单一的,而是一种复合型生产力体系。从个体来说,知识、经验、精神、思想、点子、技术、健康、美貌、人脉、名声、地位、权势、德行、素质等皆属于内化力;内化的媒质就是人体或人的大脑甚至人的姓名,总之就是人体本身,哪怕是姓名符号也仅属于特定的某人且是某种能量和某种价值的符号标志,像梁思成、贝聿铭作为姓名就是建筑设计价值体系的符号和象征;内化的手段有学习、积累、经营、继承、修炼甚至包括买通、拉拢、交换、偶得等;内化的目的就是增强自身的专业水平、非专业的能力、人脉圈子和社会价值并以此为自己和他人创造更大的社会和经济效益。

"化"字在《辞海》中有十一层意思,这里的"化"指第二义(转移人心风俗,如潜移默化)、第六义(化生,如化生万物)、第八义(表示转变成某种性质或状态)的

---

① 【韩】郑星姬:《中国人的整形热潮》,2011年4月26日《东亚日报》,专栏。

综合义①,即转化、融合、化生、慢慢孕育、渐渐成形之义,主要强调将外力包括内力、外在资源包括内在资源、有关联或无关联的人事物联合化、炒作化、概念化、知识化、非物质化、符号化为经济主体内在的能量、名声、影响力、运营力的过程和成果。这种内化的手段多种多样,大致有:联合(如结成经济联盟)、提炼(如进行商业定位和确立经营目标)、加强内功(如提升科技含量和产品品质)、宣传(如采用广告或活动性炒作)、打造品牌(如扩展自己的无形资产和知名度)等。其中劳力、土地、机器、金钱曾经创造财富的主体地位正在渐渐被冷却化和边缘化,但它们尚不能完全被撇在当下的生产力体系之外,且作为次要的生产力仍然在发挥着创造财富和价值的功能。

(四)内化生产力的构成以及内化经济的特征

内化经济的发展主要依赖个人或社会组织的四大内化生产力——生物性生产力、智慧性生产力、社会性生产力、自然资源性生产力来实现。四大内化生产力所包含的内容如下:

1. 生物性生产力——相貌、健康、体格、好声音、天赋能力、血亲关系等。其中血亲关系如儿子继承父亲财产、夫妻相互继承财产就属于血亲关系的作用;(富或官或星)二代经济、联姻经济、美女经济等就属于生物性生产力的产物。

2. 智慧性生产力——学历、管理能力、经营能力、智商、知识、创意、技艺、品德、修养、经验、信息等皆属于此;如高科技产业、电子信息产业、设计创意产业、技艺培训产业、演艺产业就属于智慧性产业。

3. 社会性生产力——人脉关系网、权位、名气、商业炒作等就属于这一生产力;而传媒产业、权力产业、名声经济即社会性生产力功能的典型产物。

4. 自然资源性生产力——土地、矿藏、自然景观、地域优势等就属于此类型;房地产业、旅游产业、矿藏开采业就是建立在这一生产力之上发展的。

四大内化生产力常常并非孤立运行,交叉、重叠、融合性地运行是当下明显的特征,而传统的体力资源、农业资源、工业资源、货币资源也被有效地融入了当下经济体系,成为复合型生产力的微小部分并发挥着相应的经济效用,只是已经丧失了它们曾经单一垄断性的主体地位。

内化经济除了上述的复合性,还具有附着性、独占性、有机性、虚拟性、非传承性、可炒作性六大特色或六大主要特征。

附着性——是指内化生产力附着在生产主体的身体内,成为人、国家、组织姓名符号特有的含义及能量,离开了生产主体,这种生产力体系可能就不复存在,如

---

① 成乔明、李云涛:《潜性教育论》,北京. 光明日报出版社,2012年版,第111–112页。

"美国""日本"和"伊朗""南非"就各有迥异的含义及能量。

独占性——是说内化生产力仅为独立的生产主体所拥有、所独占,脱离了生产主体,内化生产力就可能失去效用。内化生产力不能被其他主体复制或盗用,是一种独占性存在。如钓鱼岛仅属于中国,别国非要插足就可以定性为侵略。

有机性——指各生产力联合发力、协同作战,而且总称的内化生产力是活态化存在,表现出生产主体自我演化的生物性特征。如年老色衰就会导致相貌这一生产力发生衰退,年老体衰也会导致体育明星的价值降低。

虚拟性——强调是在一种想象、情感、内化影响、非物质、非固化且甘愿接受商业炒作联合作用下的生产与财富的增长,对于生产主体要加强自我虚拟名声的扩大,对于消费者或合作方来说主要是基于信任、仰慕、自愿合作等虚拟化的情感力而支付自身的财富或价值以实现互通有无的情形。

非传承性——指内化生产力只属于附着主体独有,随附着主体的生死而存亡,很难由下一代或他人、他组织承袭所得。前代人的影响力不可能完全由下一代承袭,"二代"对"一代"资源的传承也是部分传承。

可炒作性——内化生产力可运用现代商业手段、现代传媒体系进行无限放大、无限美化,从而迸发出超越实际的虚拟化效应。

(五)内化经济的运营范式

传统经济即体力经济、农业经济、工业经济、货币经济因为是单一生产力主导经济,所以常常是一种核心爆炸式或单点爆炸式生产,如图3-4所示。

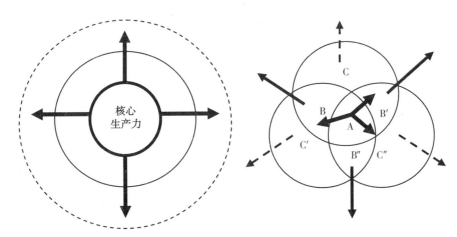

图3-4　传统单一经济单点爆炸式生产　图3-5　内化经济多点爆炸式生产

从图3-4可见,传统单一经济运营基本就只有一个发力点,那就是核心竞争力。所以奴隶社会争夺奴隶、封建社会抢掠土地、资本主义社会掠夺物质财富和货币财富成为历史的主流,就在于单一生产力成为大家都想抢夺的资源。

内化经济属于多爆发点、多生产方向的经济爆炸群生产,如图3-5所示。图中A区是三(或n)个生产力的交融区,显然它的生产能力最强盛,属于多能创造区,因为它具备了多种优势,如人才、货币、市场、合作方、原材料、政策等对于一个生产主体来说都处于有利的商业时机或运营状态时就处于该区;B、B′、B″三区是次一点的区域,因为它们只是两(或n-)个生产力的交融区,显然此三区的生产优势不如A区,而且B、B′、B″尽管状态相近,即交融优势的数量差不多,但由于交融者不相同,所以它们各自的生产优势不尽相同,各有所长也各有所短;同理C、C′、C″是再次一点的区域。内化经济运营属于多点爆发或全面爆发,其各种资源都有可能成为被争夺的对象,这一点不容忽视。

传统单一经济运营的过程常常呈现链条或闭环型范式,因为它强调单点爆发运营;当下内化经济运营范式却要复杂得多,首先它包含了传统单一经济运营范式,然后又进化出自身独特的范式。我们用下面的几个模式图加以说明。

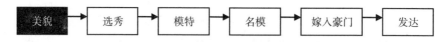

图3-6 链条型内化经济运营范式

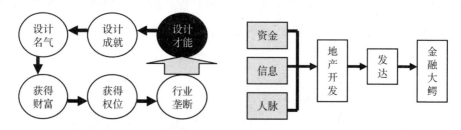

图3-7 闭环型内化经济运营范式　　图3-8 集成型内化经济运营范式

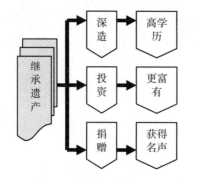
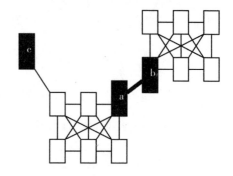

图3-9 发散型内化经济运营范式　　图3-10 网络型内化经济运营范式

链条型(图3-6)、闭环型(图3-7)、集成型(图3-8)、发散型(图3-9)是内化经济最为基础和基本的四大运营范式。这四大运营范式常常纠合在一起,从而形成更为复杂的当下内化经济网络型的运营范式(图3-10)。当下经济的新范式主要呈现为网络型经济范式。如图3-10所示:网络系a中的所有生产力相互间都构成可以直接或间接发生联合关系的交错型运营形态,各生产力优势整合之后就形成集体能量更为强大的a号社会生产网络体系,所谓的经济圈就是这种生产力交错联合在一起形成的成果;网络系a和网络系b一般是彼此分离的,一旦a和b中的某一对生产力发生了关系,那么网络系a和网络系b也许就可以通过这一对熟识或合作的生产力产生更大范围上的交错与深度合作,那么更庞大、更错综复杂的经济圈就必然产生;如果再加上网络系c呢?经济学意义上的"地球村""全球化""共体经济"等概念的生发原理亦在此。

综上所述,所谓内化经济,即生产力附着在生产主体身上且为生产主体所独占而无法轻松发生转移或为他人承袭的经济。一切资源都有可能转变为经济生产力是内化经济最突出的表现。当下的生产力实际已经形成了复合式的生产力体系,具体包含了管理力、技艺力、智慧力、人脉力、名声力、权位力、信息力、相貌力、物质力九大类。[1] 这九大类生产力在今天同等重要且都有一个相似的本质特征,那就是凝聚在了生产主体身体上成为生产主体所独享的有机资源集合体[2],从而构成内化经济时代。在内化经济时代里,全面的法律意识、完善的法律内容、严密的法律体系保证了游离于所有主体之外的物质力所有权的准确性和稳定性,哪怕所有权的主体消亡了,其物质力的承袭也有严格的法律规定。概而括之,生产力为生产主体所独占并内化为一种象征性创造力的时代即内化经济时代。内化经济除了复合性,还具有附着性、独占性、有机性、虚拟性、非传承性、可炒作性的特征。[3] 所以内化经济时代最显著的特征就是经济运营的方式更为复杂、经济创新的方向更为多元、经济爆发点更为分散,生产主体只要拥有一种或多种独占资源就拥有了创造巨大财富的潜力与可能。内化经济时代的经济范式属于多爆

---

[1] 成乔明:《内化经济:当下经济的新范式之研究》,载《江苏第二师范学院学报(社会科学版)》2014年第7期,第60页。

[2] 成乔明:《内化经济:当下经济的新范式之研究》,载《江苏第二师范学院学报(社会科学版)》2014年第7期,第60页。

[3] 成乔明:《内化经济:当下经济的新范式之研究》,载《江苏第二师范学院学报(社会科学版)》2014年第7期,第61页。

发点、多生产方向的经济爆炸群生产,因为内化经济主要呈现为网络型经济范式。① 在内化经济时代,我们的设计管理又将发生什么样的变化呢?

二、内化经济时代设计产业管理的历史性转变

内化经济已成为一种新常态,它以创新驱动、体验驱动的经济范式代替了传统的投资驱动、权力驱动的旧经济范式,随之而生,设计产业管理也在发生巨大的变化。

(一)设计项目管理向设计创意管理的转变

设计产业管理在传统意义上来说是围绕设计项目而展开的,事实上设计项目也是设计世界最基本的构成单位,没有设计项目的存在就不会产生设计产品、设计生产活动,也没必要建构设计生产团队,当然设计创意也就只能停留在空想中。设计项目运营是设计界最为普遍和广泛的工作,设计活动的主体就是设计项目,对设计活动的研究其实就是对设计项目执行过程的研究。② 传统意义上,设计产业管理主要停留在对设计项目的管理上,无论是建筑工程类、工业产品类、艺术设计类、影视设计类莫不如是,从一个项目的策划到一个项目的完结就是设计产业管理的整个过程。而所有的设计项目组在完成一个设计项目的运营和管理之后从理论上就可以宣告使命的完成,如此说来设计项目组是一种临时性团队,设计项目的核心工作是有固定目的和时空限制的设计和生产。③ 严格意义上的设计项目管理是一种渐进性的设计管理,按照项目的进程预设和既定步骤按部就班地向前推进。今天的设计产业管理不仅仅停留在单体的项目层面,开始向创意层面进行转变,即使内化经济时代的设计项目管理也不再以单体项目作为研究对象,而更加看重设计创意的内涵和潜力、更为在意设计创意本身的包容性和开放性,从而追求项目群落的开发和延续性、跳跃性规划。传统的设计项目在乎项目的投资来源并受制于投资人,在内化经济时代,投资驱动力逐渐多元化发展,形成投资驱动力、创意驱动力、人脉驱动力并驾齐驱的多动力式设计管理,其中尤以设计创意为设计生产的核心动力。没有创意,一切金钱、人脉、原料、机器都是死物,唯有好的创意才能创生出延续性、跳跃性的一系列项目,设计产业管理开始发生新的转向和新的规划。内化经济时代的设计产业管理追求爆炸性项目群落的管理,任

① 成乔明:《内化经济:当下经济的新范式之研究》,载《江苏第二师范学院学报(社会科学版)》2014年第7期,第63页。
② 成乔明:《设计项目管理》,南京．河海大学出版社,2014年版,第1页。
③ 成乔明:《设计项目管理》,南京．河海大学出版社,2014年版,第45页。

何一个资源都可能是一个爆发点,而创意点最为出色,最具独特性和领先性。这里的创意不仅仅是设计技艺创意,还包括策划、管理、经营、科学研究、技术开发等各方面的一切创新。这里且先行埋下一个伏笔:设计产业界的核心生产力是设计创意力,尽管设计创意力仅是社会生产力中的一种。

(二)设计流程管理向设计品牌战略管理的转变

传统的设计产业管理强调严格意义上的流程管理,这一点在工程项目管理、机械制造管理、产品生产管理、服装设计管理中皆如此,这样做的意义不言而喻,必须保证设计产品的完型与品质,这也是质量管理的必然要求。但这只是传统时代的微观性设计生产管理,随着设计技术、电子技术、信息虚拟技术的不断成熟,设计产业管理开始将微观的生产制造业专属化、类型化,而将更多的管理视角、管理精力投放在设计品牌的打造和运营上。品牌的基本功能是产品商的差异化区分,包括产品和服务上的双重区别。① 品牌界对品牌形象的研究主要集中在概念内涵、品牌形象模型和品牌个性三个方面。② 换句话说,品牌是一个全面的复合内容,包含产品的品质、外形、独特性以及企业的社会口碑;品牌是一个系统,是公司形象、使用者形象和产品形象的三形合一系统。③ 品牌最终要通过视觉来展现,综观工程机械市场,国际知名的工程机械品牌在技术领先之外,无不在产品视觉形象设计中彰显着鲜明独特的品牌形象。④ 品牌的打造不是一蹴而就,甚至是旷日持久的慢热工程,关键是要经得起消费者与时间的检验。今天设计产业管理界越来越意识到设计品牌战略的重要性,对设计流程的把控和留恋是传统管理者的职业习性,只有具有品牌战略意识的设计产业管理才代表了业界的发展方向。设计产业管理本身也将成为国家品牌战略的重要基石,而国家品牌战略正是大国战略的高级形态。

(三)产品生产管理向资源整合管理的转变

传统的设计产业管理强调对产品生产的严格监督与控制,但在内化经济时代,资源散点式爆发经济导致设计产业管理开始关注众多资源内涵式产能的深度挖掘,即充分评估和激活每一种资源内在的能量和实践的价值。每一种资源几乎

---

① Philip Kotler. Marketing Management:Analysis, Planning, Implementation, & Control. New Jersey:Prentice Hall Inc. , 1991:122.
② 陈曦:《基于用户认知的工程机械产品视觉形象设计研究》,济南 . 山东大学 2015 年,第 3 页。
③ Biel A L. How Brand Image Drives Brand Equity. Journal of Advertising Research,1992(6):6.
④ 陈曦:《基于用户认知的工程机械产品视觉形象设计研究》,济南 . 山东大学 2015 年,第 3 页。

都是一个专项的管理对象,在内化经济时代,设计产业管理对象不仅仅只有设计人员、设计项目、设计产品、设计信息,还有其他许多对象,如设计时间、设计后勤保障、设计财务等。① 事实上,在今天的设计界,设计创意、人脉关系、传统技艺、设计政策、设计教育等都在发挥着与设计产品规划和生产同等重要的作用,某种程度上来看,设计产品的生产未来一定会退居二线,从而让位给设计技术研发、设计创意培植、设计品牌构建等更为重要的方面。发达国家生产线与加工厂的大量外移不但是一种成本节省手段,更是一种品牌扩张、市场培植的宏伟战略。向政府要政策、向市场要利润、向学校要人才、向社会要各式各样的资源、向合作伙伴示好求共赢、向竞争对手逞强树口碑,关键是谁更懂得整合各种貌似无关的资源谁就更容易通向自己设计事业上的理想帝国。成功者往往不是因为处处优秀、面面强势,往往是因为拥有某些资源且利用这些资源获得了更多资源。今天的设计产业管理尊重每一种独特性,也更擅长分析和把握每一次机会,因为个性与机会也是很强大的创造力。设计业界的生产力实际上是以设计创意力为核心的复合型社会资源群落体系。

(四)物性致用管理向人性彰显管理的转变

往日的设计产业管理关注产品的完型、关注既定产品和既定市场的产生和发展,即关注物性的致用。内化经济是一种网状的复合式经济体系,在这样一种分散式的经济网上,处处是机会、处处是增长点,消费体验开始成为经济从虚拟和想象走向现实的试金石。手机支付今日特别流行,这个建立在现代网络和信息化互动技术之上的新方式会令守旧的人忐忑不安,但如果对紧急情况带来一次便利的体验,任谁再守旧也不能不惊叹和动心。人性的彰显、人性自然的动力越来越成为推动设计向前发展的强大力量,即舒适、便利、轻松、快乐在今天远远大于对物美价廉的渴望。投资驱动转向体验驱动被敏感的设计管理者、设计师津津乐道。优秀的设计是设计师与用户之间的一种交流,用户的需求应贯穿整个设计过程。② 而在产品外观设计上,今天对消费心理学的探究已经达到了历史的新高度,从而也开始扭转设计师中心主义向消费中心主义的转变。如主观人机工程学研究表明,人们接受信息70%~80%依靠视觉,而在视觉信息中,20%来源于物体的形状,80%来源于物体的色彩。③ 视觉上的革命特别是计算机虚拟技术带来的

---

① 成乔明:《设计管理学》,北京. 中国人民大学出版社,2013 年版,第 177 页。
② 【美】唐纳德·A. 诺曼:《设计心理学》,(梅琼. 译),北京. 中信出版社,2003 年版,第 78 页。
③ 曹巨江、程金霞:《色彩感知在机械产品人性化设计中的应用》,载《机械设计与制造》2007 年第 4 期,第 163–164 页。

视觉大革命一定会改变我们未来的物质观和世界观,而这一切得益于设计产业管理的超前思维和对人性的深度考量。对于工程机械产品而言,来自产品外观的刺激和用户本身记忆中存储的知识经验都会影响用户对产品视觉形象的认知。①今后的科技研发、技术开发、视觉设计一定会在人类体验高度和知识深广度拓展上大做文章,因为人性化的体验也会是未来设计产业发展最坚实的基础。这些历史性的转变最终会让设计事业真正进入社会层面和公众层面并日益成为更加公共性、群众性的精神事业,从而解脱了设计局限于物质与功用的基准状态。②行文至此,我们可以知道今日的造物实际上是造思想、造生活、造人性习惯,谁能抓住历史的机遇谁就能高人一筹,谁能登高望远而不是仅仅拘泥于物造和一点苟营之利,谁就会是未来的缔造者。国家与民族之兴以及大国战略的实施,都必须要重视这一点。

三、确定设计创意推动大国战略的方针

人类天生是贪求新意的,农民、渔夫与教授甚至总统没有本质的区别,只要是正常的人,对新意都渴望。而设计师就是靠新意吃饭的人,设计师失去了新意或再也创造不出新东西,他的职业生涯也就结束。新意有时候很神奇,起码对甘于旧经验的人群来说实在神奇万分。印度哲学家 J. 克里希那穆提(Jiddu Krishnamurti)把人们引以为傲的"经验"称作"欺骗":"当我想要,当我贪婪,当我说'所有的经验都是肤浅的,我想要些神秘的',欺骗就冒出来了——然后我就被困住了。"③"到目前为止我们做了些什么呢? 我们所依靠的人、宗教、教会、教育,已经把我们带到了如此可怕的混乱局面当中。我们没有从悲伤中解脱,我们没有从野蛮、丑陋和空虚中解脱。"④一语点醒梦中人,想想我们的经验常常把我们束缚成了何种状态,归结到设计上来说,设计创意力就是打破经验的努力、就是克服"欺骗"的生产力。美国创意学大师罗伯特·斯腾伯格(Robert J. Sternberg)对创意的说法不但与克里希那穆提基本一致,而且打通了对于设计创意解释的通道:"如果

---

①　陈曦、周以齐:《基于用户认知的工程机械产品视觉形象设计研究》,载《工程机械》2015 年第 1 期,第 32 – 36 页。

②　成乔明:《内化经济时代设计管理的历史性转变》,载《设计艺术研究》2016 年第 1 期,第 8 页。

③　【印度】J. 克里希那穆提:《智慧的觉醒》,(宋颜. 译),重庆. 重庆出版集团、重庆出版社,2010 年版,第 5 页。

④　【印度】J. 克里希那穆提:《智慧的觉醒》,(宋颜. 译),重庆. 重庆出版集团、重庆出版社,2010 年版,第 7 页。

一个产品很新颖也很实用,那么我们称其富有创造力,这是创造力的两个基本元素。"①"最高水准的创造力表现为在很大程度上超越于先前的产品,而人们对于产品新颖性的知觉也取决于他们先前的体验。"②如此说来,设计创意力是应该能够创造出新颖、实用、打破经验、克服先前"欺骗"性体验的创造力和生产力。

设计产业管理理所当然肩负着培植设计创意的使命,首先要解放创意生产力,而不能用行政命令、官员喜好来决定设计的发展轨迹和发展方向。日本设计家原研哉(Kenya Hara)曾说过:"简约实际上这个想法是从最近才开始有的,实际上世界是从复杂的概念开始的,这就是青铜器最初的状态,然后表面上这些纹路都非常的复杂……他们都是通过中央集权来管理的……一国之王,一村之长他们要通过这些道具表现自己的权力,要有威慑力才可以组织好这个国家、组织好这个村庄,所以要用这些复杂的东西表现它的威慑力。所以越是有强权的地方,就会有非常复杂的图……"③原研哉用中国的青铜器,印度、伊斯兰的建筑,路易十四时期凡尔赛宫内部的造型、国王的座椅以及罗马的设计来证明这一理论。且不论这一理论对错如何,但屁股决定脑袋的设计在现实生活中的确随处可见。今天我国提出"大众创业,万众创新"是一个好的信号,大众、万众自己来创造,自己来决定自己的命运,谁也无法代替大众、万众来做决定,这具有政治上的积极意义。创新是创意力的要义;"大众""万众"是一个虚指,就是指所有人都可以参与创意活动中来;"创业"毫无疑问就是一种产业化的指引,"创业"要求将创意转变成职业、市场实存的行为,创意者应当能够在这种职业、行为中获得自我生活下去、继续发展的可能。说到底,人的发展要自力更生,大国战略是靠每一个公民的自力更生、积极创造得以实现。同时,大国战略还要将每一个公民都活得有尊严和幸福作为己任,称霸世界尚在其次。当然,仅仅提出"大众创业,万众创新"的口号和理念远远不够,设计创意管理还应当通过多样思维、多元手段、多种方式制定出设计创意的价值评判和优选体系来。不是简单的模仿、抄袭、重复、剽窃就能称得上是创意,创意必须是完全的创新,即使是对原有经验的篡改,但也必须有实质性的区别、重要性的突破。这就不是"大众""万众"所能做到的事情了。究竟什么样的人才配称创意大师、究竟什么样的创意才值得商业投资和社会推广、究竟什么

---

① 【美】罗伯特·斯腾伯格、【美】陶德·陆伯特:《创意心理学》,(曾盼盼.译),北京.中国人民大学出版社,2009年版,第9页。

② 【美】罗伯特·斯腾伯格、【美】陶德·陆伯特:《创意心理学》,(曾盼盼.译),北京.中国人民大学出版社,2009年版,第10页。

③ 商业设计·赵海存:《原研哉设计哲学讲座PPT全文》,http://www.verydesigner.cn/article/23201。

样的设计创意才应当被纳入产业化的范畴里来而又不涉及版权之争？这才是设计产业管理需要进一步深入思考和完成的使命。

当我国的设计创意还不够繁盛，我国的设计品牌就不够硬朗，国际性设计交流也就相对疲软，而国内设计市场同样就不得不跟着国外跑，那么我国的设计文化就缺乏个性与后劲，设计产业与制造业疲软最终只能导致本国经济的烂根与枯竭，大国战略的理想就会受到巨大的挑战。这一连串的系列反应让我国觉得应该要请设计产业管理出马了，用设计产业管理来担当起改变上述不利现象的责任，这就是使命。所谓使命就是外界或他者赋予主体的责任和任务，是外界或他者对主体所下的命令。这里，设计产业管理的使命实际是整个社会与我国的设计事业对设计产业管理这一活动所做的授权。既然将设计产业管理提上国策，既然将设计产业管理推上历史的风口浪尖，也就是说历史需要设计产业管理发挥作用的时刻到了，设计产业管理应当临危受命，勇挑历史重担。

内化经济时代，什么都是生产力，那么我们就必须解放所有的生产力，生产主体无论拥有什么样的资源都应当能够在当下的国情和环境中爆发出创造力。民主、自由、平等的真正内涵就是要让所有人、所有资源得到生存和生活的妥善处理，只有人尽其才、物尽其用的国家才是民主、自由、平等的国家。一个限制了资源创造力的制度和体制是失败的。从这个意义上来说，我国的实情和处境显然仍然需要加快改革、加紧民主化建设的进程。这不是要党放弃对国家的领导权，而是要党下定决心把人民的生存和发展放在首位，在意识形态上推行民主、自由的理念，在体制上推行为民谋利的建构，在制度上推行公平化制度的建设，在社会生产上推行人尽其才、物尽其用的生产战略，四管齐下，方是实现大国战略之道。影射到设计产业管理上来看，要把一切的设计创意当成最核心的生产力，强调设计创意的自主性和原创性。所有的创意力都应当遵循社会主义价值体系的评判标准，重其成就、奖其贡献、用其功能，让社会实际需求来检验人们的创造力，而不是凭权力阶层的喜好来断定人民的创造和贡献，更不能凭与权力阶层的亲疏关系来决定奖惩体系。当然，治国者首先必须确定设计创意救国的方针，设计产业管理就有了光明的方向。

四、关于大众创业

2014年9月10日，李克强总理在第八届夏季达沃斯论坛上的致辞中提出了"大众创业，万众创新"的设想，他是这么说的："中国还是一个发展中国家，必须始终坚持以经济建设为中心。发展是硬道理，是解决一切问题的根本。经济发展方式不转变不行，经济发展不适度也不行。当然，我们所说的发展，是就业和收入增加的发展,是质量效益提高和节能环保的发展,也就是符合经济规律、社会规律和自然规律的科学发展。当前,世界经济不稳定不确定因素依然较多,中国经济正处于深层次矛盾凸显和'三期叠加'的阶段,到了爬坡过坎的关键时候。下半年和今后一段时间,我们将进一步加快经济发展方式的转变,以结构性改革促进结构性调整,用好创新这把'金钥匙',着力推进体制创新和科技创新,使中国经济保持中高速增长、迈向中高端水平,创造价值,打造中国经济升级版。加快体制机制创新步伐。中国经济每一回破茧成蝶,靠的都是创新。创新不单是技术创新,更包括体制机制创新、管理创新、模式创新。中国30多年来改革开放本身就是规模宏大的创新行动,今后创新发展的巨大潜能依然蕴藏在体制改革之中。试想,十三亿人口中有八九亿的劳动者,如果他们都投入创业和创新创造,这将是巨大的力量。关键是要进一步解放思想,进一步解放和发展社会创造力,进一步激发企业和市场活力,破除一切束缚发展的体制机制障碍,让每个有创业意愿的人都拥有自主创业的空间,让创新创造的血液在全社会自由流动,让自我发展的精神在群众中蔚然成风。借改革创新的'东风',在中国960万平方公里土地上掀起一个'大众创业''草根创业'的新浪潮,中国人民勤劳智慧的'自然禀赋'就会充分发挥,中国经济持续发展的'发动机'就会更新换代升级。"这段话中首次提出"大众创业"的说法。毫无疑问,所谓的"大众创业""万众创新"实际上就是要解放社会的生产力。

在计划经济时代,中国实行的是国家创业,那时候的工商税务职能管理部门形同虚设,一切产业形式都是国有、公有、集体所有,政府对社会财富的再分配具有直接的指挥权与决策权,市场的调配权相当微弱。尽管改革开放将国有、集体身份的工人整体"解放",但大众、草根生产力并没有得到真正的解放。因为人们近三十年来对从"吃皇粮"走向"为资本家卖命"的遭遇不仅仅耿耿于怀,甚至还没有完全弄清楚发生了什么。在计划经济时代,工人们是端着"铁饭碗"吃国粮的身份;在改革开放时代,自由之身的劳动者是端着"泥饭碗"吃老板的软饭;"大众创业"的提出正是内化经济时代的必然选择,通过自己的创业端着自己的"金饭碗"吃自个儿的自由饭。

但创业谈何容易!中国的民营企业平均寿命不过3年,活下来一个民营企业要牺牲百千个创业者。李克强总理也认为这更多时候不是创业者的能力和智慧问题,而是体制造成的外力性破坏,仅仅鼓励大众创业还不够,国家管理体制不创新、不进步,愿景终究会成空。所以,李总理在上述致辞中说:"抱定壮士断腕、背水一战的决心,推动牵一发而动全身的重点改革,着眼解决长远问题。""通过我们的努力,把'改革的红利'转化为'发展新动能''民生新福祉'。中国有信心、有能力、也有条件不断克服困难,实现今年经济社会发展的主要预期目标。"这说明李总理心中是非常清楚的:没有国家的扶持、没有政府的保护、没有国内体制环境的清正廉洁,大众创业的成果终究会被与民夺利的不法权力搜刮一空。"防止公权滥用,减少寻租现象,使政府真正履行为人民、为大众服务的职责。"大众创业最大的障碍在总理的这一句话中得到了解答与承诺。2016 年 1 月 18 日的《政商外参》中指出:"中国人均收入最新世界排名 2010 年是第 127 名;中国 GDP 世界排名 2010 年是第 2 名;中国官方公布的官/民比例目前达到 1 : 28(一说 1 : 15),绝对创世界第一;农村社会的基层政府是典型的'吃饭型财政',行政管理费及工资支出占到了当地财政收入的 80% ~ 90% 。"所以总理"抱定壮士断腕、背水一战的决心"的说法绝非危言耸听。至此我们也可以知道,大众创业与设计产业空前发展紧密相连,但是,如果没有合法合情、规范合理的设计产业管理制度,大众创业一定会举步维艰。

五、关于万众创新

"万众创新"的说法同样是李克强总理在第八届夏季达沃斯论坛上的致辞中提出来的:"中国有各类专业技术人员和各类技能劳动者近两亿人。如果这么多人哪怕是大部分人都能发挥出他们的聪明才智,形成'万众创新''人人创新'的新态势,体力加脑力,制造加创造,开发出先进技术乃至所谓颠覆性技术,中国发展就一定能够创造更多价值,上新台阶。"把国家的创新机制且是大国战略中的重头戏下行到民间不仅仅是对人民的信任,更是把国家创新权力还政于民的起步与尝试。当然,新一代国家领导人集体是一个真正有智慧的集体。自毛泽东主席之后,"万众创新"在治国理念上显然迈出了历史突破性的一步:尊重民众并善用民众。李克强总理如是说:"'大智兴邦,不过集众思'。也就是说,智慧来自于大众。我刚才强调的大众创业、万众创新将会迸发出灿烂的火花。我们比任何时候都需要改革创新,更需要分享改革创新成果。这用中国的成语说,就是众人拾柴火焰高。希望与会各位畅所欲言,共同探索改革创新和开放发展之路,共同谋划创造价值与互利共赢之策,为中国经济社会发展、为世界繁荣进步作出应有的努力与贡献。"

大众创业如果具有可能性的话,万众创新显然要更进一步,在难度系数、智慧运用、技术创新上要求会更高。大众创业实际是希望大众能通过自己的勤劳和智慧自食其力、自力更生。那么有一技之长者可以靠技术去吃饭,最差的也可以在城市街头一隅摆个缝补摊,帮消费者缝缝补补;没有一技之长者完全可以靠临时学习后出售一些简单体力来养家糊口,遍布中国大街小巷的煎饼摊堪称世界一景,你不能说卖煎饼果子的城市大婶大妈就不是创业者。为了生存和生活,大众不会因为有没有"大众创业"的号召就随意决定做不做事,抢劫银行、公交扒窃的不务正业者除外。

万众创新就不是一个谁都能做到的、谁都能扛得起的事儿。创新是一种突破性、开创新的活动,要对历史和过往做深刻的反思和审视,这不仅需要全局的眼光,更需要超群的智慧和推翻旧事物的勇气。如果说创新就是一种类似于科技创造、技能革新的技术活儿,还显得过于狭隘,能将遍布全国大街小巷的煎饼摊整合打包到美国纳斯达克挂牌上市将是更加震撼的创新。设计上的创新当前紧缺的不是设计出新产品、新量产,或者说当前的设计创新绝不是技术上出了问题,实质是思想、运营机制出了问题,所以本书在此强调设计不是造物,首先应该是改造思想。拿现代的建筑设计来看,问题还不是现代建筑在式样和功能上的千篇一律或稀奇古怪,而是建筑思想、建筑价值体系出了问题,进一步说是整个社会的认知观、运筹动机出了问题。现代建筑设计在城市发展的过程中显现出越来越多地被消费市场所控制的局面,从而失去了整体性的考量。[1] 空间概念设计师必须时常从具体的工作中抽离出来思考审视自己和自己周围的一切,时、空、物。[2] "空间设计"产业中功能性、装饰性、设计为主的现状与社会发展阶段"功利"思维主导的价值观关系密切。非市场性、强调艺术性、反思性的空间设计作品及设计师相对缺乏。[3] 当整个社会被"功利"所控制,所有人还有心去搞创新吗? 如果说创新是衣食无忧之后的自我突破显得谨慎抑或夸张了,那万众又何必不求回报而苦其心志、劳其筋骨地去推进技术进步呢? 这里不禁又要重申李克强总理的说法:"通过我们的努力,把'改革的红利'转化为'发展新动能''民生新福祉'。"这句国内最高级别的设计产业管理的指导方针,正是万众创新的前提和保障。

大众创业在前,万众创新在后,这是一个富有智慧的逻辑判定,"大众"接近全部民众,无论从数量还是范畴上都一定大于"万众"。让所有人参与创业的热情高涨,才会从中诞生出类拔萃的创新。创业是为了生存,内化经济时代层出不穷的多元生产力都应当有用武之地,然后从中优选,让能够量产、能够创造新机会的创意力品牌化、延续化,这正是设计产业管理在生产力发展上的战略性定位。

---

① 常晓庚:《"空间重新构筑"理论与未来"空间设计"趋势的解读》,载《艺术与设计(理论)》2015 年第 4 期,第 46 页。

② 常晓庚:《"空间重新构筑"理论与未来"空间设计"趋势的解读》,载《艺术与设计(理论)》2015 年第 4 期,第 46 页。

③ 常晓庚:《"空间重新构筑"理论与未来"空间设计"趋势的解读》,载《艺术与设计(理论)》2015 年第 4 期,第 47 页。

第三节　创造新的生产关系

设计产业管理的第二个最为重要的战略意义就是要创造出全新的生产关系。今天资本家的剥削在全世界范围内并没有完全消失,根据传统的马克思主义者对资本主义社会的判断,今天的剥削在民主、自由制度"外衣"的包裹下会显得更加隐秘和深刻。而在社会主义初级阶段,劳资对立关系也并没有彻底消亡,财富的过于集中会在一定的时间段里触动社会敏感的神经,最根本的原因是生产关系仍然需要经历一个漫长的重组才能真正形成社会主义独特的生产关系。

一、公平竞争

公平竞争既是社会主义生产关系的首要标准,也是市场经济的首要特征,但并非所有的市场经济都是公平竞争的。欧美国家普遍实行的多党竞选制就注定它们的市场经济不可能实行公平竞争。为什么? 多党竞选执政是大财阀和广大金主用金钱砸出来的政治,国家首脑、内阁的产生是金钱堆出来的结果,作为与金钱相结合的政治不得不以执政后的制度作为回报,那就是为自己的金主提供更好的市场运行机制、创造更好的营利条件、构建更多的隐性帮助;而政治对手的金主则必须受到必要的压制和打击,这些压制和打击可以是赤裸裸的,但更多时候也是不动声色、悄无声息的暗动作。在这样的政治氛围和竞选机制中,市场竞争的不公平几乎是天生的痼疾,或者说欧美资本主义体制下的市场经济注定就是非公平竞争的经济模式。这属于本源性的不公平。

我国尚处在社会主义初级阶段,社会主义制度就是一个追求人人平等的制度,社会主义的市场经济也就是要鼓励公平竞争的经济模式。事实上,特殊的国情决定了我国的市场经济也没有完全达到公平竞争。人才的竞争、企业之间的竞争、商业组织之间的竞争等都还存在大量不公平的地方,这些与用人机制、企业运营机制、商业活动机制不无关系,但同时也与利益诱惑、权力的分配与监督息息相关,说到底是对权力和权力者缺乏有效的惩罚力度。大国战略的实施最惧怕权力阶层的腐败。习近平总书记在十八届中央纪委二次全会上发表重要讲话时强调:"把权力关进制度的笼子里,形成不敢腐的惩戒机制、不能腐的防范机制、不易腐的保障机制。"习总书记用三个"机制"表达了反腐的决心,也表达了中国共产党为大国战略扫清障碍的坚定态度。市场公平竞争的最大敌人就是各级权力在本国的泛滥,"把权力关进制度的笼子里",既要上锁,还要把钥匙交给法律、交给人民。

在设计产业市场上,招投标中营私舞弊、原料供货方的偷工减料、工艺技术研发中的弄虚作假、工程项目中的权钱交易比比皆是。这些莫大的不公平严重伤害了本国的生产制造业,也严重侵害了纳税人的财富和尊严。这属于机制性的不公平。设计产业管理不仅仅是要在顶层设计上把好权力制约关,更要在实际执行上贯彻执法打击力度。

二、平等贸易

平等贸易显然是针对买卖贸易双方之间的关系而言的。任何产业、任何市场中都存在买和卖双方甚至多方之间的贸易关系,没有商业贸易关系就不存在所谓的市场。设计师、生产商就是商品最初的源头,他们和消费者之间的关系其实就是贸易关系。设计为何? 设计何为? 这是两个连贯性的问题,也是一个答案的两个方面。设计为何即为什么而设计的问题,设计不是为强加一种视觉或理念给消费者、给社会,而是应当满足消费者更加幸福地生活、满足社会的自然发展;设计何为就是设计能做什么的问题,前一句话已经解释清楚了。我们的规划者、设计者总想去控制世界,总想把自己的思想强加给消费者,这违背平等贸易原则,规划者、设计者与消费者应当坐下来平等交流、相互理解,然后让设计商品自己静静地散发迷人的芳菲。凯文·林奇(Kevin Lynch)是一位 20 世纪中期的美国城市理论学家、麻省理工学院教授、作家和城市设计实践家。在对城市的理解上,他的观点独一无二,他不注重建筑物或开放空间,而是对人们如何感受城市以及他们对城市社区和特色空间的记忆颇感兴趣。林奇并不满足于基于过程导向决策、功能性问题解决或采用统计比较分析方法编制的城市规划。相反,他认为一座好城市的测试标准是"可读性",即居住者与游客对城市的感受和理解。林奇得出的结论是,成功而宜居的城市有着某些共同的基本价值,这些价值可以被定义作为引导城市设计的原则。① 和林奇一样,加拿大作家、城市活动家简·雅各布斯也认为,通过观察和共同的感知才能最好地理解城市。② 一个城市就是用来感知、理解、记忆和可读的,而且应当是"共同的感知",规划师、设计师与未来的居住者、游客共同的感知,居住者、游客与过往的规划师、设计师共同的感知。设计活动中的一切努力和图式化的尝试都应当是能够延续的历史,能够经得起时间来慢慢对话的

---

① 【美】约翰·伦德·寇耿等:《城市营造》,(赵瑾等. 译),南京. 江苏人民出版社,2013 年版,第 10 页。
② 【美】约翰·伦德·寇耿等:《城市营造》,(赵瑾等. 译),南京. 江苏人民出版社,2013 年版,第 10 页。

平等的文化。

三、资源共享

设计产业活动中的所有竞争者都应当要相互合作,所谓的相互合作首先要尊重资源共享原则。内化经济时代,一切资源都可能成为生产力,这就决定了一种新型生产关系必然会产生,那就是资源互换、资源共享型生产关系的诞生。在传统经济时代,生产者与生产者之间是资源掠夺、资

图3-11　电影《大圣归来》角色形象(成乔明绘)

源竞争的关系,弱肉强食的法则今天已经不再是唯一法则,更高层面上来看,互助共享的法则能创造出更大的成果。网络平台是今天最强大的传媒资源,也成为设计产业进行商业运作的最佳捷径,许多发明创造、设计创意作为内容资源与网络平台结合之后爆发出了强大的商业效果,当然活动在网络上的"网生代"成了最为强大的消费资源和软传播资源。这里的软传播资源是相对于网络传输技术的硬传播资源而言的,特指口碑传播。2015年红遍华夏大地的一部电影《大圣归来》(见图3-11)就是充分利用网络硬资源和"网生代"软资源以及自身的内容资源大获全胜的典范:"回想今年《大圣归来》上映时,一开始排片率只有一成,片方称没有经费做宣传,使该片上映的时候并无太多人关注。但是,部分走进电影院观看的观众纷纷通过各种渠道向亲朋好友推荐此片,成为这部电影的'自来水'。随后影片的票房一飞冲天,最终3天破亿元,创下国产动画电影的新纪录。这一'自来水'宣传方式改变了大众对'票房电影'的思维程式,也改变了现有动画电影市场的'吸金'模式。"①《大圣归来》的出品人路伟自爆的消息更是给了我们无尽的想象:"我们出了100多篇软文,大家看到的很多软文都是我们自己写的,但是它很真。我们不代表我们的片方,我们代表一个用户,我们的创意总监代表20世纪70年代,我们的小编代表20世纪90年代,他们共同把这个纬度做得有差异化,并

---

① 《那些影视剧"自来水"还能信吗?》,2015年11月28日《扬子晚报》,第B1版。

且深入参与,就是其中的一分子。我们把'自来水'进行了分离,看看哪些是'自来水',哪些是'纯净水'。我们在适当的时候提供一些料出来,看似无意之举,其实都是步步为营。"①这是标准的商业运作,路伟的主动"透底"算不算又一次的炒作呢?自来水也罢、纯净水也好,无所谓对错,只要设计产品自身品质过硬必然会讨人喜欢。像《夏洛特烦恼》《琅琊榜》等都是因为自身底子硬,才赢得了"自来水"们的热捧。反过来看,不懂得运用现代的网络多媒体资源、社会圈层间的软传播资源,再好的设计产品也未必会有理想的市场收益。今天的设计产业就是需要设计者、生产者、设计商、消费者同乐式的共享合作。

四、自由创造

设计生产关系是基于设计创意之上的一种生产关系。创意是一种高智商精神活动,保证创造的自由是前提。设计公司总是要求自己的设计师这样那样,设计师很难创造出精品;工程项目设计中甲方也总是要求乙方要怎样怎样,乙方思维受限且苦不堪言。显然这是有失自由的设计活动,绝大多数设计师不得不安于现状、苦于应付,因为拿人钱财就得听人使唤,这正是功成名就的设计师自主创业、成立自己的设计公司或设计工作室最根本的原因:自由之心永远甚于自由之身。南京的许庆海发明了一套做筷子的工具,可以轻松让普通人在 15 分钟内做出一双自己喜欢且拥有大师级手艺的筷子。这套 DIY 制筷子的工具在 2015 年 10 月份第一次送出去评奖就在厦门获得了"中国好设计奖"(德国红点奖评选机构创办),发明人许庆海自己也觉得很意外。但这个名为"筷子大师"的制作工具的设计过程也颇为神奇:许庆海说,他有个设计师朋友叫 John Economaki,此人是美国设计界的顶尖人物。32 年来,他设计了好几百种精美绝伦的手工工具。"2013 年的时候,我和他在一起聊天,聊着聊着聊到中国文化,突发奇想,就想做一个和中国文化有关的产品玩玩。"许庆海说,他们想了很多中国文化的元素,最后 John 想到了筷子,说你们中国人整天用筷子,现在西方人用筷子的也不少,要是能设计一套工具让人自己做筷子玩多有意思啊。但是,别看筷子小,却融合了高度的手工技艺。在没有任何经验可以借鉴的情况下,其难度可想而知。为此,许庆海公司的设计团队和 John 反复开会讨论此事,光设计图纸就搞了 12 轮,最后终于在今年搞出来了。② 最经典的设计创意都来自于设计师的自由时光里,设计不仅仅是为

---

① 《那些影视剧"自来水"还能信吗?》,2015 年 11 月 28 日《扬子晚报》,第 B1 版。
② 罗双江:《奇妙工具让普通人也能 DIY 筷子,这个发明让他"不小心"获顶级设计奖》,2015 年 11 月 26 日《扬子晚报》,第 A5 版。

了造物,而是一种思想、一种生命状态甚至一种娱乐精神的创造。所谓"玩玩"正是艺术家、设计师最好的创造动机。一个专业的设计产业管理师敢不敢放手让设计师去玩玩,其实是一门大学问。即使大国战略也必须是宏观统筹下的微观自由,即战略上稳固严密,战术上随机应变。

五、携手共赢

在内化经济时代,资源和资源之间的互换、共享的最主要目标就是实现利润和效益的最大化,如果不追求最大化,那么任何一种资源都可以独善其身、创造价值,只要对某一种资源的利用策划好、设计好同样可以独树一帜、与众不同。如个性显著的芙蓉姐姐、凤姐,凭她们别具一格的个性且发挥到极致竟然也可以红极一时,耐人寻味。但靠一种资源极度的挖掘和发挥毕竟长久不了,也容易令人生厌继而抛弃。从长远来看,一个多元资源联合作业的硬功夫才是发展的正道,因为一个多元合作、全面发展的生命更加耐读,也更加经得起时间的检验,自然利润和效益会趋向最大化。除此之外,携手合作的另一个保障就是合作方的全面共赢,任何一方的独断专行、坐享其成都不可能让不同资源的占有者联合在一起。资源联合绝对要杜绝零和博弈,一定要追求成果共享、收益共分,即共赢。习近平《在党的十八届五中全会第二次全体会议上的讲话(节选)》中就明确指出:"创新、协调、绿色、开放、共享这五大发展理念,是针对我国发展中的突出矛盾和问题提出来的。创新发展注重的是解决发展动力问题,协调发展注重的是解决发展不平衡问题,绿色发展注重的是解决人与自然和谐问题,开放发展注重的是解决发展内外联动问题,共享发展注重的是解决社会公平正义问题。这五大理念不能顾此失彼,也不能相互替代。""解决发展动力问题"其实是解决生产动机和生产力体系构建的问题,任何一种合法的生产动机和生产力都应当能得到彰显和充分发挥的机会,只有整个国家、整个民族发展和富裕了,人民群众才能得到更大的实惠;"解决发展不平衡问题"其实是保证全国各地区、社会各部类的携手合作、共赢发展,当然首先要打破分配不均、贫富悬殊,特别要消灭人为的剥削和被剥削的关系;"解决人与自然和谐问题"其实就是要追求人与自然的彼此依赖、彼此爱护,人不能凌驾于自然之上,更不能对自然无穷无尽地索取,要尊重自然规律、爱护自然生态、维护自然的可持续发展,从而达到人与自然的和谐统一、共赢共生;"解决发展内外联动问题"当然是追求我与他人之间的协调合作、平等交流问题,强调的是本国与外国的互尊互敬、互通有无、精诚合作、共享同赢之义;"解决社会公平正义问题"同样是一个公平竞争、平等交易的理念,唯有建立在公平、平等、正义的基础上,整个社会成员才能各尽其才、各尽其能、各取所需、全民共生。说到底,这些都是共赢的问题,这也是设计产业管理通过自己的管理机制、管理手段在设计产业发展中所要达到的最高级的管理目标。

　　在今天的背景下,设计产业管理必须要能革新过往种种不完善的生产关系,本着全社会公平发展、持久发展、永续发展的理念创造出全新的社会生产关系,这种管理是建立在国家中央政府越来越清晰的思路和认识基础之上才能得以实现,而这样的时机正在为我们设计产业管理界打开一扇窗。

第四节　解除发展的桎梏

　　今天的社会发展包括设计产业的发展正面临四大桎梏,用李克强总理的话来说,"爬坡过坎的时刻到了"。概括说来,制约着今天社会发展和设计产业发展的四大桎梏是:环境恶化、物质功利意识泛滥、生产性资源出现紧缺、体制陈旧。产业管理的第三大战略性意义就是要解除这四大桎梏,重造我们的新世界,为全面实现大国战略扫清障碍。

一、改善环境

　　现在地球上水污染严重、转基因食品泛滥、土地沙漠化现象凸显,种种迹象表明人居环境已经到了是可忍孰不可忍的地步。当然最可怕的还是原本不需要支付任何成本、用之不竭的空气也受到了人为可怕的侵蚀,也就是说我们想呼吸一口新鲜的空气基本已经是一种奢望。南京曾经是中国山清水秀、景色优美的古都之一,可今日已经难得一见真正的蓝天白云。让我们来看一则报道:京津冀严重污染,江浙沪深陷雾霾,刚刚过去的这个元旦小长假,大面积的雾霾污染影响我国。在南京,虽然市民看到了蓝天和阳光,但空气质量却持续 3 天达到中度污染。去年最后一天南京空气质量达到了重度污染,首要污染物 PM2.5 日均浓度达到172 微克/立方米,超标 1.29 倍。① 类似这样的空气质量目前司空见惯,人们早已习以为常。设计产业管理就是要通过创新性、标准化、严苛的管理达到改善环境的目的。南京环保部门对江心洲建筑工地的扬尘管理就制定了一套标准:2015 年最后一天,我市环保部门在江心洲开评文明工地。给工地评星级,这在我市还是首次试点。评为三星级的工地控尘措施到位,比如仁恒江心洲 D 地块工地,在全市首创在工地内部实时监测 PM2.5,发现超标就采取洒水降尘、停止部分工序等

---

　　① 江瑜:《今天空气污染仍会持续》,2016 年 1 月 4 日《南京日报》,第 A6 版。

控尘措施。建邺区环保局副局长张明浩介绍,评选文明工地是工地自治的一种尝试,文明工地今后会更倾向于工地自我加强监管,而不是靠环保部门上门督察。①据北京时间 2015 年 9 月 28 日,NASA② 宣布利用火星勘测轨道飞行器(MRO)上搭载的成像光谱仪,在这颗红色星球表面的神秘条痕中找到了水中沉淀形成的水合盐物质。这是一个非常重要的进展,因为它证实了水——尽管是咸水——流淌在现今火星的表面上,这对火星上是否存在生命以及人类能否在这个星球上永续生存都具有重大影响。③ 这个美丽的星球——地球,就要被人类毁灭了。人类探测火星的成功不仅仅是出于好奇,更是出于对自身存亡的担忧与无奈之举。就算未来人类真的能够搬迁火星,但地球的毁灭也是人类对虐待大自然永恒的污点和耻辱。设计产业管理今后的终极目标绝不是想方设法让人类逃离地球,应该是让地球更持续地美丽下去,因为这里才是我们真正的家园。

二、反省物利

物质享受和功利思维已经控制了今天人们的精神,进而控制了体制的运营范式和人们的行事法则,任何一种付出再也难得一见无私的奉献,说一句"为人民服务"的话都容易遭人诟病:不是脑残就是作秀。这是社会的悲哀与时代的堕落。底层人民的物利之心一方面是人性的逆根性,另一方面是生存的需要,从单个生命的弱势地位而言,争名夺利尚可原谅。但富人和上流社会更加吝啬、贪婪和刻薄却不能不说是一个病态社会的症候。仍然拿设计制造业来说,我们国家跟日本比一比,不但令人大跌眼镜,而且的确已经到了不得不逼迫自己反省的地步。在我的印象中,中国的大部分企业家,尤其是江浙一带的企业家,似乎对赚钱有着某种天赋。所以,很多人在主业上小有成就之后,便立马开始"多元化"战略,投资房地产、投资股票证券。好大喜功,急功近利是中国人的特性习惯,企业、百姓都是如此,所以一点也不奇怪。而日本的企业家给人的印象似乎对产品本身更感兴趣。我这次去日本,和日本一个青年企业家交流,他们公司是做汽车轴承的。说实话,汽车轴承在我眼里确实是一个小产品,没什么了不起。但他一说到他的产品的时候,就开始手舞足蹈,两眼发光,似乎特别享受设计和生产的过程。我一问,原来他父亲是公司董事长,他哥哥是总经理,他是主管技术的董事、副总。公司规模不大,一百来人,但是服务的客户却是丰田、本田、铃木这些大名鼎鼎的公

① 江瑜:《南京给工地评星级促"主动控尘"》,2016 年 1 月 4 日《南京日报》,第 A6 版。
② NASA——National Aeronautics and Space Administration,美国航天局。
③ 《盘点 2015 科技大事件》,2016 年 1 月 1 日《南京日报》,第 A6 版。

司。他们家里好像也没有别的生意。他说,光轴承需要研究的东西就太多了,几代人都研究不透,哪有精力再去做别的?从两者区别,我明白中国人只是赚钱,日本才是做事业。① 我们的许多地方政府又在做什么?整天秀自己的 GDP、秀税收增加额、秀房地产成交量、秀招商引资的增长量,就是从来不公布自己人民群众真实的收入水平、从来不敢公布自己区域内的贫富悬殊程度。这就是一种好大喜功、报喜不报忧的病态心理。我们的国家和民族如果再这样发展下去,老祖宗留下来的丰功伟业迟早要被挥霍一空,精神上的丰功伟业在飞速流失,物质上的丰功伟业也经不起多久的折腾。设计产业管理要树立事业之心,削弱物利思维,从长远、大局、树品牌的角度发展本国之设计、民族之制造。

三、拓展资源

人类的资源特别是生产性资源越来越短缺是不争之事实。据"美财社"2013年发布的一篇文章《地球上石油资源还能供人类用多久?》显示,近百年来,随着石油工业飞速发展,早已面临能源危机,作为非再生资源,总有一天会在地球上消失,绝不是危言耸听,按照目前的开采速度,地球所剩下的石油资源仅仅能维持百年之久,就连煤炭等矿物能源也都仅仅在未来几百年内枯竭。文章还指出我们不要幻想什么核能、生物能甚至太阳能来取代现有的能源霸主,那不仅仅是造价昂贵,更主要的是技术水平还没有达到一定高度;也不要妄想水能变成油,那是违反了能量守恒定律,把水分解成氧和氢需要的能量就是氧和氢燃烧释放的能量。2015 年 11 月 7 日,在 2015 亚洲教育北京论坛年会上,联合国政府间气候变化专门委员会副主席、国际绿十字会董事会成员莫汉·穆纳辛格(Mohan Munasinghe)忧心忡忡地发出喟叹:"截至 2012 年,人类已经透支了地球上 50% 的可持续自然资源。照这个趋势下去,到 2030 年,人类需要两个地球的自然资源才能满足需求。"莫汉·穆纳辛格还透露:85% 的资源被地球上 20% 的人所拥有,更多的人只用到了非常少的资源。我们今天热衷于文化产业的根本原因不是各国政府对文化有多么的热衷,热衷文化并不是政府的主要职责,起码在实际执政过程中,我们很少看到这样的治国例证,而是我们共同生存发展下去的资源包括能源发生了重大的危机,人类的各类消耗逼迫政府不得不鼓励寻求新的发展可能,最终文化产业以不消耗外在能源的优势异军突起,其中就包含了我们这里讨论的设计产业。于是各种虚拟的假设、积极的探索开始大量涌现,当下风靡的 3D 打印技术就是人

---

① 《日本人眼中的中国制造企业:死得太快了!》,吃在南阳(微信号:NY03770377)2016 年 1月 14 日。

类将细胞、由分子或原子组成的微粒重新组合构建新的物质形式的一种进展。但是,3D打印技术能将汽车、飞机动起来吗？能将咖啡加热、米饭蒸熟吗？显然人类依靠设计技术、科学技术拯救自身的道路还很漫长和曲折。电能汽车、混合能源汽车只是减少了对石油、天然气的使用量,但急剧膨胀的私家车数量在今天并没有减少能源消耗的总量。当然,设计创意产业在拓展资源的道路上具有最大的潜力和可能。

四、重构体制

关于体制,笔者不想用高深的哲学道理、繁复的主义认知来进行介绍,说白了,体制就是一个国家的行事法则和运行范式,也就是管理的模式而已。政府怎么管理人民是体制、政府怎么产生权力以及人民享受权利的权重是体制、政府怎么分配社会资源是体制、政府对待犯罪的态度和做法是体制、政府通过什么程序和方式进行组阁是体制,政府又是如何发展科技、教育、医疗、设计产业以及对这些事业的发展态度也是体制。这些就属于国家的行事法则和运行范式。中国的体制是社会主义人民当家做主的体制,但这种体制下的现实也不是说人人平等、事事公平,绝对的人人平等、事事公平是做不到的,但追求绝大多数的人人平等、事事公平是一个不能放弃、不能污蔑的理想或愿景。中国目前存在大量的官僚主义、人情关系、放任自流的自私自利思想,这些严重地制约了社会主义的平等公正,使国家内部出现诸多官商勾结、贪污腐败、官官相护、权钱交易的现象。重构体制就是要树立尽可能使用制度来管理国家、规范社会的理念以及做法。用制度来约束公权力,用制度来保护我国的生态环境,用制度来引导科技发展的动机和方向,用制度来创建新型的智慧城市和新型乡村,用制度来保证生产制造业的健康发展,用制度来发扬我们的传统文化以及开创我们的现代文化,用制度来实现大国战略。法治代替人治是中国重构体制的关节点,打破人情社会并创造法理社会是中国重构体制的必由之路,重惩阻碍法治建设的一切拦路虎、绊脚石是中国共产党带领全国人民重构体制的首要任务,设计产业管理积极参与重构体制的伟大事业是设计产业管理服务国家和社会的重大战略任务。水木然(微信号smr669)在2016年1月份整理出的一份关于中国正在发生的100个大变革的材料在朋友圈疯传,其中有些说法发人深省:"传统互联网不断扩大贫富差距,移动互联网开始消灭贫富差距","互联网倒逼政府深化改革","互联网迫使资本家共享出来生产资料"。"未来中国只有一家公司,股东是人民,CEO是政府,员工是公务员。""革完传统企业命之后,互联网开始自我革命。""政府的改革速度正在追赶市场的创新速度","中国民主的真正敌人是中国的人性和素养","政府体制开始公司化""当政府开始跟企业抢人才,中国就真的崛起了""自由、民主、平等、博爱、团结这些并不遥远"。一切深度影响国家体制走向的革命都是从物质世界的创造、人民生活方式的改变开始的,没有任何一种理论能准确地判断出百年后人类社会的走向。伟大的哲学思想和社会预测绝对不是天才的构思,都是过往百年内物质创造奠定的结果,人类其实永远只相信自己的眼睛而无法忠于所谓的信仰。这就是设计产业管理能够控制思想、重构体制的奥妙所在,因为设计就是主眼、主物进而主身、主心的创造物质世界的事业。

第五节　确立大国地位的革命

在没有明确的设计产业管理意识之前,设计只是一种自给自足的事情。发明者、设计师、艺术家是出于兴趣选择了创意这活儿;设计市场完全出于人与人之间可供交换的资源不同而赖以存在;国家对设计市场、设计工商户只知道纳税,国家对设计最大的贡献除了征税或收费很难说有什么实质性的帮助;彼时的设计师几乎就是手艺人,需要自己走街串巷去兜售自己暗自得意的设计;行业协会出于保护费的考虑,普遍养成了地方保护主义的陋习。这样的设计市场灵活多变却容易跟风而行甚至无原则无底线地投机,总之追逐利益是彼时设计市场的根本目标。彼时如果算得上有设计产业的话,那样的设计产业也是非持续性、震荡大于稳定、散乱式的且随时可以崩溃的短期性设计产业。

在产生了系统的设计产业管理意识之后,人类对设计市场、设计经济活动、物质生活状态趋向稳定的渴求才越来越凸显出来,人类对设计生产能力的充分认识也才越来越深刻,人类对可持续发展下去的愿望才越来越受到普适性的认同。唯有稳定的设计业态才能保证人们物质生活供给的稳定,唯有稳定的生产力才能保证人类社会相对平稳的生产关系,唯有稳定的创造性和强大的创造力才能令本国本民族有尊严有地位。设计产业管理意识不再是一种小我的活下去,而是一种大我的奋发与规划,所谓民众之私才能成全国家之公。国家营销的最本质内涵就是创造出巨大的财富并让人民幸福,幸福的人民才会真正爱国,幸福的人民是大国的标志,而不是疆域之大。大国的标准不再是统一口径的口号,是富足而平等的福利,是征服世界的财力、文化与人才,也不再是或不仅仅是强大的军事。这同样是内化经济时代的象征,在这样的背景下,设计产业管理的使命和战略意义显而易见,可总括如下。

一、催生设计文化

设计产业管理是以政府牵头、设计企业担纲、全社会参与的商业设计的大管理。同时设计产业管理还是一种设计战略，是关系全国、全民族物质文化的大战略。一时的繁荣、一时的盈利、一时的投入和一时的冲动都算不上是严格意义上的设计产业管理。产业管理的周期一定很长，通常以庞大、稳定、安全而完整的产业链、产业环境的构筑为桥梁推动设计发展。因为周期长、体系庞大，所以才能造就一种文化现象、文化精神的养成。如宋朝举国上下偏好瓷器，中国制瓷业在两宋时期达到了巅峰，当时烧瓷的窑遍布大江南北，其中官、哥、汝、定、钧窑名扬天下，从而奠定了中国瓷器在世界上不可动摇的领衔地位。这与当时朝廷的瓷器产业政策不无关系，朝廷下令鼓励举国发展制瓷业，精品瓷器皆要上贡朝廷，朝廷再根据瓷器的制作水平和艺术成就论功行赏。浙江是两宋南方制瓷的大省，其中浙江省龙泉市分布的瓷窑最为集中，窑址主要分布在大窑、金村、溪口、松溪等多处，北宋时有 20 多处，南宋时发展到 40 多处，著名的龙泉窑即在此，而龙泉窑的青瓷烧制技术功盖天下。至今算来，龙泉烧制青瓷的古代窑址有 500 多处，龙泉窑的青瓷曾销往世界各地，即使在龙泉窑衰落的明清时期，龙泉窑的青瓷依然是瓷器收藏家、投资者争相购买的工艺珍宝。2009 年 9 月 30 日，龙泉窑青瓷传统烧制技艺被联合国教科文组织列入人类非物质文化遗产代表作名录，是全球第一个也是目前唯一入选的陶瓷类项目。宋瓷成为宋代中国是举世大国的象征与标志。

二、繁荣设计市场

设计产业管理不同于其他设计管理的根本之处就在于设计产业管理做的是设计的大市场、大商业，落脚点仍然是市场和商业，是市场和商业的全局观、战略观。作为一种产业化的产品开发既可以由政府来参与主导，也可以由设计行会来组织推动。作为一种具体的设计产品开发，更多时候是由企业来担纲完成的，同样，企业围绕设计产品也能打造出一个大型的产业链。最近红火的《赛尔号大电影5:雷神崛起》(以下简称《赛尔号5》)原本的雏形是由上海淘米网络科技有限公司开发运营的中国儿童科幻的社区养成类网页游戏，该网游于 2009 年 6 月 12 日发布，是专为 7 ~ 14 岁儿童开发的儿童虚拟社区游戏。这款游戏以健康、快乐、探索、智慧理念来探寻太空新能源为主题，设计了安全健康的太空科幻探险虚拟飞船"赛尔号"。"儿童玩家"们在游戏中化身为勇敢的机器人赛尔，成为这个虚拟世界的主人，操作属于自己的太空能源探索机器人参与太空旅行和寻找地球新能源、研究并训练外星精灵。通过 6 年来的培植与营运，赛尔号俨然已经成为新生代儿童们主要的文化消费品之一。3D 动画大电影《赛尔号 5》于 2015 年 7 月 23 日上映,首映日在仅有 7.55% 排片的情况下以高达 29.16% 的上座率力压群雄位居所在映影片之首,当天实时上座率:《西游记之大圣归来》是 26.58%,《捉妖记》是 25.01%,《煎饼侠》是 24.29%;截至 7 月 23 日晚 22 点,根据猫眼 hi 票房数据,《赛尔号 5》票房已达 1356 万,成功打败《赛尔号 4》创下的首日 1100 万的票房纪录。这是 6 年来同名网游、书籍、电影、电视剧、儿童玩具、游戏攻略说明书等所构建的产业帝国的市场化结果,加上微信、微博、电商以及 T2O(TV to Online)营销模式的强力轰炸,"赛尔号"引领动漫市场的情形一定还会持续很长一段时间。健康的设计市场一定要有三个重要因素做保证:开放的设计产业政策 + 新颖的设计营销模式 + 优秀的设计产品,缺一不可。而健康的设计市场是创造和集聚社会财富最重要的战略性场所,大国的表现就是要有健康的国内设计市场和开放的对外设计交流。

三、促进设计交流

　　设计交流不仅仅是设计产品的往来贸易,还是交换设计思想、共赏设计文化、互动设计经验的综合。设计产业管理是一种商业性、大局性、宏观性、战略性的设计管理,绝不仅仅是一个设计营利的手段,更应该是一种精神智慧、哲学理念。设计是一种人类文化的典型,设计是一种人类文化的代表,设计也是人类文化的核心,文化强大的功能在于其入心入肺的流通、对话甚至交换。这不同于物质性交换,一般物质的交换是使用功能的交换,使用功能消耗殆尽,物质载体就成为古董或废弃品。设计是一种精神性、创意性造物,其强大的设计文化永远值得拥有者和使用者去揣摩、去回味。

　　设计交流分为国内性与国际性,设计产业管理以产业集群的庞大体系,通过最直接的市场流通方式、贸易手段实现经济利益与文化传播的双重效益,功在千秋,文明而豁达。在公元 1 世纪前后,中国人开辟的连接亚非欧的"丝绸之路"开启了中国数千年来的国际设计交流事业;明代强盛的航海技术使中国南部的"海上丝绸之路"发展到极盛状态,郑和七下西洋是明朝政府组织的大规模航海活动,出行的船队体量庞大、规模空前。郑和的船队满载瓷器、丝绸、布帛、珠宝、香料、中药材,先后抵达亚洲、非洲的 39 个国家和地区,这对后来葡萄牙人瓦斯科·达·伽马(Vasco da Gama)开辟欧洲到印度的地方航线以及葡萄牙人费迪南德·麦哲伦(Ferdinand Magellan)的环球航行都具有先导作用。没有政府倡导的设计产业政策以及没有政府强大的投入,设计交流的力度一定很难在个体行为上产生巨大影响,设计交流的安全性和持久性一定也会大打折扣且令人担忧。同样,设计交流还是时间纬度上的异时性交流。清代光绪年间,某地泥作匠行业公所订立行规,其中一条即规定:"泥墙须包三年,如三年内倒塌者,归泥匠赔修。"加入本行会的所有泥作匠,均须遵守这一条款。① 宋朝推行"物勒工名"制。所谓"物勒工名",是指国家强制工匠在他们制造的器物上刻上自己的名字,一旦发现产品有质量问题,即按名字追溯制造者的责任。② 在当时,"物勒工名"就是设计产业在时间轴上品质性的保障,千百年后,这些管理措施就会形成设计产业后来者与先人之间设计文化上的交流与对话。

四、建立设计品牌

无论是从国家的战略高度来看,从地区行业的产业声誉来看,还是从企业的长远发展来看,今天的设计产业都已进入品牌竞争的时代。设计品牌不是我们看到的简单的产品商标、企业名称,设计品牌是个综合性的大概念,其构成部类非常复杂,商标或名称只是品牌的代言符号而已。像奔驰、宝马、奥迪、大众、保时捷、欧宝、阿迪达斯、徕卡(见图3－12)、万宝龙、柏丽、博朗、博世、法兰克福大学

图 3－12 德国徕卡相机(成乔明绘)

等就是德国最知名的品牌,有时候谈到德国就会让人想到这些品牌,有时候也可以用这些品牌代替德国。而像长城、秦兵马俑、北京故宫、青花瓷有时候就可以代表中国。一种设计产品的品牌上升到最高的境界,就等同于国家、民族的称谓。大国之大就在于有一大批足以享誉人类的物质文明和精神文明。如巨大、造型夸张的银饰头盔,层层叠叠、花样繁多的银饰项链、手链、腰链等就是苗族女人(见图3－13)代表性的标志;一想到白羊肚子手巾扎头上、外翻毛羊皮袄穿身上、大红腰带系腰间的形象,就立马让人看到了黄土高

图 3－13 穿戴银饰品的苗族少女
(成乔明绘)

---

① 吴钩:《生活在宋朝》,武汉．长江文艺出版社,2015年版,第191页。

② 吴钩:《生活在宋朝》,武汉．长江文艺出版社,2015年版,第191页。

原上的放羊倌,还有什么比白头巾、羊皮袄、红腰带更能活生生地代表陕西文化的原生态形象呢? 这就是设计品牌,外在形象背后的文化意蕴、稳固的生活特性才是设计品牌真正所要传递的内家功夫,否则再花架子的商标、名号也等于浮云。设计产业管理就是要用系统、全面的意识与手段去构建国家文化形象、民族文化品牌。这种战略性的规划不仅可以作为一种全民事业,同样可以通过产业化的方式实现其战略进程中不可估量的商业利润。

五、唤醒大国意识

实施设计产业管理的终极战略意义就是要创造制造大国、创造财富大国进而打造文化和经济上的强国。而目前中国设计产业管理首先要承担起唤醒大国意识的任务。中国人没有信仰、遗失了精神归乡是当前饱受诟病之处,但这还不是中国人当前遭遇的最大挑战,如何拥有足够的就业机会、医疗保障、教育保障、公平的发展空间以及清新的空气和阳光才是最大的挑战,这需要政府和全社会群策群力、改变现状。从市场潜力和表现上说,中国目前是世界上的互联网大国、手机大国、汽车大国,但仅仅是消费大国,还称不上创造性大国。说得通俗一点,中国是世界上目前最大的消费市场而已。真正的文化大国、经济大国是创造性大国,恒定的创造力、恒久的生产品牌、恒远的文化理想才是中国需要寻根溯源、实施大国复兴和大国战略的根本所在。邻国日本的设计产业管理突破了自身时空的界限,给了我们最好的示范。日本调查公司东京商工研究机构数据显示:"全日本超过150年历史的企业竟达21666家之多,而在明年将又有4850家将满150岁生日,后年大后年大大后年将又会有7568家满150岁生日。而在中国,最古老的企业是成立于1538年的六必居,之后是1663年的剪刀老字号张小泉,再加上陈李济、广州同仁堂药业以及王老吉三家企业,中国现存的超过150年历史的老字号仅此5家。经过计划经济时期的变异,其字号的传承性其实已大打折扣。日本被誉为是'工匠国',其企业群体的技术犹如'金字塔',底盘是一大批各怀所长的几百年的优秀中小企业。这些企业或许员工不足百名,但长期为大企业提供高技术、高质量的零部件、原材料。在技术研发方面,日本有三个指标名列世界第一:一是研发经费占GDP的比例世界第一;二是由企业主导的研发经费占总研发经费的比例世界第一;三是日本核心科技专利占世界第一,达80%以上。"①中国人太急功近利。效率和时间就是金钱的说法对于设计和科研来说,一点都不适用。

---

① 吃在南阳:《日本人眼中的中国企业:死的太快了!》,微信号:NY03770377,2016年1月14日。

设计其实是一个慢工出细活的事情,追求短期利益必然弊病重重。投机取巧是一种人性,其根源是原罪中的懒惰,即不付出努力就要收获。中国设计目前风行模仿和山寨,就是一种投机取巧的"捷径"功利之心作祟的结果,即无须作出努力的快设计表现。心理学家米哈里 – 契克森米哈(Mihaly Ciskszentmihalyi)对这种无须作出努力的状态的研究比别人都多,他将这种状态命名为"心流",而且此名称已成为一个心理学术语了。体验过心流的人将其描述为:"一种将大脑注意力毫不费力地集中起来的状态,这种状态可以使人忘却时间的概念,忘掉自己,也忘掉自身问题。"①唤醒大国意识仍然要从我们造物观上开始着手,少一些"心流",少一些直观,多一些事业心,多一些时代责任感,多一些研发投入,多一些政策和时间上的开放模式,让民族工业、民族科技产业、民族制造业按部就班、有条不紊地发展起来。真正的经典成就需要时间和功夫的积累。我今天坐在这里写作的这部作品,也是多年思考、多年研究的总结,绝不是为了完成某项任务的急就章。设计需要慢,其实需要长时间去持之以恒地积累。效率是研究的成果,是积累到一定阶段的爆发,绝不是想到做不到的"掠夺"和"忽悠",文化、经济大国和强国的建立也是如此,这是推行大国战略时需要注意的地方。

---

① 【美】丹尼尔·卡尼曼:《思考,快与慢》(胡晓姣、李爱民、何梦莹. 译),北京. 中信出版社,2012 年版,第 24 页。

第四章

设计产业管理的微观功能

微观功能是相对于宏观的大国战略之意义而言的,功能与意义也有非常相近的意思。有时候人们常常把功能和意义互代使用,其间的误差甚至可以忽略不计。功能与意义都含有价值、作用的意思,但功能更加强调用途,意义更加追求价值的哲学意味。功能是一种眼前的、明晰的、快速凸显的用途,意义却可以具有长远的、隐晦的、缓慢呈现的价值。战略和战术的本质区别也含有深刻的意义和功能之区别。本书的书题中使用了大国战略,显然强调了本课题更为长远、宏观、深层次上的价值:即从国家层面上,对整个国家和民族全球性战略地位进行理论定位和实现手段的探求;本章着重探讨设计产业管理短期内比较明晰、微观、富有具体实操表现的内容,是战略意义的实际化、实务化,所谓“不积跬步无以至千里,不积小流无以成江海”。微观功能不仅仅是战略意义的重要补充,更是战略意义实现化的经过,还是产业管理理论体系的有机构成。总体说来,设计产业管理具有四大微观功能:厘正设计生产的地位、优化设计生产的关系、发掘设计生产力、净化设计产业环境。

第一节　厘正设计生产的地位

设计生产往往会被归并为粗浅而常见的生产活动,与厂房里的机器操作、建筑工地上的灌浇搭建、家具的制作油漆、扎鞋底以及铺种草坪等无二。生活经验、生产经验往往决定着人们看待事物的态度和习惯。遵循经验固然有一定道理,但拘泥于经验无论从理论创造还是实践创新上都有害无益。正是基于此,设计生产的地位需要一次彻底的厘正。

一、设计生产的定义

本书中的“设计生产”远比平常的生产活动更为复杂。

　　首先,平常的生产往往是按模子或图纸进行照葫芦画瓢式的制造,其实质是按照蓝图进行复制,即让图式实物化的过程。这里的设计生产包括了创意的产生、图纸的绘制、方案的论证、制造生产、产品包装和宣传。显然,我们所谓的设计生产是一个完整的创造链,是从蓝图到实物推演的全过程。设计生产是一种复杂劳动。

　　其次,平常的生产往往强调体力劳动者的付出,即将蓝图实物化所需的时间和精力的付出,除了重复性动作和对生产情况应变的经验,几乎不太注重智力上的投入。人们常常把生产线上从事反复劳动的工人称为“蓝领工人”,蓝领工人几乎成了体力劳动者的代名词,生产也几乎成了粗浅化劳动的代名词。设计生产不仅仅包含了传统意义上的体力劳动,同样包含了隐而难见的脑力劳动、智力投入与创意行为,坐在办公室里品着咖啡、盯着电脑、戴着眼镜、穿着文化衫或者西装革履的设计人员,同样是在从事着设计生产。这些沉浸在虚拟设计想象里、有着高学历和复杂技能的人常被我们称为白领阶层或金领阶层,他们进行的正是卡尔·马克思(Karl Marx)所谓的“精神生产”。所以,设计生产者应当是社会白领工人和蓝领工人合作形成的联合群体。

　　最后,生产往往被理解为物体的创造过程,即由原料通过一定的设备或手艺转变成有用物件的制造行为。无论是机器化大生产、还是初级的手工制造,无论是复杂如摩天大楼的竣工,还是简单如一朵绢花的制成,都应当是可见、可摸物体的诞生过程。我们所言的设计生产不仅仅包含可见物体的加工过程,也包含不可见的智力活动过程且特别推崇点子的萌芽、创意的构筑、理念的凸显以及产品背后隐藏着的技术研发上的革新和创造。例如,美联社直播板块下,主要有 AP Direct 和 AP Live Choice 两大业务。前者是 2003 年就发布的基础业务,7×24 小时向用户提供重大突发新闻的直播视频,自然灾害、游行示威、政治选举等,都是 AP Direct 的直播对象。AP Live Choice 则是美联社在 2015 年 9 月新开发的服务,在直播对象上与 AP Direct 形成有效互补,主要直播全球和地区性重大活动。美联社认为,如今人们不仅需要观看重大突发事件直播,诸如体育比赛、科技发布会、时尚活动等事件的直播,也同样受到欢迎。AP Live Choice 能够通过 3 个频道同时直播三个事件。[①] 美联社通过自己的互联网平台,直播传递出来的视频画面、音频声音固然是摄影师、录音师精心设计的成果,同样美联社开辟 AP Live Choice 板块来拓展网络直播业务、两个 AP 板块分工合作的设计创意也是一种消费者看

---

　　① 《美联社移动直播大旗已立! 就是要做和电视完全相反的事情!》,腾讯传媒·全媒派(微信号:qq_qmp)2016 年 1 月 20 日。

不到的设计生产活动,这类似于商业策划、业务管理,只是这是建立在现代传媒技术发展基础上的商业策划、业务管理;当两个 AP 板块确定下来之后,如何在拍摄制作、传输成像技术上得以实现商业策划同样是超越了简单实物体的高新技术。这些技术尽管是业务上的硬件基础,但大量的科技实验和技术研发却是漫长的无形资产,这些无形的研发过程也是设计生产。如美联社就是通过科技公司 Bambuser 开发的直播 App——Iris Reporter 软件将记者们现场用手机拍摄到的直播内容直接传输到 AP Live Choice 上进行直播的,既简单又快速,App——Iris Reporter 手机软件的设计研发过程就是无形资产中的技术性生产过程。

由此可见,设计生产的成果形式远比传统意义上生产的成果复杂并多元化。

而由单一劳动上升为复杂劳动、由单一生产者上升为联合生产者、由单一成果上升为复杂且多元成果,靠的就是高屋建瓴、统筹规划的设计产业管理。

二、设计生产的核心地位

从无意识的状态产生一种全新的设计思路、设计创意以及产品的脑中形象是设计师的本职工作,也是一个设计师被称为设计师的关键,人们将设计师的这种思维力称为形象思维。形象思维是设计工作的基础,然后才会有付诸视觉表现的手绘设计图、机绘设计图、设计模型、试生产以及最终的量产。

由设计创意到试生产成功的全过程其实就是设计生产的核心过程,这个核心过程是一种实验过程,同时也是一个不断争论、不断修缮的过程,但毫无疑问,这个过程在设计生产部类中处于核心地位。

设计生产的难点在于设计创意的产生,设计创意是每个人都具备的能力,但并非是一直处于苏醒状态的能力,如果创意能力不能被激活,人们就只能成为设计产品纯粹的使用者,而不可能成为改良者和创造者。设计产业管理就是利用商业模式来激活设计师和设计从业者的创意力。当然设计生产的创意力不是静止的想象,应当是动态发展的设计实验与生产性活动。经济学家谢国忠在讨论中国房地产开发遭遇的难题时,提出了"土地银行模式"和"工厂模式"。所谓"土地银行模式",就是开发商靠银行信贷大量囤积土地,政府也靠卖地获利。在土地银行模式下,如果价格还不够高,开发商就拖延开发时间、缩小开发规模。如果价格正在上升,开发商就有动机去等待,以获取更高的利润。① "土地银行模式"并不利于城市化真正的建设。所谓"工厂模式"就是开发商投入规划、设计、建设的力量,

---

① 谢国忠:《再危机——泡沫破灭时,我会通知你》,南京 . 江苏文艺出版社,2010 年版,第60页。

将经营的楼盘由设想变成图纸并由图纸进一步变成现实的楼盘,即像工厂投入生产一样的实际性开发行动。"将房地产开发转为工厂模式,是房价降温的关键。"①拥地待沽,是中国房价高居不下的关键,实质就是房地产的高品质生产地位没有真正确立,而是在靠银行贷款圈地待沽的投机行为。

目前中国的文化产业、设计产业发展也面临着类似的问题。如大量的文化公司没有真正去研发自己的核心产品、没有专注于自己的核心版权和核心专利的创造,而是一味停留在概念宣传上玩理念、玩所谓的企业属性的定位,拿着舶来的创意要着二道贩子的低级把戏。如此做,可以套取政府的文化产业扶持资金、各类科技研发扶持资金,或者更加便利地套取银行信贷、各类融资,然后再将套取来的资金用于挥霍;有良知的一些企业也可能将融资用于与文化产品毫无关系的再投资上。设计生产的核心内涵应当是原创性的创意性生产,包含创意活动和产品生产开发行为。说到底,设计产业管理首先一定要先确立设计生产的核心地位,增加设计创意实验性的投入,扩大制造工厂试产性和量产性方面的活动,增强设计投资和设计融资的审批和监管制度。只有当设计工作室和制造工厂遍布中国的时候,中国设计才会真正发达起来。

如何把商业模式突破热衷于融资圈钱并转变为专注技术和产品的研发,是中国设计产业管理当前的升华之坎。商业模式被反复证明是激活创意力的有效途径,因为这中间掺杂着利益的诱惑。在一个注重个人价值实现的时代,利益对生产创造的推动力大于一切其他的动机。许多设计师没日没夜地加班,一方面是追求事业,但另一方面不容忽视的是为了获得更多的加班工资与晋升空间。设计主管的收入常常是设计师的两三倍,设计经理的收入又是设计主管的三四倍,做到设计总监就属于公司的高管,往往按年薪数十万、上百万计算。而有了名气的设计大师就不得不有选择性地接受项目邀约,因为他们的精力和时间已经不足以应付广大市场对其名气的追随。尊重利益就是尊重人性,良性的设计产业应该是利益下行的产业,就是给予基层设计师、熟练的设计生产工人、手工业制造者、成熟的加工工厂更多的利润分成与社会尊重,而不是对商人和银行给予太多的宽松政策。

以下的做法显然符合我们这里讨论的精神:对于一个设计公司乃至区域性设计产业发展来说,其商业型设计战略往往总是把设计师、设计团队的价值考量与市场收益直接挂钩,公司和地区的产业发展常常也是不惜血本把著名的设计师、

---

①　谢国忠:《再危机——泡沫破灭时,我会通知你》,南京．江苏文艺出版社,2010 年版,第60页。

设计团队和生产企业纳入自己的设计战略和产业规划中,因为最先进的加工技术、生产企业总力图和最棒的设计创意联手合手,这样的组合也才能更便捷地获得市场融资或天使投资。只有这样,一种不易复制、独一无二的合作型设计生产主体产业才会为自己立于不败之地奠定厚实的根基。史蒂夫·保罗·乔布斯(Steve Paul Jobs)创造的苹果帝国就是这种管理战略的成功典范,即最先进的产业管理与最超前的技术研发实现了完美融合。拥有不易复制的、原创性的创意理念和生产团队,才能开辟出更大的融资市场进而获取更可观的市场份额与赢利,而不是相反。

三、设计生产的原动力地位

没有设计生产活动哪来的设计发展、物质创新,没有设计生产活动哪来的生活革命、生命形式的光鲜,没有设计生产活动哪来的社会变迁、精神世界的进步。从这个意义上来说,设计生产既能推动大国战略,其实也是推动人类向前进步的原动力。俄罗斯学者维克多·V. 瑞布里克(Victor Vasilyevich Rebrik)在讨论埃及前文明的时候就将历史时期的划分与当时的造物现象紧密结合。早在公元前13至前12千纪,埃及的康翁波地区(Komombo,在埃及语中有“金城”之意,位于阿斯旺以北不远处)就出现了用于采集的石器和石碾、石刀等,并以石刀取代了石镰。在埃及北部,最古老的农业聚落出现在法尤姆 A 地区,其居民主要从事农业和畜牧养殖,这里还发现了最早的未着色的埃及风格陶器,由手工制作烧制而成。在三角洲西部、尼罗河分支的罗塞塔(Rosetta)地区,迈里姆德(Merimde)聚落早在公元前五千纪末就已经出现,在它的最后阶段,聚落的中心大路两侧出现了以木头和泥建造的椭圆形房屋,墓葬中还出现了一些女性陶制塑像和船的模型。上埃及涅伽达(Naqada)附近的阿姆拉文化(Amratian)上承巴达里文化,这一时期开始使用以冷淬法制成的铜制工具。紧随阿姆拉文化之后的是格尔塞(Gerzean)文化,该文化期大约延续了400多年,农业上开始使用带石刃的木锄,铸铜技术以及制陶用的陶轮已经出现,玄武岩和闪长岩制品也更为精美。从迈里姆德文化开始,动物图案出现,这时陶器上最为常见的是带桅杆和隔舱的船只图案以及一些代表神的符号。最早的神庙(奈肯[Nekhen]、丹德拉[Denderal])也出现在这个时期。此时,尼罗河三角洲西部与叙利亚的海湾间贸易往来频繁,特别是与毕布罗斯之间。这一点通过在叙利亚的许多城镇中发现的埃及手工制品可以得到证实。①

① 【俄】维克多·V. 瑞布里克:《世界古代文明史》(帅学良,刘军等. 译),上海. 上海人民出版社,2010 年版,第 14－15 页。

究竟是人类文明的分期早于人类的物造史还是人类的物造史先于人类文明的分期,这个问题其实不难判定。对文明的分期是形而上的学理定性,而最准确的做法就是依据历史形而下的造物遗证来给予确定,这也是唯一可靠的论证法。换句话说,设计生产是推动文明前行的原动力。

设计生产的原动力地位需要通过设计产业管理得以体现。设计管理者的管理意识、管理制度、管理方式、管理手段都有可能决定设计最终的形态与设计的品位和高度。皇权意识促进了皇宫建筑的巍峨壮观,追求舒适雅趣的生活理念促进了白墙黛瓦、精雕细琢的徽派建筑,婉约飘逸的宋人精神创生了晶莹剔透、温润儒雅的宋式瓷器,与上帝能够亲密接触的信仰推动了哥特式建筑的最终成形,崇尚自然、敦厚平实的文人思想留下了光耀史册的中国明式家具。任何一种设计创意都一定源自某种生活管理或社会管理学上的动机和需求,一旦设计创意形成,实物化的生产与创造就由设计师和生产制造者共同来完成,生产制造者包含手工艺人以及生产企业。放眼整个历史的发展脉络,设计管理与设计生产相辅相生进而推动整个人类文明的长途跋涉。

设计生产的原动力地位往往被人断章取义地以生活需求、生命需求所替代。在日出而作、日落而息的时代,人类的生产力非常简陋和低级,但生活需求、生命需求却远远超出了生产力水平从而沦落为空想。中国古代神话中对月宫的构建至今也只能是纸上谈兵,登上月球已经是"人类迈出的一大步"①,却远远不足以支撑人类渴望开发或者居住月球的梦想。不切实际的需求有时候不能算作动力,起码在时机和技术不成熟的时候它甚至可能成为人与人和平共存的阻力,就像清王朝的晚期,愚昧的统治者一味幻想地认为清帝国是世界的中心,万国都应当来向自己进贡和朝拜,甚至不惜国力修建了举世瞩目的圆明园,随后却引来了血腥、罪恶与战火。

在生产力略有大幅度提高之后,人类的需求更不足以成为什么动力,相反,越来越多、越来越花样百出的设计发明、生产创造正在凸显开拓和引领人类消费取向的价值。眼见为实的实用主义正在将设计生产的原动力尽情开发,今天的时代也可以称为生产引领消费的时代,人们对自身的需求却越来越盲目和模糊。2015年5月份在北京举行的第十五届科博会上,展示了一辆中国人自己发明制造的空

---

① "人类迈出的一大步"——1969年7月20日,美国宇航员尼尔·奥尔登·阿姆斯特朗(Neil Alden Armstrong)乘坐"阿波罗11号"宇宙飞船在月球着陆,他代表全人类率先踏上月球尘土飞扬的表面。在跨出飞船舱门踏上月球表面之后,他说了一句话:"这是个人的一小步,却是人类迈出的一大步。"这句话成为航天发展史上的名言被载入史册。

气动力大巴车。这个大巴车的动力原料不是汽油也不是电,而是空气,通过吸收、压缩、加热、膨胀、释放等一系列过程达到提供汽车行驶的动力。这项"伟大"的发明创造不但节省能源,而且保护了环境,因为它排放出来的不是传统的汽车尾气,而是毫无伤害的正常空气。随后,全国技术界、科技界的口诛笔伐蜂拥而至,称其为"骗局"的说法占压倒性优势,为什么?显然在技术层面上还存在许多理论与实践证明上的障碍。这是一个多元的时代,人们生活在幻想与现实的夹缝中,空气汽车究竟是不是现实,谁说了都不算,市场上的设计生产说了算。因为市场营销战略管理最终不得不用足以量产的产品一锤定音、搞定纷争,不能量产的设计创意都只能算是"空想"。企业根本的动机不是制造"空想",它是制造市场效益的营利机构,它清晰地知道只有产品才能发展自己和改变世界。因为设计生产才是世界前进的原动力。

四、设计生产的内化性地位

设计生产在整个设计产业部类居于核心地位、原动力地位,同时设计生产还是一种内化性的活动,所以稳居一种内化性地位。

内化性地位是相对于设计成品化的外围活动而言的,设计成品的外围活动包括设计原材料的选择、采购与运输,包括设计产品的资金投入、金融运作、物流运输、消费以及售后服务。但是如若没有设计创意的产生、设计产品的生产与制造过程,设计商品的本体就可能不会出现;没有或不需要设计商品的最终实物化,那么设计原材料的选择、采购和设计产品的资金投入、金融运作、物流运输、消费以及售后服务恐怕也就不会出现。有了内化性的本体才会出现一系列外围拓展行为,设计生产其实就是设计产业的内化性本体活动。

对设计产品的渴望即市场消费需求是人身心自发或者是由外界环境刺激人的身心而产生的对物性的征服欲与对物用价值的占有欲,这是一种生命内在特性的体现。设计创意本身就是人脑中产生的一种功能或形制的想象性蓝图,一旦落到图纸上才变成一种视觉的表达形式,而任何设计产品最初的雏形都是无形的想象思维或形象构思。这同样是一种生命内在创造力的体现,是心和性无形的发酵与对流,只能体会却不可触摸。"因为静时所见之寂然(心)与浑然(性)无可穷索,无可寻觅,即无法可辨察,故只能施涵养或存养之功,而不能施察识之功。"①此对内化性一语中的。

有了创意之后,生产科技、制造技艺、工艺技术、设计管理技术等又决定了能

---

① 牟宗三:《心体与性体(下)》,长春.吉林出版集团有限责任公司,2013 年版,第 129 页。

不能通过现有的工业或自动化、智能化生产力来实现创意的实物化。也就是说，眼前的工业或自动化、智能化生产力正是决定创意是否能够转变为现实的关键所在。像生产科技、制造技艺、工艺技术、设计管理技术等正是各时代独特生产力的基础性要素、本质性要素，同样也是时代与时代产生分野最直接的标志。消费样式、审美风尚、产品特征其实都不足以成为时代发生变异或更替的依据，事实上，内在生产力包括生产技术和生产组织模式上的革命往往总能预示着一个全新时代正在蓄势待发或扑面而来。人类时代发展的总脉络清晰地显示出生产力带动下的生产关系上的更替，这些更替正是人类社会形态跨越一个又一个分水岭走向未来和明天的内生性动力系统。这个内生性动力系统毫无疑问一定包含了设计行业的生产力和由此促生的新的设计生产关系。

今天的设计生产更为集成化，以往的工业革命是在产品制造过程中通过技术革新推动的：从纺织机、流水线直到自动化里部署计算机（CNC，SPS，FMS，MES）。不同于历史上的工业革命，变革的第四阶段不仅包含产品的机械化生产过程以及和它相关联的组织流程，还包含机械及非机械组件的供应链以及整个生产环节。在整个产品生命周期中，从开发、生产、使用到回收，机械装置和嵌入式软件相互融合、不可分割。① 当然如果不是计算机、网络、自动化控制技术、嵌入式软件的全面发展和几乎同步的成熟，又如何能换来即将到来的工业革命的第四次巨变呢？今天的设计生产又更为个性化、多元化，私人订制的设计生产无论是个体消费者还是对于团购式个性化订制都将爆发出更大的市场，这很可能就是未来设计生产关系的又一大本质特征。集成化与个性化的融合性发展正是当下设计生产涌现出的新动向。原因很简单，这正是计算机软件、计算机操作程序、互联网等一系列信息网络持续高速发展不可抗拒的内在宿命，是一种内化在历史和科技根底里的基因。而这种历史和科技的融合恰好被我们碰上了。

五、设计生产的方法论地位

设计产业管理还让设计生产成为改造和革新世界的方法，即通过研发和组织新技术、新能源、新思维进行生产的方法来推动设计产业、物理世界的高速进步。设计生产在设计产业管理革命性的探究之下，不再停留于形而下的绘图、制模、翻模和工程制造活动，而是从更大的社会学范畴入手上升为形而上的方法论。这个方法论不局限于手段、工具与产品的成形，而是赋予了设计生产更大的思想意义

①　【德】鲁思沃：《软件：工业的未来》，【德】乌尔里希·森德勒：《工业4.0：即将来袭的第四次工业革命》（邓敏，李现民．译），北京．机械工业出版社，2015年版，第53页。

和创新使命。让我们先来看看下图:

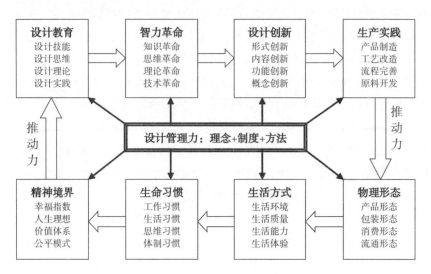

图4-1 设计管理力促生设计生产活动成为改造社会的方法论

设计生产不是简单的工科思维,不是直接的造物过程,它借助科技手段、技艺方法从生活本身出发、功用价值出发,最终要达到推动社会形态和人类价值体系的革命。在这整个社会性变迁活动中,设计生产本身成了一种重要的方法手段,由设计管理来确立目标、指明路径、制定制度。而图4-1想要说明的本质要义就是:"当下正在经历的网络时代是人类进入下一个时代推进过程中的初级阶段。"①常晓庚将可预见的下一个时代称作"生物科技时代"②,即科技与人的结合。设计生产的方法在今天不再仅仅追求对人类创造力的自我挖掘、对自然神力异想天开的挑战,而在于将科技、功用和以人为本的思想作空前的协作与整合。南京长江大桥(见图4-2)曾是沟通江苏地区长江天堑的唯一固定式通道,所以南京长江大桥的负荷可想而知,长期超负荷的运作使它日趋老化。虽然南京后来修建了南京长江二桥、三桥和四桥,但交通上的天险和障碍还是严重影响了南京江浦、浦口以及六合的战略性发展,给长江两岸人民的快捷往来带来了极度的困难。2016年元月1日,扬子江隧道修建完成并免费通车。这一项世界级的工程创造了诸多世界之最,动机只有一个。方便人民出行,带动南京地区长江两岸的均

---

① 常晓庚:《"空间重新构筑"理论与未来"空间设计"趋势的解读》,载《艺术与设计(理论)》2015年第4期,第47页。

② 常晓庚:《"空间重新构筑"理论与未来"空间设计"趋势的解读》,载《艺术与设计(理论)》2015年第4期,第47页。

衡式发展。扬子江隧道在世界上首次
使用了饱和带压开舱换刀技术,将
"太空舱"运用到扬子江隧道中,这是
建设的一大创新。扬子江隧道采用世
界首创的氢氧饱和带压换刀法进舱作
业600余次,更换各类刀具1000余
把,最终成功穿越岩层。由于扬子江
隧道是目前长江上修建的技术难度最
大的工程,多项施工技术也开了先河。
目前,项目已授权各类专利47项,其
中发明专利10项,实用新型专利37
项,此外17项专利正在审核。同时,
工程研发形成了各类工法10项。[①]
今天的设计产业不再满足于技术上的
创新与突破,而是尊重人性、服务人类

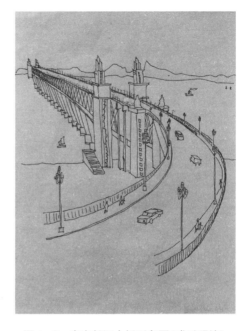

图 4 - 2 南京长江大桥形象图(成乔明绘)

的设计目标与促进社会进步动机引导下的推动式发展活动,此时设计产业是一个
具有较高目标的实现方法或方法体系。

今天大家都在谈大数据,大数据思维也作为一种方法论开始影响着各个行业
的实践性发展。其实大数据思维也是设计产业发展的产物:"大数据就是收集巨
大的数据集,这些数据集产生于多种多样的模拟或者数字资源——物联网、人联
网(Internet of Humans IoH),它们被以不同的速度、容量和协议传输。通过传统的
信息技术和信息构架不可能对大数据实施有意义的存储和处理。数据,特别是大
数据被看作创新性增值的基础,这么来看它们是新经济模式的原材料。"[②]没有这
些"原材料"又怎么会产生"新经济",没有"物联网""人联网"等新型技术的革新,
又怎么能搜集到足够毁灭旧世界一万次的"原材料"。而我们正面临着对过往一
万次毁灭之后的一次重生,如果真正足够遵循图 4 - 1 揭示的规律,这一次的重生
或许能成为人类历史变革中最为意义非凡的"洗礼"。

---

① 葛妍:《江底 70 米深处的世界级工程》,2016 年 1 月 2 日《南京日报》,第 A3 版。

② 【德】格哈德·鲍姆:《作为下一次工业革命基础的创新》,【德】乌尔里希·森德勒:《工业
4.0:即将来袭的第四次工业革命》(邓敏,李现民. 译),北京. 机械工业出版社,2015 年
版,第 64 - 65 页。

第二节　优化设计生产的关系

　　传统的设计生产关系呈现橄榄状的社会生产模式,而橄榄状的单线延展模式在推动社会前进的过程中思路单一、动力粗放、进程缓慢。随着产业管理现代化进程的加速,人类在管理理念、管理方式和管理手段上的成就让人类越来越尝到了管理出成就、管理出效益的巨大甜头。一种以设计师的设计创意为核心的三叉星环模式成为设计生产关系今天最为形象化的表征,这个表征的实质是社会群落多联大生产关系的形式。

一、传统橄榄状设计生产关系

　　橄榄两头尖、中间大,中轴关系呈直线而伸展。

　　橄榄以中轴线为轴心向前滚动时往往容易跑偏,不能按既定路线达到目标。橄榄以中轴线为直径运动时,两头尖端会对地面形成巨大的反作用力而使橄榄根本无法滚动。所以这导致橄榄状形态往往以肚子着地形成水平均衡,而很难形成更多的均衡状态。

　　设计产业的业态部类大致分为设计师、制造商、贸易商、消费者,其中与制造商、贸易商形成配套合作的是运输商和广告商,这几大部类在传统商业关系中组合成图4-3所示的形式。

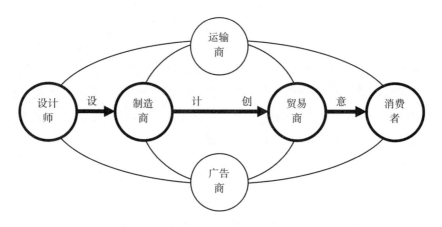

图4-3　传统橄榄状设计生产关系示意图

　　传统的设计生产关系由上图可见,设计师的设计创意交给制造商,制造商将设计创意转化为实物商品,然后由贸易商将实物商品输送给消费者。设计创意作为设计生产力由设计师创造出来后按直线延展模式抵达消费层面,改变消费市场,从而推动物质世界或者精神世界的向前发展。

由设计师作为社会生产力发展的单一角色决定着社会的整体面貌有三个巨大的弊端:

1. 橄榄状生产关系表明设计师设计创意的频率和周期决定着社会生产力发展的频率和周期,这样容易造成物质世界创造中其他社会部类的创造性智力浪费,同时设计师的社会责任过大也体现社会发展任务分配上的不公。

2. 制造商和贸易商往往屈从于商业利益而可能从中私自改变甚至扭曲设计师的设计创意,从而造成设计版权的分化与设计初衷的被篡改。如豆腐渣工程、设计产品中的次品不全是生产概率问题,大量的人为事故造成设计责任追查上的困难。

3. 在单向直线传播的生产关系中,消费者几乎处于被动消费的地步,设计生产提供什么,消费者只能接受什么,设计与需求的脱节甚至断裂由此产生,似是而非的设计市场和设计消费比比皆是,绝非个体现象。

设计产业管理就是要促使设计创意领域呈现出开放性、互动性、持续性的局面,从而有效解决橄榄状设计生产关系上述三大弊端。那首先要将各设计部类重新整合、重新排列,再配以不同的社会职能。后工业社会出现的工业4.0理论以及大数据思维,正是社会生产关系包括设计生产关系在当下发生革命性变化的认识体会。

二、现代三叉星环设计生产关系

建立在设计市场上传统的三角形商业模式(见第一章图1-9)和橄榄状设计生产关系(见本章图4-3)的基础之上,我们通过审视可以发现一种三叉星环设计生产关系业已成形,而前提就是新的工业革命正在到来,它就是建立在计算机软件和操作程序基础之上发展起来的数字化、网络化、自动化的工业。这种工业不再以机械化的大生产为主要标志,而是以远程交互式的智能化工业为象征,从而实现了设计、生产、传播、贸易、服务全方位虚拟——现实情境自由交互的一体化工业模式。在这种新型的工业模式中,制造商、传播商、消费者不再是处于直线式设计生产的上、中、下游的单向关系,而是构成互为起点又互为终点的圆环式衔接关系。社会生产在制造商、传播商、消费者三大部类间保持着彼此均衡的互动交流和互相制约的新型关系。设计师、工程师及新型的科技研发人员、社会科学和人文学科方面的学者作为核心技术的掌控者进入到社会生产关系的中心位置,成为支撑整个虚拟—现实情境自由交互的一体化工业模式之轮的轮轴,设计创意呈辐射状顺着轮辐被导向位居环上的所有社会部类,其中就包括制造商、传播商、消费者。这里的传播商是包含了贸易商、运输商、广告商等综合性的大型商贸社会集成部类。

在这种新型生产关系中,设计师不再是人类物理世界唯一的推动力,设计师的责任和社会压力被所有参与社会性大生产的部类所分担和消解,设计师得以拥有更多的时间和精力专心于技术的转型、创意的革命与研发的推进。而设计创意作为社会前进的原创力的中心地位依然得到了合法性的维护,这符合事物的本质规律。现代三叉星式设计生产关系仅仅体现了以设计创意为中心资源的互联网式生产资源集合体,不是说设计师可以没有节制地决定一切,就是产业的唯一中心。由于设计师这样一个职业融入各行各业,制造商、传播商、消费者中都活动着自己所需要的各类设计人员,所以这里的"设计师"是一个各类设计者的泛称,实际上是指设计创意无处不在,整个社会越来越重视设计创意,而不是说设计师就是社会的中心。我们在前面第三章中指出内化经济时代生产力是多元化、分散化和多点爆炸式的模式,也提到今天的社会生产应该是资源共享、携手共赢式的生产关系,所以,三叉星环式设计生产关系其实就是一种互联网式的资源共享体系。因为"互联网是一个资源流动的平台,流动性很大,你在互联网上可以把别人撬走,别人也可以很快把你撬走,你的东西大家看得清清楚楚,你的模式大家也可以模仿;你有没有内在的积累很重要,你的人,你的能力,你的信仰,你内心的东西有没有足够多的稳定性能够把人们吸引住。所以,互联网上吸引人要比传统的更具备魅力才能把人吸引住。所以,它是一个资源流动的平台。"①互联网不再是一个工具或平台,更像是一种思维方式和运作方法。

---

① 《陈少峰:互联网文化产业的挑战与对策》,文化产业评论(微信号:wenhuachanyepinglun)2016 年 1 月 10 日。

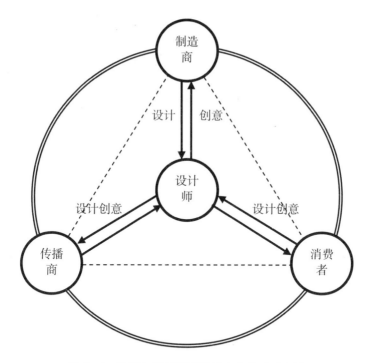

图4-4 现代三叉星环式设计生产关系示意图

如图4-4所示,设计创意在设计师和三大社会部类之间进行双向的互动式交流,设计创意不再是垄断资源,而成为一种社会普泛性资源,谁都可以提出自己的设想和需求。通过三叉星环式的流通关系,任何部类的设计诉求也都能在整个社会生产体系中得以体现甚至得以梦想成真,而设计师是成就这个大众设计理想的圆梦人。用户中心主义的本质内涵就是消费者把自己的设计理想托付给了设计师,借设计师得以实现。

这个建立在圆环交互关系上的社会生产形态预示着由全体社会推动设计世界蓬勃发展的时代已经到来,生产什么就使用什么、提供什么就消费什么的时代即将成为历史,今天的设计师更像是一个资源整合者,跟着市场跑、跟着商业跑的设计发展模式预示着任何一个消费者都有权享受自己想象的生活。今天的社会不正像一个DIY式的、五花八门而又喧闹无比的万花筒吗?! 当然,设计师的功能绝对没有减弱,相反,设计师需要掌握更强大的社会资源的整合力量以及丰富的管理知识,从数据的采集、筛选、分析到重新排列组合、建模、图式设计,设计师需要为所有创意的来源和创意的去向负责。Sato等人提出了交互系统设计的情境感知法,这个感知法作为一种设计的动机,强调以模块化的情境组成为机制,设计师需要根据各种不同的需求信息和资源信息做出相应的反应,从而在设计中贯彻情境化设计。这样的情境既要明确上下文的需求,又要充分体现用户的意愿。①
Jonathan Cagan 等人对目标用户的生活情境和需求做了深入的研究,提出了创造
性产品的情感设计其实就是用户情境的输入和再现,并认为无视考察信息的背
景、无视用户生活的环境,情感性设计一定会失败。② 今天,谁更擅长把别人的想
法转变为现实,谁才是更优秀的设计师,仅仅会表达自己已不符合新型设计生产
关系的需要,注定会成为不合格的设计师,这一点,设计师与音乐家、画家根本不
同。

三、现代设计生产关系的内在奥妙

现代设计生产关系是一种高速前进、滚动式发展的关系,其中,设计师处于轮
轴的中心地位,制造商、传播商、消费者三等分地分布在生产关系的圆环上,彼此
之间是均等的地位并构成一个等边三角形,从而打破了消费者被动处于消费终端
且无力选择消费商品和消费形式的旧格局。

现代设计生产关系预示着设计消费个性化、独立化、跻身生产环节的新格局,
同时设计消费者的需求和创意型越来越受到设计师以及全社会的重视,整个设计
生产体系开始密切关注消费者的取向和兴趣,从而让个性消费、个性生产成为重
要的生产动力。如私人订制的设计生产开始大行其道就是个性消费受到重视的
明证。通用电气和英特尔公司就曾联合开发了一套医疗护理产品和技术,这套专
门针对独居老人和慢性病患者的产品和技术是两大公司的专业团队对老人日常
生活深入观察和研究之后的创新,目的就是为了让独居老人和慢性病患者在任何
地点的任何时间内都能尽可能便捷地得到及时的救助与服务。③ 这种针对特定
消费群和特定市场的设计产业会越来越兴盛,真正以人为本的设计应当就是能实
实在在给消费者提供帮助的设计,而不仅仅是花哨的设想或概念。

以前是制造商把生产成品和各种商品交给传播商包含贸易商,通过各种传播
商再将商品送到终端消费者手中,传播商为了赚取差价不但抬高了商品的价格,
而且通过广告、商业活动人为夸大了商品的功能甚至人为夸大了商品的质量,从

---

① Sato K. Context 2 Sensitive Approach for Interaction Systems Design: Modular Scenario 2 Based
Methods for Context Representation. Journal of Physiological Authropology and Applied Human
Science, 2004(6):277.

② Jonathan Cagan, Craig M. Vogel. Creating Breakthrough Products: Innovation from Product
Planning to Product Approval. New York: Financial Times Prentice Hall, 2002: 148 – 152.

③ Marie Chana, Daniel Estevea, Christophe Escriba. A Review of Smart Homes – Present State
and Future Challenges. Computer Methods and Programs in Biomedicine, 2008(91): 55 –81.

而造成消费者因信息不对称产生的消费损失。如今,随着集成化生产关系的形成,制造商可以直接面对消费者,设计商品可以绕过中间传播商由生产车间直接进入消费渠道,也就是制造商与传播商合二为一,一种设计、生产、传播集合式的社会化生产制造企业应运而生,从而缩短了商品的传播周期、降低了商品的销售成本。特别是网络化、电子化销售平台的兴起为设计制造企业提供了一种全新的直接面向消费者的商品贸易模式。从厂家直接拿货的形式大受消费者欢迎,但在传统贸易时代,绝大多数厂家为图方便,更倾向于批发商的大宗贸易,终端消费者很难实现与厂家的贸易对接;在现代化电子时代与内化经济时代,厂家倾向于批发商大宗贸易的格局正在发生微妙变化,直营店、旗舰店、专卖店、各式各样的网店正以跟厂家直接加盟并受制于厂家限价体系的方式对传统的大型商场和超市体系发生着革命性的冲击。这样做起码有两样好处:商品质量能很好地受制于生产上游机构即生产企业,商品价格能透明公正地接受消费者监督并有效打消消费者的种种疑虑。三叉星环模式真正增加了生产者与消费者直接对接的可能,目前的微信平台、互联网平台几乎就能实现这种设计商业两头终端的直接交易。尽管传统的中转式商场、商店营销模式因市场细分还不可能短期内完全消失,但批发式中转商业首先会因受到强大的冲击而纷纷落马,随之就是仓储式保管产业与物流产业将会崛起。

设计师在三叉星环设计生产关系中能更好地从全社会搜集设计创意,从而从设计创意缔造者转变为全社会设计创意的整合者和经营者,这大大降低了设计智力的浪费现象并大大提高了设计成果的存活率和量产率,从而让设计生产紧紧贴合了设计市场的消费主张。制造商为设计师提供了生产技术参数、原材料分布和供应方面的数据;传播者为设计师提供了商业氛围描述、商业运营参数以及商业信息的对流;消费者为设计师提供了消费方面各种各样的参数指标和消费新动向。设计师的创意生发体系伴随着三叉星环设计生产关系从而变得更加完善和社会化,因为设计师具备了发现社会问题、造物问题的有效路径,能很好地发现问题才是解决问题的先决条件。与世隔绝不是设计师、工程师存在的应有方式,无论是形式上的隔绝还是内心中的隔绝都不是设计师渴望成为成功者的应有状态。

三叉星环式设计生产关系不但可以顺时针也可以逆时针推动设计生产力的向前发展,这完全取决于社会各部类之间的施力与受力关系。当整个社会意欲拯救制造业、手工业的时候,在产业政策的倾斜下,制造业、手工业就处于原动力地位,通过推动传播商包括贸易商的能动性来促进制造业、手工业市场的繁荣;当整个社会的消费处于萎靡状态时,产业政策包括金融政策同样可以通过加大对设计创意、设计生产的投入从而创生出各种各样的新产品、新花样来拉动内需、刺激消费;当众多传播商沆瀣一气扰乱市场环境时,消费者的权益保护政策又可以通过现代传播技术加大对贸易环节不法行为的曝光,从而对传播商形成强大的负面评价力和社会驱逐力。在三叉星环式设计生产关系中,我们清晰地发现设计师通过设计创意手段渗入到社会的各部类中,成为生产资料、生活资料、消费商品全能的创意提供者,这是符合事实真相的。因为设计本身就是创造物质世界、改善物理世界的伟大活动,从人类的生存目的到生产手段都是设计力、创意力的最终产物。

第三节　发掘设计生产力

我们在本书第一章第三节中谈到“设计产业的本质就是在经营、推销设计创意力,可以这么说设计创意力的商业经营就是设计产业的本质”,为何这么说? 因为设计创意力就是一种特殊的设计生产力,而且是最为核心的设计生产力,也可以说设计生产力的本质就是设计创意力。

由于在后面的第八章我们要重点讨论设计生产力的管理问题,所以这里我们不去证明设计生产力的本质为什么是设计创意力,因为在第八章中这一论断要接受直接的论证。这里首先需要明确一下设计生产力包含哪些内容以及由此产生的设计产品的价格体系。

一、设计生产力构成体系

任何一个时代的生产力其实都不是单一的生产力,其实都是复合、多元的生产力,但我们在称呼一个时代的时候总喜欢用一个统一的定语来进行限定,如狩猎时代、农业时代、工业时代、后工业时代、内化经济时代(详见第三章第二节)等。之所以这么称呼,只是一种概括的、突出主要特征和表现核心生产力的简易叫法,这样的概括能让我们一下子抓住某一时代主打的生产力从而能紧扣住某一时代的本质属性。其实,任何一个时代都不可能是单元生产力,只是当前的多元化生产力尤为突出。

今天的生产力体系其实就是一种内化性生产体系,不是以体力为核心,也不是以土地为核心,同样金钱、人脉、长相、劳动工具包括生产性机械、先进科技都不算是核心,尽管这些生产力依然还在发挥着生产创造的功能,且某些情境下,不同的生产力都可以各自独领风骚,但绝对都不是当下社会核心的生产力。要想在今天的生产关系中独当一面,唯有一样东西最为珍贵,那就是创意,而且是持续的创意。创意也是一种力,我们常称它们“创意力”。这是一个悖论,因为创意力并不是内化经济时代的唯一生产力,但又是种子生产力。我们先来看下面的一个体系图。

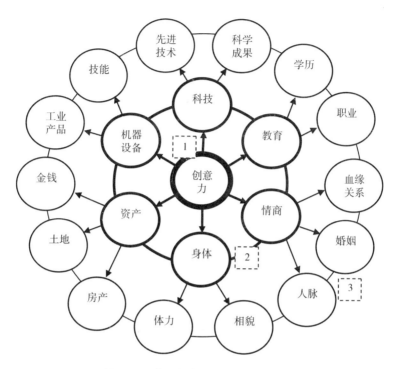

图 4 - 5 当下社会生产力体系示意图

如图 4 - 5 所示,创意力成为社会生产力体系的核心决定着科技、教育、情商、身体、资产、机器设备等生产力;依次向外围延伸,科技生产力决定着先进技术、科学成果等生产力,机器设备决定着技能、工业产品等生产力,身体决定着体力、相貌等生产力;情商作为一种生产力最终决定了生产主体的人脉、婚姻和血缘关系,人脉、婚姻、血缘关系能够改变一个人乃至一个国家、民族的命运。这种生产力虽然常常被忽视,但它们是实存的较稳固的生产力。富二代、星二代、官二代的财富集聚方式较常人更为特殊且难以否定。圈层 1 即创意力,包含思想力、智慧力、知识力、精神力、思考力,都是人类内在无形、难以掠夺却强大的创造力,所以概括这样的时代叫内化经济时代。圈层 1、2、3 之间以及各自内部错综交叉、多样组合,从而创生出当下社会生产力复杂的多元体系。图 4 - 5 还只是一种简化的、代表性生产力的展示。而在马克思主义的理论体系中,生产力包含劳动者和生产资料的总和,其中生产资料又可以分为劳动资料(包含工具、劳动手段等)和劳动对象(包含自然物和加工物等),甚至马克思和恩格斯(Friedrich Von Engels)还将生产力从低级到高级分了个档次。① 所以我们这里所列的生产力体系仍然是代表性生产力的笼统概述。

在这样一种生产力体系决定的社会生产模式下,设计生产力同样是设计创意力催生下的多元生产力体系而且设计力几乎无孔不入。以图4-5为例,设计创意力可以创造出整容技术,进而实现人造人代替自然人的想法;保健技术可以使人的生命和体力获得更持久的维系;各种智能化、虚拟化、网络化社区对人类情商和人际关系的培植毫无疑问是一种微妙的训练,哪怕不善言谈的内向者也可以通过网络语言实现新型人际圈和婚姻上的改变;3D打印技术甚至可以打造出人造肝脏、心脏等一切人体器官,能不能用打印出的人造器官去代替自然器官,现代医学正在试图奋力攻克,但这么做的道德支撑点问题也困扰着伦理学界;其他方面的生产力还没有一样能够与设计创意力不发生关系的,即使金钱也必须在现代金融流通和支付技术、理财产品的支持下才能爆发更大的效用和能力。设计生产力就是一种堆叠式仙人球状的复合体系,层层堆叠、层层延展,设计触角类似仙人球上的针刺伸向能够触摸到的任何领域并产生效用。当然,仙人球的核心依然是集聚着巨大能量的、类肉体性的设计创意力,一旦爆发,威力无穷。创意力是一种引爆式的力量,创意用得好,所有的资源和力量都可以转变成生产力;缺失创意或创意用不好,再优良的资源也会变得平庸无奇、分文不值。这里的创意已经不仅仅指造物的视觉化造型创意,也包含了活动策划、运筹管理类的一切创意行为,如果与设计生产、设计营销、视觉形象、视觉消费发生关系,这些创意又统统可以归并为设计创意。这一点说明在这里向读者特别表明,本书中所言的设计创意力有时候可以理解成大创意力,前提就是"前言"中所言的设计活动、设计产业无处不在。非要细分出视觉化的造物性、造型性创意力非常困难,也与设计无孔不入的事实相违背。

设计产业管理就是要充分、妥善地挖掘、发现、整合、利用好这些设计创意力,这么做等于就发掘好设计生产力了。事实上,设计市场不需要理解和掌握这样的学理,它们灵活多变、花样繁多却又目标单一,那就是追逐利润,一切都起于对利益的追逐。赤裸裸地追逐利润可以通过设计产品的价格体系窥见一斑,尽管如此,我们从对设计产品价格体系的分析中依然可以感受到设计生产力体系之学理的贴切和准确。

---

① 【德】马克思等:《马克思恩格斯全集》(23卷),中共中央马克思恩格斯列宁斯大林著作编译局编译,北京. 人民出版社,1972年版,第204页。

二、设计产品的价格体系

设计生产力体系影响了设计价值体系,而设计价值在设计产品上的体现又决定着设计产品的价格,或者说对设计产品价格的表现进行适度分析也能充分体现设计生产力对设计价值变化的影响情况。考虑到前面所述设计产业管理对设计生产力具有挖掘以及培植功能,在进一步阐述设计产业管理的功能之前,我们有必要先对设计产品的价格体系进行一个简约的论述和总结。

市场如今越来越兴盛,也越来越引起人们的关注。作为造型艺术,设计渗入了我们生活的方方面面,各种类型的设计在今天都呈现出前所未有的密集度和高度,随之而来的就是带动了更庞大、更昂贵的设计消费,其中尤以奢侈品、古董字画的价格之高引人注目。而建筑设计、工业产品设计、广告设计及环境景观设计的市场之盛、规模之大、价码之高,也呈空前发展。我们需要冷静地对待这种设计界狂热的现象,一味否定或大加肯定都有失偏颇。看看这些设计产品价格体系的构成,或许我们能窥见产业管理能动性的一斑。

（一）设计产品价格日渐走高

今天的奢侈设计不分品种,价格也可以没有上限,只要有市场消费,哪怕天价都是合理的。包括一些生活日用品、工业设计品、城市雕塑、景观小品的设计费也可以随行就市、任意报价。拿手机来说,诺基亚 Ver-tu2012 年款（见图 4 - 6）,售价 20733 美元;丹麦 AEsir Copenhagen 公

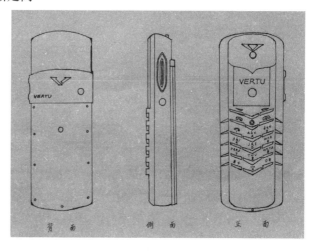

图 4 - 6　诺基亚手机 Vertu2012 年款示意图（成乔明绘）

司和几个英国的工程师、设计师共同打造了一款名为 AE + Y 的奢侈手机,售价高达 36 万元人民币;罗斯的奢侈手机品牌 Gresso 推出一款名为 Luxor Las Vegas Jackpot 的手机,虽不敢说前无古人后无来者,但是 100 万美元的售价也足以让人瞠目结舌①;iphone6 国内报价 6000 元左右,首发当日在国外被炒到 10000 元以

---

① 《奢侈品排行榜》,http://baike. baidu. com/view/7109328. htm.

上,看来还算是大众消费水准。拍卖市场上的这一景象更甚:性感明星玛丽莲·梦露在电影《七年之痒》中所穿的白色裙子,在洛杉矶的一场拍卖会上以 560 万美元的高价售出;列支敦士登君主汉斯·亚当二世公爵豪掷 3600 万美元在伦敦拍下一个古董橱柜;2010 年 2 月,英国伦敦苏富比拍卖行以 1.043 亿美元的价格拍出一座雕塑名作《行走的人》(见图 4 - 7),作者是瑞士雕塑家阿尔贝托·贾科梅蒂。① 除去上述某些极端的案例,大众化市场的设计品也并不便宜。某些纯手工工艺精品虽然市场应者寥寥,但标价不菲,纯正的手工缂丝制品 2 万 ~ 5 万元/平方米是很正常的价格。又如日本京都的油纸伞是完全手工制作的,两个月才能生产 10 到 20 把,所以价格昂贵,最低也要 5520 日元一把;和服是日本的传统服装,一件正宗和服的价钱可以达上万元人民币。② 而在建筑、景观、地区规划设计行业,设计费究竟是占总造价的 8% 还是 20% ,也完全是视设计者的名气而定,委托者根本不知其深浅,这往往也让设计行业的价码授人以

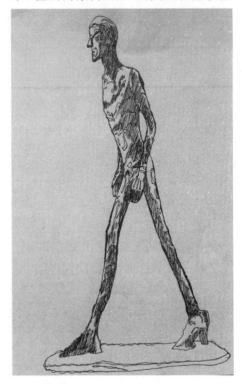

图 4 - 7　拍出 1.043 亿美元的
雕塑名作《行走的人》(成乔明绘)

柄、饱受非议。看似并不起眼的设计费用,何以令设计产品价格如此昂贵?

(二)从艺术价值的裂变谈起

一切设计行为都包含着浓重的艺术成分和精神价值,这也是严重影响设计产品定价的考量因素。特别对于人类脑力劳动的付出,计时计件核价都显得苍白可笑,解析设计行为中的艺术价值就成了设计产品定价的关键。艺术价值在传统认知中就是一种美学概念和文化指断,是精神美学的单元价值论,普通商业产品不可与之相提并论,否则就容易陷入不道德的境地。当文化产业和市场经济不可阻

---

① 《盘点史上各种最贵古董拍品》,http://www. boosj. com/xinxi/show_1196877. html.
② 《日本特产、手工艺品、旅游纪念品》, http://www. xinli110. com/luyoi/cjy/200709/
53240. html.

挡地扑面而来,如今就成为一个商业时代、营销时代、消费时代,这不同于以往的任何一个时代,传统的艺术价值观也正在经历一场前所未有的颠覆。传统的艺术价值正在遭遇当下的裂变:1. 艺术的表现方式由审美裂变为审美与审丑并存;2. 艺术的性质特征由精神质裂变为精神质、生理质和物欲质并存;3. 艺术的功能效用由单一地满足需要裂变为弥补失落、扩充失落、激活需要和满足需要并存;4. 艺术的价值控制者由艺术家为中心裂变为艺术家、消费者、艺术商共同为中心的局面;5. 艺术本体即艺术商品由重内容裂变为内容、形式和传播并重的局面;6. 艺术接受态度即艺术消费心态由被动接受裂变为被动接受、主动参与和宽大容忍共存的局面。① 艺术价值在当代发生裂变之后,无论对设计创作、设计传播、设计欣赏都产生了巨大影响,或者可以说正是因为设计创作、设计传播、设计欣赏方式的重大改变,才导致了设计产品价格的多样化构成和纷繁的变化。但这一切都是当下时代的产物,大致看来,艺术价值的当代性裂变是符合规律的,符合多元化形态和观念并存的民主要求,设计产品价格日渐走高也是顺应个性时代的一种自然表现,不独是商业供求规律的作用。当下是一个内化经济时代,内化经济的生产力不再是单一的,而是复合型生产力体系。从个体来说,知识、经验、精神、思想、技术、健康、美貌、人脉、名声、地位、权势、德行、素质、出身等皆属于内化力(参见第三章第二节),这为我们解构设计产品价格体系奠定了基础。

(三)设计产品价值的多元考量

对设计产品价格的考量应当是一种多元考量体系,这跟设计品价值的传统判定息息相关。《考工记》中认定"天时地气材美工巧"正是考量设计品价值的四大标准,从中可以延伸出更丰富的精神内涵,简而论之,主要有如下几个方面:智者创物;循天时,守地气;求材美,树工巧;"一器而工聚"与察车之道②。"智者创物"即审视设计师;"循天时,守地气"即尊重自然;"求材美,树工巧"即"材"与"技";"'一器而工聚'与察车之道"即集成与功用之设计法。至此,起码已经出现五类考量设计价值的标准:名人、生态、材质、技艺、设计方法。其中材质、技艺毫无疑问是设计产品最核心的两大价值。

1. 设计产品的核心价值

设计作为一种造物活动,设计产品就是造出来的物。物具备两个层面的性

---

① 成乔明,孙来法:《艺术价值的当代性思考》,载《文艺理论与批评》2009 年第 4 期,第 97 页。

② 李砚祖:《"材美工巧":〈周礼·冬官·考工记〉的设计思想》,载《南京艺术学院学报(美术与设计版)》2010 年第 5 期,第 79 – 81 页。

质:材质即设计物的用料;技艺即设计物达到的品质。这是我们面对设计产品时直观应对的物性。判定一个设计产品的价值大小首要就是看它的材质和技艺,材质和技艺直接决定了设计产品的核心价值。其中"技"特指生产技术,决定了产品的功能与耐用;其中"艺"特指艺术设计,决定了产品的造型和结构。而材质是衔接技、艺的中间环节,即技、艺只有建立在材质之上才能得到很好的合作与展示。我们可以用蝴蝶模式图来表示设计产品的核心价值:

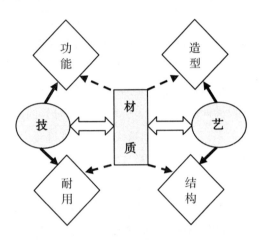

图4-8 设计产品核心价值蝴蝶模式图

建立在材质之上,技艺大显神通,决定了设计产品的功能、耐用、造型、结构即决定了设计产品的品质,品质即设计产品的核心价值,是从艺术角度对设计产品价值做出的判定。这里的技艺包含了设计技艺和生产技艺。核心价值决定了设计产品的理想价格。设计物在追求功能的同时,艺术表现力的确也非常重要,如能让消费者赏心悦目、情意舒畅,是不是更好卖、更容易成交呢? 所以说,材质与技艺的完美统一正是设计产品所应当追求的最高境界。

2. 设计产品的附加价值

设计市场上,很少有设计产品的价格遵循理想价格,更多时候,是以或高或低的价格成交,由此可见,除了核心价值体系,尚有一个另外的价值体系在影响着设计产品的交易,即附加价值体系。附加价值不再由设计师和生产者把控,设计产品一旦流入市场,市场主宰权就变得复杂起来。但究竟谁主宰艺术市场呢? 不是艺术家,不是艺术消费者,也不是艺术商,实际上是三者融合的整体力量。[1] 另外,艺术批评家、社会媒介等也一定参与了其中。这就形成了设计产品庞杂的附加价

---

① 成乔明:《艺术市场学论纲》,南京. 河海大学出版社,2011年版,第218-219页。

值体系。其中六大附加价值正在脱颖而出,即历史价值、投资价值、名声价值、社交价值、文化价值、收藏价值。历史价值来自于历史内涵的累加,投资价值来自于经济收益的刺激,名声价值来自于对名气包括品牌的追逐,社交价值来自于社会交往的诉求,文化价值来自于文化的认同和归宿感,收藏价值来自于对资源的占有欲。这六大附加价值足以让设计产品价格扑朔迷离,对此,普列汉诺夫(Plekhanov)曾无比悲愤:"以前人类认为不能转让和流通的每一件物品都成了交易、运输和赖其获利的对象。至此,像美德、爱、信任、知识、良心等从来都不能用于买卖的事物都被金钱买通而成了交易的附庸,简而言之,世界被商业俗化了。这是一个堕落和腐化的时代,用政治经济学上的术语说,精神或物质领域的任何事物都具有了市场价值,也就是说,无论精神还是物质,唯有通过市场的交易方能体现其最真实的价值。"①普列汉诺夫在排斥市场价值的同时也批判了经济学家阿尔弗雷德·马歇尔(Alfred Marshall)的理念:"一个东西的价值,也就是它的交换价值。"②市场本身无所不能,这有它的合理性,设计产品既然已经变成商品,那么市场上的表现就具有了经济学本身的意蕴:自愿性的交换。从这一点上来说,在判定设计产品价格时,就一定要将核心价值和附加价值结合起来去考量,市场说到底是购买能力和消费对象说了算,与艺术和美没有必然联系。

我们用下图来简略分析一下设计产品附加价值的特征和类型。

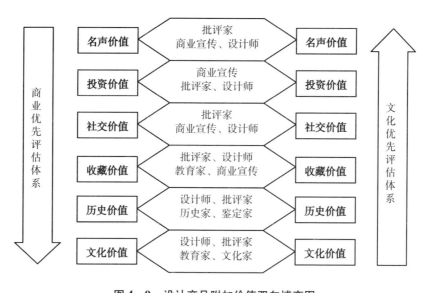

图4-9 设计产品附加价值双向博弈图

① G. Plekhanov. Art and Social Life. Moscow:Progress Publish, 1974:66-67.
② 【英】马歇尔:《经济学原理(上卷)》(朱志泰.译),北京.商务印书馆,1964年版,第81页。

六大附加价值大致说来各有其缔造者,如图4-9中的菱形内容所示。在商业发达的今天,名声价值包含设计师的名气、设计产品的品牌更多不是来自于设计的核心价值,而是来自于商业炒作,甚至保持正本清源的设计批评家也开始倒向商业的一面并丧失艺术准绳。批评和商业联手决定了投资价值和社交价值甚至收藏价值。而历史价值、文化价值挤掉了更多的商业水分,逐渐转向文化和艺术的考量,但仍然缺乏深入回归设计产品本体艺术内核的氛围和政策支撑。如图4-9所示,六大附加价值的重要性排名是商业和文化体系的博弈,从上往下的顺序是商业优先评估体系,从下往上的顺序是文化优先评估体系。不同的博弈结果决定了设计产品价格向理想价格的靠拢程度。

(四)对设计产品价格体系的解析

根据上面的内容,我们可以知道设计产品的价格基本由设计产品的核心价值和附加价值两部分组成,主要由核心价值决定的价格就是理想价格,主要由附加价值决定的价格就可能形成虚高价格或不足价格。追寻核心价值的消费是理性消费,受制于附加价值的消费是随机消费。设计产品的理性消费创造了理想价格,设计产品的随机消费创造了虚高价格或不足价格。设计产品的价格计算公式是:

$$P = Cv \cdot m + Av \cdot (1 - m) \quad (0 < m < 1)$$

Cv 指核心价值,Av 指附加价值,m 指加权参数。

当设计本体的文化管理和艺术氛围、教育和学术政策超越商业运作行为时,Cv 在公式中占优势,且 m 也通常大于 0.5;当商业运作行为强于文化管理、艺术氛围、教育和学术政策时,显然 Av 在公式中占优势,且 m 通常小于 0.5。Av 占上风时,容易造成设计产品的虚高价格和不足价格,其中善于炒作者、与商业结盟紧密者自然就会因炒作而将附加价值恶意抬高,从而造成价格中的泡沫泛滥;不善于炒作者、与商业规矩格格不入者,哪怕核心价值再高,也会造成 Cv 受抑且 Av 又不高的现象,从而造成市场价格跌入不足价格区的情况。Cv 占上风时,设计产品的评价指标主要以核心价值体系即材质、功能、耐用、造型、结构的综合得分为主,Av 显得轻描淡写,艺术标准和审美方向重点明确、指标统一、设计本体艺术创意地位居中,自然此时设计产品的价格更趋向于理想价格。

但 Av 和 Cv 一定相伴相生,任意一方为零的情况几乎不存在,只是孰重孰轻的博弈而已,这种博弈表现为我们对文化艺术的敬重程度,表现为文化管理政策的制定与具体实施,表现为文化艺术和商业运营在整个社会观念与政策中的地位比较。m 在 0 到 1 之间的波动与设计产品个体没有关系,同样会与整个社会文化艺术与商业的博弈结果紧密相连。

（五）设计产品价格体系的变化规律

尽管在任何一个时代，设计产品的价格体系都包含了 Cv 和 Av 以及社会博弈的产物 m，但要想将 Cv、Av 以及 m 具体量化显然是一种不切实际的想法。因为 Cv、Av 各自包含了多种变化因素，在具体价格测算过程中，仅能依据估约的社会平均数据为比较对象来确定某一产品的参数。但宏观上来看，设计产品价格的变化趋势还是有规律可循的，那就是随着时间的推移，即时性的商业价值会慢慢让位于历时性的美学价值，我们可以图示如下。

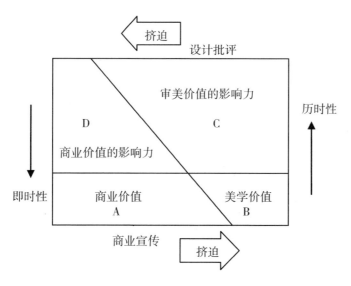

图 4 – 10　设计产品价值大小的历时性变化趋势

在图 4 – 10 中，方框的水平底线相当于当下即时，方框的水平顶线相当于历时之后的某个阶段。当下的商业价值 A 挤迫着审美价值 B，可以造成设计产品的价格虚高或不足，商业宣传是推手，但这是暂时的；随着时间的推移，审美价值 C 开始凸显出来并挤迫商业价值 D，从而使设计产品的价格逐渐趋向理想价格。设计批评包含消费评价在历史的长河中慢慢恢复良心与独立。商业的控制总是短期和当下的，文化艺术的价值往往弥久愈新甚至永恒，这是设计产品价格体系变化规律的内在逻辑。历史总会给设计产品的本体性文化艺术价值一个公正的评说。对于工业设计、建筑设计、乡村景观规划设计是不是也是如此呢？看看西递宏村、西江千户苗寨的规划设计至今都是人类学习的楷模；看看诺基亚手机倒闭之后，全球的惋惜和怀念，可见其在全球深得人心，这与它的市场盈亏已经没有关系；艺术无价大概指此意。

设计的核心生产力即设计创意力基本对应着设计产品的核心价值，材质是劳动资料,技艺是劳动者的生产能力,当然这里的设计创意力是狭义的设计造型和文化构思方面的创意力。设计产品的附加价值中并非没有设计创意,甚至有些方面也具有狭义的设计创意力,如投资价值、收藏价值中就要求投资者、收藏者懂设计、懂欣赏,甚至需要具有高超的视觉审美能力;但附加价值中更主要依赖的是广义的设计创意力即大创意力,如设计市场经营力、设计商业炒作力、设计活动策划力等。当前的设计产业管理需要对设计产品的核心价值、附加价值同等对待、全面发展,也就是说要狭义设计创意力、大创意力齐头并进、共同发力。但从国家、民族的设计品牌、文化历史高度的发展战略来说,狭义设计创意力应当成为大创意力的根基和保障。也就是说,一切商业化的运营手段、管理性的运营战略其实都应当牢牢站在国家原创、民族自主知识产权之上才能够合理健康、积极向上。这也是大国战略试图达到的一种状态。

　　行文至此,我们大概能总结一二。设计产品作为一种造物的成果,物性中隐藏着艺术性,美学性依附着物性,物性的高贵、艺术美学上的独创应当是设计产品核心价值的主体。但现代商业、现代功利的社会性常常冲击了对设计产品的市场定价,造成了庞大的附加价值体系与核心价值体系的博弈,从而深深影响着设计产品价格的本质回归。设计和设计产品成为商品不可怕,但如果设计和设计商品完全被金钱左右了,人类灵魂的失范也就为时不晚了。① 设计产品的附加价值在商业时代、消费时代常常占主导地位,有时影响甚至替代了设计产品的核心价值,但这不是事情的真相,也不是艺术创造的归结。时间能协助我们进行适度纠偏,这种自调节应当需要配合设计产业管理来实现全方位的调整,以规范设计市场、以恢复设计的艺术本质。反过来说,有什么样的设计产业管理就会产生什么样的设计生产力体系,进而会产生什么样的价值取向,随后就会造就什么样的设计产品价格建构,设计产业管理不能等着时间来拯救自己荒唐的失范,我们要时刻保持警惕,让设计产业管理占据设计行业高瞻远瞩的地位和公正不阿的审判力,起码精心设计、取法乎上的管理模式总可以给人一些道义和心灵上的安慰,而不是相反。设计管理在纵向上可以划分为设计行政管理、设计事业管理与设计产业管理(并列)、设计中介管理。② 设计产业管理同样又可以细化出政府的产业管理、设计行会的产业管理、设计企业的产业管理等,每一块的实践都需要就就业业、协调互助。当我们在大力发展设计创意产业的时候,也千万别忘了设计创意产业更

---

　　①　成乔明:《艺术市场生态研究》,载《艺术百家》2009 年第 3 期,第 168 页。
　　②　成乔明:《设计管理学理论体系的生发方法研究》,载《南京理工大学学报(社会科学版)》2014 年第 4 期,第 53 页。

是一种国策、更是一种文化艺术事业,其核心生产力是创意力,其本质应当是一种更加接地气的精神创造和文化活动,而不止于所谓的经济复兴、产业报国。

第四节 净化设计产业环境

设计产业管理不是一种独立的意识、政策和方法,它应当是一种融合式的社会管理,起码应该能够调动社会绝大部分的公共资源来扶持设计产业、创意产业的发展。当设计能力、创意能力成为一种重要的社会生产力的时候,中央政府应当赋予足够的权力于设计产业管理部门,或者中央政府应当调动绝大部分社会管理职能部门全力协助设计产业全面、有利、便捷地发展,稳定物价尚是次要的目标,促进社会生产力健康、有序地走向现代化、先进化才是长久目标。一个污浊、混乱的产业环境一定会葬送前景光明的产业和人类一切美好的想象,设计产业的协同管理可以净化设计产业环境,这也是保证国家设计生产力体系保持先进地位的前提和基础。

一、设计产业的协同管理

什么是协同管理? 协同管理就是协调式、联合式、共同式的管理,协同并非完全一样,而是几乎接近和基本合拍、彼此认同、相互协作的管理。协同管理在社会化大生产、社会产业集群高度发展的背景下几乎是最佳的产业管理模式,即不同社会部类、产业链的上中下游之间形成管理的呼应、互助甚至携手联合作业的模式。在一个产业部类或企业内部,各部门与各子系统之间同样趋向协同管理,否则整个系统因局部之间不断地摩擦,不但严重降低效率,甚至可能让内耗彻底拖垮整个运作机器。今天的社会整体上越来越像一台整合式的机器,零部件和子系统之间必然会存在摩擦与不协调的现象,从而形成"竞争—磨合—合作—协同—大竞争"的社会发展范式,尽管竞争和资源争夺是绝对的,但人们越来越意识到多方共赢、合作博弈才是最终与唯一的选择,如果要想让自己生存得更舒适一些的话。

协同管理其实就是一个 DRIVE 模式(驱动模式),通过 DRIVE 的环路式集聚实现社会生产源源不断的供力系统,这种供力系统就是一种借力、合力的协同运作系统。其中,D 指 Demand,即共同需求;R 指 Responsibility,即责任共担;I 指 Interactive,即彼此交互;V 指 Values,即近似价值观;E 指 Enjoy,即利益共享。这就是协同管理 DRIVE 驱动模式的内涵。只有建立在 DRIVE 驱动模式之上,不同部门和不同部类间的协同关系才会持久成立,缺一不可。需求(D)是前提,责任(R)是付出,交互(I)是手段,价值观(V)是保障,享受(E)是结果。在今天这样的社会,不懂得协同合作的人或组织就没有发展驱动力(no drive)。即使大国战略也不是唯我独尊,而是能够笼络一批拥趸的多国协同联盟。这样,就形成了设计产业协同管理的五角星环路格局(见图4-11)。

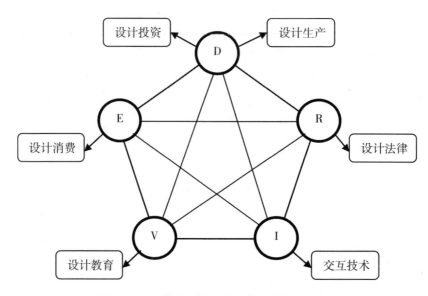

图4-11 设计产业协同管理的环路格局示意图

出于对设计需求(D)的服从,设计投资、设计生产就进入互动的合作关系;出于对设计责任(R)的履行,就需要设计法律如项目合同法来进行产业行为的规范和约束,设计法律的制定属于设计政策;现代化的交互技术(I)让协同管理变得轻松简单,电视电话会议、网络沟通回路让分居世界各地的设计企业之间的合作易如反掌;而构建统一的设计价值观(V)必须依赖充分互流而科学的设计教育,其中思想宣传和广告手段其实也是设计教育的类别;出于对享受、享乐(E)的追求,从而促生了广博的设计市场和繁复的设计消费。无论是社会推动了设计的发展,还是社会阻碍了设计的发展,当我们想判断一个具体时代对设计所具有的功能,我们总会陷入两难境地,但有一点却很清晰,设计是社会环境的产物:"到了文艺复兴和后文艺复兴时代,城市进一步发展,社会产生了奢华和富裕的氛围并有朝着过度装饰发展的持续增长趋势——致使原始形式丢失和功能模糊。门覆盖着雕刻和绘画的外层,有时很难知道它们从哪里打开。那个时候的墙壁、天花板、地板、铅条镶嵌的彩色玻璃窗是一大堆撩人的装饰。甚至当时杰出的作品,西斯廷教堂的米开朗基罗的天花板,也被他自己的仿造建筑框架搞乱了,并且旁边过多地围着其他画家的画。可能当时有太多的艺术家和工匠,而没有足够的建筑和物体分配给他们干活。更有可能的是在那个时代里,鲁莽、无限制的装饰是丰富生活的表达以及兴趣。"①时代中的"表达以及兴趣"是最大的 DRIVE,设计师不融入时代或者无法对时代的"表达以及兴趣"做出正确的反应就无法真正理解"设计当随时代"的真谛。

二、设计产业环境净化的紧迫性

设计师一方面要融入环境、融入时代和社会;另一方面,设计、理念、哲思、教育、政策也有可能会影响环境。环境这个词就是一个相对概念,是跟主体相对而言的事物与氛围,谈及环境就应当意识到这是站在观察者的角度以观察主体为中心而言的、观察主体周遭的其他事物与氛围。观察主体和观察客体其实互为对方的环境。对于设计投资而言,设计生产技术、设计法律、设计教育、设计消费与设计市场情形就是设计产业环境;相对于设计生产者而言,设计投资政策、设计法律、设计教育、设计消费与设计市场情形包括设计审美时尚等就是设计产业环境。在设计产业协同管理 DRIVE 驱动模式中,D、R、I、V、E 彼此互为对方的环境因素,且其中每四个因素都构成剩余一者的产业环境,当然这种设计产业环境是一种内环境系统。

在 DRIVE 设计产业协同管理的驱动模式之外,还存在设计产业的外环境系统。外环境系统往往与设计活动没有必然紧密的联系,但却是整个社会呈现出来的总体风貌和总体特征。毫无疑问,内外部环境都会给设计产业带来不可估量的影响。今天的产业内环境、社会外环境对设计产业的负面影响越来越凸显,设计工程项目运营、设计产品开发、设计版权保护中的种种徇私舞弊的表现让我们见怪不怪,一个毫无失误、绝对清正廉洁的设计项目的出现有时候倒让人们感觉有极度的不适应、不相信。如此说来,设计产业管理中有关设计产业环境的净化迫在眉睫、刻不容缓。社会化环境对设计产业的冲击力显然巨大,社会风气、政局稳定程度等都会对设计产业产生一种必然性的结果:"社会风气恶化跟政局不稳定几乎同等可怕,也许两者之间还隐藏着某种因果联系,但不可否认的是,政局不稳,企业的开拓创新就不安心。碰到这样的情况,企业往往会选择抽资外撤,如果想发灾难财,留下的企业只会跟没落政府同流合污、大捞一票,更别说要企业或其

---

① 【美】亨利·德莱福斯:《为人的设计》(陈雪清,于晓红．译),南京．译林出版社,2012 年版,第57页。

他社会组织去投资什么公益事业了。社会风气恶化了,政府必然具有不可推卸的责任,没落期的政府常常会营造出或容忍恶化的社会风气,上梁不正下梁歪,社会组织和企业也不会好到哪里去,还有谁会关注和投资毫无收益的公共事业呢?"①笔者就曾听说过某些城市政府用于引进高级人才进行创业计划的扶持基金近一半以上是被区、市有关行政职能部门的"内鬼"们套取出来私吞掉的。而且这个原本用于扶持高级人才进行科技项目创业的专项基金,在"内鬼"们的运筹下有时候竟将80%甚至90%的科技扶持项目资金揣进了掌权团队的腰包,即被"裹挟"而来的"申请人"虽然是高级专家,在这种事件中也只不过是一个"枪手"——充当了用空头项目套取扶持资金的"申请人"和"创业者",且这种高级"枪手"只能分得全部扶持资金的两成甚至一成,以高级专家名义进行的创业注册企业从一开始就注定是"为破产"而套取国家钱财的工具。如果不接受"裹挟",大多数所谓的海归高级人才恐怕连入门申报的机会都没有;所谓项目的评审专家只会跟着利益和权力而转圈,科技的先进性与项目的前景性应该作为核心的考量指标反而变得可以忽略不计。我国的设计产业在全球并不占优势绝非知识和创意上的不足,更多情况下是输在了设计产业发展的环境混乱或所谓的"富有中国特色"的托词上。总之,设计产业环境再不进行大面积严格的净化,最终必将毁掉中国的设计产业,同时也会拖垮我国的大国战略。

　　人类正陷入"环境保护"与生存发展的恶性互动之中,生存不能建立在环境的破坏之上,把环境作为生存的代价就是生存权死亡得更快、更彻底。魏玉祺在谈到环保时这样说:"从各国和政府的角度来说,对于环保的力度一直都非常大,像欧盟就对进口的电子产品征收一笔不少的税额,作为电子垃圾处理费用。而作为个人来讲,现在消费者也越来越重视自身和家人的健康,都希望家电产品对居室环境造成的污染能够减到最少。所以不少家电企业在环保方面的研发下了不少功夫。如有不需清洁剂的清洗器、负离子空气净化机、不需洗衣粉的洗衣机、无氟电冰箱等。"②社会环境不作根本上的、制度上的净化与改变,任凭设计行业再努力、技术革命再先进,自然环境的真正净化和提升都将成空。设计产业管理是一种协同管理,就是要联合政府、设计行会、设计企业、社会传媒、社会教育力量、司法部门等对社会生产机制进行提档升级的重新构建,改变社会人心、改变体制模式、改变发展理念,环保难题才有可能得到真正的改善。人心不变,不足以改变社会行动,人心之变的缓慢才是环保难题越来越难的症结所在。

---

① 成乔明:《设计事业管理:服务型设计战略》,北京. 中国文联出版社,2015 年版,第 91 页。
② 魏玉祺:《脑门》,北京. 中国经济出版社,2007 年版,第 36 页。

三、面对设计产业环境的协同管理

前面我们已经讲过设计产业本身就是一种协同管理模式,所以设计产业环境的管理更是一个围绕设计产业发展的全社会性的协同管理。如果说前面 DRIVE 驱动模式还只是设计产业发展的内部系统的协同管理,那么对设计产业环境的管理却是更为广泛的、超越设计产业部类本身的社会性协同管理。

政府的日常性管理工作、各行业协会的日常性管理工作、各社会组织包括各类企业的日常性管理工作、立法和司法机构的日常性管理工作等都会对设计产业、生产制造产业产生巨大的影响,或推进设计产业发展,或阻碍设计产业发展,即使不好不坏于设计产业发展的环境因素也只是暂时的不相关联,在后一秒、后一年很可能就成了决定性环境因素。我们来说中国当前商圈的三驾"马车"——马云(阿里巴巴集团创始人)、马明哲(中国平安保险公司董事长)、马化腾(腾讯公司掌门人)。这"三马"既是商场上相互间的有力竞争者,却又是最有理由选择强强联合的有力合作者,三者坐到一起聊中国现代商业未来的时候更像是一种商业作秀,一种表面平和、内心恨得牙齿咯咯响的暗较量。因为彼此心里都明白,眼前似乎与自己不相干的行业,下一秒可能就会成为你死我活的格斗者。当马明哲开始涉足网络支付和网上贸易领域时,相信马云会紧张片刻或者一辈子,说不紧张那是骗鬼的。当然,当马云、马化腾说要在网上开辟线上保险业务,马明哲背地里动刀子的心都有,说无动于衷也就是说马明哲下一秒已经准备退出保险行业。三马要想保持长久的风光,彼此间的协同管理至关重要,信息共享、互帮互助、建立攻守同盟,恶毒而疯狂地相互倾轧,三驾马车一起散架的命运会来得更快更猛烈,因为三马都没有令人信服而可靠的生产实体。当然,生产实体崩塌起来也极度吓人,"中国烟草大王"、曾经的红塔集团掌门人褚时健晚年包荒山种橙子足以说明企业界的种种神话都与时代的命运捆绑在一起。

凡事都如理论分析得这么明白,这个世界就不会如此复杂而残忍了。说句心里话,三马谁不愿意托大自己的商业帝国,唯自己的帝国为首不是更加快意人生吗? 这就是人性,协同作战、协同管理才显得意义非凡、无可替代。这尚是企业竞争者之间的协同梦想,加上政府、政策、法律、金融、教育、服务、市场、消费中的分歧与磨合,协同管理就真正成了一个更加理智、紧迫的社会性管理理式。在设计市场上,求同不是唯一的上策,存异是铁定的选择,但共赢博弈才是硬道理。① 大国战略中的相互托大并形成同盟远比诸国火并之后的胜者为王更富智慧。只有

---

① 成乔明:《设计项目管理》,南京. 河海大学出版社,2014 年版,第 228 – 239 页。

协同管理才能实现优势互补、集聚效应迸发，大家才能在携手中同发展，而不是残酷的你死我活或鱼死网破。但今天的设计产业环境在国际上特别是我国内部，并不是那么的美妙和健康，协同管理的缺位或者微弱在弱肉强食的现代商业竞争中对产业的彻底摧毁往往是一夜之间的事。人类设计产业乃至一切产业的泡沫式繁荣、虚假性画皮在擅长吹嘘和炒作的时代不是太难，在没有内涵和信仰的时代，撕碎它们会更加容易。

　　协同管理最大的障碍就是过分强调自我个体的中心地位。人类总是显得很"狭隘"，总是从自己的立场去看待社会和环境，大家都坚持这么做，于是人类社会的进展不是显得异常困难就是畸形突破，真正大公无私的协同很少见且存而不久。当然，这显然不对。关于这一点，哲学大师叔本华（Arthur Schopenhauer）对人类进行过点化："叔本华认为，非功利性是存在的政治状态，也是存在的审美状态；这样，他既维护又推翻作为社会范式的、古典的席勒式艺术概念。对叔本华及其前辈而言，审美之所以重要，是因为审美所谈的不只是审美本身。我们在深思人工制品这一宝贵时刻所获得的那份超然独立或无动于衷不过是贪婪的个人主义的含蓄的替代品；艺术绝对不是社会的对立物，而是超然于知性状态的道德存在的最生动范例。只有揭开虚幻的面纱并认识个别的自我的虚构状态，人们才能真正无私地对待他人——也就是说，在他人与自己之间不作有意义的区别……唯一善的主体是死亡的主体，或至少是可以通过移情性的非功利把自己投射到其他地方去的主体。这不是一个关于个体如何体谅地对待他人的问题，而是个关于个体在瓦尔特·本雅明所称的'世俗阐释'的瞬间，如何超越被扭曲的个体性幻觉而突然抵达绝对远离个体的虚无（non-place）的问题。由于叔本华抛弃了个别主体的主要特征，因此他超越了资产阶级的合法性、权利、责任、义务等。与今天盲目崇拜差别的人不同，叔本华认为人类的共性绝对多于差别。"①从远大的理想来说、从国家和民族的战略意义来说，设计产业协同管理首先需要解决的问题，就是要克服"唯一善的主体是死亡的主体"的怪圈，克服"贪婪的个人主义"。设计产业协同管理就是要建立"真正无私地对待他人"的社会，建立"超越被扭曲的个体性幻觉而突然抵达绝对远离个体"的社会，否则群体被彻底破坏，哪里又存在个体的享乐和价值呢?！人的天性是贪婪和自私的，唯有法的体制、法的规范、法的严格治理才真正有效，所以叔本华才认为"非功利性是存在的政治状态"，非功利性"也是存在的审美状态"。此话所言的实质就是：令人生厌、貌似集权的政治统治其实

---

① 【英】特里·伊格尔顿：《美学意识形态》（修订版）（王杰、付德根、麦永雄．译），北京．中央编译出版社，2013年版，第145–146页。

才是非功利的、真正审美的,无组织、无纪律的民主不过是一盘散沙的自由泛滥主义。因为,一个国家、一个政府组织和倡导的产业化管理再狭隘,也是福及管辖范围内普罗大众的,哪怕有时候这种福利来得慢一些、来得迟一些。因为智慧的政府总会考虑统筹权衡和长远发展;而一个自由泛滥、弱肉强食、缺乏监管的产业竞争环境,只会导致更加自私、更加无序、更加生死难测的产业格局,规规矩矩做生意的人无法生存,兴兴轰轰赚大钱的人也无法持久。所以设计产业首先应当就是政府产业、法治产业,否则很难建立真正良好的环境和运营局势。

第五章

设计产业管理的理论体系综述

　　设计产业管理的学理性研究是大国战略的一个理论视角,这个理论视角的主体就是设计产业管理的理论体系。根据前面几章的探讨,设计产业管理是大国战略中的重头戏,因为设计产业在整个国家性产业体系中无孔不入、无所不在,同时,物质财富、民生福利也直接决定着人民的精神状态和国家的思想根基。最关键的是,设计产业还直接决定着制造业与实体经济的发展与格局。设计产业管理理论体系的构建不仅仅是方便从学术上讨论问题的需要,更是我们深入理解设计产业管理、掌握设计产业管理、建设和发展设计产业管理的需要。设计产业管理从理论体系上来说,大致有四大体系:管理者体系、管理对象体系、管理内容体系、管理行为体系。管理者是谁来管,管理对象是管谁,管理内容是管什么,管理行为实际上就是怎么管的问题。这四大体系虽然是最本质、最基础的体系,但牵一发而动全身,对这四者的全面考量将是我们科学审视设计产业管理的关键所在。一切有关设计产业管理的理论问题都不外乎这四大理论体系,而一切管理最核心的问题也是这四个问题:谁来管、管谁、管什么、怎么管。

第一节　设计产业管理者体系

　　设计产业的管理者,也就是"谁管"的问题,即由谁来管理设计产业的发展。我们在第二章第二节讨论"设计产业管理主体"的时候大致已经勾勒出了设计产业管理者体系的内容(见图2-1),但图2-1所示体系包含了正向管理者、逆向管理者两大模块,其中作为逆向管理的设计消费者对设计产业的管理属于一种延迟式管理,即先有设计成果,然后才会有设计消费者的消费反馈,消费反馈不过是成果成形之后的一种后续管理。消费者对设计产业的管理有两个特征:延迟性、反向性。当然消费反馈对于未来式管理,即尚未形成或需要改良的设计又具有一定的正向性和超前性。不管怎么说,设计消费者对设计产业的管理是一种纯粹经验加官能体验,不可能形成系统科学,也很难对设计创新形成连贯性学理上的助力。设计产业界把消费者抬到很高的地位,当成服务的中心对象,其实是一种虚拟化管理,对消费者起到莫大的迷惑性与抚慰性,从而促进消费者对未来产品掏钱消费。事实上,哪一种产品是真正由消费者决定生产或决定不要生产的呢? 一切管理中的"消费者体验"不过都是一种迷惑性的抚慰,消费者体验的一切陈述都必须经过市场调研者、战略分析家的概括、总结与转述,然后才能将转述的意见传递给设计师,再由设计师从技术战略上给予产品设计的定位与实践。

设计消费者的意见永远形成不了管理科学,他们的管理功能是碎片化、技术性、功利性和唯目标为上的,最终仍然要依赖正向设计管理者如政府、行会、企业以及专家们来转变为系统性的管理科学。美国学者爱德华·铁钦纳(Edward B. Titchener)这样讨论科学和技术:"科学在某个特定时期的特殊问题是由科学系统的逻辑决定的,而不是出于用途上的考虑;同时,这类直接的科学工作和有机会出于完全间接的'观察的爱好'而进行的工作并存。在另一方面,技术只能凭借特殊的实际问题而存在……这是真正的区别所在,它可以从多方面显示出来。例如,科学家受其智力游戏规则所限,固定一种特定的观点。相反,技术专家则经常改变自己的观点,只要有利于达到目标,对他来说似乎都是好的……技术没有义务与其所应用的科学水平维持同一水平。通过实际尝试错误,它可以预料科学结果;它也可能为了目前的目的,而很好地使用科学已遗弃的公式。最后,技术专家可以游离于科学之外,可以从其他技术中寻求帮助,甚至最终求助于无差别的常识模型。对于自由探索的实践人员来说,科学显得狭隘而且学究气;对于工作方法严谨的科学家而言,技术又显得散漫而没有生命力。"①设计消费者为设计管理机构和设计师提供着零碎、散漫但又目标明确的技术建议,而这些都是建立在身心体验和真实使用效果之上的一点经验性感触。科学未必追求实用,可是却强调其内在确定甚至孤僻的逻辑推导模式。从严格的管理科学创建上来说,我们在本节中主要认定政府、设计行会、设计企业正向的管理者体系,设计消费者永远属于附属的设计管理部类。

一、政府作为管理者

政府作为管理者是天然的法定公权,因为政府天生就是一种权力机构,是本行政区划内最高的权力指挥、权力分配以及行政权力执行中心。政府通过自身的

---

① 【美】爱德华·铁钦纳:《系统心理学:绪论》(李丹. 译),北京. 北京大学出版社,2011 年版,第 50 – 51 页。

权力延伸职能部门来履行对社会、对人民的领导、组织和服务功能。其中,行政、法律、工商、税务、经济处罚、军队、新闻传播、教育等是政府常用的管理手段。当然,普通时候,政府的管理仅仅是一种宏观规划、宏观调控式管理,提供大政方针、战略性规划是政府所能够做到的管理。对于设计产业来说,许多政府职能部门或者说几乎全部的政府职能部门都参与到其中,这是由设计本身无孔不入的社会功能所决定的。

从中央政府的部门设定以及这些部门与设计产业之间的关系来看,我们就可以对政府职能部门介入设计产业发展的广泛性窥见一斑。外交部对多国联合开发建设的大型工程项目具有不可忽略、贯穿始终的交流和沟通功能;国防部对国防武器装备的研发、生产、配备和使用的工作具有重大的、参与组织的功能;国家发展和改革委员会对国家设计产业政策的制定、发展规划以及对生产性经济的宏观调配工作肩负使命;教育部显然对设计教育、设计产业教育、设计市场教育、设计管理教育等具有宏观上的推进和规划职责,同时对设计产业管理专业以及设计学科建设工作具有绝对的决策权;科学技术部对科学技术研发、科技产品转化等工作具有重要的指导作用;工业和信息化部对工业发展、信息技术研发和使用以及设计产业政策制定方面的工作义不容辞;国家民族事务委员会对民族区划、民族自治区的各项建设工作有权提出重大建议;公安部对公安民警、公安边防战士的服装、执勤工具、武器装备等方面有特殊的管辖要求和指导方针;国家安全部对特殊的保安、情报装备的设计生产以及使用具有指导功能;财政部对设计产业的发展具有财力上的供给和管理职责;人力资源和社会保障部对设计人才的培训、配备、考核、管理等具有重要的规划功能;国土资源部对国家土地的测量、计算、规划、使用等拥有绝对的监管、审批权;环境保护部对土地、海洋、空气、森林等自然环境的监测和控管责无旁贷,同时对任何破坏环境的生产行为都具有一定的惩戒权;住房和城乡建设部显然对全国人民的住房建设、城乡规划建设具有最高的指导和仲裁权;另外,像交通运输部、水利部、农业部、商务部、文化部、审计署等国家权力部门对各自管辖范畴内的设计、规划、生产、商业贸易、商品流通、审计等工作都是最高的行政领导者和管理者。总之,设计生产管理涉及国家政治和人民生活的方方面面,政府可以不直接插手具体的规划设计工作,但宏观上的经济格局和建设模式仍然需要政府及其各职能部门商讨安排甚至拍板决策。这些政府权力机构对具体事务直接的领导和决策权是大国战略能够统一全国思想和行动的保障。

二、设计行会作为管理者

设计行会是政府管理权的外延,无论是由政府机构成立的设计行会还是由民间自发组建的设计行会,设计行会都属于社会特殊的管理层级,且是本行业在一定空间范畴内具有特定公信度的专业指导、政策执行的管理者。当然,我们不能忘记设计行会就是政府管理的有益补充,作为政府机构成立的设计行会,行业法规是其行动的最高指南或基本准则,它们就是政府行政意志的行业执行者;民间自发组建的设计行会一般情况下也不能违背立法机构颁布的法律法规,但允许特殊地区、特殊行业某些特定的地方特色和行业规范的存在,设计产业管理通过设计行会来达到入乡随俗的变革与贯彻。

设计行会分国家级、省级、市级甚至区县级,层层设置、层层管辖,从而形成设计产业的社会性管理系统。像各级文联、美协、书协、工艺美术协会、工业设计协会、陶瓷协会、广告协会、摄影协会、室内装饰协会、环境设计协会、园林景观设计协会、服装设计协会、水利工程设计协会、道桥设计协会甚至农具协会、轴承协会等,越细化的协会其专业性要求就越精细。如果把行会仅仅当成是政府需要这样一个管理层的存在,于是就产生了行会组织是不够全面的。因为社会的存在本身就需要行会组织的诞生,个人、家庭、社区成员包括经营性机构常常会感觉活着的孤单、往往会恐惧于被其他类社会成员所包围的陌生,于是同行业的行会组织让所有组织成员找回了自己、发现了自己,从而肯定了自己更加重要的社会角色。一部讨论美国贫穷问题的著作是这样谈论的:"偶尔,我们会从'由其他人组成的社会(community of others)'的角度来定义'我们自己'的概念。不幸的是,这通常是发生在一些重大危机——比如自然灾难、战争、恐怖主义行为,或者经济衰退——的情况下。在这些情况下,我们作为邻居和公民,为了所有人的利益齐心协力……这种精神在不那么重要的时刻也能产生,比如在休假期或者是在一个社区的运动队在争夺冠军时。在这些情况下,作为一个特定社区的成员,他们之间经常能产生凝聚力。正是这种精神——即作为一个更大社区的成员的意识——可以让我们明白我们在'由其他人组成的社会'中的角色。这个角色,我认为,包括分担如贫困等严重痛苦的责任。这种共同责任的意识,最好是通过个人和政府的行为来明显。"①如此看来,设计行会组织的产生就是设计企业需要"齐心协力"来"产生凝聚力"的努力,在这个协会组织里,大家才能真正明白自己"在'由其他

---

① 【美】马克·罗伯特·兰克:《国富民穷:美国贫困何以影响我们每个人》(屈腾龙,朱丹.译),重庆.重庆大学出版社,2014年版,第124－125页。

人组成的社会'中的角色",即找到社区化的认同感、归宿感,不致因落单而迷失自己。

　　设计行会是设计师、设计企业、设计管理机构对自我"特定社区的成员"身份的确证和社会责任的共担,从这个角度上来说设计行会其实就是民间的"政府",是所有行业成员的代言人。但这个无冕之王并不能完全脱离官方政府的势力范围,起码它需要官方政策的认定,符合官方政策,它才能更好地完成自身的社会责任。美国天主教主教团在致教区内信徒的信中谈到经济公正时说:"缓解贫困者状况的责任,落在社会的所有成员身上。作为个体,每个公民都有义务通过慈善行为和个人奉献来帮助贫困者。但私人的慈善和自愿的行为是不够的。我们要通过政府来协力工作,建立公正且有效的公共政策,来实现我们帮助和扶助贫困者的道义责任。"①设计行会对设计产业的管理其实是政府管理的协同者,名义上说需要"政府来协力工作",但那是极度民主的国家内社会对政府提出的要求,许多的国家仍然是政府高于行会,政府对行会具有各种各样的要求,违背政府意愿的行会可能会面临被迫解散的命运。但美国和中国有一点是一样的,设计行会性组织都希望政府能够"建立公正且有效的公共政策",政策不公正就不会有健康公平的设计行会系统,只要政策公正了,设计行会系统的发展与运营也一定会趋向公正,设计产业本身的发展也会更加顺畅和繁荣。同时,美国与中国又具有本质区别,美国是企业化的买办政府,是资本主义社会生产关系的最高代表,大型企业集团、大型企业联盟组织、大资本家高于政府,政府不过是资本巨头们的傀儡;而中国政府是全体人民选举出来并代表所有人民共同利益的政府,是社会主义社会生产关系的最高典范,所以政府的公信权在中国至高无上。所以,美国是财团的大国战略,中国是全体人民的大国战略;美国是财阀的行会控制政府,中国是政府领导行会。

三、设计企业作为管理者

　　设计企业作为设计产业的管理者是真正意义上设计市场的竞争者、执行者,也是国家设计产业政策直接的掌控或惠及对象。设计企业作为管理者主要就是企业机构或社会组织对内的内部管理,其管理的根本目的是为了机构或组织的良性运转以及持续的获利。企业本身就是一个完整的组织,内部涉及管理内容非常庞杂,大致说来包括原材料的采购管理、企业运转的投融资管理、内部财务管理、

---

　　① 【美】马克・罗伯特・兰克:《国富民穷:美国贫困何以影响我们每个人》(屈腾龙,朱丹.译),重庆.重庆大学出版社,2014年版,第125页。

企业人力资源管理、技术研发管理、设计生产管理、产品营销管理、产品售后服务管理、企业战略管理等。企业作为社会的生产性部门、创造性营利组织，对国家经济的发展起到重大的决定作用，但对本身之外的社会化管理其实极为有限。

设计企业包含：(1)建筑工程施工单位，像建筑设计公司、居住和商用以及生产性居住建筑施工单位、道桥设计和施工单位、水利设计和施工单位、城市纪念性建筑施工单位等；(2)工业产品生产单位，像工业产品设计公司、工业生产制造企业、工业设计研究机构、工业产品实验单位、能源动力及自动化研发机构等；(3)生活用品生产单位，像日用生活品的设计研发机构、服装厂、洗化用品厂、家用品及家居设计和生产企业、电子产品及家电设计和生产企业等；(4)娱乐用品生产单位，如玩具设计生产机构、影视拍摄和制作公司、网游设计和运营公司、舞台美术设计机构、乐器设计生产企业、文化产业公司、书籍报刊出版发行机构等；(5)专项用品生产单位，如体育用品设计生产企业、军事武器装备设计生产企业、医疗器械设计生产企业、残疾人用品设计生产企业等；(6)设计辅助单位，主要包括新闻传媒机构、能源和原材料的采集及粗加工企业、广告宣传机构、互联网设计与运营机构、商业银行、投融资公司、商业产品营销企业(传统的商场、大型超市、网店等)。设计企业大致可以包含这六大类，其中第一到第五大类都属于设计生产性企业，第六大类是为设计生产提供其他类服务和帮助的企业即设计辅助性企业。这六大类企业也是国家最主要的纳税组织，由此可见设计产业几乎在整个社会体系中无处不在、无处可避免。设计生产性企业是实实在在以产品的设计和生产过程为中心的企业，是设计产业中的核心性企业，它们直接决定了一个国家生产制造业的能力和水平，是一个国家物造事业的主要承担者，也是一个国家制造、民族设计品牌得以强大的主力军，更是国家经济命脉的根基，大国战略的主要依托就应当是设计生产包含制造行业。设计辅助性企业的主要产品不是设计制造的物品，而是为设计制造的物品提供各类辅助服务的部类，原材料和能源的提供部门是对自然资源的挖掘和利用，商业服务活动部门是对人脉、资金以及其他社会资源的挖掘和利用。随着自然资源越来越紧张，国家人为运营战略的地位越来越凸显：文化资源、地缘地貌资源、政治影响资源、经济地位资源、国脉关系资源、军事威慑资源、教育资源、人力智慧资源、货币流通政策资源等都在影响着一个国家生产制造业前进的方向和持续的动能。设计企业一直都不是孤立存在的，一直都是一个国家商业氛围和政治体制决策下的社会核心群落，只是今天这一特征表现得更加明显。

谈到企业，大家对企业家的精明能干、为富不仁印象深刻，同时对像欧美西方式的政企勾结颇为反感，其实这也是一个世界性的通病。有学者在谈到东亚的国家腐败时总结出了三大特征:"1. 配有最好的管理人才的精英式官僚机构;2. 独裁式的政体内,官僚们有足够的范围采取主动制定政策;3. 政策制定过程中,政府与大企业密切合作。""按照尼其来什·多拉其亚(Nikhilesh Dholakia)的观点:'这些国家的政府及其企业似乎充满了各种各样的管理幻想家。他们对未来勾画出相关远景,然后一头扎进去去实现这些远景。'"①企业对政府的积极靠拢同样是一种管理策略,更多时候也是企业为了活下去的选择。设计生产性企业是国家经济命脉的立足之基,也是国家制造业大发展和基本劳动者高就业率的重要保障,给它们更多的空间是一个明智国家的选择。特别像中国政府,如果能给予设计生产企业更多的帮助和指导来改变中国企业普遍短命的怪现象,这是利在千秋的无量功德。

在后面第六章"设计产业管理的层级"中我们将对设计产业管理者体系做更进一步的扩展和深入的阐释。政府、设计行会、设计企业就是设计产业正向的三层级管理体系。

第二节　设计产业管理对象体系

设计产业管理主要的管理对象跟设计产业的管理者一样自成一个体系,且同样需要明确化,因为这是设计产业管理理论体系构建第二步需要解答的问题,即管理"谁"的问题。在国家范围内,设计产业管理需要管理设计产业行会、设计企业、全国及重大地区的设计产业布局、所有及重大行业的设计产业规划,其中设计产业行会、设计企业是组织性管理对象,设计产业布局与设计产业规划是活动性管理对象。在行业范围内,设计产业行会需要监管和指导设计企业、本行业或本区域内的设计产业布局和规划,设计企业是组织性管理对象,设计产业布局与设计产业规划是活动性管理对象。在企业范围内,设计师、工程师、技术人员、生产技工是人员性管理对象,财、物、技术、时间、信息是物质性管理对象,设计项目是事件性管理对象。由此可见,设计产业管理的管理对象体系其实也非常庞杂,但这些还都是细枝末节,从大国战略的角度出发来看待设计产业管理的对象,上述对象还都基本属于战术上的考量。如果结合大国战略来确定设计产业管理对象,革新设计生产关系、发展设计生产力、创生设计产业新常态才是设计产业管理真

---

① 【美】菲利普·科特勒:《国家营销》,(俞利军. 译),北京. 华夏出版社,2003 年版,第98页。

正需要全面观照的对象,也就是说,设计生产关系、设计生产力、设计产业新常态才是设计产业管理在大国战略高度上最受关注的管理对象。

一、设计生产关系

关于设计生产关系的问题,实际上就是考察三个核心问题:1. 设计生产资料的所有权;2. 设计生产资料的使用权;3. 设计成果的享用权。

这三个问题要联合考虑,不能有断裂式的分散对待,在具体的设计生产关系中要同时具体考察这三个问题才能得出比较准确的结论。当然这三个问题中也存在一些必然的规律。一般说来,当设计生产资料私有化,那么生产上的剥削关系必然大于设计生产资料公有化的体制。因为没有生产资料的劳动者不得不靠出卖自己的劳力、时间和智慧而得以谋生,劳资之间绝对的公平贸易关系是很难实现的,不能获取剩余价值的资本家只能算慈善家,不可能维系持久的社会生产关系。设计生产资料的使用权与所有权未必完全一致,当使用权与所有权分离得越明显,设计生产关系中的剥削性就越强,这说明所有者不参与劳动,而生产资料的生产使用者却不是资料的所有者,生产使用的目的当然首先是要满足资料所有者的需要,或是让所有者充分享用设计成果,或是让设计成果为所有者带来充足的交换利益,生产使用者不过是资料所有者的打工者而已。生活资料的使用权和所有权分离得越明显,设计生产关系中的剥削性就越微弱,这说明生活资料即设计成果能够普惠更多的民众,而不是集中于生活资料所有者,生产设计成果普惠越广泛自然社会就越趋向公平,整个社会的贫富悬殊就越小。设计成果如果只为设计生产资料所有权服务,而没有所有权的人需要花费很高昂的成本才能换得极少量的设计成果,那么这样的社会体制就必然是充斥剥削的社会。这里也只是对三个核心问题各自的某一个方面分而论之的规律总结,并不是三个核心问题全面而配套的论述,实际情况远比某一种现象复杂得多。但生产资料所有权过于集中就说明社会生产的集权化统治必定强盛、生活资料所有权过于集中就说明社会的贫富悬殊一定会非常明显。

当生活资料所有权过于集中导致了社会贫富悬殊,社会生产关系必然是少数人奴役多数人;当生产资料所有权过于集中却未必全部是剥削性的社会体制,如社会主义初级阶段的生产资料属于所有人民,但人民的称呼过于笼统,于是类似其他社会主义初级阶段国家一样,中国的土地、矿藏等自然资源统统属于国家所有。什么是国家? 这里代替所有人民,但人民对土地、矿藏以及自然资源却又不能据为己有,只有租赁权或使用权,一过租赁或使用期限就自动属于国家所有。毫无疑问这是一种集权形式,但社会主义初级阶段的中国却是希望少数富人能最终带动所有人致富,归根结底是为民服务的社会体制和社会主义生产关系,剥削关系只是短期、局部和偷偷摸摸的。随着过去二十多年对公有制的大力改革,中国的大型国企、中小型国企都纷纷民营化、私有化,中国人民貌似实现了生产资料所有权的简政放权,中国的生产关系也越来越趋向市场主导型的生产关系,一大批富豪纷纷出现,劳资矛盾和贫富悬殊也越来越明显。但国家的"收编"和政府的密切关注其实没有减弱,宏观调控的力量在我国还是非常突出,集体主义公有制的意识形态还很浓烈,只要一个企业主足够富足、足够发达了,政协或人大就会为其腾出一席之位并实实在在扶其上马成为公众视野中的一员,参政、协政仅仅是一个方式手段,目的是要把这些成功人士置于公众的"阳光"下。作为私营、民营企业家,只要你够胆剥削劳动者,随时等着接受国家运动式的"批斗"吧。因为尽管你是私营、民营企业家,但你拥有的大量生产资料都属于国家,起码土地、自然矿藏、天然能源、政策资源、意识形态、金融体系等都属于国家,而不属于任何个人,那么你的创造成果必须充分回报国家。而国家是人民的国家,还财、还政于人民而不是财阀或资本家,这是中国共产党领导下的中国社会主义体制、中国式社会主义生产关系的本质。

这与美国私有财产、私人权利神圣不可侵犯完全不同。美国的土地权和领空权跟着民宅走,买了一套房子就几乎永久性地买下了土地和天空。如果房子不经过转手出售或国家政权没有改朝换代,国家是无权与民谋利的。这种私有财权的至高无上只会导致一种什么情况? 富人更富,穷人更穷,剥削越来越深刻、越来越隐蔽。这得由市场运营规律决定,而基本不受政治掌权者调配。这是典型资本主义的标志,这也决定了中国与美国大国战略的本质和具体表现都会差别较大。

二、设计生产力

设计产业管理的第二个重大的主要管理对象就是设计生产力。

设计生产力包括一切设计生产资料、设计师、设计资金、设计劳动对象等,是一切设计资源的总称,不仅仅只是设计创意力、设计技术人员。马克思曾指出:"劳动资料不仅是人类劳动力发展的测量器,而且是劳动借以进行的社会关系的指示器。"[1]生产力中也包括科学。[2] 正是基于对马克思这一观点的进一步发展与

---

① 【德】马克思等:《马克思恩格斯全集》(23 卷),中共中央马克思恩格斯列宁斯大林著作编译局. 编译,北京. 人民出版社,1972 年版,第 204 页。

② 【德】马克思等:《马克思恩格斯全集》(46 卷),中共中央马克思恩格斯列宁斯大林著作编译局. 编译,北京. 人民出版社,2003 年版,第 211 页。

完善,1988年9月,邓小平同志审时度势提出了"科学技术是第一生产力"的著名论断。后来,经济学家刘德在《财富论》中认为:"生产力是人们创造财富的能力;资本是第一生产力。"这一说法与邓小平的"科学技术是第一生产力"其实并不相矛盾。为什么?因为刘德尊重当下的历史事实,屡屡提出科学技术及其人类的创意力就是最核心的"资本"。由此可见,设计生产力的体系其实也颇为丰富而多彩,凡是能创出财富的资源都应当可以归结为生产力。

当前已经进入"互联网+"的生产局势,以至于坊间有这样的说法:"百度干了广告的事!淘宝干了超市的事!阿里巴巴干了批发市场的事!微博干了媒体的事!微信干了通讯的事!不是外行干掉内行,是趋势干掉规模!先进的取代落后的!"①互联网是一场革命,不仅是科技的革命,也是生活方式和生产形式的革命。互联网可谓是人类最成功的一个颠覆历史的设计生产力。但互联网究竟带给了我们什么?实体商场、街店横尸遍野,血流成河;线下贸易举步维艰、进退两难;传统的名牌制造业遭遇冒牌夹击、生不如死,实体市场大面积流失;线上商业营运泛滥成灾,投机取巧者如鱼得水;老字号品牌世界去势如流、心如刀割,因为网络李鬼们无所不能、无孔不入,产品名号响当当、产品品质水叽叽;互联网造就了一大批时代新秀,也毁掉了一大批历史规模商业的遗承。上述所言就算是略有夸张,但互联网的得失利弊也在推着时代朝这样的终极后果迸发。

记得曾经城市大开发时代,不计其数的历史古迹瞬间灰飞烟灭,大量的文化经典一夜之间消失殆尽,以至于等那些大开发吹鼓手们醒悟过来的时候,不得不靠复建伪造"假古董"来搪塞自己犯下的罪行。举一个例子足以说明这种刻骨铭心:"在建筑界,凡提起铁路站点设计,没有人不晓得济南老火车站(津

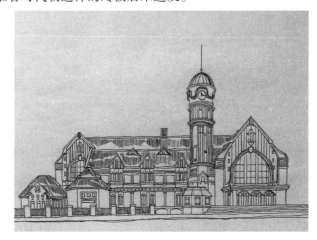

图5-1 济南老火车站:津浦铁路济南站外观图
(成乔明绘)

---

① 《一场新的互联网风暴正在改变一切》,总裁语录(微信号:zcyulu),2015年12月2日。

浦铁路济南站)(见图 5－1),曾是亚洲最大的火车站,还曾登上清华、同济大学建筑类教科书的范例。战后西德出版的《远东旅行》将它列为远东第一站,是我国一处享誉世界的著名地标。它是一座典型的德式车站建筑,德国著名建筑师赫尔曼·费舍尔设计,始建于 1908 年,1912 年全部完工并投入使用。1990 年济南铁路局开始着手新站建设设计方案(仅仅是因为不能满足客流量增加的使用压力),并致函济南市政府和山东省政府,请示关于济南站钟楼的去留问题,两级政府都答复说钟楼不再保留。1991 年 4 月,铁道部正式批复同意拆除老火车站。1992 年 7 月 1 日,在市民和学者的强烈反对下,济南市和铁路部门仍落实了老车站拆除方案。时隔 21 年终于后悔了,2013 年济南市政府宣布,将原汁原味地复建老火车站。对这样一件"文化盛事",一位不愿透露姓名的建筑教授却给出的评价是:"一蠢再蠢,一蠢是当初的拆,再蠢是现在的建。"①同样的道理,互联网仅仅是一个科技手段,充其量也仅是一种科技文化,绝不是人类文化内容的全部,甚至也无法代替人类遗传千百年的老牌商业文化。

如果把互联网仅仅当成一个现代工具来为人类的千年技艺、百年老字号服务值得拍手称赞,但利用互联网来满足不法不仁不义的快速营利、自我私欲并瓦解掉人类千百年来的手艺设计印迹、历史文化记忆、商业文化品牌,那就罪恶莫大如斯。关于设计生产力的深入探讨,我们将在后面第八章展开。

三、设计产业新常态

构建设计产业新常态同样是设计产业管理最重要的管理对象。

历史一刻不停留地在向前进,挡也挡不住。新常态也是一个动态前进的过程,下一刻跟上一刻比就是新的,新可能是进步,也可能出现倒退。但倒退还能称为"新"吗?哪怕在形态上倒退为一种旧,但在时间纬度上,它也算是新生者,称其为"新"是因为时间上的"晚"。所以,"新常态"一词妙就妙在"常态"二字上。

把新留一留是可以做到的,也符合事物发展规律,那就是阶段性的过程无法跳过也无法回避。人类的前进并非总是日新月异,有的过程还比较漫长,就像从资本主义进步到共产主义绝不是一朝一夕、十年百年的事。漫长过程蕴含着缓慢进步,多数表现出趋于平缓和均衡,这样的时候就显现为一种常态。人类的前行张弛有度、快慢有序。今天的设计产业应当是一种什么样的新常态呢? 笔者以为今天的设计产业新常态呈现出一种科技＋商业的新常态。

----

① 《21 年后,这帮人孙子终于后悔拆掉济南老火车站》,朝闻(微信号:zhaowen2333),2016 年 1 月 6 日。

面临貌似快速发展的高科技,其实人类有犹豫、有徘徊、有担忧,当然也有兴奋。高科技反文明的方面就在于人类面对过往深沉历史的去还是留是个痛苦的抉择过程。高科技冲击了手工时代,高科技冲击了人们的视听体验习惯,高科技冲击了传统的设计法则,高科技令人应接不暇甚至开始迷失自我的存在,高科技带来的腐败和罪恶令人难以适应,高科技使人类进入邻门而居却可能老死不相往来的状态,高科技使人的知识更新不断老化却无能为力,高科技带来便利的同时也让人类变得身心俱疲,高科技让人类交往趋向数字化的冷漠。高科技不应当是人类唯一的存在,但高科技却又是一种极度亢奋的生产力。

今天的设计产业新常态还是一种商业化的新常态,就是设计、创新、生产都要以市场的营利程度和营利规模作为最有效的考量标杆。一个再伟大的创新哪怕在百年后能改变全世界,但如果在今天的市场上无法获利,也会被各种忽悠和各种商业宣传淹没掉,这样的创新不能算是成功的创新。设计中的致用性原则已经盖过文化与审美性,成为检验设计成就的不二法则。设计师貌似受到空前的尊重,其实其创意的功能可能正在遭遇弱化,因为有钱、有权、有错综复杂的人脉关系的雇主正控制着当前社会前进的节奏和形式。"中国经济呈现出新常态,从高速增长转为中高速增长,经济结构优化升级,从要素驱动、投资驱动转向创新驱动。提质增效是新常态的本质。新常态的指向是国民生活质量提高,老百姓的'获得感'提升,就业稳、价格稳、民生保障更完善。"①这种说法实际上是一种生活致用性的表述,遣词造句显得理想高远且无懈可击,可问题的关键是创新是另一回事。科学探索、学术研究、科技发明、意识形态、设计文化上的创新都是纯粹的事业,离市场评判标准、离社会平均理解尺度相去越远越好。这种纯粹不带有明确的生活或生存目标。人类从兴趣入手,在高于当前社会的认知度上展开,在未知世界的某些终端上收手,才能产生真正有价值的创新。试图用解决世俗问题的心态去应对一切工作,本身就已经降低了人类的创造力、抑制了人类的潜力。如今为了管理范畴和管理时效内的绩效或营利而蛊惑人们一窝蜂地去申报项目、争取课题、创造话题、抢夺有限资源,是败坏人类自由创造、自我创新口味、兴趣和规律的管理,这样的管理又如何能创造出真正的价值呢? 当前的科研机构、院校、公司、地方政府都在挖空心思地组织群众去搞创新、做科研,这只能算是急功近利的劣质管理。

设计产业管理应当让设计创造者沉静下来,隐藏起贪欲之念、释放出天真的本性,进入自由创新的状态。政府和社会应该提供更多、更宽裕的自由空间与生

---

① 《透过两会热词看到"中国信心"(解码会内会外)》,人民网 2015 年 3 月 9 日。

活条件让投身智力活动、科研活动的人们进入慢设计(参见第八章第四节)的状态,如此中国的设计创新成果一定会有爆发之日。这才是习近平总书记提出"新常态"的本来之义:"中国发展仍处于重要战略机遇期,我们要增强信心,从当前中国经济发展的阶段性特征出发,适应新常态,保持战略上的平常心态。"①什么叫"保持战略上的平常心态"? 这是习书记讲话中的点睛之语、神会之意,就是要抓住机遇、审时度势、适应新常态,然后不畏不惧、不急不躁、按部就班、稳中求胜。设计产业不是房地产业,用房地产开发的心态来进行设计产业建设是冒进、是浮躁、是鼓吹与忽悠、是无意义的价值泡沫。美国近二十年来的大国形象就是靠房地产业、金融产业的价值泡沫在维系的,价值泡沫的破灭之时也就是美国霸主地位大溃败之日。科技发展、设计发展、互联网+的发展是一种战略,是一个缓慢且需要深度挖掘、高度累加的长线事业。没有低调沉浸下去的积累,绝不会产生真正的、深远的价值,这一点,任正非带领的"华为帝国"给我们树立了一个榜样。华为不仅是中国研发企业的标杆,更是中国制造产业的高峰:数十年如一日地稳步跋涉,用工匠精神打造手机精品,而且立志永不上市。华为最贴近中国大国战略的气质,且已成为中国大国战略进程中的一个闪亮的事迹。

第三节　设计产业管理内容体系

上一节我们谈的是管理谁的问题,即上一节是将管理对象人格化,那么这一节实际上是管理谁的什么的问题,是物格化的事件。例如我们管理人,那么人是对象,但管理人的什么,管理人的思想、智慧、行动、处世、做事、做人等。人是一种对象,思想、智慧、行动、处世、做事、做人也是一种对象,前者是人格化的对象,后者就是物格化或事件性的对象。物格化和事件性的对象其实也是一种内容,所以本节命名为内容体系。设计产业管理的内容概括说来包含五大类,产业政策、产业教育、生产、流通、消费,这中间涉及制度、知识、技术、原材料、机器、厂房、资金、广告宣传、交通运输、市场贸易、购买行为、产品使用等,这些就构成我们这里的内容体系。其中,产业政策、产业教育等也属于管理手段。

一、设计产业政策

设计产业政策往往由政府职能部门制定,政府实际上就是政策管理部类。如

---

① 《习近平首次系统阐述"新常态"》,新华网 2014 年 11 月 9 日。

中央政府的全国性政策、地方政府的区域性政策,政策制定单位的行政级别越高,政策的覆盖面和管辖范畴、管理效力就越大。政策在内容上大致可以分为设计产业的规划政策、产业结构调整政策、产业管理部门权限政策、市场运营政策、投融资政策、产业标准的制定政策、地区性产业布局政策、对外产业交流政策等;政策在形式上大致可以以法律法规、行政管理、税收调节、经济杠杆、宣传教育、首长命令等形式加以监管执行;政策在功能上只是起宏观指导、全面把控、大局调配的作用;政策在目标上是提供一种指导方针、行动指南、奖惩依据;政策的制定往往采取政府召集、政策制定部门组织、专家主持、社会论证的方式进行。越民主的社会,民众参与政策制定的深度和广度就越深广。而在集权制社会,政府包办政策的现象就越明显。政策一般不参与具体的设计产业执行,但为设计产业具体的执行提供了参照的标准和行事的大方案。政策在管辖范围内往往是最权威的管理指令,具有法定性、政治性、普众性、阶级性和不可替代性,但超出其管辖范围之外又立即会失去法效性。有人把政策与法律分开来对立看待,说是国家管理的两种不同方法手段,这样做在行政管理的细分法中有一定的道理:政策往往是政府行政权力部门专用的管理手段,而法律是立法和司法机构专用的国家管理手段;但把政策与法律整合起来视为同一类管理方式手段也完全可以,因为政策与法律都是统治阶级治理国家的方式方法,且行政权力部门和立法、司法机构都应当是代表人民的利益在维护国家机器的运转,其机构属性和政治级别、社会功能是一致的,起码在中国就是如此,所以在管理学中政策和法律完全可以合二为一。这里的政策就是包含法律的大政策。

在设计行会管理和设计企业内部管理中也存在所谓的政策管理,这里的政策管理是指行会行政管理部门、企业行政管理部门对所辖范畴内公布的管理策略和行动指南,其实往往也是行会或企业最高领导层对整个设计行业、设计企业和设计组织所做的最高的行政指令。对于设计企业来说,一般的设计政策包含以下几个方面:1. 产品设计开发的品类和品质档次;2. 设计产品选取的行业标准和产品参数的对照系;3. 设计生产的工艺流程和生产程序;4. 设计开发和生产的融资政策;5. 设计原材料的级别与来源;6. 设计生产的合作方资质和其他附加条件;7. 设计产品的市场营销策略和市场竞争规格;8. 设计产品的服务战略和品牌体系构建等。其中,1、2和3是设计产品的宏观政策;4、5和6是设计生产的辅助性社会资源的选取政策;7、8是设计产品的市场性推广政策。这些整个行业或企业的指导性政策直接决定了设计师设计行为、设计工作流程、设计生产品质、设计市场的定位,总之,设计产业政策是全局性的宏观性指示,对于设计具体的执行工作意义非凡。

二、设计产业教育

设计产业教育实际属于大国战略中的交叉性内容,是商业战略、造物战略、教育战略的交叉。设计产业教育包含学校教育、传媒机构的教育、设计企业的教育、社会培训教育等。学校教育主要是针对适龄青少年学生进行的教育,传媒机构的教育包含对一切传媒受众进行的教育,设计企业的教育包含对企业员工、企业工程师以及企业设计师、企业管理者的教育,社会培训包含学校的成人教育、工作室及作坊师傅对学徒的教育、实习生接受的实习教育、一切培训机构组织的社会性教育等。设计产业教育体系是社会传播普及设计产业政策、设计市场现况、设计商品风尚、设计消费状况、设计基础知识、产业管理知识、设计时尚活动等内容的重要方式手段。设计产业及设计管理方面的知识可以安排在设计学的范畴内,也可以安排在经济管理、市场营销学的范畴内,试图将受教育者全部变成设计产业管理专家不现实,但让普罗大众增加一些设计产业方面的专业知识,从而使社会的设计产业氛围变得更加浓郁、参与者更加多元一些却是可以做到且义不容辞。一个国家设计产业管理水平究竟会有多高,取决于整个社会对设计创意、设计从业人员的熟悉度、关注度和尊重度,而设计产业管理水平的高低又直接决定设计产品的营利能力和引领社会文化时尚的能力。

在设计产业新常态下,社会传媒、互联网、通信设备的教育覆盖面和传播能力最强大,像家庭有线电视、互联网、通信设备几乎在人们生活中无孔不入、无时不在。这些新兴传媒技术为人们接触各式各样的新知识、新信息提供了最为便捷的方式方法,甚至几乎已经成为现代人一种全新的生存方式和生活习惯。学校教育完全也可以借助这些新兴媒介进行知识的传播,其中对设计产业管理的知识,笔者以为应该列为设计类研究生、MBA、MPA、EMBA、经济管理类研究生的必修课,而对于设计学、管理学的本科生来说,开设设计产业管理方面的选修课一定可以增加这些学生适应社会的能力和拓宽他们的就业面,因为这是一个"大众创业、万众创新"的社会,创意力一定会成为未来社会最强劲的生产力,创新力一定首先会从物质创造逐步开始走向新一轮的精神哲学世界的改头换面。

设计产业教育并不同于基础理论知识的教育,其经验性、实战性、操作性的要求很高,类似于MBA的招生,必须招收在职管理者进校学习,设计产业教育的研究生阶段招生也完全可以走MBA的途径,完全可以针对资深设计师、资深设计管理者、资深工程技术人员进行招生,又类似于高校工程硕士的招生和培养。这种教育切不可把应试作为衡量标准,更不应当以结课考试的成绩作为教育的目的,而应当以社会的实战性、实业的参与性、创意的普及性、国家的战略性作为长远的目标。即设计产业教育应当把提升社会对设计的热爱、对设计产业的关注、对设计创意的崇敬、对设计成果的尊重作为己任,营造一个懂得向优秀设计师和优秀设计创意致敬的社会氛围,这样的社会才会真正实现"万众创新"和大国战略。设计产业教育应当重视潜性教育,脱离传统的学校灌输式、填鸭式的应试教育是其首要的要求。大型品牌用大制作的广告在现代传媒特别是互联网上进行滚动式、轰炸式的播放与呈现,然后又通过受众群中的"纯净水"(大型品牌方)和"自来水"(传媒受众者)进行尽可能的放大并实现强大的口碑效应,这就是一种社会化的潜性教育。设计产业管理应该要吃透这种传媒效应并转化为生产力。

与学校潜性教育的现状相比,社会潜性教育的状况要活跃得多,而社会潜性教育资源异常丰富、潜行教育过程清晰完善、潜性教育效果相对显著是其表现出来的三大主要现状。其实,社会才是潜性教育行为最主要的平台和场所,社会潜性教育本就是潜性教育最重要的主体。社会并非为教育而存在,在社会中所发生的绝大多数事件并非为了教育别人,它有多种多样的目的和动机,在社会性目的和动机的推动下,社会实践几乎就是自发或自觉演化的。商人的经商是为了赚钱,军人的坚强是为了保家卫国,农民的种地是为了收成,社交的礼仪是为了创造和谐的人际关系,政治家的谋术是为了获得权力,艺术家的创作是为了抒发感情或呈现审美对象,运动员的拼搏是为了展现自身的身体素质和能力;自然的山水是生物世界规律性变化的结果,人造景观更多的情况下也是为了表现人类的创造力。这一切与教育有关,但绝不是为教育而生,唯有教师职业才会终生以教育别人为己任。这也是说社会实施的教育是无为之教、自然之教、实践之教、体验之教,即潜性教育。[①] 把学校里的设计类学生、设计管理类学生送到公司、送进工厂、送到设计生产和设计贸易第一线的做法,也就是让在校生接受社会大熔炉的冶炼、接受社会大学的潜性教育。

三、设计生产

设计生产是设计产业管理内容体系中商业活动的第一步,也是生产的主要板块。今天的设计生产主要是两大部类:设计创意、产品制造。创意主要是技术、工艺、产品外观的研发和设置,制造主要是工业化、信息化、工程化的实物性实现即将概念转变成实体。设计创意的本质更多的是一种研发活动,带有研究性质的智慧创造,设计创意往往不被看作生产活动,传统的生产包含手工艺、工程项目修建、工业机器的机械化生产、自动化与信息控制化机器的生产,其中厂房内流水线

---

① 成乔明,李云涛:《潜性教育论》,光明日报出版社,2012年版,第97-98页。

作业的重复性人机动作、工程工地上的群体性劳动是人们印象中最深刻的生产。其实设计创意、生产方案的设计、科学创新、学术研究也是生产，是一种精神性生产。今天的体力性、重复性、劳动密集型生产地位已经一去不复还，脑力性、科学创造、学术研究、独创性的生产地位越来越得到社会的重视，也正爆发出越来越明显的社会和经济价值。事实上，今天推动社会呈系数级进步的生产是科学创造和设计创意，简单体力、劳动密集型生产的人力成本虽然也在水涨船高不断上升，但已经掉落到社会基层且难以诞生效率和品质双丰收的成就。

《经济学人》称中国的一家企业是"欧美跨国公司的灾难"，《时代》杂志称这家企业是"所有电信产业巨头最危险竞争对手"。爱立信全球总裁卫翰思（Hans Vestberg）对这家企业评价说："它是我们最尊敬的敌人。"思科首席执行官钱伯斯（John Chembers）在回答《华尔街日报》提问的时候说："25年前我就知道我们最强的对手一定来自中国。"这些话都在形容一家神秘的中国企业，它就是华为。如果没有华为，西伯利亚的居民就收不到信号，非洲乞力马扎罗火山的登山客无法找人求救。就连你到巴黎、伦敦、悉尼等地，一下飞机接通的信号，背后都是华为的基地在提供服务。8千米以上喜马拉雅山的珠峰，零下40℃的北极、南极以及穷苦的非洲大地，都见得到华为的足迹。它是一家百分之百的民营企业，《财富》世界500强企业中唯一一家没上市的公司。① 一家中国民营企业在电信通信行业高手林立的世界市场上何以能够战胜那么多的世界级巨擘而独步全球？靠的当然是原创性的技术创新。华为拥有3万项专利技术，其中有4成是国际标准组织或欧美国家的专利。《经济学人》指出，华为已是电信领域的知识产权龙头企业。放眼世界500强企业，9成的中国企业是靠原物料、中国内需市场等优势挤入排行，但华为，却是靠技术创新能力，以及海外市场经营绩效获得今天的地位。② 同样，一种全新的建筑建设方式也在日本以及其他欧美国家悄然兴起，这些以前看似无法想象的生产创意很可能就是人类的未来现实。日本人造房子的流程跟我们国内不太一样，他们的工地上没有那么多工人，更多的工作是在标准化的工厂里完成，再运到工地里，像搭积木似的进行拼装。从生产线上下来的楼梯，带着钢筋，预留好了相应的插孔，只要运到工地搭起来就行。甚至墙砖、地砖都可以在工厂里预先铺贴好，这样，从工厂里出来的墙体就直接带着墙砖了。为了防止扬尘，施

① 《一家没上市的中国公司，为何让全世界都感到害怕？》，世界晋商网（微信号：sjjswwjl）2016年1月31日。
② 《一家没上市的中国公司，为何让全世界都感到害怕？》，世界晋商网（微信号：sjjswwjl）2016年1月31日。

工时每往上搭一层,就包装一层。日本人的建筑施工十分追求效率,线路铺设到第四层时,第一层的精装修就进场施工了。卫浴间也是整体安装,所有的弯头、双通、三通管,都采用透明的塑料材质。这样做的好处是,一旦发现管道堵塞,一眼就能看清,给检修带来极大的便利。日本人是直接用胶水固定线路。在日本有"一胶走天下"的说法,因为人家的胶水有保密配方,功能特别强大。据说,我们绿城的工程人员想拿一桶胶水回来,日方的接待人员说:"送你们一桶可以,只是海关不会让你们带出境。"①日本修建十到数十层的高楼也是这种搭积木式的建造方式。这种建筑修建法经济实惠、绿色环保、便捷高效,难处就是一切件和配件都必须在工厂内预先生产完成,对主配件的前期设计技术、各类参数规格、衔接标准、质量品格要求都非常高。建筑和室内外装修以及种种环境工程项目的修建,海洋性岛国在新型材料、拆分组合、便捷环保、防震防火的研发方面普遍超过大陆性或内陆性国家,如日本、丹麦、瑞典、挪威、德国、英国等就代表了全世界自由组装型建筑的最高水准。当然,这是由它们特殊的地理位置和创造性性格决定的。

设计产业管理就是要把握全球性的技术发展趋势和发展前沿,促进本国设计生产的发展,用高品质的产品、技术和工艺来构建本国的设计品牌、本国的工业制造,并确立本国制造的世界性地位。顺便补充一点,商业上的管理创新、科技上的发明创新、学术上的研究创新都不能真正代替

图 5 - 2　电影《雪国列车》剧照(成乔明绘)

一个国家基础性的生产活动。笔者以为基础性的生产活动包括农业生产、能源和矿藏的保护性开采、手工业生产、教育生产、畜牧养殖生产等。大家都去玩科技发明、学术研究,那么谁来种田呢?没人种田那么人类未来吃什么、喝什么呢?靠转基因食品?且不说转基因食品能不能吃,就算能吃,难道转基因食品就不需要人种植生产吗?美国、韩国合拍的电影《雪国列车》(Snow Piercer/설국열차)(见

① 《参观了日本建筑工地,被震撼到了》,搜狐公众平台,http://mt.sohu.com/20160118/n434884630.shtml.

图5-2)中在列车上培植的粮食、蔬菜、鱼虾仍然是需要体力劳动者付出辛勤劳动生产出来的。而高科技研发、学术研究、智慧性生产仍然应当是一部分活动,它们与基础性生产应该形成社会生产的两个极端,两端同等重要,两端应该受到同样的对待,不能偏废任何一端。

四、设计流通

设计流通是设计产业管理内容体系中商业活动的第二个步骤,包括物质商品的运输性流通,也包括设计商业广告和设计商品信息的传播性流通。当前,随着网络商务的飞速发展、网店贸易的快速扩张,远程商务往来活动日益频繁,店家从网上发货给买家、买家从线上支付货币给店家,于是线下物质商品的运输量以乘方级的速度进行增长,全国快递公司林立,全国快递货品每天都有不计其数的总量在流通。下表是2015年10月期间,全国各城市快递发送累计总量的排名榜。

表5-1 2015年10月全国快递业务量前50位城市排名

排名	城市	快递业务量累计 (万件)	排名	城市	快递业务量累计 (万件)
1	广州市	149193.4	26	济南市	12995.0
2	上海市	130344.1	27	青岛市	12727.7
3	北京市	109967.9	28	石家庄市	12462.8
4	深圳市	107207.5	29	西安市	11971.1
5	杭州市	90736.9	30	厦门市	11557.9
6	义乌市	71498.6	31	绍兴市	11395.9
7	东莞市	57254.7	32	中山市	11242.8
8	苏州市	42201.6	33	常州市	9081.4
9	南京市	37891.0	34	南通市	8977.7
10	成都市	28852.4	35	湖州市	8869.0
11	武汉市	28070.8	36	汕头市	8544.8
12	泉州市	28279.6	37	沈阳市	8536.1
13	温州市	22777.3	38	南昌市	8115.1
14	德州市	22695.5	39	保定市	7686.4
15	宁波市	22632.1	40	揭阳市	7376.0
16	台州市	22175.7	41	廊坊市	7255.7

排名	城市	快递业务量累计（万件）	排名	城市	快递业务量累计（万件）
17	宿迁市	21468.0	42	哈尔滨市	6986.9
18	无锡市	19802.0	43	惠州市	6817.2
19	天津市	19652.5	44	锦州市	6812.2
20	嘉兴市	17046.4	45	扬州市	6284.0
21	重庆市	15812.7	46	太原市	6243.2
22	佛山市	15000.7	47	昆明市	5948.1
20	合肥市	14421.0	48	莆田市	5904.8
24	长沙市	13943.4	49	临沂市	5348.0
25	福州市	13357.0	50	大庆市	5055.6

（数据资料出自：http://www.askci.com/news/data/2015/11/13/15937rds7.shtml）

2015 年还是中国快递业发展的里程碑之年,因为这一年全国流通的快递总件数突破 200 亿件。一年 200 亿件快递的概念,相当于每天处理 5479 万个包裹。而在 5 年前,全行业认为每天能处理 1000 万个包裹就实属不易,而且在 2013 年全国快递业务量也才 92 亿件,短短两年内翻番有余。这一数字使得中国不但坐稳了全球第一大快递国的位子,更将第二名美国市场远远抛在身后。① 诚如国家外汇储备总量、GDP 等指标一样,物流总量的第一身份再次旁证了中国经济发展具有的强大潜力。

但设计产业管理要懂得拒绝这样那样的第一,做个第二、第三或者第十、第十一可能更好,因为徒有虚名的第一远不如第三、第四更优秀。设计商品一旦量产之后,那么其市场的销量和市场覆盖率将成为检验该商品得失成败的重要指数。为了获取销量和市场覆盖率的第一,笔者相信今天中国在商业营销上所下的功夫也一定是全球第一。但这仅限于非原创性、非主导性知识产权的设计发明和设计生产,这方面的发明和生产本国似乎不是强项。对于生活性日用品和大众化消费品如服装、化妆品、家居用品等在国内无疑是网络销售量最大的商品,而昂贵的奢侈品、高价商品的网络化成交量恐怕又会严重不足,这说明中国目前的物流市场仍然是由生活日用品与大众消费品支撑的,高档品、奢侈品、稀缺商品在互联网上

---

① 《2015 年全国快递业务量将达到破纪录的 200 亿件》,第 1 物流网,http://www.cn156.com/article-61827-1.html.

成交的比率非常低,原因是中国电商、物流的诚信度不高,物流服务平台的优势不足,高端消费者对电商、物流还存在较严重的疑惑心理,特别对网络货品的来源与品质尚不如实体商场一样有保障。而网店销售的日用商品、大众消费品因监管和惩罚机制的不足,的确假货泛滥且消费者已经习以为常,那为什么还要去买假货呢?在使用功能打折不明显的情况下,价格便宜、购买方便、收货快捷就是王道。互联网商务、物流产业在中国过快发展的代价就是一而再降格了普罗大众的消费品位、再而三促进了富人们在境外对奢侈品穷凶极恶掠夺式的消费丑态。保持一下传统的消费模式、尊重一下传统的生活方式,放慢一下社会前进的速度和节奏,对于具有深厚文化、厚重历史底蕴的文明古国来说未必是坏事。让喜欢快餐文化的国家和民族任性地新潮去,让醉心流行时尚文化的民族和国家不停地变化去。可今天的实际情况似乎相反。中国物流速度和总量的提升是以牺牲物流的服务品质、对货品的贴心关怀、对客户的由衷尊重为代价,这样的第一是真正的第一吗?这一情况也同样体现在中国设计商业广告和设计商品信息的传播上,要谈中国特色的社会主义,这样的观照同样不可避而弃之。

五、设计消费

设计消费是设计产业管理内容体系中商业活动的第三个步骤,设计产业管理不但要管理设计消费(主要参见本书第七章第四节内容),同样也包含了设计消费者对设计产业的逆向管理。设计产业管理不仅仅是推进设计商品的生产和营销,同样也应该关心设计消费者、尊重设计消费者,并给出对设计消费最善良且科学、合理的建议与指导。事实上,中国目前设计产业的发展有点急功近利,也表现出极大的粗放性和低性价比。换句话说,我国的设计费、劳动力成本、原材料价格、设计产品价格跟国际化咬得很紧,但在质量和服务上却相差了好几个等级。

每天都有文化遗迹、古建筑在全国各地因种种原因特别是所谓城市化进程的理由而被推倒。2009年6月27日,上海一栋竣工未交付使用的高层住宅整体倒覆,爆发出上海"脆脆楼"事件震惊全国。2015年12月26日,黑龙江省齐齐哈尔市富裕县一座大桥坍塌。自2012年8月24日哈尔滨阳明滩大桥断裂事故以来,此类桥梁倒塌事件就没有中断过。家装过程中装修方使用劣质材料的投诉举不胜举;城市绿化过程中因管理不善导致的花木枯死现象比比皆是;城市化推进过程中强拆事件已经成为普遍的社会现象;城市道路反反复复挖了修、修了挖的景象令人不得其解。大量侵占农田的现代化建设给农民们造成了不可估量的经济损失和精神伤害;一味现代化、雷同化的城市建筑使城市失去了个性和地区文化特色,也使城市逐渐走向庸俗化、平凡化。现代工业化的进程造成了自然环境的极度恶化,现代文明带来的污染触目惊心;现代商业的高速泛滥把城市地下掏空,使巨大的城市坐落在中空化的地面上。追新猎奇的设计思想充斥设计界,新奇不够死不休的设计理念让人本主义的设计传统走上了一条不归路。这些都是大国战略中的不和谐音。

今天设计产业的发展培育出了渴望高品位生活却又沉溺于低水平重复享受的设计消费。设计消费者随着消费能力、收入水平的略微提高,一方面渴望能够享受到更高品位的生活,另一方面是设计生产的极度不给力或无节操的抄袭、复制让生活中充斥各种各样低品质的山寨品,吃的、喝的、住的、穿的、用的莫不如是,这使得设计消费者无力反抗、无力选择。这种两难境地随着假以时日的通货膨胀、物价飞涨,加速了设计消费者对低品质、低价位山寨世界的依赖和沉迷。设计消费者开始在自我麻痹中幻想着生活品位的步步提升。这就是中国式的大众消费处境。归根结底,是一味追求物质巨大繁荣、发展速度极快、表面异常风光的管理理念在作祟。步子大了、速度快了就一定会摔跤,也可能会扯着蛋。今天的设计产业管理已经到了该慢一慢、冷一冷、沉一沉的地步了。别把"丰功伟绩"式的市场利润、管理绩效看得这么重,竭泽而渔的做法最后只能换来火中取栗的阵痛。保住我们悠久的文脉,探究我们古人的智慧,留住我们民族的精髓,中国发展仍须从中国的根本上出发并嫁接先进的创造,才能建立真正的、社会主义中国特色的设计产业和文化产业。多关心和尊重一下别人如设计消费者,中国式的设计创意、科技发明才能真正突飞猛进,建立民族品牌,实现大国梦想。正所谓:"人必自尊而人尊之,人必尊人而人尊之"。

第四节　设计产业管理行为体系

设计产业的管理者、管理谁、管理什么的问题搞清楚之后,我们需要谈一谈怎么管理的问题。怎么管理实际上就涉及管理行为体系。设计产业属于文化产业的一部分或主体部分,因为设计即物造最终会成为文化的传承载体世世代代传承下来,文化史很大一部分就是设计史,哪怕文化再空洞、再玄虚。但具有了设计物件的遗承,我们对文化就有了确证的根据,就有了靠实的根脉,就有了把握得住、理解得透、承袭得了的观照对象。人类文化的代表主要就是设计物造文化,即使文字上的记载在视觉上缺失,也别忘了文字印刷技艺也是一种设计文化。设计产业管理行为切不可仅仅局限于当前,更不能专注于创新而丢弃历史,一切文化包括设计文化都是建立在过往历史之上的突破和创新。从这个意义上说,设计产业管理行为应该包含时间轴上的继承行为、过渡行为、交流行为、创新行为。

一、设计的继承行为

设计产业首先需要关注历史,向历史学习,在历史中吸取营养,从发展对象、行事法则、管理行为等统统要向历史请教,没有历史根脉的创新很容易滑入无中生有、存而不立的境地。大国战略的第一条法则就是要正视历史、尊重历史、依托历史,对历史延续也罢、超越也罢或者推翻重建未来,但绝不能无视和歪曲历史,历史就是现在乃至未来的根脉。

例如,我们在第三章第五节中提到"物勒工名"的做法,这种做法其实就是现代商标意识、品牌战略最早的表现:"据说早在春秋时已有了'物勒工名'的制度,《吕氏春秋》载:'物勒工名,以考其诚。工有不当,必行其罪,以穷其情。'当时的兵工厂,都要求工匠在所造兵器上勒刻名字,作为对兵器质量的担保。如宋真宗时,由于对'天雄军修城不谨,战棚圮'事故负有责任,一个叫贾继勋的官员被开除公职,流放汝州;另外两名官员被削职,发配许州、滑州服役……在宋代,'物勒工名'传统已经演化成'商标'形态。"①这段文字寓意实在深刻。春秋战国时期就已有"物勒工名"的做法,今天的山寨版产品可能都无处可查、三无产品满天飞,钱到手就跑路反而成为很正常的市场行为。数千年前的古人就制定了"工有不当,必行其罪,以穷其情"的制度,关键是"必行其罪,以穷其情"。反观今人,对违规苟营之徒倒是宽容大方得多,各种装修、各种设计生产行为中的偷工减料甚至都够不上违法,有良心的施工方仅仅也就是做些经济上的赔偿一私而百了。"景德三年(1006)六月,由于'今日京中廨宇营造频多,匠人因缘为奸利,其频有完葺,以故全不用心,未久复以损坏',宋真宗下诏申明一道法令:'自今明行条约,凡有兴作,皆须用功尽料。仍令随处志其修葺年月、使臣工匠姓名,委省司覆验。'"②什么意思?仅仅是因为工程项目增多、工匠们唯利是图,皇上就要专门下一道专用法令来制止这种营私舞弊的行为,关键是不仅仅追究工匠的责任,连带使臣一起查办。什么叫"使臣"?也就是今天的政府审批或职能管理部门的头头。这真是人心不古。今天多数媒体曝光的"豆腐渣"工程都很难知晓最终的处理结果,不知是不是媒体没有连续跟踪报道还是根本就无法查处,要么就是相关要害部门压下了查办结果的通报。总之,民间的知情权总得不到充分的伸张。

无论是设计产业管理还是设计技艺的传承,我们今天都需要下一番苦功,要

---

① 《宋人是如何防范"豆腐渣"工程的?(下)》,2016年1月1日《南京日报》,第A2版。
② 《宋人是如何防范"豆腐渣"工程的?(下)》,2016年1月1日《南京日报》,第A2版。

不然就要将祖宗的法宝全丢光了,那样做不说忘宗灭祖的大道理,单说在技艺的表现上,今人与古人也相差了一大截。中国古代木作的卯榫结构如今已经被铆钉与木胶所代替。今天的家具用不了多久就会裂缝、变形甚至垮塌,而我生活的农村所见祖上传承下来的木质卯榫家具数百年都结实稳固如初。今天在市场上找一个补碗匠、修缸匠、高水平的磨刀磨剪师傅都很困难,凡是家中坏了的物件犹豫再三只得统统摔掉。不是说我们有钱了、经济水平高了,只能说传统的设计生产、手工技艺真的在快速丧失甚至灭绝,就算能找到这样的老师傅,我们也根本不知该支付多少费用才能对得起这些高超的传统手艺。机绣花、电烧瓷、计算机高仿古画,说句心里话,也只是提升了工作效率、增强了社会产能,如果说在水平和品质上比人工制作有所提高,那真是自说自话、脸老皮厚,活该只能成为大路货卖不出好价格。中国的传统工艺、传统曲艺、传统建筑、传统家具、民间传说等都是人类瑰宝,再不珍惜就是无法挽回了。当外国人开始纷纷到中国展开寻"宝"之旅,甚至好莱坞的花木兰、孙悟空、功夫熊猫都已经成为他国品牌杀回故土的时候,我们作为中国人又如何可以如此冷淡了我们的传家宝呢? 一个不懂得继承的民族是没有前途的民族,一个不懂得继承的国家是一个不攻自破的国家。设计产业管理无论在哪个方面都首先应该学会继承,然后才能谈创新。

什么叫继承? 就是延续古制发展创新。不创新的继承不叫继承,叫守旧。我们可以用图5-3来说明传统设计、传统文化继承的实现路径。

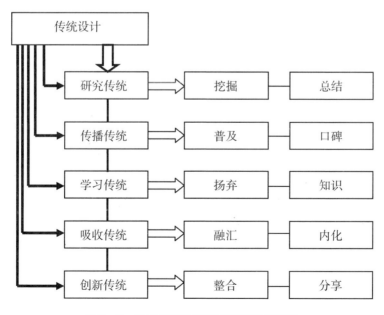

图5-3 设计传统的继承实现路径示意图

传统的继承大致分为五大步骤：研究、传播、学习、吸收、创新。其中，研究就是要对传统进行全方位的挖掘、客观的描述和结论总结；传播就是对结论进行广泛的普及、客观的描述并形成社会口碑；学习就是对结论总结和普及的信息进行主观化、价值性的分析和选择，去其糟粕、取其精华并形成相对科学的知识；吸收就是将自身特点与传统知识进行融汇从而内化为自己较稳固的设计观、科学观和知识体系；创新显然就是对多方的知识体系和传统知识体系进行整合打通、优势互补后形成全新的概念形象并做出分享。

二、设计的过渡行为

在中国设计、中国制造尚不能比肩设计强国、制造强国的时候，中国实际是处于追赶或寻求自我的路上。这种追赶和寻求最好的方式就是模仿。从建筑设计到城市规划、从电子产品到影视制作、从旅游开发到网络贸易、从设计教育到设计管理、从传统保护到时尚生活，中国都在全面模仿欧美等国家，在传统利用和当代模仿都没有到位的时候，正是中国设计与设计产业管理的过渡时期。设计的过渡行为也可以称为经典前行为，不稳定和矛盾重重是过渡行为的主要特征。而设计的过渡行为在历史上多次发生，就像美国建国初期对英国的模仿、古代日本对汉唐中国的模仿一样。

设计的过渡行为就是从传统行为向未来行为过渡的一种行为。传统行为是相对稳定且维系了很长一段时间的行为，未来行为是尚未发生但未来会趋向稳定且能够维系很长一段时间的行为。在过渡行为期间，设计产业方面会发生种种混杂的紊乱现象。所谓的多元化生产、多元化营销、多元化消费，从反面视角来看，不过是社会紊乱现象的一种混杂表现，而违法违规行为在这一时间段内也是最活跃且伤害力最大的行为。"一年半内非法吸收资金 500 多亿元，受害投资人遍布全国 31 个省市区……1 月 14 日，备受关注的'e 租宝'平台的 21 名涉案人员被北京检察机关批准逮捕。其中，'e 租宝'平台实际控制人、钰诚集团董事会执行局主席丁宁，涉嫌集资诈骗、非法吸收公众存款、非法持有枪支罪及其他犯罪。此外，与此案相关的一批犯罪嫌疑人也被各地检察机关批准逮捕。""'e 租宝'就是一个彻头彻尾的庞氏骗局。"在看守所，昔日的钰城国际控股集团总裁张敏说，"对于'e 租宝'占用投资人的资金的事，公司高管都很清楚……"①像这种网络投资、网络理财、网络金融和贸易商的骗局还少吗？随着"互联网＋"政策思路的推进，

①　《"e 租宝"一年半非法集资 500 多亿元》，2016 年 2 月 1 日《南京日报》，第 A8 版。

"互联网+"的法律法规、监管机制并没有及时跟上,那么结果就是钻法律空子、行高科技骗局的行为还会泛滥下去。我们完全可以做一个社会调查:醉心于手机网络、互联网理财的人民大众有多少人真正知道自己砸进网络的血汗钱去向如何、营利情况如何、结局会是如何?

2015年11月12日,2015年全国工商系统网络传销监测查处工作座谈会在重庆召开。会议分析了WV梦幻之旅、云在指尖、商务商会、中绿资本运作等网络传销案件定性及查处的有关问题。以上四家微商被认定为网络传销。另外,国内73个"资金盘"全是骗局,其中:自由国际,跑路;RMB日息2%,原云游跑路,操盘手重起炉灶已经圈钱100多万,居然改制度;众汇八天息160%,跑路;国内的MMM缴费70元圈钱过亿,转移国外;CMB日息10%,跑路;辛顿,已经关网;石油币,英国的盘子,两个月前崩盘了,全部失联;华强币,联通4G,没几天就消失了;宝利恒远,对接国际系统,网站关闭,市场动乱;聚宝,忽悠了百亿蒸发了。① 这样的案例数不胜数,其中,众多国外的忽悠商在中国都圈钱成功并很快失踪,国内的草台班子也靠低劣的手段如承诺高利息而骗得广大投资者们心花怒放随后急速坠落悬崖。为什么这些人间的骗子们能够轻松玩消失?其实就是薄利多销的结果,每个散户少则50~100元、多则5000~10000元加持入市,个体的损失就这么大,但报案麻烦、提供证据辛苦、联合广大受害者艰难,于是受骗人只得打掉牙齿往肚里咽、自认倒霉,等大事爆发,骗子们早就逃之夭夭。靠投资者的自觉性避免上当受骗,并不现实。没有火眼金睛又贪欲焚心,不正是凡夫俗子的基本特征吗?互联网投资、互联网金融贸易的入市审查、运营监控机制、行业标准、退出制度究竟在哪里?难道这些不正是国家设计技术、产业管理政策、市场运营法律法规应该负起的责任吗?中国在高科技现代化的进程上貌似走得太快,许多产业化、商业性实践行为已经超越了西方的发起国,许多的社会化服务功能、管理行为还没有真正跟上,急功近利正是中国设计产业化过渡时期最明显的表现。

只有掌握了核心技术的设计才会逐渐趋向成熟并进入下一个阶段的创新,没有掌握核心技术的设计和设计产业总是处于不断的试错之中,设计的过渡行为实际就是一种试错的行为。当然,模仿是最好的老师,但是仅仅局限于表面的模仿、仅仅是出于快速营利的模仿是非常粗浅的模仿,不会诞生新的自己,要懂得深入探究本质,追求核心技术的学习、研究与超越。例如华为、三星手机是做得很棒,但跟苹果手机的真正差距在哪里?为什么苹果iOS系统那么强大,怎么使用,速

① 《工商总局认定这四家微商为传销,国内73个资金盘全是骗局》,举报中心(微信号:jubaozhongxin110)2016年1月4日。

度也不会明显变慢而且系统很稳定？为什么 Android 系统尽管市场占有量位居世界第一，但使用过程中的速度会越来越慢且经常出现卡机现象？为什么号称和苹果手机相同像素的其他手机拍出来的照片就不如苹果手机清晰且色泽自然？向公众公布的数据是一回事，实际效果无法解释或不予解释又是另一回事，说到底还是技术研发上的差距。模仿者常常可以轻松地模仿到先进产品的外观，却无法真正达到先进产品的内在品质和技术级别。在原创技术、自由工艺还没有达到支撑一个民族设计产业的时候，就必然会处于一个痛苦挣扎的设计过渡阶段。美国是新经济、新技术的领军者，但 2015 年美国决定放慢前进的脚步，它也遭遇到了自己的瓶颈，放慢脚步是为了应对未来的"过渡期"。"据 CNNMoney 报道，在假期期间，美国经济踩了刹车。在全球经济增长减速中，美国工厂遭受重创。根据摩根士丹利发布的数据，制造业在美国经济中占据 10% 的份额。本月初，美国供应管理协会公布的数据显示，美国 12 月 ISM 非制造业指数 55.3，为 2014 年 3 月以来新低，创下连续 6 个月的下滑。强劲的美元，让美国制造的商品在海外市场变得更加昂贵，打压了全球市场对美国制造商品的需求。新兴市场经济增长的减速，也不利于美国制造业的回暖。"①显然美国经济踩刹车是智慧之举。反观中国，自 2014 年 8 月至 2015 年 12 月，国家统计局公布的制造业采购经理指数 PMI 的数值徘徊在荣枯分水线(50)上下，高不过 51，低时跌至 49.7。这表明国家制造业水平吃紧、内需相对疲软，作为引导性经济支柱，这说明中国经济现状令人担忧。如果说我们想通过推动性经济部类如旅游产业、服务产业来代替引导性经济支柱如设计产业、制造产业，基本是属于盲目乐观、自我安慰。

三、设计的交流行为

设计的国际化、世界化实际上就是一种设计的交流行为。所谓的国际化、世界化不是一味地跟国际接轨，而应当是平等交流、客观评析、互换短长。世界经济的严冬就要到来，此时世界经济的持续进步应该是竞争中的分享与共担，唯有互相学习、广泛吸收、联合创新才有可能让人类共同的经济度过寒冬、迎来暖春。

中国的互联网贸易、银行卡和信用卡业务、财团信贷等各种社会放借贷行为的高速发展，在我们看来，与国家的各项政策紧密相连，其中电子与信息技术以及貌似崛起的中产阶级为这些新兴商业活动提供了充分的基础和条件。事实上，大量所谓现代化的贸易、放借贷和商业活动，是不是真正能够拉动内需、是不是真正能够帮助中国度过经济危机？如果我们好好考察一下西方发达国家曾经走过的

---

① 米娜:《这些迹象表明美国经济走向错误方向》，腾讯财经 2016 年 1 月 31 日。

路,这个问题的答案足以令我们大跌眼镜。因为中国未来最快垮掉或垮得更为彻底的阶层正是国家极力培植却尚未顶立起来的中产阶级。美国已经告诉了我们这样的教训:"美国的现实情况是,维持中产阶级地位的成本在不断提高。中产阶级居住的社区几乎没有优秀的公立学校,而且房价飞涨,抵押贷款的利率达到了创纪录的高度。此外,医疗费用和大学学费的上涨远远超过了通货膨胀的增长,中产阶级的境况相当窘迫。家庭的收入可能在不断提高,但可自行支配的收入下降了。这种状况意味着,危机一旦来临将不会有任何缓冲。在典型中产阶级家庭中,母亲是已经就业的人,所以,她不能另找一份工作挣应急的收入。全家人为了在最差的学区买一处最便宜的住房,已经倾尽了全力。目前,中产阶级家庭的经济状况已经相当紧张,一旦遭遇失业、离婚或疾病,他们就会破产。"[1]这段引文似乎不是在说美国,因为跟当前国内的情况极为相似。引文描述的现象发生在20多年前,即1994年之前;而10年前,即2004年至2005年期间,美国爆发了破产热潮:"典型的破产申请者是中产阶级的白人户主,他们有孩子,也有全职工作。将近一半的破产申请者是有家有室的人。他们的教育程度稍高于普通民众。几乎所有申请破产的人都遭遇了灾难性的变故,例如失业、离婚或严重的疾病,等等(当然,在患有严重疾病的人中,有四分之三的人在发病前就购买了医疗保险)。破产者中人数增加最快的是上了年纪的人,他们的医疗保险不足以支付他们不断增加的医疗费用。但紧跟其后的,是20多岁的年轻人,他们的学生贷款已经达到了创纪录的高度。"[2]中产阶级的破产热潮几乎动摇了全美的社会根基,因为中产阶级是社会主流。这也严重动摇了全美公民对国家的信心和信任。目前中国的银行放贷政策倾向于大学教师、国家公务员、企事业单位的高管,中国五花八门的商务活动和产品营销也青睐这三类人员,因为社会普遍认为从这三类人身上能榨取到更丰厚的市场回报。这三类人也最有可能成为中国未来的中产阶级。

　　真正有钱有权的人可以选择最好的学区、可以轻松得到舒适的居住环境,他们的孩子可以上最好的公立学校,也可以上最昂贵的私立学校,或者干脆送孩子直接出国留学,因为他们有能力支付国外高昂的学费和生活费。农村人口以及进城务工的农民工、城市内的普通工薪阶层、下岗人员以及社会上失去劳动能力的人口,境况本来就较艰难,他们安于现状、他们并无太多渴求,他们不刷信用卡、他

---

① 【美】马克·佩恩,E.金尼·扎莱纳:《小趋势:决定未来大变革的潜藏力量》(刘庸安、贺和风、周艳辉. 译),北京. 中央编译出版社,2008年版,第237页。

② 【美】马克·佩恩,E.金尼·扎莱纳:《小趋势:决定未来大变革的潜藏力量》(刘庸安,贺和风,周艳辉. 译),北京. 中央编译出版社,2008年版,第236页。

们不背债购买学区房、他们不借贷购买二套或三套房,他们顶多随大流等着拆迁来改善一下居住和生活环境。他们也不强求孩子出人头地,孩子能有一技之长、长大能养活自己他们就很欣慰,于是再大的经济动荡于他们并不形成根本的危害。而负债累累的中产阶级,特别是那些从农村到城里上大学、上研究生之后靠自己打拼而稳定下来的白领阶层因各种负债很可能就成为经济动荡最大的受害者,这些人又恰恰是先进知识、社会文化、现代文明最主要的推动者。美国的历史和遭遇正成为我们未来的国情,这一切预测与断言在两种文化、两种制度的交流中一目了然、毋庸置疑。

设计交流从大的方面说存在三向式交流,与古人交流、与他国交流、与自然交流。研究、学习古人的设计文化、设计精神与设计遗存,关键是要对古人的造物记载进行深刻的解读与实验,如果实验结果吻合那么就可以确信所记载内容的准确性,如果实验结果不吻合就要深入研究和分析,找出差距,或许能从中得出新的结论并造福人类。就像 2015 年诺贝尔生理学或医学奖得主屠呦呦(见图 5 - 4)从

图 5 - 4 屠呦呦肖像(成乔明绘)

传统中医学"青蒿能抗疟"的描述中研究中草药青蒿并没有发现这种植物具备抗疟效果,后经多年深入的研究却发现另一种中草药黄花蒿具有抗疟效果,从而提炼出了抗疟药物青蒿素($C15H22O5$),并拯救了撒哈拉以南非洲百万疟疾患者的生命。对古代设计的发扬和创新就是一种今人与古人的交流。尊重他国设计的成果,同样也应当尊重他国设计的失败。例如,不能因为美国的宇宙飞船发生过爆炸事件或苏联的宇宙飞船发生过坠毁事件,我们就要否定这两个国家在航天技术上的领衔地位,更不能耻笑这些意外事故的发生,而应当首先向人类错失成功的努力行为致敬,随后认真研究和反思,以免自己犯同样的错误。尊重别人、认真交流、勤学好问、谦虚多思正是成就自己智慧的前提。这一点上,法兰西人表现得很出色:"人们从来就谴责法兰西人轻浮;既好虚荣,又爱讨好。但是,由于努力讨好,他们就使它成了社会教养上的极度文雅,并正因此而使自己以一种出色的方式超越了自然人的粗野的自私自利;因为社会教养恰好在于超越自己本身,不是忘记那个必须与之打交道的他人,而是注重他人,并对他人表示友好。法兰西人,不论他们是政治家、艺术家或学者,在他们的一切行动和工作中都表现出对于个

别人和公众的最尊敬的关注……法兰西人理智的尖锐性表现在他们口头上和文字上表达的清楚和确定上。他们的语言从属于极其严格的规则,是和他们思想的准确无误的秩序和简明扼要相适应的。因此法兰西人就成为政治上和法律上表达的典范。"①法兰西人首先"注重他人",而且又善于"表示友好",然后自然表达能力很擅长、社交智慧出色,从而成为"政治上和法律上的典范"。可我们今天与国际的设计交流常常表现出窃人成果却又"毁人不倦"的怪圈,实在是要不得的表现。不谦虚不谨慎是国与国设计交流之大忌。关于设计交流中的人与自然的交流,我不想多说什么,人与自然的关系问题大家讨论得已经很多,以

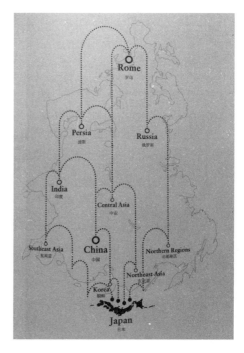

图5－5 从亚洲的顶端看世界示意图
（转引自原研哉《设计中的设计》一书）

后还会讨论下去。在这里我只想推介日本设计学家原研哉(Kenya Hara)先生在《设计中的设计》中引用《如何阅读世界地图》的一个理念:"从亚洲的顶端看世界"(见图5－5)——如将欧亚大陆调转90度,将其当作一种弹珠游戏的平台来看,所有的珠子都会通过罗马,经过世界上的种种地方,最后聚集到底部,即日本列岛所在的位置。日本下面是一望无际的太平洋。可以想见,日本就这样收到了来自全球文化的影响。②

从图5－3中我们看到日本设计界、文化界的气魄与胆识:无论大海给了我们多少惊涛骇浪、狂风暴雨,我们都能扬帆起航、应时而作、化逆为顺,与天地共和、与日月同光。这正是设计与自然交流的积极态度。

四、设计的创新行为

在图5－3中我们可以看到,传统设计继承的最后一个步骤或者说继承的目

---

① 【德】黑格尔:《精神哲学——哲学全书·第三部分》(杨祖陶．译),北京．人民出版社,2006年版,第66－67页。
② 【日】原研哉:《设计中的设计(全本)》(纪江红．译),桂林,广西师范大学出版社,2010年版,第305页。

的就是设计的创新。创新就是一种创造行为,一切的继承都是为了创新,不创新的继承是守旧、是一种固守的记忆而已。记忆可能给人带来动力,但记忆也会使人陷入故步自封、抱残守缺。我们先放一句暂时不论的引文在这儿:"在同一人的心中同时或紧接着发生的一些观念,很容易照它们原来的顺序彼此相互唤起,其确实性是和它们发生的在一起的频繁的程度成正比的。"①

我们看待世界的时候,首先映入眼帘的是视觉形象,如刷满红漆的院墙、铺满草皮的山包包、一片水域四周的芦苇花、贴在门板上的对联和福字、瘦长高挑的梅瓶、回字形或卷云形木窗格、和服与木屐等,当这些视觉设计形象映入眼帘之后,我们内心自然而然就会联想到一些其他事物,有些事物相当接近,有些事物可能隔得较远。同一个文化圈层的人面对同一个设计形象会趋向接近的联想延伸,不同文化圈层的人面对同一个设计形象也可能会产生差别万里的联想。普通人看到上述形象可能会产生这样的联想:刷满红漆的院墙——京城里皇宫的院墙,铺满草皮的山包包——内蒙古的大草原,一片水域四周的芦苇花——沙家浜,贴在门板上的对联和福字——农历春节,瘦长高挑的梅瓶——中国古代穿旗袍的苗条少女,回字形或卷云形木窗格——中国风或中国园林,和服与木屐——日本人或日本国;另外一些人可能会产生这样的联想:刷满红漆的院墙——院墙刷成红色是什么意思呢,为什么不刷成蓝色? 铺满草皮的山包包——这里不会是一个高尔夫球场吧? 一片水域四周的芦苇花——这个原生态的水域建一个画舫怎么样? 贴在门板上的对联和福字——这是什么字体,字写得好不好? 瘦长高挑的梅瓶——插上一枝梅或插上一朵菊花哪个更有味? 回字形或卷云形木窗格——外面修一个假山怎么样? 和服与木屐——配上一把武士刀或一把手工竹制绢伞不是更棒吗? 普通人产生了相近对照式联想;另外一些人产生了发展改造型联想。显然这里的另外一些人没有停留在视觉本身上,而是进行了发散式的创造,那么我们大致可以判定,这里的另外一些人创造力更进一步,或许他们本身就是设计师或开发商。这里的联想其实都是"同时或紧接着发生的一些观念",这些观念不需要做太多的刺激就会产生,因为在他们日常的生活或工作中,他们心中就有比较固定的范式,即心中有预存的"原来的顺序",视觉与心念"彼此相互唤起"就会产生一些新的想法。新的想法对于主人来说常常是"确实性"的,这种确实性来自于主人们工作和生活以及思考内容联结在一起的"频繁的程度",程度越紧密就越容易产生确实性。设计思维的奥妙就在于一种视觉和思维的"确实性"。这就是

---

① 【德】赫尔曼·艾宾浩斯:《记忆》(曹日昌. 译),北京. 北京大学出版社,2014 年版,第109 页。

上面的引文想跟我们传递的信息。

设计的创造行为就是对原有视觉形象或视觉世界进行的更进一步的改造,改造可以是一种完善也可能是一种全新的创造。如看到原生态水域的芦苇花就想到置入一座画舫会如何。上述普通人与另外一些人的想法不一样不是人跟人的差别,实际上是生活原型、生活积累与生活常态造成的结果,而设计创造不是更多地局限于原型和常态,更多的是取决于生活积累以及对积累的融通。守旧的积累只会让人产生抱残守缺的记忆,融通才是设计师宝贵的创意力之源泉。所谓融通实际上就是对各种记忆全面而多样的整合与变通,创意力归根结底是记忆的整合力与变通力。设计创造自然在于对传统的变化,但要避免无中生有,更要杜绝自以为是的所谓首创、独创。只有对历史继承越透彻,创新才能越有根有据、有理有节,除了所谓现代科技的跳跃性革命,许多设计技术其实千百年来都未曾有真正意义上的推翻,因为设计必须守道。如今天的建筑内装修常常把需要水平运行的水管铺设在地板或地砖下,如果水管像电线那样在墙上、天花板上随意经过,一旦水管爆裂则室内就会变成瀑布了。把水管铺在地板下不是今人独创,早在中国西周时期就是这么干的:"西周时期在台基的夯土中挖槽,铺埋陶水管,再将夯土填平,形成了建筑的排水功能。"①而今天在修建城墙和农村修建民宅小楼的时候还会涉及屋基夯土流程,特别在墙基修筑之前一定要挖土夯平,以实现建筑地下部分的稳固与坚实,这个工序源自中国古人的"夯土版筑":"如陕西凤翔雍城遗址,是秦国最早的城池。东西长约3300米,南北长约3200米,是采用夯土版筑技术的方式,构筑时先处理地基,将地面挖出凹槽,夯土坚实,然后版筑。这种方法在后来的筑墙过程中一直延续使用,只是将木板换成了木棍,用圆木代替木板,使夯土受力均匀。如秦国咸阳城,在遗址中发现平夯和窝夯的痕迹。窝夯是用木棍用力戳实,保证城墙的坚固结实。"②设计之道不会随着时代的推移而轻易发生改变,但像工业代替农业、机器代替手工、信息控制技术代替机器、生物模拟和生物影像技术代替信息控制技术的进化就是人类在设计上所发生的革命性创新。当然,设计革命性创新行为亦有道可循,那就是以人的实际需求为依据,换句话说,一切的设计创新都应当为人服务,即使人类的需求也在发生着飞速发展,但人对设计的创造性主体价值和享用性主体功能是轻易不会改变的。

继承传统是为了新的创造,设计的创造要与设计的继承一脉相延,同时,纵向上的继承又要与横向上的交流紧密结合。他山之石,可以攻玉,关键是要学会将

①　赵农:《中国艺术设计史》,西安.陕西人民美术出版社,2004年版,第58页。
②　赵农:《中国艺术设计史》,西安.陕西人民美术出版社,2004年版,第77页。

各类设计要素进行整合与变通。人类前进的步伐就是不断地创造,创造固然是求新,但更伟大和持久的创造是历史温情脉脉的传递和发展,在传递中自信、在发展中潇洒、在进退有度中守望。

第六章

设计产业管理的层级

设计产业管理有好几个层级，什么叫管理层级？就是管理的档位和高度，包含权职和责任的大小差别等，权职和责任越大的管理显然层级就越高，反之，管理的层级将逐渐降低。设计产业管理的权职和责任包含管理者法定身份的高低、管理空间范围的大小、管理时间和程序的长短、所管设计行业的多寡、管理目标对社会整体影响程度的深浅、管理结果公信力和权威性的广狭等，总之一句话，设计产业管理不同层次的管理者其方方面面的管理表现都差异明显、个性确凿且对大国战略的用途也不尽相同，设计产业管理的层级性由此也表现突出、泾渭分明。在讨论本章内容时，我们分别论述了政府、设计行会、设计企业对设计产业进行管理的不同特征和具体表现，从而让三者在保留差异性的前提下强调彼此间的有机协作，为我国创造设计产业发展的协同管理模式理顺了求同存异的理论根基。为什么要确立全社会的协同管理模式？因为大国战略不仅仅是政府战略，更不仅仅指的是政府对国民的管理，大国战略是全国全民族以及所有国民的发展方向，国家兴亡，匹夫有责。

第一节　政府的决策与组织

政府对设计产业的管理是设计产业管理的最高层级，当然，政府对设计产业的管理也是最宏观、最系统、最具战略性的，是一种高度提炼、高度概括、高度把控的管理。

政府对设计产业的管理概括起来说，就是两大主要的管理权：决策、组织。

决策是政府对设计产业发展最重要的权力。用军队来举例，高层决策权属于后方的总部或后方总司令部。部队赴前线之前，后方总指挥官或总司令要向作战最高指挥官下达国家高层的指示，如多长时间拿下战争、多大程度获得胜利、己方的损失要控制在多大范围内、给敌人要构成什么样的致命打击等。这种指示可能是后方总司令部制定的目标,也可能是国家军委或国家最高统帅做出的决定,这种决定就是一种总决策。部队开到前线之后,前线指挥部每天都要向后方总司令部汇报每天的战况,总司令部再根据战况数据来制定下一步的军事决策和作战指示。一个设计企业与之对比来说,企业的投资人、董事长或总裁一般来说也只是给整个企业制定和发布决策,这种决策可能是详细的,更多时候却是模糊的、富有弹性的。设计企业的决策对企业高层来说往往是针对整个公司发展的总目标、大方向,具体的步骤和细节以及产品的设计与营销事项仍需要中、基层和各个职能部门在理解了决策的基础上自己设定、自我完成。企业的最高指挥机构如董事会、董事长、CEO 加总经办的集合体就相当于设计企业里的政府,即所谓的首脑部门或全局的指挥部类。

本节中所说的组织是动词,是一个对各种资源调配整合的动作,而不是等同于机构、部门、单位的集体性名词。当然,我们也可以将本节中的组织理解为组织权。为什么说组织权也是政府最重要的权力呢?因为政府是人民的代表、是人民的代言机构,社会治理权由此基本都由政府代表人民而掌控。中央政府就代表了全国性的治理权,省市级政府就代表了该省该市的治理权;村委会当然也是权力机构,是一个村内治理该村最高的权力机构。从公权力上来说,权力最大的效用就是能在法定范围内调动所掌握的一切资源,既然是法定,那么一切资源就几乎是无条件地接受公权力的调配。正是因为政府在所辖区内掌握着最高的公权力,所以它才能在本区域内调动一切有效资源来完成一些大型设计项目,这就是组织权——对各种资源合目的性的调配权。

如江苏省 2008 年下半年通车的苏通大桥(见图 6-1)因为是由交通部规划的黑龙江嘉荫至福建南平国家重点干线公路跨越长江的重要通道,同时又是江苏省公路主骨架网——赣榆至吴江高速公路的重要组成部分,所以这座大桥的建设具有无比重要的战略意义。大家试想一下

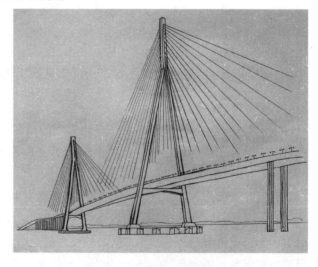

图 6-1 苏通大桥形制图

武汉长江大桥的建造当时多么引人注目,在中央政府的出面联系下,苏联政府甚至派出了专家组来到中国参与设计和主持修建武汉长江大桥,毛泽东主席甚至写下"一桥飞架南北,天堑变通途"的名句。显然苏通大桥的建设也必须得由政府出面全面沟通和协调才能获得超越性的成就。2008年6月,苏通大桥正式通车时,其工程设计和制造与世界同类型桥梁相比所获得的成就令世界瞩目:斜拉桥主孔跨度1088米,世界第一;主塔高度306米,世界第一;斜拉索的长度580米,世界第一;群桩基础平面尺寸113.75米×48.1米,世界第一;专用航道桥采用140+268+140=548米的T形钢构梁桥,为世界第二。科技部原部长徐冠华院士赞誉:"以苏通大桥为代表的中国桥梁建设是我国自主创新的一面旗帜。"苏通大桥的总设计师是中国著名的桥梁设计专家张喜刚,同时,张喜刚也是中交公路规划设计院有限公司的领军式设计师,而中交公路规划设计院有限公司更是国务院国资委直属的世界500强企业中排名第224位的大型央企。尽管张喜刚在被委以重任时还不足40岁,他带领的科研设计团队的平均年龄也只有30岁,但他们不畏艰难花8年时间攻克了苏通大桥面临的一个又一个技术难题。苏通大桥的建设单位在国内也是交通、桥梁建设方面最富有经验的顶尖级施工单位:北主桥下部结构是由中交第二航务工程局有限公司施工;南主桥下部结构由中交第二公路工程局有限公司施工;北引桥全部由中交第二航务工程局有限公司施工;南辅桥由中铁大桥局集团有限公司施工;南引桥全部由中交第二公路工程局有限公司施工;斜拉桥上部结构全部由中交第二航务工程局有限公司施工。江苏省交通厅、南通市政府完成了苏通大桥预可行性研究;国家交通部完成大桥预可行性研究行业评审;国家计委批准了苏通大桥项目建议书;通过招标,中交公路规划设计院有限公司、江苏省交通规划设计院和同济大学组成的联合体中标承担跨江大桥初步设计;丹麦科威(COWI)咨询公司、中铁大桥勘测设计院、日本长大株式会社对设计进行了咨询审查;中国国际工程咨询公司通过苏通大桥工程可行性研究报告并上报国家发展计划委员会审批;国家工商行政管理总局核准苏通大桥项目公司名称为江苏苏通大桥有限责任公司;江苏省政府任命苏通大桥有限责任公司和苏通大桥建设指挥部领导;江苏省苏通大桥有限责任公司在江苏省工商局正式登记注册;国家计委批复苏通大桥工程可行性研究报告;国家环保总局以"国环评审[2003]67号"文批复了《苏通大桥项目建设环境影响评价报告书》;国家发展和改革委员会批复同意苏通大桥控制工程先行开工建设;国际桥梁会议(IBC)向苏通大桥颁发乔治·理查德森奖;2008年北京奥运会圣火在新落成的苏通大桥上完成交接。

从苏通大桥的建设中我们可以看出,一项伟大的工程需要涉及的环节和部门可能多得数不过来。上述案例还没有谈到苏通大桥64.5亿元的投资组合情况、两岸原住居民的拆迁情况。

规模和影响是全国级甚至世界级的工程项目,不但要由中央政府审批,有时候甚至必须得由中央政府对工程项目做决策。大型工程项目不能出丝毫的差错,重大级工程项目甚至受到全世界的瞩目,成与败都会对本国的设计项目管理水平、工程技术研究和实践水平、中央政府的面子、国家的形象产生迥然不同的影响。所以中央政府的权力职能部门以及地方性政府一定都会通力合作组织好大型路道、桥梁修建的各项资源。有时候,中央政府的权力职能部门也会垂直地将资源特别是地方性资源的组织工作委派给省一级的下属机构去完成,这些资源而且是国内最优异的资源在国家性项目中、在政府衔接的召引下很容易就会走到一起,具体的工程设计项目的设计与建造将由政府信任的各方力量来具体承担并最终完成。也许有人会把指挥权也作为政府对设计产业的基本权力,不可否认政府当然具有指挥权,但政府的指挥权也只是宏观的、行政管理能力内的指挥权,对于具体的设计、施工、项目运营以及规避风险的指挥权毫无疑问主要还是归属于设计施工单位的权力范畴,因为在设计施工上,他们才是真正的技术专家。政府永远只能属于全社会各类资源最佳也最有效的调配者。

任何一类设计产业、设计项目、设计工程的运营大致都是相类似的过程。

政府对设计产业的决策与组织工作一般有五种手段:法律手段、行政手段、经济手段、奖惩手段、教育手段。

法律是以文本的形式发布的行为准则和行为规范,法律是建立在社会共识基础之上的最高行动纲领。在设计产业实践过程中,任何违反法律的行为都无条件地必须受到法律的制裁。如偷工减料、贪污受贿、玩忽职守、以次充好、偷税漏税、侵犯版权、强买强卖等行为都属于设计产业运营中常见的违法行为。法律的监管、审定与执行单位由专业的司法机构如公检法来承担。

行政手段是政府常常使用的管理手段。细化一点来看,行政手段不同于法律手段,它不是建立在条文章程而是依托行政权力和政治位置的一种管理手段。如上级的命令、行政长官的威信和级别、上一级部门对下一级部门的指挥权、行政部门发布的红头文件以及规章制度等都属于行政手段。行政手段的基础可以是法定的,如国务院对于中央各部委具有的领导权,行政手段也可以是系统内约定俗成的某种规范,行政手段还可能是领导人自身表现出来的领导行为。所谓在其位谋其职,这句话本身没错,许多领导人最终成为独裁者仅仅是因为"位"与"职"之间权衡之度的破坏使然。当然,行政手段主要的基础还是行政系统内部的组织纪律与等级地位,是法定的组织纪律、是法定的等级地位,或者也可以说就是行政法。

经济手段也是政府常用的管理手段。金钱的奖励是经济手段,金钱的罚款也是经济手段,税费的征收与返还等都属于经济手段。在设计产业全面发展的初期,各地政府为了发展本地区的设计产业,对于相应的设计企业和设计项目还会配以一定额度的经费与免息或减息的贷款优惠,这种类似于扶持资金的支持政策也属于经济手段。在市场上购买手机时我们常常会遇到所谓的"合约机",即该手机与某些通信网络运营商捆绑在一起连带销售。合约机常常要求必须同时选用指定通信网络和通信服务,然后手机就以远远低于市场价的价格成交,有时候甚至手机免费赠送,只要消费者选用了指定网络运营商的指定服务并预先存入被要求的费用。世界上绝大多数国家的通信网络都受本国政府的控制和监管,无论什么品牌的手机,哪怕像国际级的苹果手机,要想进入一些国家的市场,对不起,都必须遵守本国的市场游戏,像捆绑式销售,否则你的手机根本入不了该国、该市场的通信网。手机商的损失谁来承担,当然是由核准销售国政府责成该国通信网络机构进行支付。免费送机实际上暗含着政府默许的商业运营和行业性的经济管理手段,真正受惠的是本国通信运营商。

奖惩手段除了经济上的奖惩,还有职务、权力、权限、配套政策、资源供给等方面的奖惩。对于设计产业发展中的佼佼者才能获得奖励,而对于设计产业发展中不但没有贡献还有危害的人和事通常会采取惩罚效力。如优秀的工艺美术人才可以评定其为工艺美术大师称号,如优秀的建筑设计师可以被推荐获得工程院院士的席位等,都属于奖惩手段中的奖,而对于在权责范围内发生重大工程事故的设计项目经理也可以被撤职或被判刑,这就是罚。

教育手段在公务行政体系中主要通过党的领导系统来执行。任何一级政府机构都有相应的党的领导系统。中国共产党在政府、学校、企业等机构中的功能就是思想政治工作的主要承担者。思想工作、政治工作、路线工作是总方针,不能偏,更不能错。党组织的学习、党组织的核查、党组织的宣传就是教育,而且是国家公务人员、国家企事业单位工作人员必须接受的最主要的教育。除了党的领导系统,政府也可以通过其他方式对所管辖的人和事进行教育,如树典型、集体会议、个别谈话、参观学习等。

当然,用法律和制度管理设计产业才是最重要、最根本,也最值得依赖的内容,不仅仅是将设计企业列为受监管的对象,更要将政府的官僚主义、好大喜功、贪污腐败、滥用职权、渎职和不作为统统置于法律和制度的监管之下。将政府权力锁进法律和制度的笼子,这样的社会才不会因为政府的任性、政府的面子工程和形象工程情结而受到剧烈的伤害。政府对设计产业进行管理前首先应该对自身进行全面的净化式的清除和限定,清除对违规违纪习以为常的念头、清除官僚主义的作风、清除不懂装懂和屁股决定脑袋的官场习气、清除与民争利和贪得无厌的昏官思想、清除政府公务员队伍中的害群之马、特别对那些高高在上的腐官一定要彻底消灭。政府关键是要对自己的权力进行限定,政府的一切权力都应当置于阳光下、法治下,只要是公开合法的公权力、只要是合法公开的决策与组织行为都一定是能经得起考验的行政权,也一定是能获得绝大多数群众支持的行政权。

第二节　设计行会的参谋与指导

中国古时候就有设计行会,今天常被称为设计协会。本书中的行会和协会是一回事,两词也是互用关系。

叶继红先生对行会和协会有过这样的考证:"行会制度是随着封建社会内部商品经济的发展而产生,同时也是商品生产不充分,市场狭小,社会分工不发达的产物。一般认为,行会组织产生于隋唐时代,称为'行',宋元至明初称为'团行',由明中叶至清代以来又称'会馆'和'公所'。在封建社会,各市镇的手工业者为阻止外来手工业者的竞争和限制本地手工业相互之间的竞争,凡属同行或手艺相近的都组织成各种行会。小商品生产者对竞争的恐惧,是行会产生的根源……据调查,明清时期的苏州工商业行会大约162个,其中公馆40所,公所122所,属于手工业范畴的有80多家。所属行业包括刺绣在内有丝织、印染、造纸、冶炼、木器、漆作、钟表、眼镜等几十种。"①"如果说行会是封建时代的产物,那么如今的行业协会则是新时代的产物。行业协会是随着市场经济的发展而成长起来的社会经济团体,是同行业企业为维护它们共同利益而自愿结成的社会团体。社会团体是一个特定的概念,是指以协会、学会等命名的,由一定数量的自然人、法人或其他社会组织,依照法律,遵守一定的宗旨,自愿持续结成的,从事社会公共事业,不以营利为目的的民间社会组织。作为一种社会团体,行业协会最主要的任务是服务企业,维护企业利益。"②设计协会其实就是服务于本地区或本行业的设计企

---

① 叶继红:《传统技艺与文化再生——对苏州镇湖绣女及刺绣活动的社会学考察》,北京．群言出版社,2005年版,第209页。
② 叶继红:《传统技艺与文化再生——对苏州镇湖绣女及刺绣活动的社会学考察》,北京．群言出版社,2005年版,第217页。

业、维护本地区或本行业设计企业利益的民间社会组织。

中国目前的设计类协会数量众多,这些协会在各自的设计行业、区域性设计产业发展中发挥着重要的作用。例如有中国礼仪用品工业协会、中国验房师管理协会、中国流行色协会、中国电子视像行业协会、中国金属材料流通协会不锈钢分会、中国菱镁行业协会、中国医药工程设计协会、全国工商联纸业商会、中国复合材料工业协会、中国建筑材料联合会、中国机械工业联合会、中国建筑材料流通协会、中国化工施工企业协会、中国建筑材料企业管理协会、中国纺织工业协会、中国仪器仪表行业协会、中国口腔清洁护理用品工业协会、中国游艺机游乐园协会、中国勘察设计协会、中国设计产业协会、中国室内装饰协会、中国耐火材料行业协会、中国工业防腐蚀技术协会、中国铸造协会、中国家用电器维修协会、中国印刷及设备器材工业协会、中华全国工商业联合会金银珠宝业商会、中国乐器协会、中国缝制机械协会、中国衡器协会、中国玩具协会、中国工业设计协会、中国工艺美术协会、中国拆船协会、中国轻工工艺品进出口商会、中国包装联合会、中国环境设计协会等。

这里列出的各种协会还只是设计、制造、生产范畴内一小部分协会、商会或联合会。不管叫什么会,其内涵和职责几乎是一样的,那就是服务于本行业的企业,同时也是指导本行业的企业发展和规范运营的主要承担者。上述协会虽说都是国家级设计生产类协会,但毫无疑问,它们仍有强烈的行会性质:第一,它们不属于国家行政管理机构,没有国家行政身份;第二,它们不属于国家事业单位,它们更多的是自律性社会组织或社会团体,顶多某些协会的领导人可能享有部分事业待遇;第三,它们对本行业的发展没有决策权,决策权仍然归政府所有,它们仅仅是政府管理设计行业的参谋者或受委托人;第四,除了国家级设计协会的领导层可能领取国家财政性工资或补贴,协会其他成员主要依靠会费、管理费而获得收入;第五,更多的协会是由社会企事业单位、团体或个人自愿组成的非营利性社会团体,这些协会绝大多数需要在国家民政部登记注册,仅此而已。

这些国家级设计协会下面依然可以登记设置各省市、各地方一级的同类协会,国家级设计协会协助指导全国性的设计行业发展,地方一级的设计协会协助指导本地区的设计行业发展。那么它们的职责究竟是什么呢? 如中国乐器协会的主要工作任务是:

1. 制订并实施《行规行约》,加强行业自律和行业规范。

2. 受政府委托起草行业发展规划,承办政府有关部门授权或委托办理的相关工作任务,承担其他社会团体和本会会员托付办理的有关事项。

3. 对全行业生产、经营、技术创新、市场情况进行调研,掌握市场发展动向,引导行业及产品结构的优化调整,促进行业经济发展和技术进步。向政府部门提出有关行业发展的政策建议。

4. 根据授权进行统计,开展行业信息的收集、分析、管理和发布,为企业提供信息服务,并为政府制定产业政策提供依据。

5. 参与国家和行业标准(产品标准、职业标准)的制订、修订工作,并组织标准的贯彻实施。

6. 配合有关部门对本行业的产品质量进行调查和监督,发布行业产品质量信息。

7. 受政府委托对本行业新办企业进行资质审查,并提出论证意见,作为工商管理部门审批的主要依据。

8. 受政府和有关部门委托,对行业内重大的投资、改造、开发项目进行前期论证,并参与项目实施的监督。

9. 加强行业协调,维护市场秩序,促进行业公平竞争,维护消费者和企业合法权益。

10. 受政府委托承办或根据市场和行业发展需要举办乐器展览会;组织会员参加在境外举办的国际乐器展会;组织多样形式的技术和贸易交流网络平台。参与培育和共建国内的专业市场和特色区域产业。

11. 开展行业技术培训,受政府有关部门委托,开展职业技能考核鉴定和科技成果的鉴定工作;组织行业的职业技能竞赛活动。

12. 组织开展行业新技术的推广应用,开展国内、国际经济技术合作与交流活动,推动行业技术进步。

13. 加强国内跨行业和国际同行业协会之间的交流与合作,吸收国内外各方的丰富资源,改善行业发展环境。

各设计协会的任务职责不会出其左右。

由此可见,新时代的设计协会与封建时代的设计行会还是有重大的区别和进步的,那就是新时代的设计协会与政府之间的关系更加紧密、更加贴切,真正融入国家设计管理的范畴。今天的设计协会已经成为国家设计产业管理重要的参与者,甚至已经成为国家设计产业政策制定与修缮重要的参谋。

对政府而言,设计协会的作用日渐显现,它是国家设计产业政策制定、设计产业发展规划、设计产业管理执行最重要的助手,而且是专家级的助手;同时,对设计企业来说,设计协会最主要的职能就是设计企业发展、设计企业战略、设计企业竞争、设计市场规范、设计市场环境营造的指导者,而且是专家级的指导。

尽管设计协会没有法定的行政管理权,可能不享受法定的事业身份,可能不领取国家法定的财政性拨款,也就是说可能既不属于国家干部编制,又不属于国家公务人员系统,但实际上设计协会的会长、秘书长、常务理事、高级会员等都是设计行业内最高水平甚至享有最高声誉的专家学者。如中国工业设计协会的入会会员条件就有这样一条规定:个人会员应当是具有中级或相当于中级以上专业技术职称或职务,或获得硕士学位以上的专业人员和管理人员,单位会员应当依法登记。某些设计协会的领导班子通常都规定必须由本设计行业内的泰斗、设计研究机构著名的专家学者、设计实体卓有成就的总设计师、有影响的设计企业的老总、国家分管设计行业的高级官员担任。

任何设计产业的政府管理都不能代替设计产业的协会管理,设计产业的协会管理就是设计产业政府管理的重要补充。政府官员与公务人员尽管是行政管理上的专家,但也并非是设计行业的能手,也并非是商业世界的高手,行政上的指挥仍然需要借助设计协会的参谋才能更准确、更专业、更有效地对设计产业发展作出贡献,外行领导内行迟早要翻船。

大致说来,设计协会主要通过上传下达国家的设计产业政策和设计产业信息、协助政府做好本地区或本行业的调研和管理事项、制定本区域或本行业的行规等手段开拓本地区或本行业的市场销路、实现本行业的产业发展。同时,设立基金会并筹措发展基金、举办行业内的技艺竞赛和评比工作、协调本地区或本行业内的竞争、打击行业垄断、加强本地区或本行业与其他地区或其他行业间的交流和合作等方式,也是设计协会履行设计产业发展的常用管理手段。

设计协会对设计产业的参谋、指导式管理是设计产业政府管理、设计产业企业管理承上启下的重要管理环节,虽然它没有拿到皇室宫廷的尚方宝剑,但其巨大的民间声望和民众授予的职权几乎令它成为设计市场上的"无冕之王":"'无冕之王'不能被小看,更不能被忽略。"①也许,"无冕之王"才是设计市场上真正掌握真理的人,也许"无冕之王"才是设计产业管理最中坚的力量,也许协会式的设计产业政策才是拯救中国设计产业的伟大革命者,关键就看政府如何读懂协会管理模式、如何放权、如何先行解放设计协会在政治上的附庸地位。设计行会在地域性行业内就相当于地缘和文化封闭地带的名门望族、乡村绅士,有时候根本无须政府插手干涉当地的发展,一种由名门望族、乡村绅士牵头组织的低成本、自发性自治反而适合本地的特色、满足本地的特定需要、成就了本地别具一格的文化:"徽州的山水生态环境都保护得良好,一方面体现了在农耕社会民众们朴素的尊重自然生态环境的营造策略与智慧,这些都是我们今天应该承传和接受的。村口

---

①　成乔明:《艺术市场学论纲》,南京．河海大学出版社,2011 年版,第 242 页。

用青石板铺就的人行道,就如我们今天用水泥或工程沥青铺的柏油马路。在当时的社会,也是花费了村里大家族的集资款来营建的,使村落的后人和今天的游客们能享受这幸福的公益事业。深层次的解读,封建社会的乡村士大夫(士绅)的自治结构成本是很低,并且是很高效的。每个宗族的长老以'仁义礼智信'来管理社会。秉公执法,维持乡土社会的和谐发展。"①数千年来,中国就靠这种地方士大夫的自治管理维系着中国广大乡村的自由而和谐的发展,从而创造出了中国丰富多彩、淳朴天然的乡土文化。事实上,如果去除了中国社会的乡土文化,中国文化不仅仅残缺不全,甚至连根底都会显得不健全。为什么诺贝尔文学奖会颁给莫言?因为莫言的文学充分反映了中国乡土文化的特色和根脉,是对中国基层人性入木三分的艺术化呈现,莫言触及了中国数千年文化的根。乡村绅士、宗族的长老都是民众信得过的、在当地有名望、有一定成就的人,一个泱泱大国不可能用一套或两套方案来规范数百万、上千万平方公里上的所有民众,于是综合政策下的自治模式、混治模式正好解决了中国问题。从这一点上来看,中国百花齐放的地方文化、特色文化,正体现了中国古代统治阶级的聪明智慧和地方士绅们的创造力。一个善于利用设计行会的设计产业政策才会是一个聪明的政策,一个善于将自治与国治混用娴熟的设计产业管理才会是一个高明的管理。设计产业行会是政府的参谋,也是设计产业发展的专业指导者。当然,如果政府愿意充当设计产业行会事业上的推手和服务者,才是发展设计产业的上策。大国战略正是由中央政府拿宗旨,然后由全社会合力奉献、各显神通去实现的战略。

第三节　设计企业的经营与自律

尽管设计产业的政府管理和协会管理都非常重要,但设计商场上的竞争主体不是政府也不是行会,而是设计企业。

设计企业大致可以分为三大类:设计生产企业、设计流通企业、设计消费企业。当然,其中还可以细化出更多的类型。为了让问题稍稍简化并做到一目了然,我们从生产、流通、消费三大常见设计环节进行区分,可以把企业类型表示如下:

---

① 　王小斌:《徽州民居营造》,北京．中国建筑工业出版社,2013 年版,第 102 页。

表6-1　设计企业的分类表

设计企业的大类	设计企业的细类	例子	备注
设计生产企业	设计创意企业	服装设计公司	专业从事服装设计,却不从事产品的制作与生产,但服装制版和简单的缝纫自己也能完成
	生产制造企业	服装制造厂	专业从事服装的制作与生产,可以是来料或来样加工,也可以是自主加工制作,当然,一般的服装制造厂也会有自己的服装设计师
	原材料供应企业	布料织造厂	为服装或布艺生产制作企业提供布料的专门性生产机构,原材料供应既包括天然原材料如煤炭、木材等,也包括人造原材料,如布料、砖瓦等
	半成品供应企业	手机配件生产公司	配件是一件完整产品的一部分或局部,相对于一部完整手机,手机配件即属于手机产品的半成品
	工艺及生产技术设备企业	电力机械制造厂	生产生产性机器的企业,也可以是生产技术、工艺方面的研究性企业或研发机构
设计流通企业	商业传媒企业	电视商业广告频道等	策划和传播社会商业信息的传媒机构
	信息传播企业	电信集团公司	专业提供通信服务或技术支持的企业,这些企业让人与人、社会与社会之间的信息交流变得更加畅通
	产品运输企业	货物运输公司	专门提供海陆空交通服务进行货物运输的企业
	产品销售企业	超市或商场	专门开辟场地或柜台用于设计商品集中展示和销售的企业
	产品反馈企业	消费者协会或消费数据统计企业	针对一定的设计市场,对某一类设计产品的销售情况、使用效果、客户意见等进行跟踪调研并公布结果的企业

续表

设计企业的大类	设计企业的细类	例子	备注
设计消费企业	半成品组装生产企业	电视机整机组装厂	将产品零部件组装成完整产品的生产制造企业
	产品展示与放映企业	新华书店或电影院	从事完整产品陈列、展示并进行商业销售的企业
	产品使用企业	壁画设计与制作公司	作为颜料、绘画工具的使用单位,通过颜料、绘画工具再行设计创作和制作生产出新产品的企业

　　设计企业管理属于微观型设计产业管理,是设计产业竞争主体的经营性和自律性管理,这种经营与自律包括三个方面:第一,是企业自我发展与自我强盛的必由之路;第二,是对设计市场的适应与反拨的过程;第三,是社会福利的创造与社会财富的直接贡献者。其实,这三点又不是截然分离的,而是彼此渗透并纠合在一起,很难做到一眼就区分清晰。自我发展不好、自我不够强盛,设计企业对设计市场只能是一种屈服态度,因为没有能力去进行反拨;自我发展不好、自我不够强盛也就是说生存都成问题,也谈不上提供优质的社会福利和富足的社会财富;通过社会福利的积极创造、通过社会精神财富与社会物质财富的全力贡献,也可能赢得广阔的市场;如果既能适应市场又能改进产品、推动市场发展,这样的设计企业定能逐渐发展和超越同行并创造出自己的品牌。三个方面的经营与自律相辅相成、彼此支持,如果割裂开来看待,很难获得真正的成功。

　　今天的设计企业作为市场运营主体,普遍展示出对利益的追逐,大家都对营利表示出极大的热情,作为营利性组织追求营利似乎无可厚非,因为这就是它们的本职工作,但如若通过各种各样的非法手段、欺诈手段、恶性竞争手段去营利,那么就谈不上提供什么社会福利与社会财富,就是对社会的罪大恶极。中国今天面临的重大社会难题之一,就是人们赖以为生的食品产业在各种化工产业、生物产业、工艺技术产业发展的基础上已经到了即将破产的地步,这个人口大国、农业大国、饮食大国再一次经受着前所未有的舌尖和肠胃走向溃败的洗礼与挑战,请看表6-2。

表6-2 中国目前食品产业危机的例证表

食品种类	违法违规的制作方法	对人体的危害
老坛酸菜	不用坛子泡酸菜,酸菜泡在巨大的水泥水池内,周围包裹着透明塑料纸,用挖土机伸到池子里捞酸菜	苍蝇、肉蛆到处可见,有些池子内的盐水表面漂浮着各种污染物;引发各种疾病
黑市上的罐装饮料	黑作坊收购废弃的饮料瓶,二次灌装;饮料是用自来水和化学香精自己制作	引发各种疾病,致癌
农夫山泉桶装水	水源地污染严重,周围就是一个垃圾围城,霉菌丛生;北京桶装水销售协会通知下架农夫桶装水	引发各种疾病
兰州拉面	南京电视台做了一个节目,揭露所有兰州拉面馆都在使用拉面剂,主要成分是蓬灰,这种化学物质有大量致癌物质——砷	致癌
砂锅粥	南方电视台记者暗访之后发现常用手法:1. 加合成香精;2. 加红虾粉;3. 加死虾蟹	香兰素、乙基麦芽酚如食用过量,肝肾会受损害,严重会致癌
上海"来伊份"	央视曝光:上海"来伊份"委托杭州灵鑫加工的蜜饯,使用化工品漂白,使用长蛆的原材料,使用农药包装袋	可滋生各种疾病
立顿茶包	国际环保组织绿色和平的报告称:立顿绿茶、茉莉花茶和铁观音袋泡茶,均含有被国家禁止在茶叶中使用的高毒农药灭多威,立顿铁观音还有被禁用的三氯杀螨醇,立顿绿茶则含有国家规定不得在茶树上使用的硫丹	超量使用能导致多内脏器官衰竭
太子乐婴儿奶粉	广东工商局曾在太子乐等婴儿奶粉中检出含有致癌菌"阪崎肠杆菌"	能引起严重的新生儿脑膜炎、小肠结肠炎和败血症,死亡率高达50%以上
统一奶茶	其所谓的奶成分是植脂末,含乳量很低,主要成分是氢化植物油	会导致肥胖症、高胆固醇和心脏病
可口可乐	含有超标的咖啡因、碳酸、磷酸、高糖	长期喝可乐会造成身体血钾过低,表现出身体轻度虚弱、便秘直至瘫痪、食道癌

食品种类	违法违规的制作方法	对人体的危害
果粒橙	可口可乐承认旗下"果粒橙"含有美国禁用农药"多菌灵",后多方辟谣说是竞争对手诽谤	多菌灵可导致脑麻痹、肝长肿瘤
牛百叶	是工业碱、过氧化氢、福尔马林等化学品的泡制品	常食会导致体内酸中毒、抑制神经中枢、肝肾衰竭
红薯粉(粉丝)	中山市质监局捣毁有毒假冒粉丝加工厂:用墨汁、石蜡、果绿、柠檬酸调制出有毒假冒红薯粉丝	对人体伤害性不详
珍珠奶茶	为了让珍珠更有"嚼头",添加人工合成的高分子材料——塑料,成为行业内心照不宣的秘密,奶精、反式脂肪酸也是常用添加剂	容易诱发肥胖症、心脑血管病、男性生育能力下降,塑料能使人中毒并致癌

　　今日,我们对地沟油、三聚氰胺、苏丹红、水胺硫磷、甲胺磷、恩诺沙星、各种各样的添加剂、防腐剂、色素等越来越熟悉,不是在科普活动中对这些物质有所熟悉,而是在我们防不胜防的食品危害中用自己的身体当做实验道具而实验出来的认知。这里所列恐怕不及现实世界真相的百分之一二,中国食品企业和化工企业之所以能够联手做出这些事情来,第一,说明了中国企业如此做所获得的利润远远超过了它们为此所付出的代价,任何铤而走险的行为都有其存在的合理性和必然性;第二,设计企业敢于冒天下之大不韪去做伤天害理的事情,关键是我国的管理体制存在各种各样的漏洞。如果一个医生做一次手术只能得辛苦费100元,而在病人处方上开一次关系厂家的药就可以得1000元回扣,那医生会选择怎么做?必然是更愿意开药而不愿意认认真真去做手术。这么说,中国的药价能下得来吗?如果政府花五年时间培植一个成功企业所得税款为1个亿,而政府拍卖一块地一下子能得20个亿,你说政府会选择培植企业还是会选择卖地?如果一个设计企业开发一个新产品的盈利率是50%,而山寨一个成熟商品的盈利率是150%,那么这个设计企业又会如何选择?如果一个厂家炮制出的有害商品获利丰厚又能得到地方政府的庇护与默许,那么这个厂家会罢手"转正"——投入高成本去搞研发吗?

　　一个国家的商业或制造业越混乱,说明该国政府疏于管理。疏于管理也可能是政府参与了企业红利的分配,这是大国战略征程上最大的毒瘤,甚至是痼疾。不是每个企业都关心自己的脸面和尊严,不是每个企业都在乎自己的寿命和声誉。设计企业的经营与自律是设计企业的立身之本,但更多的企业却只关心眼前的短期盈利,捞一票就跑路、捞一票就等死正是企业作为营利组织天生的逆根性。在市场经济背景下,企业应当是自由的,有经济学家甚至提出"自由企业"的说法:"自由企业是一种体制,其特点是:规模相当小的互相竞争的企业占优势,每一个企业都在一位有进取心又足智多谋的商人领导之下,由他本人承担风险,不断用各种生产要素的不同组合进行实验。它以用新方法进行实验来取代对拘泥于习俗的社会传统的停滞不前和墨守成规。另一方面,它的自由和灵活性与无论是公共还是私人的科层制(bureaucratic)机构的刻板僵化形成了鲜明对照。马歇尔发现,在重商主义的垄断和管制以及大规模经营、政府控制和社会主义等现代趋势中,都有着与自由企业对立的僵化表现。他确实发现了在不受限制的经济自由中,特别是有关工人阶级地位的问题上,存在许多缺陷。他关于国家作用的概念绝不是完全消极的。但是,他肯定而明确地是个人自由的信徒。他对于习俗失去了权势毫不感到遗憾,并且,他猛烈抨击大型合股公司的科层制方法,至于政府企业就更不用说了。最明显的事例是,他明确反对进一步扩大国家的经济职能。他认为社会主义是对他那个时代福祉的严重威胁。"①这里的"他"都指英国经济学家阿尔弗雷德·马歇尔(Alfred Marshall)。设计企业就应当是自由经营和自律式竞争的机构,政府过于插手干涉就会形成"停滞不前和墨守成规"的"科层制",但在功利主义推动下,国家的完全放手又会滋长自由企业的狡诈与不仁之风。当然,也别指望企业对社会的改良性管理有多高的自觉性,企业对社会的外向型反应不过是对政府实施掣肘行为的对策。换句话说,不从国家体制的源头上范正设计企业的入门资格与正常运营,设计企业就永远没有正义感和奉献精神可言,而蓬勃发展、积极向上的设计产业革命永远是一句空话,如是,大国战略就成了空想。管制与自由并存,如在国家政策上限定、在实际经营操作上自由,不同的自由行为会得到相异的管制后果且自由者必须承受相应的后果才是产业管理之道。

综上所述,在法理普及、法律健全、法治严明的大环境下,设计企业才会真正做到合法性的经营和规范式的自律,否则必须退出市场,没有所谓的洗心革面的机会。设计企业是设计市场的主体、是设计产业发展的担当者,设计企业的自我管理是市场经济授予的"天赋神权",因为自由竞争正是市场经济的本质特征,政

---

① 【美】塔尔科特·帕森斯:《社会行动的结构》(张明德、夏遇南、彭刚. 译),南京. 译林出版社,2012 年版,第 169 - 170 页。

府不能过多插手设计企业的具体经营,但不表示设计企业就可以无法无天、随意任性。设计产业三层级管理的协作关系才是维持国家设计产业复兴或革命的至高准则、无上法宝。

第四节　三层级设计产业管理的协作

本章设定设计产业管理的层级为三层级,这是非常大略的划分,如若将其分成两层——政府级管理和企业级管理,也不是就不可以,这样的话,设计行会管理就可以归并到政府级管理中当成政府管理的参谋管理。如果想将设计产业管理分成四层级甚至五层级也无可厚非,这样设计企业管理内部还可以细分出设计项目管理、设计团队管理,把设计项目管理、设计团队管理称作渺观管理也基本可行。三层级是一种相对明朗、相对简洁而又准确的划分标准,有一定的概括性,又能把问题讲得清楚与透彻。

一、协调合作的内涵

协调合作即协作,其实就是各司其职、彼此照应、相互支撑的意思。

协作起码是两者以上含两者之间的协调合作,协作者之间必须有一定的内联关系。在设计产业管理范畴内,政府、设计行会、设计企业的内联关系有如下几个:1. 这三者都是重要的社会组成部类,三者对这个社会来说,既有分工又有合作;2. 三者在设计产业管理方面都有共同的目标,即发展国家的设计产业;3. 三者设计产业方面的管理内容基本是一致的,具体来说即对人、对财物、对事件、对设计项目、对设计流程、对时间和信息等的管理;4. 三者的管理手段基本类通,都会使用到法律手段、政策手段、行政手段、经济手段、奖惩手段、教育手段、科技手段、契约手段、情谊手段①等;5. 三者所处的环境是一样的,同时代而存在、同空间

---

① 情谊手段——是设计管理的柔性手段。在临时性设计团队或自由职业化的设计团队中,设计人员之间一般是熟识的人,新加入者往往也是由老队员介绍进来的,所以大家就像一个朋友圈,为了共同的目标和利益协作奋斗。这种团队内的管理没有章程、没有制度,有的就是一种自觉、信任、情感和友谊,一种在共同的人生理想和职业追求下形成的合力。《西游记》中的唐僧师徒四人,《三国演义》中的刘、关、张,《水浒传》中的梁山一百〇八将就属于情谊管理团队的典范。作为一种软性或柔性的管理手段,情谊管理缺乏的是约束力,但却多了许多的凝聚力和灵活力,这种凝聚力就是社会归属感、情感满足感、孤独恐惧感的体现。参见成乔明:《设计管理学》,北京．中国人民大学出版社,2013 年版,第 201页。

而存在、同理念而存在,统一的制度、经济、教育、文化环境使三者之间形成了比较一致的大价值观、大理解力,这为三者的深度协作提供了坚实的基础;6. 三者之间的沟通是一种大文化圈内的跨文化沟通,因为所处时空一致,所以说都是大文化圈的三部类,政府文化、行会文化、企业文化之间又有细节上的差异和区别,所以是保持自身特色的跨文化沟通。

既然是协作,自然协作者之间不是完全的一家人,彼此有彼此不同的阵营与小众上的归类,设计行会与设计企业都不属于政府行政管理部门,设计行会属于社会团体和非营利组织,设计企业属于社会营利组织,这就是三者在属性上最大的差别,那么三者之间自然就各自都有不完全一致的定位与功能。因为差异的存在,所以才需要彼此间的协作,完全抹平差异性组织之间的分歧是根本做不到的。协作是差异性组织最好的共存方式,所谓社会的存在与发展就是求同存异。

协作最好的依据,笔者以为不是简单的权力、人情、利益纠合关系。在一个官僚主义或俗世人情盛行的国家,所谓的协作只能陷入非法的境地,非法的协作首先在程序上就已经偏失,一旦时局改变,背信弃义、反目成仇和更加的自私自利就是必然的结果。契约才是协作最好的依据。契约"是现代商业管理最为重要的管理手段之一。契约,是一种象征,象征着公平、公正、公开、公信,是一种人性平等内涵的直观呈现,是一种万物平等思想的具体体现。"①"契约精神本体上存在四个重要内容,即契约自由精神、契约平等精神、契约守信精神、契约救济精神,契约自由精神是契约精神的核心内容,也是西方社会中商业贸易活动的主流精神。"②中国需要花大力气建设社会主义的契约体系,首先需要树立契约精神。

设计产业管理特别需要契约化的协作模式。政府对设计产业管理具有宏观上的顶层设计职能,这种职能需要法定化和程序化,政府官员不能随意插手设计项目。特别是国家级大型工程项目、社会民生工程项目等,都必须置于公众的监督之下逐步推进,要设定社会论证环节、工程进度监督环节、项目财务公示环节、工程质量检验环节,任何环节都必须要有民众代表委员会参与其中,民众代表委员会表示不知情的环节都应当看作不合法,只要不合法就必须接受司法问责、司法调查。权力包括政府行政权力只要不受监督就一定容易隐藏腐败。同时,设计行会不是一种虚设的社会组织,只要设置程序合法,设计行会的存在和社会协调职能就应该同样受到法律的保护,设计行会不是政府的附庸,它们是设计领域真正的专业团队,它们在设计技术、生产技术、经营管理技术上应该是行业的顶级水

① 成乔明:《设计管理学》,北京 . 中国人民大学出版社,2013 年版,第 198 页。
② 成乔明:《设计管理学》,北京 . 中国人民大学出版社,2013 年版,第 199 页。

准,它们同样是国家设计产业发展最中坚的力量之一,同时还是区域经济发展杰出的组织者和指挥者。设计企业包括所有企业在中国都是最弱势的部类之一,纵然在市场竞争中它们可以呼风唤雨,但它们的命运并不完全掌控在自己手中,它们更多时候与政府目标紧紧纠合在一起,属于私心政府权力寻租的主要对象,如果让权力阶层不满意,就很容易被打入冷宫,成为权力寻租甚至政治寻租体系的牺牲品,当行政权力或政治凌驾于法律之上,这样的社会一定会从内部慢慢溃烂。所以,在集权制国家中,企业能管理好自己已经很成功,对社会的管理几乎无能为力。而美国式企业政治的政体又是大企业金主控制社会的极端。设计产业要想真正成为中国的支柱产业、复兴产业,做不到让设计企业首先独立出来、恢复自由之身、获得应有的尊严和法定地位,可能就会沦为一句自欺欺人的空话。协作的前提就是自由与公平,这也是协作在官政时代的追求目标。

二、政府的就虚与就简

政府在设计产业管理中一定要本着就虚与就简的原则。

就虚,就是要立足顶层、立足高端、立足宏观、立足大局、立足民意、立足大国战略。着眼于民生是根本,民生有了保证才会有昌盛的国运;归结于大国战略,大国战略是至高的愿景。

政府千万不可插手具体的设计产业项目、设计市场运作细节、设计经济发展行为的本身。设计市场、设计产业中除了溢流不止的设计创意,就剩下无处不在的金钱利诱,政府官员也是人,只要是人就有七情六欲、就难逃利诱的魔爪,陷入利诱的魔爪就必然产生金钱官僚、金钱政治,法制就成为虚设的遮羞布。十八大之后,中国共产党和中国政府力惩腐败、强势自治,一大批省部级"老虎"纷纷落马。希望能通过法律和制度将中国"打虎"的壮举真正延续下去并常态化,只有这样中国才有希望。这里让我们来看一个振奋人心的消息,或许能让人稍稍欣慰。

根据腾讯新闻报道,2015年7月28日,陕西榆林黄家圪崂村新农村建设项目二期工程交房仪式隆重举行。141户村民通过抽签,免费拿到了自己"小别墅"的钥匙。再加上2011年交付使用的一期住宅81套,共222套。至此,黄家圪崂村全体村民都免费入住了别墅,60岁以上老年人免费入住到村办老年公寓。2007年村支书张文堂投资3.8亿元、用8年时间建设自己的家乡。如今村里已经建成完整成套的现代化的农业基地,每一户村民都免费分得一套小别墅。现在黄家圪崂村村民人均纯收入已经达到2.3万元,较2007年增长9.8倍;人均耕地达到4.2亩,较2007年增长5.3倍。根据阳光网上的信息报道,黄家圪崂村是陕西省榆林市古塔镇的"市级社会主义新农村建设典型示范村",该村秉承"生产发展、生活宽裕、乡风文明、环境整洁、管理民主"的理念,不断发展产业经济、加强基础设施建设、积极开展生态型新农村的创建工作。黄家圪崂村在创建生态村的过程中,主要从清洁水源、清洁家园、清洁能源、清洁田园四方面入手。至 2014 年年底,该村新建饮用水蓄水池 2 座,高位水塔 1 座,铺设自来水管网 1000 米,饮用水水源达标率为 100%。并建成沼气 62 户,推广太阳能路灯 52 盏,太阳能热水器 35 台,太阳灶 62 台,节柴灶 62 口,清洁能源的使用率也达到了 100%。对于生活垃圾的处理,该村采用"户分类、村收集、乡转运、区处理"的模式,提高农村垃圾的收集率、清运率和处理率。① 这些小别墅都是村支书张文堂个人出资捐赠给村民的,那么张文堂的钱来自哪里?

张文堂原本是做建筑工程出身的,是标准的民营企业家。他现在是全国人大代表,同时也是榆林市文昌集团董事长。文昌集团成立于 2000 年,其前身是始建于 1987 年的榆林市文昌建筑工程有限公司。集团下设建筑公司(房屋建筑工程施工总承包一级)、房地产开发公司(房地产开发一级)、物业公司(物业管理一级)、装修装饰公司(建筑装修专业承包二级)、市政工程公司(市政公用工程施工总承包二级)、商贸公司、建材公司、陕西文昌置业有限公司(注册地:西安市)、德来客商业管理公司等 10 个子公司。总注册资金 8.37 亿元,总资产 50 亿元,拥有员工 1836 人,有技术职称的 314 人,拥有各类机械设备 512 台(套),具有年完成 10 亿元以上产值及年开发 30 万平方米的能力,是集建筑施工、安装、房地产开发、装修装饰、物业管理、商业管理和商贸为一体的综合性企业集团。② 如此看来,黄家圪崂村免费赠送村民别墅的行为一点也不奇怪。

这是邓小平"让东部沿海地区先富起来,然后带动中西部地区致富"和"让一部分人先富起来,然后带动全体人民致富"理论的真实版。政府只要提出口号,不具体插手怎么做,这就是就虚与就简。张文堂任黄家圪崂村的村支书、村主任也是情理之中的事,要让有能力、有素质、有担当的人带领人民致富,这就是任人唯贤、唯才是举理念的真实体现。政府只是制定用人制度与用人方略,定量标准和民意是用人的两大依据,由人民自己选举自己的当家人,这就是政府的就虚与就简。张文堂干得不错,深入人心、成绩显著、潜力巨大,那么榆林市就立黄家圪崂村为"典型示范村",具体张文堂会带领村民进一步怎么发展来实现这个典型与示范,那得由张文堂和全体村民决定,这就是政府的就虚与就简。作为社会的精英

---

① 《喜看黄土地里"长"出新农村——黄家圪崂村》,http://www.iygw.cn/html/2014/yl_jujrd _1018/140208.html.

② 文昌集团官网,http://www.wenchanggroup.com/newwcjt/zjwc.asp.

分子,张文堂被推举为人民代表这是法律和制度赋予社会的自治权,政府不宜也不能过多发表主观意见,这就是政府的就虚与就简。相较于周永康、徐才厚、郭伯雄、蒋洁敏、徐建一(中国第一汽车集团公司董事长)、廖永远(中国石油天然气集团公司总经理)、王天普(中国石油化工集团公司总经理)之流,张文堂绝对是中国新型村干部甚至新型党政干部的楷模,那就是自己再有能耐、再有实力、再有财富,为官一天就要为民一天,民就是干部的天。2015年7月30日,国家环保部原副部长、党组成员张力军涉嫌严重违纪违法被组织调查,这个张副部长此前在一些公开场合曾表示"自己税后工资,一年也就十几万",言表之间的不满和自嘲暴露了其内心对权和利的渴望,对自己收入不满的言论不知是不是他为自己"严重违纪违法"找的借口。一个国家副部长应该拿多少钱一年? 你对十几万嫌少,那一百万、一千万你嫌多吗? 什么叫吃苦在前、享乐在后? 党和国家的干部,说白了是公仆,有何理由超过人民大众的平均年薪? 同是应该坐"冷板凳"、两袖清风的职业,你一个副部长的收入凭什么能超过人类精神导师教授的年薪?

政府官员手上有权,但这个权不是私权,而是公权,应当是一心为公、一心为民的权。在设计产业以及任何产业管理中,一定要将政府官员手中的权装进笼子,装进法律、制度和人民监督的笼子。古人尚懂"瓜田李下",现在国家应该加大对国企、央企、地方国企的审批监督和过程把控,坚决控制国企、央企、地方国企的垄断和过于膨胀,因为这里一定是政府高层最容易滋生连锁腐败的重要源头之一。而对于国家产业、民间市场、社会企业的竞争领域,政府官员的权力要进入合法、涉入有度,关键时要识趣而退、知难而守,总之,就虚就简为上策。

三、设计行会的就实与就繁

设计行会虽说仅仅是政府的参谋机构、企业的指导机构,但实际上,设计行会对设计产业的管理工作应当要就实就繁。

所谓就实便是要把工作落到实处、落到细节、落到可操作的层面。这里的"实"是实在、实践、细节、具体的意思,是相对于政府设计产业管理的就虚工作而言。所谓的就繁就是设计行会不怕烦、不嫌累、不偷懒地把实际工作详细地向政府汇报,把相关数据频繁地搜集、整理并上报给相关职能部门,为了配合政府宏观管理而进行一遍又一遍不厌其烦的政策的调研、制定和修改建议。设计行会为什么要和政府配合呢? 这是设计企业对设计行会的要求:就是要跟政府搞好关系、成为政府的合作者最佳,这样可以在第一时间了解到政府的相关政策,或者说可以协助政府制定出对业界有利的政策,起码跟政策制定者合作协调总不会是坏事。如此说来,由政府供养的设计行会毫无疑问必须听政府的差遣,由民间设计企业自发组建的设计行会也不可能不与政府友善共处。设计行会同样需要将政府设计产业管理的任务经细化后传递到设计企业的行为层面上。这种承上启下的管理是设计产业管理中的润滑剂、分解酶与动力传递系统,不仅要成为政府设计产业政策制定的好帮手,更要成为设计企业和设计市场发展的专业指导师。随着设计市场的全面放开,设计行会直接受命于政府的状况正在发生着细微的变化。封建时代,设计行会也有可能直接受命于皇帝,它代替皇室来组织社会化的生产,就如清朝时期的江宁织造府:"康熙一朝的江宁织造,是康熙亲自掌握的直接耳目。曹寅遵照康熙的旨意,事无巨细,均一一奏报。康熙一再嘱咐曹寅'倘有疑难之事,可以密折请旨,凡奏折不可令人写,但有风声,关系匪浅,小心,小心,小心,小心!'康熙对自己的心腹之臣曹寅恩宠日加,也确实非同一般。内务府启奏曹寅承办铜筋,尚欠应缴节省银应速完结时,康熙在奏折上朱笔批上:'曹寅并未贻误'。皇上发了话,谁人还敢置问……康熙六次南巡至江宁时,除第一次住将军府外,余五次均驻跸于江宁织造府,由曹寅、李煦等接驾、侍候。"①江宁织造府按皇帝的旨意组织地方设计师、织工、作坊、原料供应商进行生产,显然近似于央企。称江宁织造府是设计行会虽然欠妥,但它的功能又与行会极为重叠,因为它无疑丰富与繁荣了整个南京的织锦事业。今天的央企有时候也能顶替设计行会并制定出全国性的行业标准。当然,央企不甘受制于设计行会的行为,事实上不符合市场自由竞争机制。

政府往往会对国家范围内的设计产业做出宏观上的指示与总策划,而这些指示与策划在设计产业领域中的贯彻和落实必须依赖设计行会才能实现。尽管设计行会还无法替代设计企业从事更加具体的市场竞争和商业经营行为,尽管设计行会相较于设计企业的经营和竞争行为显得宽泛、宏观而抽象,但设计行会对国家指示和总策划的解读与再创造是一个注重细节的工作,是一个建立在对区域、行业的翔实表现以及对自身丰富的从业经验深度、精确分析之后所做出的富有针对性、具象性的管理行为。

设计行会的管理工作究竟如何就实、就繁,我们看看下表就略有体会。

① 金文:《南京云锦》,南京. 江苏人民出版社,2009 年版,第 30 – 31 页。

表6－3 设计行会在设计产业管理中的表现一览表

国家设计产业政策	设计行会的政策细化行为	设计行会的具体操作行为	设计行会的监管表现
设计产业人才政策	地方性设计产业人才引进政策	与政府联手＋数据调研＋制定政策＋向企业宣传……	监管设计企业监管设计人才
	地方性设计产业人才培育政策	与政府联手＋促进社会培训＋与设计学校联手＋集中企业学习……	监管设计培训机构监管人才培育过程
	地方性设计产业人才评审政策	与政府联手＋与设计专家联手＋主持评审标准的制定……	监管人才评审过程监管评审标准的变化
	地方性设计产业创新人才战略	与政府联手＋设计产业创新评价体系＋与设计人才联手……	负责创新人才的挖掘储备创新人才
设计产业业态规划政策	地方性设计产业业态布局政策	与政府联手＋数据调研＋与设计企业联手＋政策宣传……	监管设计企业监管设计产业变化
	地方性设计产业提档升级政策	与政府联手＋数据调研＋指导设计企业＋政策宣传……	监管设计产业规模监管设计产业质量
	地方性设计企业准入准退制度	与政府联手＋准入准退制度修订＋指导设计企业＋制度发布……	监管设计企业监管设计企业的审批
设计市场管理政策	地方性设计市场规章条例的制定	与政府联手＋数据调研＋规章条例制定＋制度发布与宣传……	监管设计市场监管设计企业的运营
	地方性设计生产市场管理政策	与政府联手＋与设计企业联手＋政策的发布与宣传……	监管设计生产企业监管设计生产的过程
	地方性设计流通市场管理政策	与政府联手＋与设计企业联手＋市场流通环境打造……	监管设计流通企业监管设计商品的流通
	地方性设计消费市场管理政策	与政府联手＋数据调研＋消费教育＋培训设计商业机构……	监管设计商业机构监管设计商品

国家设计产业政策	设计行会的政策细化行为	设计行会的具体操作行为	设计行会的监管表现
设计产业投融资政策	地方性设计产业的投资政策	与政府联手＋与设计投资者联手＋设计产业投资方式管理……	监管设计投资者监管设计产业投资过程
	地方性设计产业的收益分配政策	与政府联手＋与设计企业联手＋设计投资收益分配模式管理……	监管设计企业的运营监管设计收益的分配
	地方性设计产业的资金运营政策	与政府联手＋与设计企业联手＋设计资金运营模式管理……	监管设计资金的运营监管设计企业资金的运作
	地方性设计产业的资金构成控管制度	与政府联手＋与设计投资者联手＋与设计企业联手……	监管资金的构成成分监管资金的构成变化

　　设计行会对本地区、本行业设计产业发展的管理、协调、助推行为极为多样化和丰富，表中所列远不够全面，但依然可以通过所列窥见一斑。如表6－3所示，设计行会的所作所为与政府对设计产业管理的宏观政策基本上一脉相承，设计行会更加细化和具体化了政府设计产业政策的内涵与落实。设计行会不厌其烦地去解读和分析国家设计产业政策，同时必须全面细致地了解本地区设计产业的基础、现状、潜力与资源储备，然后将国家政策与地方实力衔接、沟通、对话，最后在国家设计产业政策范围内整理制定出符合本地区的地方性设计产业政策。地方性设计产业格局制定并发布后，设计行会还要联手地方政府，对地方性设计产业布局政策的具体执行进行完整、系统、紧密的监督和控管，关键时刻还需要配合地方政府指导好本地区设计企业的规范性运营与发展。

　　总之，设计行会不是虚设的一个社会组织，更不是一个装点门面的摆设，它是一个完全区别于政府设计产业管理就虚就简的中间机构，这个中间机构通过自己就实就繁的细致工作承担起政府与设计企业之间完整全面的对接关系。就繁就是不怕烦琐、不怕麻烦，工作越细腻越深入，设计行会的管理就会越准确贴切、设计行会的优势和功能就越能彰显出来，从而对设计产业的深度发展贡献力量。

　　为什么需要设计行会来做这种引导设计产业深度发展的工作？因为设计行会是设计创意、设计产业、设计项目运营、设计企业经营方面的行家里手，起码在设计行会内部，组成者应当包含方方面面的专家，设计行会应当就是一个资源协同运作的大集合。尽管设计行会没有法定的审判权、惩戒权、决策权,设计企业硬一硬不服行会管制也是常有的事,但当这些设计企业自身遇到种种难以解决的问题,设计行会提供的数据和意见往往却又是最为权威的证明,甚至往往能够充当工商、税务、稽查、审计、检察、法院、公安等国家权力机构做判决的重要依据。很多时候,设计行会出面就能帮助这些企业轻轻松松解决问题。原因不外乎两个:其一,因为设计行会是设计产业、设计行业里的专家团队;其二,因为设计行会管理工作就实就繁,准确细致地掌握着设计产业方方面面的可靠消息和可靠人脉。

四、设计企业的就市与就法

设计企业本身就是设计市场的竞争主体和设计市场主要的构成部类,所以,设计企业理所当然的发展和经营就必须围绕市场规律、遵照市场秩序来进行,这就是就市。设计产业方面的法律包含设计产业管理政策主要的落脚点就是推动设计企业群落的健康发展、合理规划,设计企业在设计市场上的一举一动都是在设计产业法律规章密切监督下的表现,除了不断地研究和加大投入、不断地追求和实现赢利,设计企业作为社会经营组织与设计商品服务部类,还必须遵守国家其他的各类法律法规。市场的自由竞争不表示可以失范和违规,市场的自由是有条件、有前提的自由,这里的条件和前提主要就是市场法、产业法、竞争法和经济法,这就是设计企业不能不自我约束的就法。

遵照市场规律、遵守国家法律,就是设计企业的就市与就法。

设计作为一种造物活动的创新,创意是设计行为的立身之本,也是设计企业出类拔萃的基石。其实,市场竞争的根本就是创新,不仅仅是经营模式上的创新,同时也包含商品开发上的创意,这就是市场延续和不断提升的规律。今天,通信设备和技术的设计成就已经成为我们生活的一部分,但高度发达的信息传输、信息呈现设计单元已经进入到一个很高的程度,也已经遭遇未来高科技生活化设计的瓶颈。但作为技术进步的研究和推动者,设计企业正在寻求新的突破口和新的增长点,通过生活智能技术等一些新型的尝试,我们可以感受到设计企业所付出的巨大努力和无限可能。

下面是多用户体验(MUX:Multiple User Experiment)交互设计方面对未来人类智能生活所做出的新设想:1. 以后到冰箱里取食材之前,只要到冰箱前挥一挥手,冰箱的显示屏就会将储藏在里面的食材在屏上显示出来,当你对这些食材图片从上到下再划一次之后,在快速的图片翻滚过程中就随机性地呈现数种食材搭配后做成的菜肴,然后你可以选择你喜欢的菜肴开冰箱取相应的食材;2. 切菜板内装有智能芯片,当你切菜的时候,切菜板根据食材的形状在菜板上形成基本一致的虚拟化食材的形状,这些形状还可以组合成各种各样的卡通形象,从而让切菜这样一个家务劳动转变成切菜板上的游戏行为;3. 以后的洗漱镜不仅仅可以照出人像,还可以成为接收和发送手机短信的屏幕,例如你在镜前洗头,此时手机收到短信,短信内容会呈现在镜面上,你也不用去找手机,直接用手指在镜面特定区域写出要发送的内容,再点一下镜面,内容就发出去了;4. 在室内有一个特定的空气感应区域,当室内的 PM2.5 数值较高的时候,空气感应区域无形的屏幕就会显示 PM2.5 的数值,当空气净化器开启之后,无形屏上的读数会不断变化从而实现空气净化程度的可视化效果。5. 将来的家用设备将具有自主意识,像管家一样为你提供各种各样所需的服务,清晨起床,舒适设备会主动感知主人的身体状况,并将家里的温度、湿度等环境因素调整到最佳状态;6. 未来的电脑、手机阅读屏都是智能化的装备,它们的摄入设备能捕捉并判断使用人的眼睛疲劳程度,从而自行调节屏幕内容的字体大小和颜色、光度的深浅来适应使用人的视力状况,如果你要保持已经稳定的阅读习性,也可以关闭捕捉功能;7. 智能公路装有太阳能芯片,能感知外界温度的变化,并将温度读数和天气状况投射在路面上,这样行车人就知道自己所处的环境并作出相应的应对;9. 一种能够给汽车补充能量的充电式公路正在研制之中,当太阳能汽车消耗过大而出现动力不足的时候,只要开启汽车接收装置就可以通过公路的储能技术在行驶中补充、吸收能量;等等。

这些创意正体现了设计伟大的奥妙,令人从中能够体验无限的生活魅力与乐趣。而设计企业就是创造无限生活魅力与乐趣的发动者和承担者。千万不要把设计企业和设计师的聪明智慧视为异想天开,许多脑洞大开的创思已经在实践中大加应用,可能人们还不知道。如我们对混凝土在材料和运用技法上的了解可能远没有我们已经做到的那么多,在这里让我们一起来了解一下混凝土神奇的可能性:"混凝土传递光线的能力一直吸引着建筑师,并且半透明混凝土已经被应用于更大的尺度。詹保罗·因布里吉设计的上海世博会意大利馆——人之城(2010年),就利用 I. LIGHT 透光水泥制造了发光混凝土板。这种 100cm×5cm 的板由塑料树脂基质组成,这种基质具有 20% 的透光系数。这些板子覆盖了展馆外部的40%,顺着光线看这些板子是实心的,而从板子后面看则是半透明的。即使材料本身是不透明的,透光性也可以是一个引人注目的追求。比如位于明尼苏达州卡里吉维尔的圣约翰教堂宾馆(2008年),VJAA 为它设计的立面是定制配方的混凝土圬工,通过砌块中的尖角引导光线,在墙上形成许多间接的小孔使墙面变得活泼生动。"①半透明混凝土是材料学上的突破,让混凝土透光是墙砖设计技法和墙壁制造工艺上的巧妙,这些创思能够改变我们一成不变的固态生活,从而让人类的生活步入新的时代。

设计企业对设计产业发展的巨大贡献就是要在就市、就法的前提下完成自己的使命,其中,就法除了要遵守法律,还要遵守法度,即遵守人体自身天性的法度。日本设计师突发奇想,用一些微妙的创意来改变我们的生活常态。这些创意是尊重人体自然的规律和法度而创造出来的,有些颇为令人叫绝:1. 一双拖鞋,右脚鞋尖装有扫帚,左脚鞋尖装有簸箕,穿上这双拖鞋,一边行走,一边就可以通过两只脚的动作配合站立着扫清地上的垃圾,这是遵从人体直立行走的法度;2. 在婴儿服装的胸腹部、手肘和腿部装有绒线拖布条,当婴儿在地板上爬行的时候,自然就实现了拖地的目的,这是遵从婴儿在成长过程中具有爬行阶段的生物性法度;3. 一个四周具有一定宽度、富有弹性的面罩环,吃面条时可以戴上这个只露出五官的面罩环,吸食面条溅出的汤液就被面罩环吸附而不会溅到身上,这是遵从了人嘴吸食细长面条吃法的法度;4. 反面装有插袋的领带,一些常用的卡、指甲钳、零钱、名片等小东西就可以装进这种系在脖子上的领带里,既方便又安全,这是遵从了男人粗心但又经常系领带的着装法度;5. 装有微型风扇的筷子和勺子,吃饭时,通过微型风扇将筷子上和勺子内的食物快速降温,这是遵从了人类嘴巴怕烫和吃饭器具确定的法度;6. 皮鞋头部装有微型雨伞,下雨天穿着这样的皮鞋走在雨中就避免皮鞋面被淋湿的尴尬,这是遵从了皮质怕水且伞可遮雨的法度;7. 一种装有漏斗的眼镜,这种眼镜只会在被滴眼药水的时候使用,眼药水可以通过镜片上的漏斗缓缓滴进眼睛里而不必担心眼药水在眨眼的时候滴到眼眶外,这是遵从人眼在异物缓缓靠近时不会眨巴但在异物快速贴近时眼睛会下意识地眨巴的法度;8. 雨伞领带,领带实际是一把雨伞,西服领子刚好可以遮住雨伞手柄,这是遵从天有不测风雨的自然法度。

但是设计企业为了市场营利,有时候也会忘记自己服务社会的身份并违背良心赚取黑心钱,这似乎也是市场经济自由竞争必然存在的规律,那就是为什么不法企业、不法商贩在市场上总不能被完全赶尽杀绝。随着微信、手机 QQ 的泛滥,各种各样的手机诈骗案层出不穷。最近,微信朋友圈出现很多免费赠送各种名牌奢侈品的诈骗活动,如以赠送名牌香水、名牌口红、明星同款太阳镜、名牌手表、名牌手机等为名义的信息入侵大家的微信或手机平台。这些名牌赠品不需要付费,

---

① 【美】布莱恩·布朗奈尔:《建筑设计的材料策略》(田宗星、杨轶. 译),南京. 江苏科学技术出版社,2014 年版,第 49 页。

属于免费领取,只需付运费即可。为了占小便宜,许多人纷纷被类似的诈骗信息所蒙蔽。其中一条微信是这样的:"加某某某微信号就送价值998美元的瑞士原产某某品牌手表一块,绝对真实,先到先得。亲,按提示操作领取礼品,手表免费赠送,物流送货上门,仅需付50元运费。"表面看来这可算不小的大便宜,手表价格998美元,只需付50元运费,就算被骗也不过就是50元而已,万一是真实的呢,那就赚大了。其实,这块手表就是一个印有名牌标记的三无产品,外表打磨得光亮的表盘、表带也只是一些废旧零部件的翻新货,内部的机芯全是废旧零部件的组合,三天一过,手表要么不准、要么彻底停摆,这样的手表在地摊或夜市上也就值20元。另外,受骗者支付的也不是什么运费,就是货款。因为快递公司跟一些长期合作的电商,像这样的小货品运费也就是5元钱的事,何以要收50元呢,因为这50元中的45元就是货款。好多受骗者上当了而不自知。一些扫码送话费、限时大抽奖、集赞送旅游(券)、回复换礼品、低价奢侈品等信息,其实都是朋友圈骗子惯玩的把戏,一旦上套,后果不堪设想,还得自负。高科技通信技术虽然方便了人与人的交往以及生活所需,但这些高科技通信技术有时候也成了市场上的"李鬼"们招摇撞骗、让人真假难辨的手段。

　　设计企业、设计团队一定要谨防自身不要触犯法律,违法性的创意再高明也不能被容忍。如日系汽车常常造型出众、工艺精良、轻巧省油、操控良好,但其在汽车制造产业上的偷工减料也常常为消费者所诟病。可能出于节能,日系汽车的自重一向被人们认为严重低于欧美汽车,车身外覆的钢板轻薄是人们对日式汽车普遍的认知。虽说外覆钢板不是汽车防撞、耐撞的主要部件,但对于小碰小擦,厚一点的钢板自然要比薄一点的钢板要结实一些。真正防撞、抗撞的汽车部件是汽车的车身框架结构,同时,在汽车碰撞事故中能减轻整体车身危害和损失的部件还包括汽车前后保险杠、前后防撞钢梁。我们经常听说在中国产的日系汽车或主推中国市场的日系汽车会偷工减料地减配,甚至有些品牌车把前后防撞钢梁都减掉了,这是非常可怕的区别对待。笔者曾在车祸现场看到日系车前保险杠断裂后泡沫满天飞的景象。原来日系车在前保险杠内常用泡沫作为填充物,泡沫梁撞碎后自然就会白屑满天飞。这种景象让我顿时感觉心拔凉拔凉的:把人的生命交给泡沫去保护简直是对生命的亵渎。2015年6月20日,在南京,一辆高速飞驰的宝马车正面撞上一辆正常行驶的马自达侧面,马自达直接解体并截为两半,车内一男一女被撞出车外,当场死亡。这个不幸的交通事故再次引起人们对汽车安全设计方面的热议,日系汽车的安全设计再次被推上风口浪尖。因为马自达属于被侧撞,所以车身直接断裂后粉碎,因此有人就认为这跟安全设计没有什么关系。假设一下,当时是马自达汽车以195码的时速撞向宝马车的侧面呢? 我不能确定宝马车会怎么样,但我大致可以断定,马自达汽车瞬间会从前保险杠开始将车头和驾驶舱直接压扁,仅剩的车屁股会翻飞出去,也就是说,损失巨大的一定还是马自达汽车。因为在相同环境下,同类车型同速飞驰,自身重者肯定比自身轻者对车内人员保护性能更优秀。车身轻者危险系数更高,如果前后防撞钢梁又没有了,后果自然可以想象。汽车设计者和制造商如果出于不可告人的秘密或仅仅是为了节省成本、获取更大的市场利润而自行减掉原车设计中具有的防撞钢料等部件,其实就是一种违法、就是一种谋杀、就是一种必须被严惩不贷的犯罪。设计产业的真正强盛不仅需要政府和设计行会二层级的精心设计,更需要设计企业对自身严格要求的就市就法。企业群体自身的素质不高、品行不端,一切的设计产业政策都形同虚设或变成子虚乌有。

　　三层级的设计产业管理一定要分工明确、职能清晰、协调合作、相互补充,不可彼此混杂错位,又不可遇到事情彼此总是推卸责任,行动有度、法理有序是三方协调合作的重要基石。虽说是以"层级"来命名这三者的关系,但这三者不应当有所谓的尊卑贵贱之分,只是社会分工上的权责配备差异,目标都只有一个:把社会的生产搞上去,把人民的福利搞上去,造福人民大于一切! 要想实现大国战略,首先要安定和团结好人民,或者一定要把国强和民富相提并论、共同发展,国家机器赤裸裸剥削人民的历史氛围早已荡然无存,权贵赤裸裸剥削民众的机制早已被时代打破,今日的人民早已是自由的国民,不但自由,而且所有人都把社会公平、人格平等视为公权与人权中的第一权。大国战略是人民奋进之战略,是政府用智慧和真诚发动人民的一场革命。

第七章

设计生产关系的管理

设计生产关系,就是各设计生产要素、各设计生产参与方之间的关系。设计生产关系的核心关系是设计生产过程中人与人之间的关系,有时候我们也会把人与生产资料、生产资料与生产资料、人与时空背景、生产资料与时空背景之间的关系并入设计生产关系。今天的设计生产关系更为复杂,不仅仅是人的集合体会影响生产,像政策的集合、自然资源的集合、金钱货币资源的集合、信息的集合、研发和加工技术的综合储备等都会影响设计生产,能够影响设计生产的关系其实都可以算作设计生产关系。同时,一切的社会表现如政策的制定、自然资源的开发、金钱货币的分配与使用、信息的发布与应用、技术的研发和加工等又都是由人来实施和完成的,所以把社会生产关系简化为人与人之间的关系完全可以理解,只是这样的人是一大群一大群的社会性族群,绝非个别性的往来关系,而且这样的关系是生产性关系、社会财富的创造性关系,而不是日常性的庸俗关系。在集权统治的时代,最大的生产关系其实就是统治阶级与被统治阶级之间的关系,社会可以简化为最直接的两群人类:统治阶级、被统治阶级。这类似于剥削社会的人类其实也只有两类:剥削者、被剥削者。在真实民主和自由的时代,社会族群就更加丰富、个性、多元,越来越多的社会族群不是非此即彼的极端化,而是越来越趋向中立性、游离性、随意性,想怎么定位自己的社会归宿就任性地调整自己的判断标准和定位条件,人们无论在生产还是生活中皆趋向随性化、风格化,而不是阶级性。在今天的社会化大生产中,设计生产关系主要集中在三大社会部类之间的关系,即设计生产者、设计经销者、设计消费者之间的关系。

第一节　设计市场的三部类互动关系

设计市场上一般来说存在三大核心部类,这三大核心部类之间的关系构成了设计市场上最为主要的设计生产关系,诚如第四章第四节对设计产业环境的分析,设计产业环境主体就是设计市场环境,尽管环境很复杂、环境构成者很多,但真正构成设计生产关系的仍然是三大核心部类之间的关系。这三个核心部类就是设计生产者、设计经销者、设计消费者。

一、设计生产者提供设计创意

设计市场上最核心的物质条件就是创意产品,创意产品今天已经成为设计市场上最主要的商品基础。时代的发展要求今天的创意产品不但要趋向于实用和新颖,而且便利和功能集聚也成为最主要的特征,特别对于电子化、信息化高速发展之后,这一趋势愈加明显,手机和网络让原本分散的生活和生产方式在集聚化前提下显得更加便利。如 P2P①、O2O②、C2C③、P2C④ 等一系列营销方式的出现,不过都是电子信息技术和网络交易发达后的产业模式。技术化的创意带来商品化的创意,归根结底都是设计思维的成就。除了科技化生活形态的设计,公共产品、生活日用品、办公用品、娱乐产品是今天设计市场上最主要的四大商品类型。城市建筑、乡村景观、公共雕塑、公共服务设施如公共交通等就是公共产品,公共产品今天有扩大的趋势:"公共设施和建筑增多——为所有人服务和拥有的,标志性公共建筑物成为聚落区域的核心,而为方便生活和适应大规模聚居的公共设施出现,比如给、排水系统、交通标识。"⑤当然,今天的公共产品与历史上的公共产品相比,功能和形制、材质和工艺都有较大差别,但其展现地域形象和服务社会的功能却没有太大变化。另外,娱乐产品的丰富也是今天设计生产者大显身手的天地,网游、动漫、影视、旅游景观、游乐场、娱乐和社交网络平台的设计打造等都集中表现了现代设计师、设计制造工厂强大的创造力和商业意识。这里的设计生产者其实就是设计师和设计制造工厂的集合。今天的设计生产,生产的其实不是产

---

① P2P——Peer To Peer Lending,指互联网借贷平台,借款人通过有资质的第三方网络金融平台发出借款标,投资人通过竞标获得借款标并通过第三方网络金融平台将款借贷给借款人。

② O2O——Online To Offline,指通过互联网将线下商务的机会放置到网络的前台上,广大网民通过网络平台可以看到分布在全球的线下实体店,从而实现供货方与消费者通过线上互选和线上支付促成贸易。对于经营者来说,O2O 能很快达到一定的市场规模。

③ C2C——Consumer To Consumer/Customer to Customer,指个人对个人的电子商务和网络交易形式,即个人可以通过网络销售平台将物品展示出去并由另一个人接手的贸易方式。

④ P2C——Production To Consumer,指生产企业将产品通过网络商务平台展示给消费者并直接在网上完成交易。如此做法可以省却一切中间的交易环节,既方便又节省成本,从而为厂家和消费者都能带来极大的便利。

⑤ 陈宇飞:《文化城市图景:当代中国城市化进程中的文化问题研究》,北京．文化艺术出版社,2012 年版,第 7 页。

品内容,而是创意,那么究竟什么才是设计创意? 就是通过物质创造激活人类的占有欲,这就是设计创意。这一指断来自于艺术收藏者的启发:"对古籍书画的收藏,显然不单纯是因为其内容本身,一些藏书家甚至乐意去搜集同一本书的不同版本,显然,激发他去收藏的不是文字内容本身,而是书这一物质本身,是书的各种不同的印刷、装订和纸张形式,是不同年代的书籍形式。搜集一幅画,很可能是出于对这幅画本身的喜爱,但是,一旦搜集到手了,没有哪个收藏家会长久地欣赏这张画。他收藏的意义,在于占有这幅画,在于和这幅画发生一种特殊的独一无二的关系。收藏家的激情与其说来自艺术品的刺激,不如说来自他对艺术品的占有欲。人们渴望获取一种对象,不是因为这个对象本身,而是因为占有者的占有欲。"①通过自己的造物活动来激发另一个人对这一设计物的占有欲,其实就是设计师的价值所在。这份创意从一个主体的欲望出发,直达另一个主体的欲望并迫使另一个主体享受到人生甚至理想的满足,这就是设计创意。设计生产者的能力越大,其设计创意的打通功能和刺激效果就越大。

二、设计经销者创造设计市场

设计经销者主要就是设计商品的中间商,商场、商店、批发和零售商是其主体。经营和销售是经销者的主要职责,经营包含商业扩张、销售就是商品的进和出即实际的钱货贸易。设计经销者仅仅作为商人显得俗套也不容易做大,今天成功的设计经销者都是在创造设计市场,买卖商品不过是其生存的手段。设计市场是需要不断创造的,网络贸易形式的发达不是削弱了经销者的发展,而是扩大了经销者的影响力和存在感。随着淘宝、天猫、亚马逊、当当、京东、苏宁易购、赶集网等网络贸易平台和网店的产生,商业模式正在发生翻天覆地的变化,少量的注册资金甚至零注册的网店开始大面积铺开,最便利的贸易形式开始在手机上大行其道,从而创造出了"手商"和"手市"。通过手机网络、手机商店、手机支付、账户捆绑等,设计市场的规模开始冲破传统的实体单一形式并产生出实体与虚拟、私人与集体、金融与商品、生产与消费融合的大市场,这种现代化的大市场冲破商场和商业街的束缚,延伸进了厂矿、政府机关、学校的办公室和课堂,家庭同样也正在改变自己的生活和消费习性,这有赖于现代信息交互技术与个体商户、大型商业机构、民间资本的有机结合和协同发展。而这一切都必须建立在设计经销者的社会性统筹发展与服务意识之上,自我的营利已不是主要目标,设计经销事业化的理念和表现才能创造出更大的社会化市场,而追求共赢已成为现代设计商业最

---

① 汪民安:《什么是当代》,北京. 新星出版社,2014 年版,第 205 – 206 页。

为基本的游戏规则。

之所以为什么这么说,是因为现代科技催生了设计经销和贸易的花样翻新、市场分散。传统的商场模式依赖的是进货渠道和资金储备,财大气粗者就能以商场规模和货源垄断来控制或者引领市场,大商场如供销社式的商业模式往往形成价格垄断,市场自由商其实不自由,毕竟它们很难获得发展机会,商业品牌没有追随市场而是追随体制由计划确立。一个不能促生竞争品牌的商业机制仍然应该算作小农经济的范式,是国家集权的经济表现。供销社体制解体之后,市场是放开了,民间资本也准许进入商业流通领域,但换汤不换药、新瓶装旧酒,国家企业的改制只是改变了企业的名称,并没有改变国家商业运行的方针政策,许多地区转制过来的大商场仍然带着浓厚的政府背景、地方政治色彩,仍然可以控制地区性的货源和市场。是科技的革新打破了政治的控制,全球化电子商务的快速发展已经突破了政治的封锁,大型商场体系被亿万小商户在不经意间所冲破,特别是民间法人体制的建立和放开,国企不得不与民企平起平坐、同台竞争。今天,政府对科技革命的封锁与抵御不仅仅会落下口实,也会逼迫国内消费和资本的外移,最终只能是国家税收和一系列经济上的损失,与其得不偿失不如顺应时局、谋求发展。当然,我们要清醒地认识,实验室里的技术成功能够转变成巨大的市场效用和社会效应,一方面得益于政府的商业意识,另一方面必须归功于一些具有远见的企业和财团,是他们劝说甚至利诱政治放开了禁锢的手脚,最终成就了今天错综复杂、纵横交错的世界市场。

三、设计消费者保证资金回流

没有消费欲望、消费需求就一定不会有发达的设计生产,这与没有强大的经济购买力就不会有生动活泼的市场一样。但毫无疑问,经济购买力才是消费内需的基础和保证。我们有理由相信,强大的设计创意力能刺激消费欲、占有欲,能带来外促型消费,但这仍然要建立在一定的购买力之上。保证消费者拥有强大的购买力是一个政府归根结底促进国内市场不断循环的动机,也是检验一个政府执政水平的重要指数。一个没落的政府将货币放出去却有可能收不回来,也可能资金被自己内部腐蚀掉了。在设计市场上,民间资金回流中断的原因无非是三点:1. 设计创意力落后或迟钝,激不起消费者的购买欲;2. 国内生态、经济或政治环境恶化,导致民间资金外流;3. 社会保障体系缺乏,使人民因为担惊受怕而更愿意将钱存入银行或攥在手里不肯消费。不管怎么说,遇到这些情况都需要政府做深入的检讨。

国富不一定民不穷,民富一定国不穷,因为人民手中有钱,为了生活和发展,人民总会想方设法将手中的钱花出去。人民有了钱才胆大,胆大才肯投资或消费,肯投资或消费就必然市场繁荣,市场繁荣就会促进设计生产更快发展,随后政府才能收到更多的税。这个逻辑关系不可能反其道而行之。如果设计消费者总是选择将资金拿到国外抢购奢侈品,设计消费者在住房、医疗、教育等基础的生存条件上花费过多,只能说明这样的设计生产关系必然存在庞大的漏洞且面临即将崩溃的危险。设计消费者天生就是资金回流最本质的蓄水池,这种商业消费性的回流是健康而持久的,但我们看到的是为了获取更多的放贷利息与金融税,在政府的默许下,巨额的银行贷款不断流入设计消费领域。这种温水煮青蛙式的消费信贷模式会让整个商业链系变得非常脆弱且不堪一击,尤其容易造成泡沫经济形式的虚假繁荣。什么叫温水煮青蛙式的消费信贷模式?消费或消费者就是青蛙,当内需不足、自然消费不给力的时候,国家就应该放慢消费的步伐,甚至放慢经济发展速度,把外汇储备和国家二度、三度分配更多地倾向于提高人民收入,同时要通过体制的杠杆有效控制住物价,而银行的储蓄应该用于对设计生产领域进行刺激性的放贷,当然放贷项目、放贷对象都要进行严格的论证和考察,尽量避免盲目放贷。事实上,现代的医疗保险改革、教育贷款模式、退休年龄拉长的做法、住房贷款和信贷的放开政策、社会统筹养老机制并轨的实验并不能真正减轻人民的负担,劳动者收入的增长永远赶不上物价水平的飞涨。这就像把消费者放进温水里慢慢煮熟一样,消费者只会变成卡奴、房奴、车奴、养老奴、医疗奴、各种各样的还款奴,当经济骤冷,消费者首当其冲成为破产奴。靠贷款过日子、去消费不能从根本上拉动内需,还会加快通货膨胀的速度,就像靠借粮糊口的农户哪有奢望穿金戴银、盖洋楼买汽车?应当是设计生产的高投入加上良好的人民福利才能稳住国家的银行金融体系、才能培植良性的生产和消费格局。把银行金融引导向消费提升领域只能是自我麻痹的临时性措施,却不能真正开发出新的产品市场和商机,没有好的产品和商机,民间的资金就不可能为满足人们的物质需求和精神需求贡献力量、人民的生活水平就不可能真正有持续性的提高,高失业率就不会有乐观的改善,大国战略的产业根基就华而不实。国家经济的发力点在设计创意和产品开发上,起码要有厚实的制造业,国家经济以及内需强劲的保障是密集式的高福利、有上升空间的人民收入、智慧性的消费引导。当然,如果缩紧消费贷款和消费刺激,在今天看来首先将是执政上的风险,然后才是国家经济上的风险。因为,当消费者的占有欲和体验欲越来越强却面临消费力严重不足时,再把消费支援的渠道堵死,社会群情恐有失控的可能。选择温水煮青蛙的方式实在也是稳定当前经济发展的无奈之举。

四、三大互动部类联合互惠

设计生产者、设计经销者、设计消费者作为设计市场上最为核心的三大部类,它们之间的关系是平等互惠又紧密联系的关系。设计生产者包含设计师将创意和产品实物化,再将设计商品主要交给或卖给设计经销者包含实体店、电商中介、网店等进行销售,最后通过设计经销者将设计商品销售给设计消费者,目前来看这还是具有一定地位的商业模式。设计消费者通过设计经销者将货款回流到设计生产者手中,从而完成一种环流式的设计贸易活动。三者之间的互动与互惠推动设计市场平稳地向前发展,没有谁能逼迫对方必须跟自己发生贸易,因为今天的设计生产、设计贸易已经完全社会化、开放化、透明化,设计市场上的可选择性也几乎实现了历史上的最优化状态。真正对设计三大部类形成压迫性影响力的社会部类就是政府,政府可以通过产业政策、税收政策及商品流通政策左右设计产业、设计生产关系的走势和最终形态。我们面临的诸多困惑并非来自一种自由化的市场组合和商业自调整,而是人为的权力寻租和对经济的干预行为,政策就是这种人为干预的手段。自古以来,权力阶级要么会成为生产关系的建设者,要么就是生产关系的破坏者,完全与社会生产关系不发生联系的权力阶级几乎没有,除非这种权力阶级拥有的是伪权力,即不是社会发展的核心影响力。20世纪的前中期、20世纪的中后期,美国、日本的住房价格都曾出现过突飞猛进的泡沫化现象,当时的美国、日本人民也曾经历过房奴化的时期。在经济危机大潮爆发的时候,两国的房市、房奴、开发商们也遭受过刻骨铭心的重创,而这一切并非造房者、卖房者、买房者之间自由平等贸易的结果,其社会的病根其实是两国地价无底线的人为操控和无节操的人为抬升,说到底是利税的强大诱惑力战胜了两国公权力的神圣性,导致两国政府将法定私有化的土地权完全交由大财阀、大财团以及房地产开发商自由运作所致,政府甚至处于懒于插手干预的土地政策管理权的真空状态,即政府土地管理的伪权力化。当然,两国经济的元气在房市崩溃的时候丧失殆尽。资本主义的生产关系最怕遭遇经济危机,经济危机到来时,破产的是广大民众包括中产阶级,大财阀可以选择资金外流来避险。政府也想救国内经济,但却必须经过实力雄厚的金主点头同意,金主们要想自保就必须牺牲国家和民众整体的经济利益。中国的土地属于国有,某种意义上来说,中国房市价格的泡沫化与美日的动力系统完全不同,美日的房市基本就是商业潮流的风向标,是商业经济局势在消费市场上的集中表现。中国政府对土地的所有和分配、房市冷热的调控是绝对的实权派。中国的房市也是中国经济的导向系统,是政治经济化的政策导向,而不完全是商业市场的自由化表现。所以说,中国房市也是人为干预的结果,但却是政府对国民经济的一种选择性调控手段:通过土地出售或出租私权化的年限实现调控。国有化占主导的经济形式正是社会主义生产关系的重要标志。中国房价会不会失控,关键是要看政府对其他社会经济部类联动发展的控制情况。

2016年1月份,南京市政府公布了《第十一届南京地产风云榜获奖榜单》:2015年度南京地产品牌企业——碧桂园控股、弘阳集团、江苏中垠青旅投资发展有限公司、金地集团南京地产公司、明发集团、南京栖霞建设股份有限公司、南京仁恒置地、五矿建设南京区域公司、雅居乐地产宁杭区域公司、中南建设南京城市公司;2015年度南京地产品牌楼盘——保利·西江月、高科荣境、涵碧楼行馆、恒大翡翠华庭、恒大华府、弘阳爱上城、弘阳时光里、宏图·上水云锦、绿地之窗、明发·江湾新城、明月·天珑湾、南京碧桂园、仁恒绿洲新岛、世茂外滩新城、苏宁清江广场、苏宁紫金嘉悦、雅居乐滨江国际、证大·九间堂、中航·金城1号;2015年度榜样别墅——新湖·仙林翠谷;2015年度宜居旅游地产项目——山东威海那香海国际旅游度假区;2015年度区域价值潜力奖——景枫凤凰台;另外还有2015年度南京地产杰出营销人物榜单。① 整个一个奥斯卡颁奖排名的表现形式。这样的排名表彰是许多地方政府每年都要做的事。换句话说,今天中国政府对本国房市的引导功能不可埋没,进一步讲,中国的房市是政府背景的商业市场。政府推进房地产开发市场的发展是一个三大互动部类联合互惠的举动:房地产开发商联手房地产建设商是设计生产者,房地产开发商联手房地产销售商是设计经销者,购房者是设计消费者。从上述评选榜单来看,房地产开发者改善了人民的居住环境,提升了人民的生活品格。事实上,越新晋的小区,其房型、楼间距、绿化、停车方式、车位规模、物业管理、出行道路、周边配套设施等越来越科学、越来越时尚,社会整体生存空间和生存环境的合理化改善是不可否认的进步。这原本就是政府的本职工作:改善民生,改善人民的居住环境! 人们对今日中国房地产状况颇有微词的原因在于房价飙升的幅度超出了人民收入的增幅而已,政府如果越想依赖房地产扳回经济的局势,就越说明整体经济不容乐观。因为不可再生的土地虽然貌似价格卖得很高,但其实跟整个国民经济的稳定和发展来说却是一种"贱卖"。好在国家拥有绝对的土地所有权,"贱卖"的其实是使用期限。

---

① 《第十一届南京地产风云榜获奖榜单》,2016年1月22日《南京日报》,第A11版。

第二节 对设计生产者的管理

前面已经讲过,本书所谓的设计生产者是设计师与设计制造工厂的集合,设计师可以是设计制造工厂的职员,设计师也可以是独立、自由且与设计制造工厂毫无隶属关系的设计创意人员,前者中的设计师完全受制于设计制造工厂,后者中的设计师与设计制造工厂算合伙人。当然,设计师事务所、设计公司在设计生产者群落中可以等同于设计师。当设计师是设计制造工厂的正式员工,那么产品和创意的隶属关系比较明晰,恰如海尔集团总部的产品设计部、联想集团的技术开发部等设计开发出来的新产品、新技术毫无疑问,第一所有人自然就是具有法人身份的集团公司,如果有特殊的内部约定条款,设计师团队可能作为第二所有人对设计创意具有法定拥有权。绝大多数企业对员工在工作任务上的发明创造显然拥有绝对的所有权和控制权,设计技术人员离职后在规定年限内或者永久性不能出卖甚至透露自己当时的设计创意。

如果,设计师不是设计制造工厂的正式员工,那么对于设计产品与设计版权恐怕就会变得错综复杂起来。我们在此先来看以下一幅图。

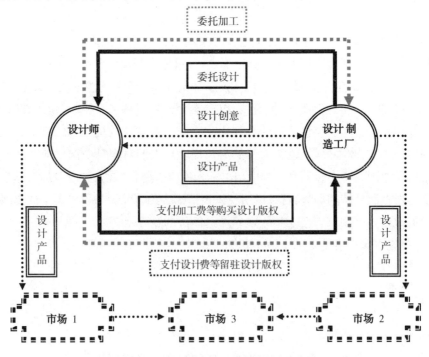

图7-1 设计生产者内部关系模式图

设计生产者最大的管理对象不是设计产品,而是设计创意,在法律上可以蜕变为设计版权或设计专利权。从图7-1中我们可以看出,当设计产品由设计师推向市场1的时候,说明设计师是设计产品的拥有人,那么设计师与设计制造工厂是委托加工的关系,设计师需要对设计制造工厂支付加工费等,从而买断设计制造工厂根据设计师的创意制造出来的设计产品,设计制造工厂此时属于代加工部门,对设计版权或设计专利权没有置留权。当设计产品由设计制造工厂推向市场2的时候,说明设计制造工厂是设计产品的拥有人,那么设计制造工厂是设计师设计创意的委托人,设计制造工厂可以通过支付设计费等的方式购买回设计版权或设计专利权,如果设计师也想置留自己的设计创意,那就不得不与设计制造工厂另立协约从而成为设计版权或设计专利权的共同拥有人,但这种情况下设计师能够收到的设计费将大打折扣,甚至根本就拿不到设计费,因为他与委托人构成了事实上的合伙人关系,合伙人是共担责任、共享营利的双方或多方。华为作为标准的民营企业,老板任正非只占有1.5%的股权,他把公司90%以上的股权都让渡给了自己的员工,员工每年都能参与公司的股利分红,员工既是公司的员工,更是华为的合伙人。当设计师受委托设计之后想独占设计版权,那么很可能面临不得不支付设计制造工厂更多费用的问题,因为委托人作为创意最初的提议和推动者对设计创意的产生具有事实上的策划和组织。当设计产品由设计师和设计制造工厂共同推向市场3时,即设计师和设计制造工厂都有权销售同一种设计新产品,这说明设计师和设计制造工厂是唯一的平等合伙人的关系,毫无疑问,此时的设计版权和设计专利权必定会属于设计师与设计制造工厂共同拥有,除非两者另有约定。

把设计创意所有权即设计版权或设计专利权的归属理清楚了才能更进一步讨论对设计生产者的管理。对设计生产者的管理主要在于三大块内容:对生产动机的管理、对生产过程的管理、对生产结果的管理。那么谁来对设计生产者实施管理?笔者以为政府和设计行会义不容辞。

一、对生产动机的管理

设计的生产动机往往决定了最终的生产结果,动机论者认为人类的任何行为都会有一定的动机,没有动机的行为几乎不会发生。在设计事件上,我们大致可以将现代设计的动机定为四大类:

1. 建功立业式动机。像苹果、微软、波音公司、松下电器、宜家家居、奔驰汽车、日本金刚组木式建造等,这些设计生产企业以建立自己的百年品牌为己任。

当然在生产的初期也可能建功立业式的目标还不明确,但随着市场规模越来越大、品牌名气越来越响,企业的转型越来越明确、对品牌的战略性要求也越来越高,最后成就了自己行业高端的地位,如宜家家居。由于他们做出来了、成功了,在企业关键时期他们应当来说还是以高远的理想、坚韧的毅力体现了他们非凡的成长,基本可以归并为建功立业式动机。

2. 政绩面子式动机。如果说建功立业式动机是设计企业本身的理想所致,那么政绩面子式动机更多时候却是政府的动机,像一些国家级大型工程项目特别是具有政府背景的大项目总会或多或少带有政绩观、面子观。如美国火星探测计划、各国的太空空间站计划、城市地标式建筑、国家大型水利工程、大型发电项目等,这些设计生产项目有的耗时多年,有的仅仅以主体工程的竣工为阶段性目标。因为任何一届政府都有其经营的法定年限,换届之后的设计生产就属于下一届政府,所以把项目分解、按步骤推进实施很多时候都是因为政府领导班子换届的无奈之举。而许多城市对自己的新型开发区、新城区的选址几十年来一变再变、半拉子规划工程遍布城市的周边、丧失城市规划建设的延续性也是源于各届政府的建设意见不一致。

3. 兴趣表现式动机。许多发明创造和设计生产仅仅是出于设计师或设计团队的个体兴趣,兴趣表现式动机促生的设计生产往往与眼前功利没有必然联系,也很难有强大的经济后盾,失败和成功的可能性都很大。如张衡设计发明地动仪、达·芬奇对飞机的设计制造很感兴趣、美国莱特兄弟(Brother Wright)设计并制造了世界上第一架真正能够飞行的飞机、法国卢米埃尔兄弟(brothers Lumière)设计发明了电影放映机、荷兰设计师 Gretha Oost 设计的 321 Water 自产纯净饮用水的活塞式净化水瓶(见图 7 - 2)等。兴趣表现式动机有时会来源于生活,常常是对生活难题所做的解决方案。像张衡想解决地震的测量问题而发明了地动仪、Gretha Oost 想解决生

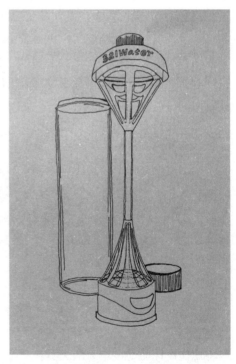

图 7 - 2　321 Water 自产纯净饮用水的活塞式净化水瓶造型图(成乔明绘)

产纯净水会浪费许多水的难题而设计了 321 Water,兴趣表现式动机更多时候来源于奇特的想象,如怎么样让人在空中飞翔的设想诞生了飞机。

4. 生活便利式动机。真正源于生活、为了解决生活难题、受生活本身的启发而发生的设计尚不在兴趣本身,而在让生活变得更加便利的适用性上。如果说兴趣是设计的内因,那么生活适用性就是设计的外因。像伟大的发明家托马斯·阿尔瓦·爱迪生(Thomas Alva Edison)的第一项发明专利——自动记录投票数的机器,原本想用来提高国会的投票效率,却遭到国会冷漠拒绝。因为国会的手动投票有时候就是故意为了拉长投票时间,从而显现其庄严的神圣性。爱迪生此项发明受冷遇之后,从此下决心只设计制造人们需要的发明,随后的白炽灯、普用印刷机、发报机、留声机、碳粒电话筒、鱼雷机械装置等改变世界的发明创造皆是出于适用而获得的伟大成就。

设计生产尚有其他多种动机,赚钱营利算是最俗的动机。无论是哪一种设计生产的动机对于人类来说都有可能是有益和必需的,但对于不同动机的管理却有一些细微的差别。对建功立业式动机一般大可进行鼓励和扶持,只要这种设计制造不是恶意的,可以先不考虑其眼前的贡献程度,关键是要确立一种久远的品牌战略和培植一种事业责任感;对政绩面子式动机需要加强论证和控制,千万不要因为追求政绩而扰乱民生、伤害民意;另外,对于上马的政绩工程需要加强招投标、财算方面的监督管理,势必要杜绝权力腐败;同时,对于按步骤逐步完成的政绩工程切不可任意否决或断档,因为一旦中途放弃,其造成的巨大浪费就永远挽回不了。对兴趣表现式动机要给予强大的宽容度,兴趣有时候是非功利的,一时的无用却不表示价值低下。人类的创意和创造很多情况下萌发于兴趣之中,世界的改变总会与人类的兴趣相内联。在兴趣面前或兴趣表现的初期,权力最好选择退居一侧,静观其变。对生活便利式动机同样需要加强管理。不是每一种满足需要的设计发明都是合法或合理的,对核武器的抵制和限制就充分说明了这一

图 7 - 3　日本第五代战斗机"心神"造型图(成乔明绘)

点。另外,像日本虽已获准购买 42 架 F - 35 美国战斗机,但仍然在锲而不舍地开发研制第五代战斗机,号称第五代战斗机的"心神"(见图 7 - 3),在 2016 年第一

季度完成了试飞。对于这样一个好战而又富有野心的邻国,一旦在军事上有什么大的行动,我们都应当给予密切的关注和做好相应的对策。因为军事战备的扩张总是有假想敌的准备行为。而对利于民生、利于发展、利于长治久安的设计制造,当然需要全力支持,但也不是一味放开以至于供大于求,否则就会造成巨大的产能过剩,产能过剩也是一种巨大的浪费。

二、对生产过程的管理

对生产过程的管理其实主要就是对三大块内容的管理:1. 设计生产的质量;2. 财务漏洞的监管;3. 与生态环境的关系把控。这是基于现实情况与当前社会最为关注的热门话题而做的判定。

对生产过程的内部性管理而言,毫无疑问产品质量是最为关键的管理内容。产品构思很棒,例如淘宝对网购、网上贸易事业的促进意义是不可否认的,但如果产品质量很糟糕,淘宝平台销售的产品越多,对人民生活的危害性就越大。山寨品泛滥造成的市场口碑和公众诟病,迟早或者很快也会让淘宝网关门打烊。当然,这只是一种假说,假如说淘宝上的山寨品很多的话,就说明淘宝服务平台的设计制作在技术上存在巨大的漏洞,或者说淘宝网站的后期维护、经营管理和监控过程存在硬伤。现在网上还出现了众多网上理财、网上投资的产品,像支付宝、余额宝、真融宝、鲸鱼宝、乐投宝、PP 宝(Program Planning and Budgeting)等宝宝类投资产品就难以尽数,收益高、风险低、操作方便是它们常用的招徕网民的三大优势。可究竟谁来监管这些网络产品的申报审批、设计制作、技术原创性、宣传合法性呢? 从政府行政和法律角度而言,首先必须保证这些产品的真实性和可靠性,这一点是最基本的前提,否则,过于泛滥的虚假商业、虚假产品、虚假广告只会让原本脆弱的社会价值体系雪上加霜。由深圳一家公司开发的一种"一元提现"的App 目前风靡微信朋友圈,有造势者甚至说这是马云参与策划和推崇的最新赚钱法,只要有手机和微信就可以参与这个赚钱游戏,每天签到一次就可以有收益,且每一天的收益都是前一天的一倍,同时可以将自己的注册账号分享出去,邀请别人参加,受邀请而注册的人就可以成为自己的徒子徒孙,自己可以获得发展徒子徒孙们的奖励,奖励丰厚、致富快速。如果仅仅是为了赚取参与者的手机网络流量而开发这样弱智的 App 软件,显然令人怀疑开发商与网络运营商沆瀣一气,但如若网络运营商坚决不承认自己参与了这个勾当,那么 App 开发商就真的是头脑被毛驴踢坏了,因为他能图个啥呢? 笔者亲自试了试"一元提现"的推广接受度,三十个人中有一个人会参与进来,而 12 小时后,这个 App 就失效了,自己注册的账号也处于销号状态。这种手机微信上的骗局真是骗到家了,可谓五花八门,令人防不胜防。我们生活在这样的氛围之中,稍不留神难免会上当。可问题的关键是,为什么就没有部门来管理和查办这些 App 的运营方呢?

中国人民目前正面临着陷入各种利诱和各种安全危机纠缠交织的两难境地。这种对设计生产领域、现代科技发明创造、现代金融体系构建的监管绝不是等到风险发生了才去关注,应当从设计生产计划初期到设计产品推广的全过程中就要实施严格的审查、取证、留底,特别是一定要建立生产者、营运者的诚信档案,对于有严重诚信污点的设计生产方完全可以永远取消其参与本行业的资格。对于网络上各种应用软件的开发者、推广应用者一定要加设资信审查制度。同时,随着高科技传输手段的不断发展,设计市场的准入门槛和准入机制更应当着重提高,特别对涉及广大民众生命财产安全的技术发展、工程项目、设计规划更应该加强过程管理和过程监控。财务漏洞常常导致设计生产过程中的贪污腐败,特别对于大型的工程项目,其贪污、受贿节点较多,对家贼的防范最具有学术和实践上的研究价值。而生态环境的破坏已经成为公共灾难,社会化的大设计、大生产对生态环境的恶性影响最为突出。过程管理不仅仅应当重前期论证和审批把控,对于进入实施阶段的设计生产项目更应当给予持续性、跟踪性的监察,稍有不良苗头、稍有偷梁换柱和偷工减料的行为一定要及时给予重罚。不能及时回到当初设计规划和生产承诺正轨且严重影响国家社会安定、生态环境保护计划的项目,可立即叫停整顿,直至取消其生产权力,千万不能让已经发生的浪费和损失造成更大的社会性浪费和全民性损失。大国战略不是凡事都求大喜功,适合自己最重要,有时候有效减少浪费、避免损失也是一种大和强。

三、对生产结果的管理

生产结果其实就是设计生产的产品。设计生产的产品不一定全部能符合当初的设计规划和生产设想。完全符合、基本符合、不符合设计规划和生产设想是设计生产的三种结果。在产品流向市场之前,质检部门、行会以及企业自身需要对产品进行起码三级或以上级数的检查与核验,从形制、功能、耐用性、成本核算、总体印象等多个方面进行全面的审查,完全符合计划且制作精良、完美无缺的生产产品即所谓的精优品仍然需要全面接受市场和消费者的检验;对于基本符合计划且制作较精良但却有瑕疵的生产产品一般被称为良好品,在不影响正常使用的情况下如果非要投放市场,一定要指明瑕疵且打折销售,而不能按精优品的价格去糊弄消费者;不符合计划的生产产品如残次品,当然不能投放市场,关键是要追查失败原因以及建立问责、赔偿或惩罚机制。

不同的设计生产品在处理生产结果的时候,其实差别还是很大的。如对于量产的工业产品,出现残次品、废品的比率相对较大,一般量产性工业产品都允许一定残次品率的存在,对于其中的精优品、良好品也会针对不同的市场配以不同的定价战略。当然,同一批次的生产如果超出预设的残次品率,那可能就是在生产管理、工艺技术或者生产机制上出了问题,这样的情况下,无论是设计者还是生产者都会蒙受较大的损失,对结果的管理和补救措施就是一个较长期的系统工程,但不加严肃处理肯定会酿成更大的危害。

对于客户或设计师定制的设计生产产品,往往产量的量和品质要求都较高。这类生产都有较完善的生产制作合同,如果因生产问题导致产品的失败,处理起来也较容易,制作厂家将承担一切损失且还要面临较严厉的赔偿。如果因设计本身存在缺陷,那么在责任划分明确后,设计师需要自己承担主要后果且通过倒逼式管理去改进设计。如果因生产原料存在缺陷,原料供应商将要和生产厂家一起承担连带责任。

对于大型设计工程项目处理起来就比较麻烦。大型设计工程项目有时候就是唯一产品,哪怕是建筑群、住宅群的建设,每一个部类、每一幢大楼都算是项目中的独立体,不同的独立体还可能由不同的制造商进行制造生产,且这个独立体就是唯一体。大型设计工程项目往往投资浩大、生产周期漫长,涉及审批和生产环节众多。如北京奥运会的鸟巢建筑、水立方建筑、上海最高摩天大楼——上海中心大厦、中国三峡大坝、荷兰的北海保护工程、英法海底隧道、卫星发射、飞船登月等,哪怕是一幢十层楼的民居,它也是所在空间里的唯一物体。唯一体如果出现瑕疵、出现失败,很难说把它抛弃或者毁了再制造,如此造成的浪费几乎很难甚至不可弥补,起码原址的生态环境恐怕已被破坏且不可复原。这样的生产制造如果不是四极限——当前的设计水平极限、原材料极限、生产工艺极限、生态环境熟知极限的原因即不可抗拒的原因造成了失败,基本可以肯定是人为的管理问题。因人为管理原因造成许多大型设计工程项目的失败与流产也是不可挽回的损失,对这样不尽如人意哪怕是差强人意的结果,除了严肃处理、以儆效尤,实在没有更好的办法。而所有责任人都应该以余生来赎罪和禁止再次跨入同类设计生产行业。2016年春节前后,国务院对天津港2015年8月12日瑞海公司危险品仓库特别重大火灾爆炸事故的调查报告做了批复。此次爆炸事故造成165人遇难、8人失踪、798人受伤,调查结果显示爆炸事故造成的直接原因是瑞海公司危险品仓库运抵区南侧集装箱内硝化棉由于润湿剂散失出现局部干燥,在高温(天气)等因素的作用下加速分解放热,积热自燃,引起相邻集装箱内的硝化棉和其他危险化学品长时间大面积燃烧,导致堆放于运抵区的硝酸铵等危险化学品发生爆炸。危险品储存总量明显超标、危险品之间堆放隔离不明确、仓管的持续监控不力、消防应急措施基本不达标、危险品堆放环境的监测不到位等,明显都是瑞海公司工作中的漏洞。根据特殊行业的特定管理条例,调查组认定,瑞海公司严重违法违规经营,是造成事故发生的主体责任单位。事实上,这还不仅仅是一个简单的安全管理的隐患暴露事件,调查发现,其中存在腐败行为。涉及瑞海公司行政许可审批的天津市交通运输委员会、天津港(集团)有限公司、天津海关、天津新港海关、滨海新区规划和国土资源管理局、天津海事局等单位的有关 12 名人员存在受贿问题(厅局级 4 人,县处级 8 人)。目前,这 12 名涉嫌刑事犯罪人员已被检察机关依法立案侦查并采取刑事强制措施。国务院最终的批示除了要严肃处理相关责任人,还建议处分 5 名省部级。① 天津港火灾爆炸事故说明了我国在危险品管理和保存方面还需要认真研究,在大型危险品聚集仓库的现代化、信息化监管技术上还要全面提档升级,起码要积极投入,对于政府职能部门对危险品聚集仓库的监督失职一定要制订专门法律法规并建立社会问责机制。

当然,最好的管理法就是将设计生产动机、设计生产过程、设计生产结果管理三者有机结合、同严同紧,在一开始就严密论证、反复实验,在整个过程中严密监控、及时纠偏,遇到任何环节上的徇私舞弊、玩忽职守都一举歼灭,设计生产结果的失败概率一定会大幅降低。

第三节　对设计经销者的管理

设计经销者是设计市场上三大重要部类之一,是设计市场上最主要的创造者。目前来看,这是事实,或者说排除经销者的生产与消费的直接贸易尚不是市场上的主流。某种意义上说,没有设计经销者的存在就没有设计市场的现代化和设计商业的大繁荣,反之考察设计市场,设计经销者就是最重要的考察对象。当然,有时候市场需求不但催生了设计生产者,也促生了设计经销者,但市场需求的全面提升、提档升级靠的却是设计生产者和设计经销者的逆推动。对设计经销者管理的成与败直接决定了设计市场和设计商业的成与败。

一、设计经销者的构成

设计经销者是个广义的概念,核心的设计经销者是设计中间商,包含设计活

---

① 《天津港爆炸事故调查报告公布:爆炸因硝化棉自燃,建议处分 5 名省部级》,2016 年 2 月 6 日《金陵晚报》,第 A05 版。

动中介、设计产品销售商。设计产品销售商大家容易理解,就是销售设计产品的商人,以商场、批发商、个体商户、超市、专卖店、直营店、网店、电话销售商等为主。目前,设计产品销售商正从传统的实体店面往线下加线上销售联盟的模式转型,其中尤以电脑网络和手机网络上各种各样的销售方式为线上模式的主要形态。而对于设计活动中介,有必要做一个专门介绍,因为这并非是一个为大家所熟知的领域。所谓的设计活动中介类似于先秦两汉的"驵侩"、唐五代的"牙人"、宋代的"掮客",他们都有一个共同的特点,自己不设店铺,完全靠个人关系帮买卖双方进行游说谈价、促成生意并从中收取一定的佣金即介绍费,是依赖人脉、口才、经验而出卖劳务和智慧的职业,很接近今天的职业经纪人。当然,今天的设计活动中介队伍越来越庞杂、涉足行业越来越丰富、运作方式越来越多元、社会价值也越来越凸显。尽管他们自己不从事专业的设计、制作生产以及不拥有任何物质资源和资金资源,仅仅是设计生产方与设计消费者之间的沟通者和介绍人,甚至很像"空手套白狼"或无本万利行当的典范,但其中众多中介形式在未来的商业世界前景不可估量。未来的商业世界是一种地球文化,即各国的商业范式都在现代信息科技的促进下趋向同质化,从而创造出人类千篇一律的商业文化,用梁漱溟的理论来说,人类千篇一律的商业文化是由共同的社会商业构造形成的:"一时一地之社会构造实即其时其地全部文化之骨干,此外都不过是皮肉附属于骨干底。若在社会构造上,彼此两方差不多,则其文化必定大致相近;反之,若社会构造彼此不同,则其他一切便也不能不两样了。这里并没有说其他都是被决定底意思。在决定或被决定上每每是互为主客底。我们不过指出这里是文化要领所在。"①"社会构造"是"文化的骨干",梁先生甚至认为这就是"文化要领所在"。今天的社会主义国家在弱化计划经济模式,推进市场经济发展;今天的资本主义国家在有意控制市场经济泛滥,同时在强化政府计划经济政策的改革;国与国之间的合作、互访,洲与洲之间的对话、交流越来越频繁、昌盛,独守一隅的自我政策显得异常不合时宜;商业上的往来、市场上的交错已经冲破立场和主义的限制出现前所未有的融合;无论是分散式生产还是结盟式营销都在促进商业世界语境和语法的统一;全球性职业的增加和教育的通行都在为一致的商业文化做着充分的准备;而国家内部的文化区分永远抵不过国家外部的商业融合,随着文化产业的大行其道,流通起来、经销出去、消费兴旺才是传统文化发扬光大的硬道理。人类的社会构造在商业层面上正在趋同化,其结果就是未来的商业文化将没有本质区别。

　　像我们经常听说的设计师经纪人、设计消费者经纪人、奢侈品时尚"买手"、服

---

　　①　梁漱溟:《中国文化的命运》(珍藏版),北京. 中信出版社,2013 年版,第 96－97 页。

装陈列师、家居陈列师、验车师、职业策展人、时尚咨询师、明星经纪人、艺术品拍卖行、艺术家代理人等，在实质上正在趋向国际化，国与国之间的理解和实践几乎已经没有商业运作上的差异。很多情况下，设计生产者没有精力去寻求大买家、开辟大市场，而拥有消费实力和消费欲望的买家又缺乏专业的知识和判别能力，设计活动中介就爆发出沟通两边的超常能力并有了用武之地。特别在"个性设计""私人订制"越来越发达的今天，设计活动中介几乎即将进入繁荣的白热化期。商品流通规则和商业买卖关系直接决定了今天商业世界的社会构造，各国的商品流通规则、商业买卖关系大同小异，因为人性是相近、相通的。混迹在我们身边、遍布大街小巷的设计活动中介恐怕就算是房产中介了，这是一个拥有店铺式的、促进房产交易的新玩意儿。为什么叫设计活动中介而不叫设计中介？因为这些中介的行为将会直接影响到设计活动和消费活动，尽管它们自身可能不是生产或消费者，但它们的功能将会越来越多地决定设计师该如何从事设计活动、消费者该如何规范消费动作，它们充当了设计师的建议者、消费者的指导师，它们本身就是在从事设计买卖的策划活动。另外，广告人、传媒人、各类大众俱乐部就是设计商业活动中的编外经销者，因为他们在外围摇旗呐喊、尽力渲染，所以叫编外经销者。

二、设计经销者的资格审查

是不是任何人或单位都可以担当设计经销者？答案必须是否定的。如果说造型、外观、装饰设计对人体的伤害还不是那么明显，但许多设计产品是物用至上的，如日常生活用品的生产和经销、房地产的建设和经销、机械产品的生产和经销、工业产品包括生产资料的生产和经销等就一定要保障设计产品的功能能够满足实际需求，否则很容易造成消费和使用者的人身与财产损失。特别对于设计经纪人、奢侈品时尚"买手"、服装陈列师、家居陈列师、验车师、艺术品拍卖行等都应当拥有一定的资质，如对所经营的产品非常熟悉、对市场走向和消费规律有十足的了解、有强烈的职业道德和事业责任心、关注设计产品新工艺和新技术的发展等，没有一定的职业素质和专业水平就必然会给消费者带来不必要的麻烦。一个珠宝商店一定要有珠宝鉴定和识别的团队，一个房地产开发商一定要有建筑设计和建筑安全性能测定方面的专业团队，卖汽车的不懂汽车和驾驶技术没法向购车人推介汽车，开网店的不懂网页维护和网页图文设计没法推出有个性又符合网络营销规律的产品展示页面，时尚"买手"不懂时尚潮流和时尚产品没法说服委托人进行合适的选择，军火商不懂安全法则与军械装备的使用就不能取得军火经销权。设计经销者严格意义上来说应当要取证经营和挂牌开张，这个证包含法定性的营业执照和专业资格证,这个牌包含管理机构发放的经营范围牌和经销能力等级牌,尽管这只是一种笼统的比喻说法,但这个资格审查程序应该要更加严谨和苛刻才对。如艺术经纪人、设计经纪人、旅游经纪人包括导游都必须考证上岗,由工商管理机构、文化管理机构、旅游管理机构联合发证,起码也要取得其中之一者的认可和批准才能入市,否则就不可以进入相关行业。事实上,许许多多行业还缺乏真正有力的权威鉴定,不少设计生产行业、设计营销行业产生这样那样的市场管理死角、商业运行漏洞就是因为资质认定和授权上的障碍所致。如转基因食品的种植和推广、生命克隆技术的探讨和应用范畴、网络营销领域的监管、人造生物世界的伦理性争论、精微机械技术行业标准的制定、环境监测标准的制定和执行等都面临着时代性的困惑。设计经销者对设计产业的推动之功不可轻视,设计市场究竟有多么繁荣和稳固除了凭借设计创意和生产能力,关键还要依赖于设计经销者的营商能力、文化素养、法理知识和专业水平。

三、设计经销者的诚信构建

对于诚信教育在设计经销者考证开张与培训上岗的时候就应当要作为考量内容贯彻下去,而不是等到诚信危机爆发了才想办法去评估和补救。当然,市场和产业行为是复杂的,其中最难以跨越的门槛就是市场上和产业中利益诱惑实在太多,如何抵制黑色或者灰色利益的诱惑?许多设计经销者最初是通过合法的手段获得入市资格的,开始一段时间也兢兢业业地在经营,但看到同行竞争者通过种种非常手段获得更大利益之后,心理慢慢会失衡并对不法行为效仿之是很常见的事实。在瓷器上刻花纹是瓷器设计与制造商最正常不过的活儿,机器刻花效率高、艺术价值低且价格也不会很高;手工刻花艺术价值稍高,工艺美术大师的刻花艺术价值更高且价格更加昂贵,可是效率很低,不可能量产。但为了获取更大的市场利润,许多瓷器经销商常常将机器刻花吹嘘成手工刻花,甚至要求制造商在机制品上刻上名家印章。市场上大量在瓶底印有"景德镇制"字样的瓷器与景德镇毫无关系。此类欺诈行为在整个设计市场上比比皆是。设计经销者的诚信构建需要从三"立"入手:1. 树立服务意识;2. 确立品牌观念;3. 建立长效战略。诚信的第一要务就是服务,为消费者服务、为社会服务、为当下服务。服务的第一要义不是免费奉献、无偿奉献,而是在合理报偿前提下提供优质产品、优质的售后服务。劣质商品就应该让它退出市场,不能以次充好、以假充真,凡有之,必是触犯了诚信原则。

品牌观念在中国设计产业中的地位尚不是那么突出和明显,唯有品牌才能证明价值,唯有品牌才能确立奋发之心,唯有确立品牌才能挖掘创造力。品牌经营在国际上已经深入人心,但国内众多商家面对眼前利益时却抛弃初衷并铤而走险且沾沾自喜,说明相距品牌观念甚远。因为品牌是需要慢慢积累、长期经营的,品牌就是一种持续经营的结果。这里我们来看一个案例,2016 年 1 月 27 日注定属于中国设计的一天。在这一天,设计师郭培女士作为中国设计的代表登上了巴黎高定时装周这个国际最高设计的舞台,发出了中国设计的最强音。这不仅是中国高级定制在法国高定舞台的首场发布,也是法国巴黎高定工会成立 158 年中首次给一个第一次做申请、未曾在巴黎举办过一次秀的设计师发出大秀邀请。在本次的大秀上,郭培不负众望,一鸣惊人,成为本次巴黎高定时装周炙手可热的焦点之一。郭培发现,中国的定制正越来越深入地进入中国各阶层,2015 年可以说是出现"定制风潮",不仅是服装行业,定制产业在各领域百花齐放,还有家居定制、理财定制等。"但是这与法国'高级定制'有很大的区别与差异,中国目前的定制只是一种服务方式与手段,以满足消费者个性化需求,无关产品品质的高低。"郭培解释说,而后者,是遵循一定高标准的(比如所有时装及配饰均为私人客户设计制造,按订单生产,纯手工完成等)时装工艺精品,体现了专业设计师非凡的创造力。而郭培的成功源自其对自身多年来的高要求和深刻领悟:"我认为自己的作品不受限于传统服装,我也不在创意或商业上跟随潮流。我的作品展示非常珍贵的感受和情绪,它们应该代代传承,还有我与客户们直接改进礼服设计的经验,也应该传承下去。那些礼服反映出我自己、我的客户们、我宏大的梦想以及我对中国文化的自豪感。"①巴黎高级定制时装周作为时装界顶级的设计经销者、设计推广者和设计包装者,实际上强调的是产品的品质,从面料、款式、做工、文化内涵、时尚程度等方面都已经形成了自己独特而顶尖的评判标准,设计师可以来自全世界各地,但标准只能是一个,那就是必须遵循自己 100 多年来精练而成的价值体系,不符合这个价值体系的设计师和设计品永远不能登上他们的高定舞台。他们经营的已经不仅仅是商业,更是一种文化信誉和品牌价值。

诚信不是一朝一夕的承诺,诚信是一种品牌,诚信更是一种长效战略。把诚信当成一种战略来运营才能创造出百年老字号、千年老品牌,就像日本的金刚组木构建筑企业作为一个家族企业已经存活了 1400 多年,堪称世界上最古老的企业之一,它的木结构古寺庙建筑的建造技艺为日本建筑界赢得了至高无上的荣耀。在产业界微观性生产关系的表现上,社会主义制度与资本主义制度并无实质性区别且有趋同之势。

---

① 向升:《中国设计师的作品闪耀巴黎高定时装周》,2016 年 2 月 7 日《金陵晚报》,第 T20 版。

四、设计经销者的退出机制

既没操守又没底线的设计经销者,就必须请他退出设计行业和设计市场,因为他们正是大国战略的绊脚石。通过法律手段勒令其关门打烊的做法可以称为被动退出;如果是因为经营不善或者在竞争中落败而无法存活下去的设计经销者,可以自愿申请退出设计市场,这种通过市场竞争机制而被淘汰出局的做法称为自动退出。无论是被动退出还是自动退出,都需要走法定流程,如接受法定的财务审计、向工商管理部门申请摘牌、向税务管理部门申请税务清缴、向债权人进行债务清偿、向市场发布公告、向事实消费者发布诸如售后服务的持续服务承诺、向员工发布相应的劳务清算;等等;手续不清不准退出,如出现财产转移、携款潜逃等行为将进行立案侦查与处理。设计经销者的退出机制应当是一种社会责任和社会义务的有效履行,绝不是一种拍拍屁股、一走了之的推卸责任,更不能成为捞取一票的恶意抽逃。特别对于网络经销者的退出机制要重新界定、重新立法,虽然是网上经营,但社会责任、社会义务与线下实体贸易应当毫无二致甚至更须苛刻。对于跨国界的网上经销往往难度更大,注册店铺在国外、商品检测缺失、商品销售在国内、而商品运营和货运又可能在第三国,而且还是网上订货与支付形式,许多有效凭证与贸易谈判难以保留与取证。事实市场与事实消费者对于这样的设计经销者实施追责是一件头痛的事,特别在注册店铺注销之后,跨国境的债权和债务关系、跨国境的售后服务、跨国境的财务审计容易成为泡影不了了之。这给国际贸易、国际金融体系带来了许多新的挑战,新型国际经销联盟管理体系、网络经销联盟管理体系的构建已成为当务之急。

另外,国家在制定经销者准入制度和退出制度的时候,不仅仅是要限定营利能力和创税能力,关键更要考量经销者的社会口碑和社会效益。像那些在经济上赚得盆满钵满、社会效益又等于零甚至呈现负数的经销者,首先就应当清除出局,因为他们可能不但是为富不仁者,也有可能是市场秩序、消费者权益的破坏者。而对于那些在经济营利上虽然幅度缓慢但社会口碑、社会效益稳居良好级以上的经销者,应该放宽政策,给予更多的支持和照顾。许多设计行业的退出并非是经营不善造成,很可能是因为社会产业格局、社会产业模式的演变而呈现结构性调整的被淘汰出局。有人预言现代数字艺术将挤迫传统画家出局:"广州苹果专卖店开店前,一幅300平方米的巨幅木棉花水墨画遮住了苹果店的面纱。这幅水墨画的创作手法与传统的方式不同,其中运用了很多科技元素,它出自当代艺术家陆军之手。'它不是传统的水墨画,而是数字水墨。'陆军多次实验用手机捕捉墨水在水中形成木棉花质感的过程,然后通过电脑、软件的后期制作呈现出数字水墨的另类美感。陆军说,科技削减了艺术创作的门槛,人人都可以是艺术家,只是能不能成为大家就要看个人的修养、眼光和表达的意境。他预计,未来科学家可能跨界走进艺术圈,抢走传统艺术家的饭碗。"①随着高科技的发展,传统技艺被挤迫出局甚至失传是人类的通病。我们用"通病"来形容,不是想排斥高科技,而是为传统技艺的流失深感惋惜。传统技艺就是人类文化记忆的根脉。面临这种无奈的退出,我们同样需要预先建立保护和发展机制,延缓甚至避免这样的"退出"。

第四节 对设计消费者的管理

对设计消费者需不需要管理,管理什么、如何管理,这是我们需要解决的三大问题。面对消费者越来越宽泛的消费选择权,大国战略首先要懂得笼络和依赖国内外的消费者群落,谁拥有的消费者群落越广大,谁就越容易实现本国战略。设计消费者的消费是一个社会的系统工程,它涉及的方面非常丰富和复杂。社会经济的发展一方面来自于生产行为,另一个与之对应的方面就是产品消费,究竟是生产行为影响着产品消费还是产品消费影响着生产行为,不可一概而论。在物质匮乏的时代,生产行为对产品消费的影响力稍大;在物质过剩的时代,产品消费对生产行为的影响力稍大。考察日用商品,会发现产品消费对生产行为影响力稍大,考察奢侈商品,会发现生产行为对产品消费影响力稍大。环境改变,双向角力的效果会随着改变。消费者行为学上所谓的消费需求决定生产发展的说法其实有失偏颇。从市场的局部上来看,设计生产其实也在潜移默化地培育着社会消费的形成。特别对于精神产品、艺术商品来说,生产者即艺术家几乎能够创造市场,如果相反,则会创造出更多非纯粹且注重功用性的精神产品和艺术商品。如装饰设计、包装设计、城市花园设计等受设计消费者的影响多一些。

一、设计消费者需不需要管理

设计消费者在五花八门的设计市场上往往陷入困惑与盲目,商业宣传越发达,人们对自身的需求越不确定,社会价值观越多元,人们对生存的立足越摇摆。商家为了推销商品,不断搞出市场上的新花样:明星代言、品牌包装、美女宣传、节日促销、从众效应、价格战、产品换代等,常常搞得消费者晕头转向。举一个最通

---

① 李华:《数字艺术将抢画家饭碗?》,2016年2月2日《广州日报》,第A22版。

俗的例子,由中国电商界集体杜撰出的一个非正常节日的购物狂欢日——"双十一",即每年的 11 月 11 日,这一天中国电商界疯狂打折、疯狂招徕各式各样的订单、疯狂抛售和赚钱已经带动了全球的关注。也已经引起广大运营商的关注,阿里巴巴早几年就抢注了"双十一"的注册商标。2015 年双十一,天猫一天的交易额就达 912.17 亿元,其中无线交易额达 626.42 亿元。京东在"双十一"被抢注后表示遗憾,并提出了自家的 618 节日。中国电商的这些商业行为究竟该如何来评判?笔者认为感性爆棚,理性不足。中国电商目前隐藏几大罪:1. 挤迫甚至严重削弱了实体店铺的生存空间,街店开始变得异常冷落,许多店家不得不关门或者另谋生路;2. 面对面的商业诚信被冷酷的电子屏幕所替代,屏幕后的商业欺诈再次加剧了中国商业诚信生态的恶化;3. 城市活力受到电商的严重冲击,一个靠街区商业与城市附带消费维持的城市文化越来越虚拟化和空洞化;4. 假货泛滥,网店里的假货无人查、无处查、无法查已成公开的秘密,便宜无好货的规律导致中国的制造业进一步严重滑坡,民族经济之根开始动摇;5. 电商的大繁荣导致中国家庭财富的巨大浪费,贪图便宜的主妇们常常会花大量的钱购买许多无用的东西囤积在家里等待着被甩掉,社会诙谐地讽刺沉迷于电商消费的人们为"剁手党",有新的统计发现,"剁手党"就像一种病正从家庭主妇迅速向办公室一族、中青年男人、大学生蔓延;6. 消费者变得越来越慵懒,依赖电脑生活的"电脑病""网络症"越来越严重;7. 电商偷税漏税现象严重,助长了商业非法经营的风气;8. 网络上的店老板和店员为了疯狂揽财,夜以继日地加班和网聊,严重透支了自己的健康;9. 屏幕后的商业行为躲避了实际劳动法的监管,老板对员工的剥削进一步加剧,电商的劳资矛盾最终一定会变成一个社会问题。消费与生产供给的关系非常复杂,宣传过度的生产供给会产生失去理智的消费,风潮一般的消费又会诞生跟风盲目的生产与供给,这是一个恶性循环的怪圈。所谓的产能过剩有时候不是真的物质极大丰富、生产能力超强所致,而是不正确的商业运作及宣传方式和浪费性消费导致。生产要遵循规律,要有相对稳定的坚持性,理性生产才能避免库存积压和原料损耗超标。今天,消费者还将面临另一个考验,即如何应对电子商务急剧增长的国情,这是一个迫切需要关注的方面。

二、对消费者管理什么

对企业和商家的管理、对企业运营和商业游戏规则的管理是本书贯穿始终的话题,但完整的商业管理、产业管理模式应该是对生产者、商家、消费者分而治之式的联合管理模式。这一节我们重点讨论对消费者的管理。在市场经济环境下,对消费者尤其需要管理,对消费者的管理又主要以教育、引导、培植为主,当然,强制性管理手段必要时也可以使用。如国家法律就明确规定,贩卖毒品、吸食毒品、聚众赌博、私自拥有枪支、私自贩制炸药、色情消费等就是违法行为。中国古人就倡导勤俭节约是修身、齐家、治国的原则之一,也是中华民族优良的传统美德。西方工业革命之后,欧美发达国家的消费进入高消耗历史阶段,高消耗就会带来高浪费、高污染。经过近 200 多年的实践和总结,西方发达国家越来越意识到消费方式、消费理念会严重影响人类的生存状况和生态环境,绿色、环保、健康、节约的消费观念开始在西方大行其道。为了寻求经济发展的捷径、为了赶欧超美、为了快速增长,中国已经进入高消耗的历史阶段,高浪费、高污染在中国改革开放的数十年间几乎是一个普遍现象,国内生态环境的急剧恶化常常触目惊心。这种依靠资源的浪费、环境的恶化换取产能增量的做法无疑是涸泽而渔、焚林而猎。没有消费就不会有生产,仅仅从源头上去规范生产者是一种顺向思维,能不能从消费者的角度入手去规范生产同样应该是一种有效的逆向思维,没有了消费才自然杜绝了不必要的生产和商业行为。如对天然皮草的追捧导致生产者对野生动物大肆捕杀,狐狸、浣熊、白极熊、羚羊、老虎、狮子、猎豹甚至狼都成为皮草行业青睐的对象,这些野生动物一旦被捕获,常常面临被剥皮抽筋、惨绝人寰的屠宰。好的设计是激活人类的占有欲,但对灭绝人性的消费就应当要消灭其占有欲。对消费者管理主要应该管理其消费理念、消费方式、消费习惯。

(一)消费理念。消费理念决定消费行为、生发消费方式、孕育消费习惯。理念的生成来自于从小的教育。学校教育、家庭教育、社会教育都需要对孩子的消费理念给予适当的引导,一定要培养孩子自力更生、勤俭节约、吃苦耐劳的精神。计划生育政策有利有弊,而最大的弊端就是助长了家长对孩子的宠爱甚至溺爱,孩子也从小养成了衣来伸手、饭来张口的毛病,从来都没有真正理解过父母钱财的来之不易。现在各种零食多了、各种玩具多了、各种游乐方式多了、各种少儿培训多了,这四多除了证明社会经济条件转好之外几乎没有更多的好处,孩子们享乐在前必然造成对物质的依赖、对功利的崇拜,从而严重削弱自身的创造性、想象性、独立性和吃苦精神。另外,电子游戏、网络游戏、各种科技产品、各种信息传播方式的丰富也助长了现代大学生、年青一代的惰性和不务正业,特别在专业学习上越来越提不起兴趣,对各种享乐和新奇特的消费却充满兴趣,大肆挥霍。现在的年轻人对传统的知识系统、价值观呈现严重碎片化的状况,不能说与此没有关系。对于成人的消费理念,国家要使用多种手法给出正面、积极、良性的引导,有必要时可制定法律法规对社会上的公款吃喝风、公款旅游以及奢侈品消费风进行严格界定和限制。特别是传媒机构要发挥社会监督和宣传力量,营造一个节俭健康的消费风气。社会节俭则国富,国富则民强。一个奢靡成性的社会必定会滋长腐败堕落的政权,也是民贫国弱的开始。大国战略应该是实力、精神、品质的全方位提升战略,精神低劣、品质骄奢的国家不可能成为大国。

(二)消费方式。所谓消费方式就是具体的消费行为。任何一个国家都存在高、中、低的社会阶层,这并非是简单地从政治地位上进行的判定,更多是从收入和购买力的水平做出的量度。人民自己的钱当然得由人民自己支配,表面上来看似乎国家或他人无法干预民众个体或群体的消费表现,但从社会发展的可持续性来说,高进低出的税收政策却是有效调节社会消费方式的重要举措。中国共产党在十八大后就明确规定本党的高级官员在任期间自己和直系亲属不能加入外国国籍、子女不能送往国外念书或定居,这就是对消费方式的规范。而政府公务员、国家事业单位职员的公务性消费必须要通过刷银行公务卡才能进行报销,因为刷卡可以保证明细和数据的准确性,为未来的消费监督、财务核查提供依据,从而防止谎报、虚报行为的高发。上面提到高进低出的税收政策,也就是国家通过法律和行政手段对富人进行高税收、对中低收入者实行低税收,甚至国家可以通过税收和分配杠杆将高收入者的高税收支出一部分用于补贴低收入者的收入或福利,由此拉平整个社会的消费力和消费档次,高进低出就是对高收入者高税收、对低收入者用税收实施补贴。富人无度的奢侈消费会进一步垄断社会优质资源,同时也会助长奢侈生产、抬高物价,本来贫民就挣扎在温饱线上根本无法享受到社会平均福利,物价的飞涨让贫民的生存状况雪上加霜,长此以往,贫富悬殊造成的仇富风一定会越演越烈,最终危及国家安全和政权稳定。打造一个较为均等的社会消费方式,通过分配行为来实现社会福利的均等化是一国长治久安、全民族团结友爱最重要的基石,也是社会主义生产关系天生带有的优越性。"朱门酒肉臭,路有冻死骨"的社会是贫富极度悬殊之后在消费方式上严重失衡造成的悲惨景象,这也是封建主义和资本主义生产关系天生具有的逆根性。

(三)消费习惯。人民的消费习惯决定一个社会在消费管理上取得的成就,人性天生贪图享乐,但自小养成的习惯可以良好地平衡和支配天性的弱点。生命自小无所谓对错和正反面,引导得好便能朝向理性、健康、坚韧的方向发展,引导得不好便会朝向感性、懒惰、贪婪的方向倾斜,成人表现出来的人性其实往往就是一种生命的习惯。消费也有习惯性规律,自小家境富裕且用钱不受限制的孩子成人后也就有更为强烈的消费欲且花钱的控制力较弱;自小家境贫寒且苦于无钱消费的孩子成人后对金钱的珍惜感更为强盛且消费更加谨慎和具有控制力,即使穷孩子未来成了富豪,也一定是生活简单、严于律己、行动谨慎的富豪,任正非的低调节俭就是典型。那种因生活境遇改变而彻底改变自己生活习惯的案例毕竟是少数,因为人的生命经历和生活经验的记忆是极为牢固和难以真正改变的。所以消费习惯的培养应当自小筹划,家庭、学校和社会要将耐力教育、受苦教育、节俭教育当成培养儿童、少年生存能力和生活习惯的重要环节进行常态化。这一点日本人做得就很有特色。如:他们的父母在接送孩子上学放学时,两手空空,再重的书包必须由孩子自己手提肩背;幼儿园的老师教孩子吃饭时一定要细嚼慢咽,让孩子在品尝美食的同时,懂得食物的精致和来之不易,从而养成感恩、环保和节俭之心。日本人有断食的习俗,定期会有七天实行断食,孩子也一起参加,即七天不碰美食,只饮用专门断食喝的产品,这类似于中国古代的"辟谷"。这样做不仅仅是为了健康,也是对自控力和坚韧力的培养。冬天,幼儿园经常会让孩子脱掉上衣在户外运动,从而锻炼儿童的耐力等。勤俭节约不是节衣缩食、不吃不喝,而是追求生活消费的有度、均衡。现代的商家钻眼打孔掏消费者的腰包,商家有商家的理由,但国家在制造业、时尚业、设计产业的发展上应当进行适度限制,特别对珍贵原料、天然原料的开采和利用上一定要严加管束。对于一些奇技淫巧的产品开发也不能过于推广和鼓励,而是要本着经济实用的原则追求高效、有序、生存必需式的可持续发展。商家以及匠师们在奇技淫巧上的实验性探索并非坏事,但仅限于小众消费者,不可以推而广之扰乱社会正常的消费水平,更要防止此类创造生产漫天要价、牟取暴利。社会正常的消费水平,就是没有超越正常收入水平的均衡消费。超越正常收入水平的过度消费、超前消费是资本主义生产方式的典型表现,说到底是剥削型生产关系最突出的特征。在一个国家内,当生活和发展必需品的消费陷入过度消费、超前消费,只能说这个国家是低福利甚至零福利的国家。这一点尤为值得中国的关注。营造全社会健康的消费氛围是一国之要务,一个国家的人民保持一个良好健康的消费习惯是一国发展之大幸。

三、如何管理设计消费者

我们生活中常见的消费品可以分为奢侈品、投资品、高档品、消耗品、耐用品、生活日用品。这些消费品的定位基本都是相对而言的,其中价格和用途就是两个最为重要的考核指标。在每一种消费品中又可以分为高中低三档,显然理性的消费者会根据自己的购买力来做消费品的选择,而感性和跟风的消费者往往会产生消费品选择上的错位。

奢侈品的价位往往非常高且用途较弱,不是普通人所能尽情享用,显然更适合超级富裕阶层的选择,如珍珠宝石、艺术珍品、贵族教育等;投资品、收藏品显然是针对有余阶层而产生的消费品,高中低收入者中都有可能产生有余阶层,投资品、收藏品就也分出一定的层次来,如私立教育、各种理财产品、一般性艺术品、个性化的收藏品等在价格上就有高有低;高档品不一定真了不起,不过是名气响一点,即我们常说的名牌产品,当然价格要比同类产品贵一些,像 LV 包包、香奈儿香水、欧米伽手表等;消耗品就是需要消耗一定的原料才能维持其特定功能或在使用中不断追加维护成本才能保持特定用途的商品,如家用汽车等;耐用品就是从产品寿命上来说相对比较持久、坚固的商品,如家用电器、书籍、房产等,其中房产又分为高级住房、经济适用房等;生活日用品最为丰富,人人需要,通常是生命赖以生存的物质基础,服装、食物、家居产品、基本住房、基础教育、医疗等就是代表。

对于产品的消费管理,我们基本又可以分为禁止性消费、限制性消费、鼓励性消费、支持性消费。如对黄赌毒,我们国家就是禁止性消费;对消耗品、污染品和奢侈品国家常会采用限制性消费;对高档品、耐用品、投资品国家是鼓励消费;而对生活日用品就应当采用支持性消费。当然,目前从政府的层面还没有如此细化的政策出台,在消费管理上,政府的工作还需要精细化一些。倒是一些商家无孔不入,极力调动着人们的消费欲望。与老年养生类、保健类消费推广充斥社区相比,大学如今也成了消费宣传的重地,缺乏消费经验的大学生们表现出来的消费状态令人担忧:"分期付款学车,分期付款买手机,分期付款看演唱会,分期付款旅游,甚至连孝敬父母的红包也可以分期……互联网分期付款的触角已经伸向了大学生消费生活中的每一个场景。数据显示,近七成大学生都有过分期消费的体验。在购买行为上,江苏大学生花钱最狠,爷们比姑娘更败家,数码电子产品最爱,而提现的比例竟高达 60%。专家提醒,在便捷的背后,大学生消费信贷也逐渐暴露风险。在实际还款过程中,一些网贷平台的费率标示不清,在手续费、逾期费、违约金等表述上存在一定的隐蔽性。而且,一旦有不良记录发生,达到一定额度后,就会进入央行的征信纪录,那就将对大学生日后就业、买房等方面带来信用污点。"①问题是国家对大学生信贷消费方面还缺乏相应的、有针对的引导政策、教育培训政策和限制性保护措施,商家充斥校园的消费宣传手段五花八门,特别是过节、新生入学、毕业生毕业期间更是各类消费广告满天飞。如此教会大学生提前消费、透支消费似乎也已经违背了教育的本义。关键是,在这样的氛围中长大的社会事业的接班人将来会给社会带来什么样的理念和行事方式呢? 社会上出现的这些不良消费引导绝不是一种孤立的现象,显然对健康、生态的社会风气的培养有百害而无一利,而且深入了说,也会扭曲人性和人们的价值观。国家应该对此做出反应和规定,尤其是教育部门、学校需要加强自身的管理,拒绝商业浪潮对教育阵地无度的冲击,配合着对学生进行健康理性消费观的教育与督察,用制度的方式将消费观列入学生培养和考察表,毕竟广大学生是国家的未来和希

---

① 王雅乐:《分期消费,江苏大学生花钱最狠》,2016 年 2 月 6 日《金陵晚报》,第 A10 版。

望。而不良消费引导的根底上的铲除仍然需要国家出台法律条款对商家做出规范和限定,违规者将接受法律的制裁。

设计消费的原则有三个:节俭原则、量力而行原则、可持续原则。建立在这三个原则的基础上,设计消费者管理的目标就是营造有度的消费氛围、构建合理的消费模式、培养理性的消费习惯。在对设计消费者进行管理的过程中,常用的管理手段有法律手段、经济手段、教育手段、财政补贴手段、价格调节手段、代替使用手段、生产政策手段。其中法律手段应当明确禁止性消费、限制性消费、鼓励性消费、支持性消费的界限和内容,同时将消费、收入与生产之间的对应关系明确化、法制化;经济手段包含收入政策和税收政策两个方面,要保证社会基层人民的最低保障性收入,而税收政策可以说是政府进行社会化再分配的有力保障,对消耗品、污染品的消费和对高收入、高消费行为实行高税收的合理性、科学性不言自明,而民主国家高税收更多的用于补贴低收入人民的道理天经地义;教育手段主要就是通过学校、家庭、社会的教育来建立正确的消费观、消费习惯,从思想上实现理性消费的培养目标;财政补贴手段是经济手段的延伸,主要是调节人与人之间出身和权利的平等,对于在消耗品如家用汽车上的节约型消费国家应当给予一定的补贴,而对于基础教育、劳保、养老、基本住房、医疗等的消费一定要拉平,生命天然平等,民主国家的第一个特征就是人与人无关乎贫富贵贱;价格调节手段是物价杠杆原理在设计消费管理中的具体体现,无非就是四大类定价政策,即奢侈品的峰值限价、高档品的高价、消耗品的谷值限价、生活必需品的低价;代替使用手段就是替代品的设计生产,通常从生产的角度来说,从自然原料转向人工原料、从享乐功能转向理性功能是代替使用手段最常见的两种方式。吸烟者随着烟瘾的发作而决定自己吸烟的频率,现代公共场所的禁烟条令又限定了吸烟者的吸烟频率,这就是一种享乐功能向理性功能转变的例证;生产政策手段是一种从设计源头上引导和培植设计消费的方法,有度、有序、有效的"三有"性生产政策体现了对自然、对社会、对人性的高度尊重和保护,设计物绝不是没有生命的固态物,它的形态和精神不仅充斥着人类骄傲的智慧和创造力,同样洋溢着人类生生不息的骚动和渴望、表述着人类对大自然依依不舍的皈依情结、贯穿着人类对自身一次又一次坚决的反拨和超越。

政府及权贵对人民赤裸裸的剥削已经丧失了社会基础和历史的氛围,但大一统的平等性生产关系亦未形成,商业世界里的不平等条约和欺骗性产销行为使剥削型生产关系越来越隐蔽、越来越深刻,贫富悬殊的加剧或维持原状就是明证。

从国体和政体的层面来看,资本主义生产关系和社会主义生产关系是目前世界上两大对立却又并存的生产关系,谁都想消灭对方,谁都又无能为力独善其身。

两大制度和两大生产关系之间的对抗直接造成了两种意识形态和两种价值体系的拉锯战,这种对抗和战争要延续多久得要看美国和中国谁先实现自己的大国战略,谁又能支撑到最后。产业市场上的微观性生产关系,随着全球经济一体化的加剧,不同国体和政体之间的区别正在逐渐消弭并走向趋同。

第八章

设计生产力的管理

在内化经济时代,设计生产关系是一种资源联盟式、社会共赢性的生产关系,虽然现在还没有完全达到,但这个趋势不可改变、不可抗拒。绝对型生产权威、权力至上型生产要素、垄断型生产控制、赤裸裸的剥削体制开始崩溃,一切民众都可以凭借自己的智慧和勤劳创造出属于自己的成就,幸福感变得多元化,生活的满足和轻松开始超越用财富单一衡量幸福感的传统做法。无论是生产要素之间的关系变得更加紧密,还是民众自主创业的离散性更加突出,生产要素的整合能力都将决定生产者在整个设计生产关系中的位置和层次,未来设计生产关系的主要模式将呈现一种基础设计生产力层级式金字塔形,生产要素的整合能力最强者将处于最顶端,单一生产要素的使用者永远处于社会生产的最底端,金字塔的每一层级中皆如此。第三章第二节中提到的内化经济时代的九大生产力将以创意力的集中表现爆发出更大的能量,这种能量促使社会生产关系走向新纪元,而社会生产关系对生产力的反作用将呈现空前的弱势,逐渐丧失对民主觉醒背景下财富拥有多点爆发性的阻碍。

第一节　如何理解生产力是一种自然力

马克思曾说:"一切生产力都归结为自然力。"①如何理解这句话？生产力的三大要素是劳动者、劳动资料和劳动对象,其中劳动资料和劳动对象又称为生产资料。劳动者是自然性生物体,一般指人类这样一种高级动物;劳动资料包含劳动手段和劳动工具,劳动手段和劳动工具分为自然物和创造物,如用石块扔树上的果实可以将果实打下来,也可用木棍敲树上的果实将果实打下来,这里的石块

---

① 【德】马克思:《政治经济学批判大纲(草稿)》(第三分册)(刘潇然．译),北京．人民出版社,1963 年版,第 166 页。

和木棍既是手段也是工具,它们都来自自然界。如果用弓弩或猎枪去捕猎,弓弩和猎枪既是手段也是工具。虽然弓弩和猎枪是人类的创造物,但它们是人类身心智慧的产物。人类的思想和智慧也从属于一种生物力,所以也是自然的。如此说来,庞大的机器设备、精巧的电子芯片、模拟人脑的计算机制造都是人类自然生物力的创造物,即是自然的产物。劳动对象同样包括自然物和加工物,把野生的动物驯化为家畜的过程就是把自然物转变成加工物的过程。但动物本身无论是野生还是家养,它都是自然界存在的生物,生命的自然性不可改变。即使克隆羊、克隆牛亦同样如此,把蚕丝织成丝绸锦缎、再把丝绸锦缎做成霓裳也无法改变服装面料的自然性来源。在网络上流传的信息是人类身心智慧创造并甄选出来的,包括网络传输载体本身也是建立在信息波和能量场等物理现象之上的产物。所以说一切生产力都归结为自然力。

马克思为什么要提出这一并没有被人们热衷评论甚至被许多理论家忽略掉的论点?笔者认为他有四层含义:1. 人是大自然的产物,人不能超越自然界而孤立存在,甚至一切社会形态其实都是建立在自然生态环境中的一种人类群居的现象而已;2. 人的身心是世界上最根本的创造力,特别是广大的劳动人民为世界的发展提供了丰富的群体性力量和智慧;3. 人类的周围即自然界有着取之不尽的资源与构思,人只有发挥其内在强大的能动性才能将自然资源和自然构思转变成对人类即对社会有用的财富,当人类对自然视而不见或者反过来伤害自然的时候,就是人类作践自身的行为;4. 一切阶级社会内部和之间的斗争、对抗都是源自对自然资源和生命能源的抢夺,别无其他,生产力决定生产关系的要义即在此。这些貌似深刻的唯物主义观,其实是非常朴素和通俗易懂的,在其基础之上,马克思才能和盘托出生活实践和生产实践才是社会发展最为强大和根本的推动力:"任何生产力都是一种既得的力量,以往的活动的产物。所以生产力是人们的实践能力的结果。"①今天的时代是一种内化经济时代,这是资本主义社会向社会主义社会进化、社会主义初级阶段向社会主义中级阶段深度发展必然经历的时代,即民主、自由、平等深化而集权在阶段历史中仍必须作为保障的结果。

今天的世界是资本主义社会、社会主义社会甚至原始部落共存的时期,彼此间的互动学习、互帮互助成了一种新常态,大家不可避免被同一个时空和环境所包围,体量庞大且资产垄断型的资本主义国家对时空也具有强大的引力波,社会主义国家集中制的民主、平等逐渐被资本主义国家所吸收,从而加速了资本主义

---

① 【德】马克思等:《马克思恩格斯选集》(第 4 卷),中共中央马克思恩格斯列宁斯大林著作编译局. 编译,北京. 人民出版社,1972 年版,第 321 页。

国家在国体和政体上的深思,这推动了它们历史发展的进程。同样,社会主义国家如中国在互动交流中相对淡化了阶级斗争的意识,开始研究和学习资本主义国家的自由与先进技术。这些意识形态和哲学上的微变化造成了一个奇特的现象:在同一时空内部的往复对流使不同体制和国策逐渐趋同并有了越来越多的共识。这个共识的要点就是每一个执政党都关注到了一定集权下民主、自由、平等的重要性,起码在本国内部需要营造出这样的氛围,而这一思想的归结点就是构建人民大同的社会,那么阶级压迫首先就必须要被铲除,总体说来这不是一件坏事。这里分析得出的结论并非偶然现象,这也是人类社会进化的自然属性。那么,在这样一个非人力能够控制的自然属性面前,推动社会前行的法宝即生产力又将呈现怎样的状况呢? 民主打破了万众为统治阶级服务的腐朽根基以及不劳而获的剥削型体系,自由解放了人类被束缚的各种各样的内在创造力,平等促生了人人参与劳动、人人享受劳动成果的机制即多劳多得、按劳分配的理想。当然,美国输出的绝对性民主是披着华丽外衣的一种意识侵略,需要另当别论。于是多元生产力在今天的出现是历史自然性发展的必然结果,而且这些生产力必定是发自劳动者身心内部的能量和心甘情愿的创造,因为今天的时代就是自己为自己争取成功与幸福的时代!

　　不同的人会有不同的创造力,因为不同的人经历了不同的实践和成长过程,即马克思"所以生产力是人们的实践能力的结果"的指断。而马克思"任何生产力都是一种既得的力量,以往的活动的产物"的说法实际上正暗示了在当下的时代背景下,当人们开始为自己创造财富和谋取幸福的时候,人们付出过什么就应当获得什么、人们努力过什么就会成就什么,如果躺着不动恐怕只能等死。因为劳动人民整齐划一、集体流汗甚至流血去为统治阶级创造财富的时代已经一去不复返,那种听候号令、动作一致、为统治阶级树碑立传的密集型劳动早就退出了历史舞台。有学者在研究意大利为罗马皇帝图拉真(Trajan)所立的"图拉真纪功柱"(Trajan's Column)上的浮雕时这样写道:"在这场战争的图像表现中,皇帝出现了二十三次,如果我们顺着这圆柱盘旋而上,可以发现他出现了九十多次,有时一圈就现身四次以上。这种重复是完全不会令人厌烦的。如果我们围着这个柱子转圈,或像读书人乐于做的,去翻阅弗勒纳的图册,了解到图拉真如何处处现身,决定着一切,发号施令,监督命令的执行,他自己也承受着种种苦役,接着还在凯旋式中成为万众崇敬的中心——我们一旦领悟到这一点,兴趣便集中在他的身上,其他东西便索然无味了。无论战争在哪儿进行,我们都想了解他在每个新发生的事件中做些什么,直至找到他这个激动人心的人物,我们才会称心如意。对有能力反思的人而言,这种不断重复的手法似乎破坏了艺术的统一性,但它却刺激着观者的想象力。观者跟随着他的英雄经历了如此多的危难,最终看到他取得了伟大的业绩,征服了达契亚人,便会得出这样的印象:他通过这场战争变成了一位名副其实的皇帝。"①军队中的命令不可违抗是必须的,但这样对一个战争胜利者盲目崇拜的景象如今难再。封建社会可谓是社会或社群一个中心制的最后时代,皇帝是这个中心神话式的化身且通过财产的分封制实行对国家的统治。今天人们是崇拜王宝强、犀利哥或者自己,已经无人过问。今天就是为自己忙活的时代,在自由中寻求适合自己的社群、在自由中创造自己的社会地位和财富,这正是内化经济时代多元生产力体系产生的时代背景和社会基石。

自己度自己,是生命个体小我自然的规律。自己度大家是生命大我自然的境界,大家度自己是联盟作战、联合共赢社会的自然选择。因为我们都拥有各自独特的创造力,而且这些创造力都自然唯我所有。越来越多的人正看到了这一点。

第二节　设计生产力系统的运行机制

我们在本书第三章第二节中提到内化经济时代的生产力大致表现为九大类,或这九大类生产力在今天的社会里比较活跃、作用比较突出,它们是管理力、技艺力、智慧力、信息力、名声力、权位力、人脉力、相貌力、物质力。这些生产力在人类历史上都曾经发挥过巨大的作用,有些生产力在某些特定的历史时代还是最为核心的生产力,如奴隶社会的人力、封建社会的土地、资本主义初期的机器、资本主义中后期的货币等都是当时最为核心的生产力。所谓的人力其实就是技艺力、智慧力,其中技艺力与体力紧密相关;所谓的土地、机器以及货币实际就是物质力;而贯穿整个人类发展历程的一个生产力就是管理力,没有对所辖资源整合的管理力,人类只能表现出一盘散沙,与动物界没有本质区别。如果归结到生产手段上来说,人类发展至今的生产力表现有一个相对清晰的变化提升的规律,即人类经历了手工工具时代(包含石器时代、铜器时代、铁器时代)—蒸汽时代—电气时代—电子时代,如今正在进入又一个全新的时代。

人类从电子时代进入到了一个后电子时代,电子时代的生产手段主要就是自动化、信息化与虚拟遥控技术,一切的生活、生产与交际都可以通过人造智慧和仿生技术即模仿人类的存在形式得以虚拟化地实现,其中电脑和互联网成为人造智

---

① 【奥】维克霍夫:《罗马艺术:它的基本原理及其在早期基督教绘画中的运用》(陈平．译),
北京．北京大学出版社,2010 年版,第 103 页。

慧和仿生技术最突出的代表。虚拟化给人类带来了极大的便利,但同时也逐渐成为人类一种真实的存在。这种存在一直处于一种强烈的争论之中,左派分子认定人类逐渐被电子世界所控制和操纵,人类在自然伦理道德上的迷失最终将失去自我,而电子科技也必将淹没并分解掉人类积累了数千年的文明和文化;右派分子认为对电子技术高度发展的伦理性做出担忧完全是杞人忧天,电子技术终究是技术而已,它即使改变了人类的生存状态,但它永远也无法代替人类,这是人类高级智慧的伟大创造,仅仅是又一次的技术革命而已。但人类终究会有一天对电子生活表现出厌烦与排斥,因为人们内心天真活泼、淳朴可爱的生物性始终无法消失,就像今天的社会开始对"低头族""手游族"表示出无比的担忧与规劝:放下手中的电子产品,抬头看看天空、低头看看大地,人与人之间还能坦诚面对和真实交流吗? 我们还记得自然的物理世界;还认识我们自己吗?

把电子技术永远当成一种手段、媒介而不是当成内涵本身,那么人会坚守住自己的身心,而不会成为电子世界的奴隶。因为人的身心、世界观、价值观才是这个世界的原动力,才是决定这个世界究竟会呈现什么形貌的关键所在。利用电子技术不可怕,关键是要有自己的态度和表述,即电子技术传输和表达的内容仍然是人类自己、仍然是人类精神的价值体系才是人类坚守住自己的标志。于是,一种全新的时代开始到来,从生产手段来说,电子技术仅仅已经成为一种媒介、一种环境的介质,而全新的生产手段开始揭开后电子时代的序幕,这个生产手段就是来自于人类深度智慧、高度觉悟的创意力。所谓的后电子时代已经开始显露其本质内涵,就是创意时代。换句话说,人类发展到今天,从生产手段上来看经历了这样几个时代:手工工具时代(包含石器时代、铜器时代、铁器时代)——蒸汽时代—电气时代—电子时代—创意时代。创意力是今天最核心的生产力,也将是最宏伟的生产手段,因为创意不仅仅是生产手段,还是生产的内容本身。今天的设计生产力正呈现一种以设计创意力为核心生产力的扩散性三围体系。

一、核心设计生产力的构成与功能

核心设计生产力实际上就是设计创意力。创意有两种理解法,第一种作动词,即创造、创新、创生的意思;第二种作名词,即创造出来的新思想、新事物、新方法、新内容等。设计创意力是创意力中的一种,包含两层意思:第一层意思是创造品生产技术、内部结构、设计目标实现路径等,即技术性设计;第二层意思是创造品的外观形象、视觉传达、产品包装设计等,即审美性设计。这还是一种狭义上的设计创意力。如果从广义的创意力而言,创造在人类生活和生产活动中无处不在,商业策划需要创意力、商业活动需要创意力、管理战略同样需要创意力,家庭生活、夫妻关系往往也需要创意力,这种广义上的创意力其实就是一种富于想象力的新开拓、新构思、新点子、新气象。如此说来,在设计生产活动中,围绕设计生发出来的一切活动部类其实都具有创意力的存在,如设计管理活动中也同样具有设计管理创意力的存在。即在讨论核心设计生产力即设计创意力的时候,我们取广义的创意力。如此这般,实际上就诞生出了核心设计生产力的构成体系,用图表示如下:

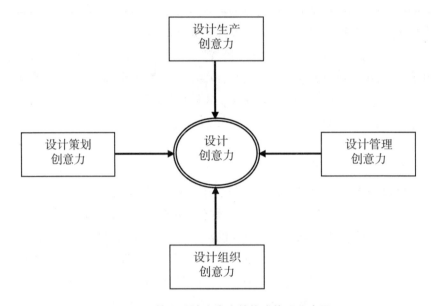

图 8 – 1　核心设计生产力的构成体系示意图

其中,设计策划创意力包含开拓性的产品想象力、新颖性的商业想象力、设计活动的文案创作力、设计计划实现过程的规划力等,注重的是活动概念;设计生产创意力包含工艺技术上的创新力、设计造型上的创新力、生产过程的创新力、设计技术的研发力等,注重的是将概念转变成现实;设计组织创意力包含社会资源的创造性挖掘力、社会部类的沟通和调控力、设计组织形式的创新力、生产过程组织上的创新力等,注重构建自身的组织体系;设计管理创意力包含社会资源的创新性整合力、设计生产过程协调与监管的创新力、设计产品质量把控的创新力、设计产品商业战略管理的创新力等,注重的是严格贯彻和执行设计活动的构想。

设计创意力大致由如图 8 – 1 中所示的四大创意力构成。设计策划创意力一般而言是一切设计活动最初的概念性构思,也是一切设计活动最初的原动力,在此基础之上,设计师、设计工厂、生产机构才会去实验性地研发和设计生产,策划构思的可行性仍然需要不断的设计实验来证实,一旦通过了实验的验证,设计组织创意活动就会产生。因为需要设计组织来将实验结果转化成量产,量产所需的资金、厂房、机器、市场销路等都需要设计活动团队跟社会各部类的反复沟通与交流,如此才有可能实现。例如,没有投资人,有时候再美好的设计想象都是空想,设计组织组建成功即各社会资源聚集到一起,大家联合工作的过程就需要一个严格而精准的设计管理过程,设计管理创意力开始粉墨登场。整套行为单向上来看,实际是一个设计工作的流程:

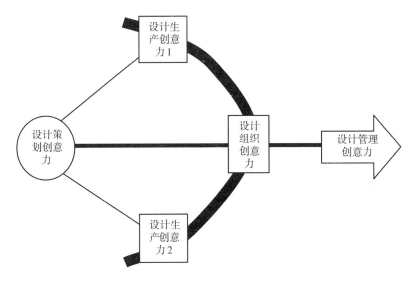

图 8 – 2　设计创意力弓箭式实现过程示意图

　　设计策划创意力就是弓弦,也是最富有弹力的发力点。设计生产创意力 1、设计生产创意力 2 是弓弦在弓背上的两大支撑点,一是概念产品原型化的支撑,一是现实产品成型化的支撑,也可以理解成设计生产两套甚至多套方案的支撑。总之,任何一种设计策划都很难原样不变地成为现实,设计生产过程本身就是复杂而多变的。弓背上的设计组织创意力是各种社会资源的组合形态,它也是射手的持弓把,更是箭杆的依靠点,持弓把的朝向和角度直接决定了箭飞行的方向。设计管理创意力就是箭头,其尖锐度和坚硬度直接决定了箭究竟能不能射穿标靶,还是被标靶反弹回来。

　　设计创意力是设计生产力中的核心生产力,其功能是要射出设计之箭,并要求这支箭正中靶心。这支箭代表了人类不断突破自我的思考力和创造力,也是人类改变世界的利器,更是世界前进的速度和力度。一切社会的资源和力量都围绕这把弓箭的场域发展着自身的形态和发挥着自身的功能。

二、基础设计生产力的组织与调配

狭义的设计创意力是造物的工艺技术、外观造型的设计力,广义的设计创意力在内化经济时代融入了其他九种生产力之中,即管理力、技艺力、智慧力、信息力、名声力、权位力、人脉力、相貌力、物质力中都可以吸纳创意力,缺乏了创意的九种生产力也就是基础的资质而已,只有加入了创意,这九种生产力才能发挥巨大效能、创造效益。所谓的创意力其实就是超越人的自然资质伸向神性的一种升华和引导。创意是人类世界的点化,点化了基础设计生产力创造出新人类。基础设计生产力就是一种先天因素和后天环境的存在,是一种正常经验和物理性的个体,而创意力就是一种超经验、超个人的所指:"不论是遗传学、生物化学、神经科学的研究,还是家庭系统、母婴互动、童年早期发展的研究,都无法为生命的基本问题提供满意的答案。也就是说,只考虑到天性或教养的表面解释,都不是真正的答案。只有涵盖并超越先天因素和后天环境的灵性维度,才能为人类存在的问题提供适当的答案。从另一个角度来定义超个人心理学,就是探讨'超个人'(transpersonal)的定义。《韦氏大词典》说明前缀'trans - '出自拉丁文,有两个意思:超越和跨越。Trans - 的第一个定义是指'在上方和超越',比如'超经验'(transcendent experience)会使我们超越平常的意识。第二个定义是指'跨越'或'从一边到另一边',比如'跨越大西洋的飞行'(transatlantic flight)是指飞机从大西洋的一边飞到另一边。这两个意思都适用于超个人心理学的定义。"①基础设计生产力实际上是造物领域和创造财富的经验积累,绝不是"超越先天因素和后天环境的灵性纬度",所以也就不能"为人类存在的问题提供适当的答案"。因为沉迷于经验,人类就会被经验所束缚,被经验束缚的生活就是缺乏创意的生活,只有"超越平常意识"的尝试和实验才充满神奇和惊喜。设计世界依托最正常的视觉感知,但神奇和惊喜的视觉刺激才会引人深思、促人内省,创意力就是要把平常的视觉引导向人类的内心深处和精神体验的高处。

但没有基础设计生产力,设计创意力就失去了依附的本体。基础设计生产力与后面将要讨论的辅助设计生产力即整合力呈现一定的规律。我们来看下面一幅图:

---

① 【美】布兰特·寇特莱特:《超个人心理学》,(易之新. 译),上海. 上海社会科学院出版社,2014 年版,第 6 页。

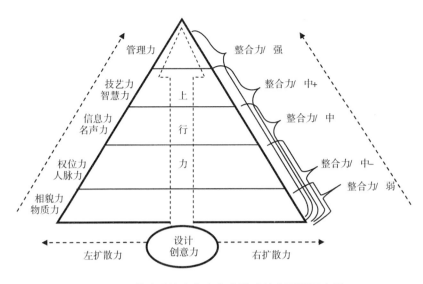

图8-3　基础设计生产力金字塔式社会配置示意图

基础设计生产力是一种"先天因素"和"后天环境"的经验性积累,九大基础设计生产力构筑出金字塔式的设计生产力体系,这样的生产力体系也决定了整个社会的设计生产关系的大致模式。金字塔式社会配置示意图显示基础设计生产力大致可以分为五层,管理力在最上层,依次下行是技艺力/智慧力、信息力/名声力、权位力/人脉力、相貌力/物质力,其中信息力就是搜集和分析信息的能力、名声力就是生产者名气响亮的程度、权位力就是生产者所处职位的法定权力、人脉力就是生产者人脉圈的广度和能力、相貌力即生产者的长相、物质力即生产者拥有的生产资料包括自然资源。相貌容易衰老,物质容易消耗,所以处于金字塔的最底层;权位力和人脉力虽然作用很大,但常常处于变化不定的状态,所以只能处于金字塔的中下层;信息力和名声力具备一定的稳定性,同时也是生产者自己相对稳固的能力,所以处于金字塔的中间层;技艺力和智慧力属于完全依附于生产者的内化性生产力,不容易被别人剥夺,而且创造性更强,所以处于金字塔的中上层;管理力不仅是高级智慧的表现,而且是生产者调配与整合更多其他资源的能力,属于深度创造力,所以处于金字塔的顶层。每一层内部基本也按照这样的规律进行排序,越是内化的东西、内在的东西就越有深度、越加牢固而高贵,也越能居于社会部类的上部。居斯塔夫·福楼拜(Gustave Flaubert)有一句话:"一个真正的贵族不在他生来就是一个贵族,而在他直到去世仍保持着贵族的风采和尊严。"说的其实就是一个人或一个事物一贯如常的核心精神和价值准则,短暂的、表面的、浮饰的高贵不是真正的高贵,尽管它也能带来光鲜和荣耀。所以同为生产力,其实还是有差别的。

　　而今天的社会强调集群式、链环式生产,只有当一个设计生产团队拥有的生产力资源越多就越有创造性,单一的生产力很难有真正大的作为,如果内在的、外在的、固有的、添加的资源越丰富,自然其作战能力、创造能力就越强,于是就出现了金字塔右侧的图文表示。整合力是统合基础生产力的一种外在力量,也就是我们所谓的辅助设计生产力,它大致也可以分为五个等级:弱、中－、中、中＋、强,能整合其中之一层级力量的整合力创造性弱,每多整合一个层级的力量其创造力就上升一个等级,古人云"三个臭皮匠,顶一个诸葛亮",即为此意。大凡在设计创造界创造出自己帝国的人,并非他样样精通,而在于他善于借力、用力,即他的整合力绝非常人所比。有人可能认为整合力就是管理力,其实不然,整合力是管理力中的一种,管理力更为广博,包括宏观的策划、战略的构建,也包括具体技战术的安排与指挥,还包括微观上的贯彻和执行,整合力更偏向于宏观管理一点。而图8－3中的整合力是打通、擅借之义,管理力是微观上的贯彻、执行之义,此时的整合力是宏观、是帅,而管理力是微观、是将,我们要注意到这一点。

　　如何才能将基础设计生产力真正转化为强势的创造力呢？任何一个设计生产团队都会试图充分发挥自己的每一份力量,即让团队中的每一种资源、每一分子都能处于工作的最佳状态,那就是要依靠设计创意力来调动每一种资源、每一分子的积极性,同时需要依靠设计创意力让每一种资源、每一分子都能真正发挥出自己的效能。这不是一件容易的事,这样的组织和调配工作极其需要智慧和号召力。"望梅止渴"的故事大家都熟悉,行军队伍干渴难忍,抵挡住死神的召唤是当务之急,到达目的地打胜仗已在其次。作为统帅的曹操深知其中要害,编造了梅林就在前方,激励着大家坚持下去,大部队果然冲着前方继续前行,最终找到了水源。这就是管理创意。"画饼充饥"也是一种创意,科学研究上的假说法、畅想法、实验法等都是一种创意。因为有了创意,基础设计生产力就像被安上了翅膀,具有了飞行的方向和力量,因为人们相信朝着目标坚持下去,明天一定会比今天更美好。设计创意力就是一种上行的力量,其向左的扩散力推动基础设计生产力上行,其向右的扩散力推动整合力上行,目标只有一个,用设计创造更加高贵而宏伟的新世界。

三、辅助设计生产力的内化与运用

　　辅助设计生产力就是图8－3中所示的整合力。整合力就是要把分散的社会生产力整理统合到一起去,从而突破单一力量的局限性,增加合力的数量,提升合力的品质即创造性,创造更大的价值。如国家拥有土地和政策、劳工拥有劳动力、财团拥有金钱、设计院拥有设计智慧、原料商拥有建筑原材料、施工队拥有施工设备与施工技术,那么几方面结合,大面积的房地产开发就成了。这就是整合,不整合大家都一事无成。整合的原动力是什么? 利益。在房地产开发整合活动中,政府的利益是国家财政、地方财政得到了改善,劳工的利益是劳动收益,财团获得投资收益,设计院获得了设计费与名声,原料商也把原料转变成了金钱,施工队无疑获得了建设收益,购房人即广大消费者获得了什么? 获得了更加舒适的居住环境,获得了生活上的便利与改善。总之,是利益目标的趋向一致让整合力化想象为现实。

所以,辅助设计生产力的内化其实就是一种更加美好又趋向一致的目标。在设计团队内部,设计管理者必须要擅长构建、擅长描绘,用美好的目标将大家统合在一起,其实就是管理者的本职工作。今天永远在路上,明天一定更美好,只有这样的愿景才能让企业永远向前,才能让员工愿意付出和奋斗。谷歌公司前任 CEO 拉里·佩奇(Lawrence Edward Page)数年前是美国 40 岁以下最有影响力的 CEO,他高达数百亿美元的身价使他成为世界媒体关注的对象。他热衷于各类技术的开发和想象:"他甚至还成立了 Alphabet,这家控股公司把谷歌各种资金充裕的广告业务同风险性的项目(比如令人遐想但却赚不了钱的无人驾驶汽车)分割开来。Alphabet 旗下的公司与投资涉及的学科包括生物科学与能源,乃至太空旅行、人工智能和城市规划。"但他毕竟不是万能之人:"不管佩奇有多么聪明,也不可能充当 Alphabet 公司愿意涉足的每一个领域内的专家。"那么他如何把他的事业帝国做这么大的呢? 他最擅长的还是发现和整合人才:"佩奇的新角色部分是发掘人才,部分是技术预言家。他还得为许多 Alphabet 公司的其他业务寻找首席执行官。他在许多场合说过,他花费很多时间,研究新技术,关注阻碍发明、推广它们的资金或后勤问题。以前,关注技术大事只占他的一小部分时间,但也显示出那是多年寻找创意的成果,如今更是成了他的主要工作。"寻找人才就是寻找创意,有了创意才会有好的项目。但人才和创意为什么要听他指挥、为他所用呢? 这要归结于他的另一项能力,那就是愿景的勾勒、理想的点化力:"佩奇当众演讲时,他一般都是对未来发表乐观的宣言,并表达谷歌帮助人类的意愿。有时他也会被问到关于当下的问题,比如手机应用对网络的挑战,或者广告屏蔽软件是否会影响谷歌的生意,他总会避而不答,说'关于这个,人们已经讨论了很长时间'。后来,他开始更多谈论自己的信念,即盈利公司可以成为促进社会公益与变革的力量。2014年接受查理·罗斯采访时,佩奇说,比起非营利组织或慈善机构,他宁愿把自己的钱留给马斯克①这样的企业家。"②整合力是靠着趋同的目标发挥效能的,整合力的发起人必须要有社会的可信度和知名度。如果一个没有可信度和知名度的人或机构想整合社会资源,是非常艰难的一件事。只有整合成功的社会资源与生产力才是内化了的有效设计生产力。上文提到的马斯克(Elon Musk)在 2008 年金融危机期间一路下滑,三次火箭发射失败的经历让他濒临破产,2010 年是奔驰和丰田公司的注资才拯救了他,在相信冒险和理想的美国这不足为奇。在中国,社会资源的整合力往往需要依赖人脉和政府公权力背景,这是国情的差别。但在自由市场上,越来越多的迹象表明,还是知名度和公信力能发挥更大的效能,这一点,中国正在与国际接轨。如 2013 年因《西游·降魔篇》电影票房分成的问题,周

星驰将投资方华谊兄弟公司告上了法院,结果周星驰败诉,转而他带着计划中的新电影《美人鱼》(见图 8 - 4)投靠了光线传媒,参投方有哥伦比亚这样的国际大牌。2016年春节期间正式上映的电影《美人鱼》至 2 月 16 日晚 19 点,票房已经突破 21 亿元,从而成为国

图 8 - 4　电影《美人鱼》海报(成乔明绘)

内电影市场上最短时间(8 天)票房突破 20 亿的电影。这首先得归功于《美人鱼》制作和立意的品质都较高。2 月 16 日下午,笔者带着上初二的大儿子看了该片,从头至尾儿子咯咯笑了十多回,显示了导演周星驰的搞笑功力和老少皆宜的艺术修为。《美人鱼》的成功还得归功于周星驰在业界巨大的名气和号召力,如果换作其他导演,相同的制作也很难保证同样的结果。

　　所有的基础设计生产力一开始都有可能是分散的,一盘散沙的分散永远是最

---

①　马斯克——埃隆·马斯克(Elon Musk),出生于非洲,后入美国籍。工程师、设计师、慈善家,多家世界级公司的 CEO 与首席技术师。参与的公司有:世界上最大的网上支付公司(Paypal 贝宝)、太空探索技术公司(Spacex)、环保跑车公司(Tesla)以及家用光伏发电类公司(SolarCity)四家公司的 CEO。他领导的 Spacex 是世界上第一个发射火箭的私人公司。马斯克还计划研制世界上最大的火箭用于星级移民。他领导的 Tesla 公司是唯一一家在美国上市的纯电动汽车独立制造商,也是奔驰 Smart 汽车的电池供应商。

②　杜唐城:《谷歌公司前任 CEO 拉里·佩奇的幕后故事》,2016 年 2 月 7 日《金陵晚报》,第 T05 版。

低级的社会资源。谁能抓住其中的商机,谁能勾勒出美好的未来,谁能动用各种手段将分散的力量整合起来,谁就能创造设计奇迹并开辟神奇的设计市场。创造设计奇迹并开辟神奇的设计市场的策划人或策划团队,其实已经将整合力内化了。内化的过程就是通过设计创意力的运作、在图8-3的金字塔中寻求并利用各层级的基础设计生产力,将它们拧成一股绳,最后爆发出更为强大的创造力的过程。这个过程就是创意本身的卖点和亮点加上策划人、策划团队的名气与勇气。设计市场上,唯有勇者和智者能胜。有时候,目标不仅仅是商业利润,可能还有其他更多,最关键的是价值观、事业观与大众利益的趋同感塑造才是最持久、最可靠的。大国战略说起来简单,却需要百年振兴的决心和准备才有可能美梦成真。大国战略虽宏阔高远,实际其立足当下的所作所为与本章所论设计生产力和设计产业的振兴一脉相承,并且原理一致。周星驰在《美人鱼》中表达了自己的内心独白:"无敌是多么/多么寂寞/无敌是多么/多么空虚/独自在顶峰中/冷风不断地吹过/我的寂寞/谁能明白我⋯⋯"设计产业同样是一个高大上的事业,不仅仅是买和卖、不仅仅是钱和权,唯有把三大类设计生产力浑然打通、凝合一体、互为因果才能创造出无比辉煌的智慧空间、视觉盛宴以及更加美好的人间。大国战略的立意也不是买和卖、钱和权,而是更加美好的人间,其实施的主要手段正是整合性的浑然打通、凝合一体。

第三节　设计创意力的本质内涵

上一节我们讨论了设计的核心生产力、基础生产力与辅助生产力,即核心设计生产力、基础设计生产力、辅助设计生产力,并提出应当将三类设计生产力浑然打通、凝合一体、互为因果,否则一盘散沙很难有大的成就。通过整合的力量才能将它们打通,而整合的内在动力究竟是什么,上一节我们也给出了答案,那就是创意。创意就是能给人缔造出崭新的、具有吸引力的目标和愿景的构思和点化。

所以各类设计生产力尽管难以真正分出高下、轻重,但还都必须在创意力的策划和推动下才能走向融合、走向能量的递增。设计创意需要给人耳目一新的感觉。古代有"悬梁刺股"的故事,讲一个秀才治理夜读打瞌睡的事儿。这其实是对管理力的一种创意,如何管理时间、管理精力、管理体能的问题。他把自己的头发吊在梁上,困了就在大腿上用针刺。这种做法就是在今天看来也蛮新鲜的,远比抽烟、喝咖啡、喝茶提神多了。韩国著名导演金基德有部神作电影,叫《时间》,讲述了一对相爱多年的恋人之间的故事:女人害怕失去这份爱,就去做了整容,希望自己更加漂亮和年轻。突然失踪半年后，她以全新的容貌出现在男朋友面前，男朋友完全不认识她，相处一段时间后，女人发现男朋友爱的还是原来的她，于是她又去整容整回自己，知道真相后，男人觉得受到了欺骗和戏弄，为了报复，整容后的男人消失在了人群中，永远让女人失去了他。相貌本身也是一种生产力，但加入设计创意后就可以变得更加美丽甚至变成了另外一个人，是创意让相貌力充满了神奇。血缘关系属于人脉力的一种，不好好规划与管理，从小让下一代娇生惯养、养尊处优，只会培育出贪图享乐、目无王法的李天一、李启铭之流。许多成功人士就坚持送自己的子女去接受劳动改造，在艰苦环境里锻炼，物质的匮乏、生存环境的恶劣培育了这些本是"某二代"过人的能力，使他们也成为又一个成功者。罗纳德·威尔逊·里根（Ronald Wilson Reagan）当选美国总统后，他的儿子还去排队领取失业救济金。毛泽东派毛岸英参加抗美援朝即有锻炼的意思。蒋介石在蒋经国17岁时就曾将他贬到西伯利亚当列兵。马英九的女儿马唯中在哈佛读硕士的时候出门坐公交，出境坐经济舱，毕业后跟蔡国强去学放烟火，保持了低调本色的台湾"第一千金"形象。再好的血统也必须要经过平凡生活的艰苦磨砺才能绽放精彩，这种磨砺的过程就是创意。我们可以从天然性、革命性、建设性三个方面来探讨一下设计创意力的本质内涵。

一、设计创意力的天然性

设计创意力不是无中生有、惊天动地的创造力，它来时自然，去时悠然，不来不去时就静静流淌在我们的身体里、生活里，让我们习惯于生活的常态又不甘于身体的平凡。设计创意力是对正常生活深沉而细微的体验，设计创意力是在正常生活中涌动着的不甘。寒冷地区的人才会考虑取暖的问题，所以他们会想尽一切办法获得更多的热量来抵御寒冷，于是制暖设备和方法就会应运而生；病毒带给人类各种各样的疾病和无比的痛苦，于是人类就需要研发各种药剂来控制和消灭病毒；无聊的生活逼迫人类生产出五花八门的游戏、游乐方式和玩具；对外太空的好奇促生人类发挥想象创造出航天航空技术；为了传播知识、记录生活，人类发明出了文字和各种书写的工具；为了更快地传输和存储海量信息，人类进入了电脑和互联网时代。是生活本身促发了人类的创意潜能，是对生命体验中遇到的种种困境与障碍开辟了人类的创意力。所以说设计创意力来自于天然的基础，解决了天然的问题，通向天然的未来。

心理学家罗伯特·斯腾伯格利用"非正式知识"来指出创意力的生活天性："非正式知识不是在学校传授的知识，而且通常也不会在其他任何地方传授，但是没有它就很难发挥高效能。让我们看看你可能得到的一些建议，或者你可能产生的想法,然后判断它们是不是好创意。等到你真想做的时候再开始工作,这条建议可能作用不大,因为有些任务你必须完成,但是你可能永远不会真想去做。强迫自己每天花少量的时间在工作上,从最容易的部分做起,哪怕只有 15 分钟。"①生活中、工作中的经验积累常常就是"非正式知识",这些经验有些只可意会,不可言传,所以只有在做、在完成任务的过程中获得。我们思考上的懒惰性常常让我们错过获得体验和领悟的机会,所以需要"强迫自己每天花少量的时间在工作上","哪怕只有 15 分钟"。这与笔者提倡的"慢设计"思想如出一辙,就是长期的实践和积累。斯腾伯格继续论道:"当我们谈论日常的创新,想说的是:对生活或大或小的领悟可能对于其他人而言并不意味着什么,但是对你却意义重大。为了开展这个项目,作者不得不调整最初的思路。你可能会说,这并不是很有创新性的观念,但它是那种能够让你突破障碍,实现目标的创新。在自然科学、文学或者其他方面,你或许会,也或许不会有石破天惊的发现。然而,你无疑会有一些日常问题,可以通过从新的角度去看待它们,以及利用非正式知识,用最优的方法解决它们。"②每一个设计创意者最初做事的想法都来自于自我意义,而非他人意义,也就是为了突破自我的"障碍"、实现自我"目标的创新"。这些障碍的解除、目标的实现可能"不会有石破天惊的发现",但完全可以找到"最优的方法解决""一些日常问题"。每个人遇到的日常问题都不一样,想到的解决方案也不尽相同,所以无法在普众性课堂和书籍上找到答案,尊重个体生命体验获得的经验就是非正式知识,即个体的生活知识。

需要注意的是,生活知识总是自然产生的,是生活自然发展过程中的必然性甚至偶然性的体会和领悟。这些体会和领悟其实就潜藏在身心内部,你不采取一些行之有效的方法手段是很难真正发现自我潜能的。我们经常听说佛学中有禅修之功,禅修就是一种向生命内在寻求问题答案的过程:"这种禅修的方式和心理治疗之间的相似性非常明显。两者都能产生更深入自己内在核心的感觉,整体说来,都有更平静、不易激动的感觉,更重要的是都对此时此地有更充分的觉醒。敞开心胸面对当下,是心理治疗和禅修交会的关键。以存在一人本主义心理学的语言来说,就是完成未竟之事、成长、尝试新的行为、放弃过去的过时习性模式;以自体心理学和对象关系理论的语言来说,就是恢复受挫的发展努力,使自我和客体

---

① 【美】罗伯特·斯腾伯格,【美】陶德·陆伯特:《创意心理学:唤醒与生俱来的创造力潜能》(曾盼盼 . 译),北京 . 中国人民大学出版社,2009 年版,第 125 页。
② 【美】罗伯特·斯腾伯格,【美】陶德·陆伯特:《创意心理学:唤醒与生俱来的创造力潜能》(曾盼盼 . 译),北京 . 中国人民大学出版社,2009 年版,第 126 页。

的旧有形态能发展成更成熟的形式。这些说的都是一件事:较不专注于过去(旧日创伤、发展缺陷),而在心智、情绪、身体感官的每一个层面都注入更大的活力,向当下开放。心理治疗处理觉察的内容(自我)而达到这个结果;禅修较不关心特殊的内容,而是注意觉察本身,以达到相同的结果。"①许多设计项目、设计构思陷入抄袭和模仿的境地,甚至连被模仿对象的"旧日创伤""发展缺陷"都一丝不落地重复出来,就是因为这些设计项目、设计构思失去了"自我",缺乏"此时此地""更充分的觉醒"。什么叫设计创意? 其实"就是完成未竟之事、成长、尝试新的行为、放弃过去的过时习性模式"。而一个设计师有意识地去抄袭、模仿,是因为他根本就没有意识到设计创意的天然性,而是对过往的依赖和沉迷,根本就没有"恢复受挫的发展努力"的精神。这种精神就是设计创意力的基础,这种精神来自哪里? 来自"使自我和客体的旧有形态能发展成更成熟的形式"的渴望。只有"在心智、情绪、身体感官的每一个层面都注入更大的活力,向当下放开",设计师才能开启自我的创意之门。

二、设计创意力的革命性

设计创意来自天然,但设计创意的目标往往就是要忘记"旧日创伤""发展缺陷",找回、尊重并重塑"当下"。这本身就是具有革命性的大事件。最大的革命性不是改天换地、铲古除今,最大的革命性是改变旧的习惯,从个人的生活习惯、群体的相处习惯、统治阶级的剥削习惯到社会上各种丑陋习惯的改

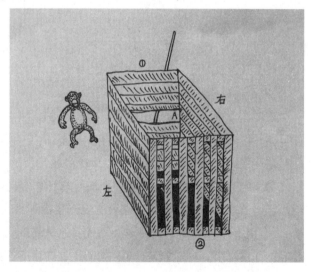

图8-5 猩猩取笼中香蕉实验图(成乔明绘)

变,就是革命性。习惯是最难以改变的,其中尤以观念和思维习惯最为根深蒂固。设计创意力更多是一种心理活动力、精神想象力,心理和精神上形成的习惯如果

① 【美】布兰特·寇特莱特:《超个人心理学》(易之新.译),上海.上海社会科学院出版社,2014年版,第128页。

很难被打破,那么制造出再多的雷同品也没有意义,也谈不上价值,当然满足全部人基本生活日用品的量产行为除外。设计创意力不是一种简单的生物性、生理性行为,生物性、生理性行为有它先天的稳固特征,如渴了想喝水、饿了要寻找食物、热了要降温、冷了要取暖、困了自然要睡觉,这些方面人和小白鼠没有本质区别。但心理和精神上形成的习惯认知、习惯方式正是设计创意力产生的最大阻力,也是设计创意革命最强大的敌对势力。只要人类心理和精神性习惯改变了,物质世界的顺变才会理所当然、功效突出。所以说,设计创意力的革命性集中表现在对心理、精神习惯上的突破。在这里我们来看一个非常经典的心理行为学实验,这个实验由格式塔心理学的创始人之一、德裔美国心理学家沃尔夫冈·苛勒(Wolf-gang Kohler)亲自策划并执行,我们这里做了简化处理和一些变通。先来看图8-5:一个带有盖子的、密封的笼子里放了一根香蕉,笼子一边即①处有一块横向的板被取走,形成一个缺口,小猩猩可以通过缺口看到香蕉,但伸手臂进去也够不着地,因为缺口设置得较高。笼子另一边即②处是纵向的栅栏,小猩猩的手臂可以伸进去,但香蕉距离②处太远。①处有一根较长的木棍,小猩猩可以拿起木棍触碰香蕉,但猩猩如果把香蕉从①处往自己身边拨,它也根本无法取得香蕉。但小猩猩先前就是这样考虑的,拼命把香蕉往自己身边拨。小猩猩做了很多努力想要得到香蕉,但都失败了,最后它还是通过木棍的使用获得了香蕉。即它实验多次后,突然做出了一个选择,用手中的木棍把香蕉往前推,推到接近栅栏的一边即②处,随后,猩猩绕过笼子走到了栅栏处,伸手取出了香蕉(见图8-6)。小猩猩最初的思维习惯就是用棍子把香蕉往自己面前拨,屡次失败后才发现了迂回绕道取香蕉的主意,如图8-6中的绕行曲线所示。这是精神和心理活动上的创新,也是一次思维上的革命,同样,这是一次了不起的创意活动。猩猩的举动正

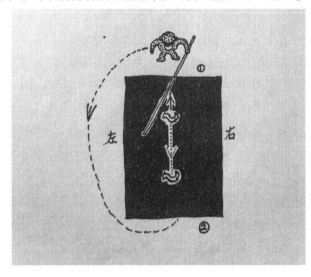

图8-6　猩猩取笼中香蕉解决方案俯瞰图(成乔明绘)

象征着人类成长初期精神世界迂回曲折的进步。纵观人类历史长河,每一次伟大创意力的爆发都是对前一次习惯的否定,天性所追求的直接、便利、简单思维慢慢

上升为更加复杂而宏大的高级劳动和高级创造。

设计创意力生发的机能归根结底还是来自于生命的渴望与生活难题的解决，从天然坡道的山冈变成延绵千百里阶梯状的梯田，从尘土飞扬的关道到宽阔平坦的柏油马路，从跋山涉水的徒步旅行到上天入地的交通工具，从洞穴树巢到高楼大厦，从千里鸿雁传书到遍布全球的信息网络，从结绳记事到视频语言聊天，设计创意力一直都在默默、不停歇地发挥着其巨大的改造世界的力量。这些力量是集腋成裘、聚沙成塔的形成过程，是经历过反复试验、反复失败、反复改进之后才实现了从量变到质变的想象。人类的成长就像上面提到的猩猩取香蕉一样，是一条迂回道路形成的过程，思维上的解放就是不断对自身过往的否定和超越。这种迂回不仅仅蕴含着人类冲破天然身心和环境束缚的长期努力，同样也是人类目标越定越高、越拉越长、越进化就越复杂的自我挑战。设计创意力的自我挑战可大可小，作为设计师你可以按你的意图解决你的问题，若你感觉真实挑战了自我并获得成绩、真正解决了自己在设计思维和工艺技术上的难题，那就是你独特的生命体验，是你成功的革命，是你无比珍贵的升华，又何必在意对别人产生了多大的作用和影响。因为从设计意识形态上来说，你是第一个，你是独立和独特的，你具有你存在的唯一性和不可替代性。这就是将设计师可以称为艺术家的内在依据。设计创意就是一种艺术，而设计产品未必全是艺术品。称设计师是艺术家时其实称赞的是他独特的设计创意，因为设计创意才是造型和技术上的革命，而不是按他的设计创意由工厂量产出来的设计市场："电冰箱虽然是按照人的意图制作而成，但它并不拥有意味着某种意识世界的语言功能。即使有一万台完全相同的电冰箱，它们分别都作为电冰箱而存在。它们各自无须拥有独立的'个体性'或'唯一性'。一件艺术品若离开了'个体性'（individuality）或'唯一性'（uniqueness），就无法以艺术作品的身份存在。这一事实与强调艺术作品的'独创性'（originality）具有关联。一件艺术作品往往是由谁第一次想象到的世界，也是在独创性的世界里的真正的艺术作品，即真正的世界。由此一来，艺术作品的独创性无非就是将艺术作品的唯一性、个体性从发生学的立场得以呈现的概念。"①设计创意力就是一种革命力，是人类完成自身生命习惯超越的"独创性""唯一性"革命，而"个体性"的设计创意也是设计师成为艺术家的哲学根基。不是所有的生产者都是设计师，不是所有的设计师都是艺术家，唯有通过设计创意表达了自身个性化、独创化、唯一化革命性的设计师才配称为艺术家。

---

① 【韩】朴异汶：《艺术哲学》（郑姬善．译），北京．北京大学出版社，2013 年版，第 71 - 72 页。

三、设计创意力的建设性

设计创意力是一种革命力,革命在于破,打破传统思维,打破精神枷锁,打破意识形态上的陈规陋习,革掉沉溺于习惯和惰性的命。随后呢,设计创意力同样还是建设力。建设力就是指明方向、构建目标、规划路径的力量,是立。有破就应当有立,这就是设计创意力的建设性。

设计创意力的建设性可以是想象的建设,也可以是感觉的建设。

一种设计方案的陈述、一种设计策划的描绘、一种设计概念的呈现,如图纸、沙盘、模型,还有策划文案中的文字表达,这是想象的建设,哪怕是一种实物化的试用品、样品,我们也无法完全把它等同于未来市场上商业化销售的成品。因为我们是在用想象接受这些形式的设计品,我们潜意识里接受了设计方案、设计概念的试产性暗示。如在电影上看到悬浮在空中、高速行驶的私人家庭飞碟,而且这种飞碟成为地球人通用的交通工具,类似于今天我们骑的小电驴;如在电影上看到在人后脑勺上的插孔里插入一个连线插头,我们就进入了别人的梦,或者进入了四维世界甚至实现穿越;又如在电影上我们看到在城市上空的大楼间飞来飞去的蜘蛛侠、蝙蝠侠,我们一点也不会怀疑它的虚幻性和假设性,起码在现实认知和感觉的基础上,我们作为成人一点也不会对电影上这些出神入化的构想和创意表现出羡慕嫉妒恨。现实中处于试产阶段的产品,如果在被告知的情况下,消费者也会将信将疑地停留在想象性接受阶段。因为,处于试产阶段的产品也不可能完全等同于最后量产的成品,不是说试产阶段的产品不如市场上成品的品质,恰恰相反,试产阶段的产品很可能更加精致和完美,试产阶段的产品不是附赠品,不是顺带的促销品,更不是假冒伪劣品,而是测试消费欲求、增强消费体验、建构市场信心的试验品,它们就是要建立起消费者的第一印象和初步感觉。可以这么说,试产阶段的产品一丝一毫的差错都不能有。而一旦进入量产,绝大多数设计产品都会分出一、二、三级产品来,无非就是优、良、次的等级。被现代商业培训得越来越有经验的消费者想象力也越来越丰富,而且很懂得配合商家的作秀,不用商家来刺激,一看到新鲜的事物和概念,消费者就已经进入想象阶段。这就是设计创意力想象的建设。

而量产之后的设计产品就完全不一样,一旦投放市场就是实打实的不可回炉的产品。房子不满意可以推倒重建吗? 开过封的食品、饮料、洗化用品离了柜台就不能退换;卖出去的汽车一上牌照就像撒了腿地往下直掉价。原理上来说,新手机只要开机一激活就只能撤柜回厂而不能继续放在柜台里当新手机卖。瑞士手表算是高档货,七天可退货,十五天可换货,谈何容易?! 作为消费者,你说日历不准、你说走时不准,送回商场来,观察三天再说,三天一过,从开票日算起,不是过了七天就是过了十五天,再有问题那就当旧手表免费维修。量产之后的商业化设计产品就是实实在在、受缚于市场游戏规则的实物,给予消费者的不再是想象,而是一种真真切切、屈服于感知的消费体验,是一种消费感觉的建立过程。设计创意力的感觉建设容不得太多的浪漫和憧憬,更没有所谓的幻想或意象,是与生活现实的直接碰撞,是面对生活难题真刀真枪地拼力厮杀,哪怕买来的是鸡蛋,那也得要当鹅卵石用。或者击破生活的谎话,或者自己粉身碎骨,这就是市场上卖家和买家"周瑜打黄盖"的游戏法则。量产的设计产品就是用设计创意来建设自己的江湖口碑,如果连口碑都不要的设计生产者,根本就谈不上所谓的里子,而消费者在这场交易过程中获得的就是感觉,支付钱的感觉、使用物的感觉、身心体会的感觉、精神磨砺的感觉,运气好的时候幸福爽朗、如沐春风,运气不好的时候欲哭无泪甚至气郁吐血而亡。

　　想象出来的世界和事物可以被称为意象,即意识里所指或能指的形象。设计创意力究竟给消费者构建了一种意象还是一种感觉呢? 笔者用心理学上的一段描述来回答这个问题:"如果意象像感觉一样,也是为了科学的目的,即只有辨别期望(只有在它们的刺激正巧是内部刺激时),那么人们会问,在哪一点上构成了意象和感觉之间的那种假设的独特差异? 通过回答提出了两点。第一,看来,我们倾向于把个体瞬时的、'具有透视偏见的'辨别期望称为意象,只有引起意象的刺激显然不是在当时当地外周地存在的。然而,这种区分常常会受阻①。第二,已经假设,我们之所以把辨别期望称为意象,除了它们的其他特征以外,它们还具有独特的'构造'。然而,这种区别看来在普遍性方面值得怀疑。C. W. 帕基(C. W. Perky)指导被试向屏幕上投射一种想象的视觉意象,如红色的番茄、蓝色的书、黄色的香蕉等普通的彩色物体。接着,她在被试不知晓的情况下,在同一屏幕上投射一种所要求物体的颜色模糊、轮廓不清和稍稍晃动的实际图片。在这些条件下,她发现这种'明显阈上的'(distinctly supraliminal)视觉都被误认和合并到想象的意象中去,而毫不怀疑,对观察者而言,任何外部刺激实际上都是存在的。换言之,在合适的条件下,想象的'意象'无法跟实际上模糊的感觉或知觉相区别。因此,我们必须得出结论,意象和感觉之间的区别主要是程度上的区别而不是种类上的区别。不存在意象的特定构造的区别。这种区别归根结底是生理的区别,由实验者决定的对特定的辨别之物的直接的外周刺激程度,规定了意象在当时当

---

　　① 也就是幻觉(hallucinations)。

地存在还是不存在。"①意象的外在是感觉，能够"透视偏见"、心理假设前置的感觉其实就是意象。所以引文认为"意象和感觉之间的区别主要是程度上的区别而不是种类上的区别"，进一步讲意象和感觉的区别来自于"对特定的辨别之物的直接的外周刺激程度"。由此说来，设计创意力就是要冲破人们生理上的阻隔，进入到"颜色模糊、轮廓不清和稍稍晃动"的实物世界，让人们在耳目一新、不能确认的情况下建立起感觉和意象飘忽不定中的吻合、貌似物理知觉一致中的神离。这就是设计创意力通向艺术性的高级的建设性。

第四节　设计创意力的培育与发展

　　美国心理学家罗伯特·斯腾伯格认为创意力无处不在，甚至他断言创意力就在我们每个人身边、创造力是每个人都具备的能力、创意与平常的生活近在咫尺。这个说法半对半不对。对的是，创意本来就是来自于生活、解决生活的问题，所以它离我们并不遥远，的确近在咫尺，甚至每个人都的确有突破自我的能力，所以斯腾伯格说过这样的话："人们常常把创造力看做是只属于少数人的天赋。但在我们看来，这种观点显然是错误的。我们反对这种看法，并相信创造力和智力一样，是所有人都具备的能力。创造力在日常生活中随处可见，当人们在工作过程中找到了完成任务的新方法时，当人们将两种截然不同的东西联系在一起时，当人们努力想要脱离困境时。这种努力是我们所有人都拥有的，它可以帮助我们应对生活中的挑战。"②不对的是，如果创造力或创意力属于每个人平常的能力，怎么那么多人普遍沉醉于俗世的烟尘中而不能自拔呢？为何绝大多数人都不能够创造出新东西、新思想呢？又为何处于创造型金字塔顶峰的人群就那么一点点呢？更多的人为什么享受着那些庸俗平常、毫无新意的物质世界还乐此不疲呢？以至于斯腾伯格还说过这样的话："通常，当一个人制造出具有创新性的产品时，我们会认为他具有创造力。而一些心理学家则认为，只要个体具备能生产出创新性产品的潜能，就可以确认他的创造才能。我们的观点是，具有创造力和具有创意潜能是两码事。每个人都或多或少具有一定的创造潜能，而人们对于各自潜能的认识

---

① 【美】爱德华·托尔曼：《动物和人的目的性行为》（李维．译），北京．北京大学出版社，2010 年版，第 187－188 页。
② 【美】罗伯特·斯腾伯格，【美】陶德·陆伯特：《创意心理学：唤醒与生俱来的创造力潜能》（曾盼盼．译），北京．中国人民大学出版社，2009 年版，前言。

程度则大相径庭……"①这说明斯腾伯格也意识到自己"创意力普遍存在观点"的矛盾性。笔者认为,创造潜能可能每个人都有,但只有发挥出创意力的人才算是一个创造者。伤仲永的故事大家都知道,故事中的主角方仲永是一个具有极大潜能的人,但最后"泯然众人矣",根本原因就是世俗的欲念破灭了潜能的成长与发育。本节就是要谈谈实际的设计创意潜能如何变现成真正的造福现实世界的设计创意力。

一、设计创意力可以培育

设计创意力可以培育,就像思维方式可以培育一样,换句话说,就像逆向性思维、发射性思维、迂回性思维、环路性思维都是可以培育一样,而设计创意力最初就是来自于一种别具一格的思维,哪怕这个思维最初是非常简单的一点点的突破。许多设计公司都设有头脑风暴室、创意实验室、点子交流会、经验分享会、思维文化墙等,也就是让大家有组织或自由地组合在一起,在公司开辟出来的专用平台上或空间内进行自由式的发言和交谈,大家的奇思妙想、不成形的心得、天南海北的见闻甚至生活或工作上常见的烦恼都可以表达出来,许多大公司如苹果、Google、耐克、华为等都具有这样的创意搜集手段。设计师、设计管理者们聚集在一起,以抽烟、喝茶、品咖啡、吃零食的方式陈述着各自的意见,也可以把自己制作的小玩意儿拿出来分享,头脑的碰撞往往能擦出智慧的火花,这就是公司管理中的培育环节。

设计产业管理不仅仅是商业型的管理模式,其中也包含了对智慧的发掘和刺激,也应当包含学校性、社会性的设计教育、产业教育的管理,当然也包含了设计企业对设计师、设计管理者的实践性培训、学术性培育。设计创意的培育实质上不仅仅是要让设计工作者多看、多体验,更要让他们多想,打开和激活他们的设计思维、想象空间胜过其他一切的开发,设计创意培育的实质是心理、智识的开导。

(一)创意心理与设计的关系

创意心理与设计的关系至关重要,没有创意心理,设计工作将成为死水一潭。设计智慧力或创意力主要集中在专业从事设计工作的人群里,这个人群具有高超的视觉感受力、丰富的想象力、灵敏的动手能力、开阔的知识接受力,加之有着多年的设计专业的熏陶和培育,毫无疑问对造物的设计无论是心算还是动手都应该

---

① 【美】罗伯特·斯腾伯格,【美】陶德·陆伯特:《创意心理学:唤醒与生俱来的创造力潜能》(曾盼盼.译),北京.中国人民大学出版社,2009年版,第10页。

是出类拔萃的。① 这也说明创意心理应当是设计师的基本功,是设计活动的生命线。创意心理是设计的基础,设计是创意心理的表达;创意心理决定设计的高度,设计验证创意心理的精度。这就是创意心理与设计最基础也是最本质的关系。设计项目其实源自最初的策划活动,将常见的元素和部类打散之后再整合成一个较新甚至全新的表现形式就是策划。能将大家聚集在一起形成策划联盟的力量往往又以创意、技术和资金三方最为强势,其中创意、资金成为了启动设计项目最为有力的发动机。② 事实上,创意又是这个发动机的原动力,因为设计创意力是核心的设计生产力。创意心理对于设计的至关重要性就像翅膀之于鸟儿、尾巴之于鱼儿,整个人类的设计史之所以光辉灿烂,就是因为我们从中看到了人类创意心理跌宕起伏的全过程。创意心理是一种心理活动,设计是一种造物活动,看似风马牛不相及的两大部类却依靠设计产业管理中的设计培育管理起到了"打通任督二脉"之功,这要从设计培育的本质功能谈起。

(二)设计培育的本质功能

设计管理界较多的是从企业管理、品牌管理的角度讨论设计生产活动中的投入与产出的最优化组合问题,换句话说,设计管理的主战场目前还集中在设计商业、生产制造业领域,这体现了实业先行的古训。撇开眼前的盈利行为,放眼人类漫长的历史进程,设计管理理应具有开拓人类创意力和潜能的本质功能,这就是设计培育。设计公司的实业化运作过程、落实就业的过程其实也是对整个社会设计创造、设计审美、设计新成果应用的训练过程、培育过程。设计公司的员工不仅仅是为了赚饭吃、为了生存而去工作,就算最初是这样的设想,但实际工作过程中也在与企业共成长、与产业共繁荣。学习是一个终身的事,而最佳学习的场所是工作岗位,即"社会是一个大熔炉""社会是最大的大学"。世界究竟有多美,关键是要看我们究竟发挥了多大的创意力、究竟开拓了多少潜能,而不是看国民生产的复制能力有多强。设计工作最害怕复制,再精美的复制也只是一种匠人行为。真正的设计师是创新者,设计师就应当是用创意力美化世界的突破者,否则与绘图员没有区别。最高水准的创造力表现为在很大程度上超越于先前的产品,而人们对于产品新颖性的知觉也取决于他们先前的体验。③ 超越以前、新颖而实用的设计创造就是设计师的本职工作。"先前的体验""新颖性的知觉"究竟来自于哪

---

① 成乔明:《设计管理学》,北京. 中国人民大学出版社,2013 年版,第 147 页。

② 成乔明:《设计项目管理》,南京. 河海大学出版社,2014 年版,第 61 页。

③ 【美】罗伯特·斯腾伯格,【美】陶德·陆伯特:《创意心理学:唤醒与生俱来的创造力潜能》(曾盼盼. 译),北京. 中国人民大学出版社,2009 年版,第 10 页。

里? 当然来自于工作的积累、成长的经历、人生的阅历,公司和社会的发展为设计工作者提供了成长的平台、积累的机会,一个封闭在温室里的人永远不会有丰富的"先前的体验"和"新颖性的知觉"的。设计培育不仅仅是要教会设计工作者设计造物的技法、增强心和手的感觉与敏锐度,同样也教会设计工作者放眼人类的福祉并如何去开拓人类的未来。优化社会形态、美化社会生活、节约社会资源、促进社会发展,是设计管理价值体系最主要的构成部类。① 如何实现价值体系的构建? 当然就是要依靠设计管理的培育和教化能力了,从思想到行为到习惯一整套地对人们进行培育和教化。设计管理价值体系必须建立在设计培育的本质功能之上才能真正得以实现,那就是最大限度地推动人类创意力的养成和利用。如果设计是一种智慧性事业,那么设计培育就应当是唤醒和释放人类智慧的事业。设计理论家尹定邦如是说:"人类智慧的基点不外两个方面:一个是物质方面,靠造型计划去实施;另一个是非物质方面,靠思想、制度、舆论和礼仪去实现。"② 根据此说,物质方面的智慧主要指设计,非物质方面的智慧主要就是设计管理,而无论是物质方面最终的形态还是非物质方面最终的表现,其目标只能是一个,那就是为了培育出更高品位、更高品性、更高修为的人类和世界。

(三)培育创意理念的手段

如何培育出创意理念来,即培育出创意理念的手段是什么? 笔者以为,在社会范畴内来说,就是设计管理,包含商业性设计管理。这里需要申明一点,学校教育其实也属于广义的社会管理即教育管理,狭义上属于正式知识的课堂专业性教育。笔者在谈论设计事业管理学时就提出其中一个重要分支是设计教育管理学。③ 其实设计教育的问题不仅仅发生在学校,还应该包含社会性教育,这就是广义上的社会管理。社会性的设计教育主要源自设计管理活动,如权威机构公布的设计规范、科技参数、行业标准等往往就成为设计师从事创意行为和设计策划时的依据,这种对依据无条件服从的过程其实就是接受教育和规范的过程。日本的设计制造车间常常对图纸、生产工具、后勤服务器具的摆放都有严格的规范,如在地面上用画线的方式进行工作人员、技术人员的行为限定,如在机器生产过程中用警示带围圈出工作区和自由活动区,所有进出的人员都不能超越甚至触碰警示带,这就是对员工的培育和训练;同样在城市交通和公共绿地规划过程中,用花坛、路障、地面警示线、告示牌等方式规定出行车道、行人活动区、绿化欣赏区以及

---

① 成乔明:《设计管理的价值体系构建研究》,载《设计艺术研究》2014 年第 5 期,第 76 页。
② 尹定邦:《设计学概论》,长沙.湖南科学技术出版社,2013 版,第 135 – 136 页。
③ 成乔明:《设计管理学》,北京.中国人民大学出版社,2013 版,第 21 页。

其他区间的做法就是对市民和游客所进行的教化,这种行为活动上的教化同样也是对人们心性和思维能力的训练。设计管理要把培育创意理念作为己任,而且是最核心的己任,设计管理让人们变得更加有教养。一个成功的设计管理者应当能够培育下属、服务对象的创意理念。什么叫创意理念? 即能够判别、能够辨识行为创意、思想创意和造物创意的内在心理能力。设计管理可以通过激发设计师、设计相关者的心和眼来达到培育创意理念的功能,内在心理能力对于设计师而言包含记忆力、思考力。观察力和改造力,其中记忆力和思考力成就了设计师的设计之心,观察力和改造力得益于设计师的设计之眼,设计之心和设计之眼就是指多思、多看,两者必须相辅相成。究竟什么是创意力? 乃记忆力、思考力、观察力、改造力的四者之合力。设计管理不能满足于市场需求、营利目的、模仿式的重复生产,出类拔萃的设计管理应当善于发掘设计人才、应当善于激发设计创意、应当将大众培育成设计欣赏甚至设计创造的专家,归根结底应该是给社会递交一份推陈出新、永远向前的发展方案,而其中的关键点是要让人类越来越有教养。1754年奇彭代尔(Thomas Chippendale)出版《绅士和室内设计师指南》(*The Gentleman and Cabinet – Maker' s Director*)一书产生了迅速而持久的影响。事实上可以毫不夸张地说,这本书对整个设计系列起了重大作用。该书提出了生产的新标准,由此使奇彭代尔自己成为伦敦时尚的一个重要人物。国内外连乡村小图书馆都争相购买这本书,也包括俄罗斯的大凯瑟琳图书馆。① 如果说奇彭代尔是英国传奇式的家具设计师,莫如说他是当时改造了社会的家具设计管理大师,因为他培育了社会设计风尚。斯腾伯格的《创意心理学》明确指出创意心理人人具备,这为"有教无类"思想提供了佐证,也为设计管理改造社会观物之风奠定了心理基础;《创意心理学》还提出创意无处不在、近在咫尺,这为设计管理培育人们的创意性观察、创意性改造能力奠定了现实基础。这里的培育对象既包含了设计学习者、设计师,也包含了设计消费者,而设计培育最好、最有效的教育手段、训练手段就是设计管理。

(四)设计培育发展创意技术

工艺的发展、工艺技术的进步与科学的发展密切相关,但工艺美术不仅仅是科学和技术的载体,而更重要的是通过整合的方式将科学与艺术结合起来,即通过艺术的方式将科学技术展示出来。② "整合"就是设计生产中的辅助性生产,因为整合力就是辅助性设计生产力。如何将工艺、科学、艺术整合到一起呢? 从思

---

① 尹定邦:《设计学概论》,长沙．湖南科学技术出版社,2013 年版,第 135 – 136 页。
② 李砚祖:《艺术设计概论》,武汉．湖北美术出版社,2002 年版,第 83 页。

维方式和理念的确证上依靠的就是工艺理论家、理论科学家、艺术理论家,普通人通常不太理会理论家、学术家的存在和价值,理论家、学术家的确不以快速的实用主义为目标,短期难见其效很正常,他们是要改变世界之心,他们的功能是要深入人类内心、触发人类精神、改造人类思维、重构世界之心。这份教化、培训、孕育工作不仅难,而且天生就注定缓慢和漫长。

　　人类的一切设计表达都暗含了技术的成分,尽管科技的发展自成体系,但它强大的手段功能、技术功能却给了设计更为广阔的发展空间,这样自成体系的发展就一直在不停地训练着人们的接受能力、思维能力和动手能力,如若人们的接受能力、思维能力、动手能力跟不上技术的发展,就无法适应社会的新型生活。这里有一个问题需要澄清,科学与艺术不会自动地走到一起、啮合一体,必须通过整合的方式而且是人为整合的方式才能结合,设计培育就应当起到这种整合的功能,即通过对设计学术方面的种种创建和理论进行反复的论证、实验、体会和领悟才能将学术理论变成现实,之后的创意理论、技术设想与设计实践才有可能合理地整合到一起,整个过程就是实证和伪证的结合。设计培育者应当横跨两个领域,科学技术和艺术设计的两大学术世界,其中最具代表性的莫过于工业产品的设计。世界著名的工业设计公司IDEO采用了一种"TEX"的管理模式,叫"可用技术体验",目的是关注最新技术并对这些刚出现的高科技产品进行重新设计,以便推动这些高科技产品普众化。如IDEO就曾遭遇AT&T无线的求助,因为此前AT&T启动的mMode服务即通过手机收发邮件、信息、玩游戏、上网浏览新闻以及股票行情的服务竟然登记使用者寥寥,最后AT&T不得不在苦恼中寻求IDEO来重新设计界面。IDEO诊断的结果是老界面复杂、无趣,不能给予消费者更多的挑战机会和学习过程。设计消费者需要通过新的设计体验获得更加丰富的知识和能力,如果不能达到人们求知的欲望,人们很快就会对新的设计失去兴趣。诊断的方式很简单,聘请普通消费者来免费体验消费,将体验一一记录进行分析,这个分析的过程同样是IDEO和AT&T学习、提高、自我培训的过程。这种朴实的做法使mMode界面的最终形式变成这样:1. 组织结构就像网页浏览器的收藏夹列表,可以通过一个界面的自由进出实现目标功能;2. 所有的信息必须在两次点击内到达;3. 网站中存放着个性化的设计选择,如音乐、图片、铃声包括视频和电影。17周的重设计工作救活并推广了mMode,让AT&T叹为观止。在这一事件中,IDEO得出的结论是:一切设计都应当让操作变得更便捷,但内容和体验应该变得更加丰富和多彩。

　　(五)设计培育普及创意消费

　　我们需要从两个命题出发来解读设计培育普及创意消费这一功能。第一,商业的文化使命——从金钱到风尚;第二,社会的审美境界——从时尚到经典。设计商品是商业的支柱,一切物理化的商品都是一种设计观与设计实践的结合,而如果将设计仅仅定位于一种商业行为,那么人类造物史不会如此亘古。如服装有五大主要功能:保护身体免受环境伤害、增强对异性的吸引、审美与感官满足、身份与地位的标志、自我形象的延伸。① 一个人越富裕,其对服装功能的要求越来越走向后者,只有最贫穷的人才会对服装停留在保护身体免受环境伤害的功能上。商业具有强烈的文化使命,人之交往、精神审美、权力与地位、自我价值探寻即为今日商业文化的四大内涵,这些都带有强烈的学习过程,同样需要经过严肃的培训,活到老、学到老。因为时代的局势在改变,今天的商业已不同于 100 年前的商业。其实,创意也是一个进化的事物,创意的进化带动了生活方式、思维习惯的进化,后来人的学习能力、训练要求永远会高于前人。设计培育给予人类的永远是上升中的接受新事物、消化新知识、成就新世界的过程。这也是人之消费心理的归宿,商业和金钱不过是手段,风尚才代表了社会文化的前行状态。多数消费者不会从满意的服务商转向其他服务商,转向者都是因为原有的服务商存在可恨之处。② 设计培育对设计商业的推动是天生的功能之一,但不是核心的功能,设计培育对同时代最大的贡献其实不是为教会商家如何赚钱,而是教会商家如何为自己树碑立传,那就是教会商家如何引领社会风尚尽可能向前发展。商家也永远处于不断学习、不断反思、不断革命之中,即不断用新鲜血液、新鲜知识、新鲜技能革掉自己的老态龙钟,如此才能减少自己的失误并让自己常青。而设计培育本质的功能是促进时尚成为经典,经典的汇聚构筑了人类的文明史,可见人类的物质文明史得归功于设计培育久远的实践与革命。从简单消费到时尚消费,从时尚消费到经典消费,这正是设计培育普及设计消费的过程,而每一次的消费变革都源自设计中超越历史的创意——克服原有商业设计"可恨之处"的创意,IDEO 就是普及创意的成功者。IDEO 从没有专注于让现有产品变得更完美,而是不断在创造新的方案包括部分改良方案,用于创造契合消费者新需求和潜在需求的新风尚,这种努力才是真正有价值、有意义的创意普及。所谓普及,就是传播、推广、训练并培育出新的欣赏者、新的消费者。

(六)设计培育整合创意资源

为了激活创造力,至少你需要某些恰当的资源,尽管你可以利用其他资源的

---

① 符国群:《消费者行为学》,北京．高等教育出版社,2001 年版,第 87 页。

② Hawkins D J, Best R S, Coney K A. Consumer Behavior. New York:McGraw-Hill, 1998:619.

多余部分补偿某些资源的缺失,但是补偿只能在一定范围内起作用。当智力水平、知识、冒险的愿望、内在动机或者其他资源低于某一特定水平时,一个人是不可能具有创造力的,无论其他的资源拥有多少。① 内化经济的发展主要依赖个人或社会组织的四大内化生产力——生物性生产力、智慧性生产力、社会性生产力、自然资源性生产力,②其实这四大内化生产力都与创意紧密相连。生物性生产力、智慧性生产力本身就依托人的生心理而存在,是一种内在的创造力,当内在的思维、修养、观念、知识、经验储备不足以支撑出众的外貌和智慧潜能的时候,那么这样的美女帅哥就只能成为价值浅薄的绣花枕头而已,看起来五颜六色,食起来索然无味。无论一个人拥有多么出色的天然资质,也需要不断地学习和接受社会全过程的严格训练。社会性生产力主要是人脉关系、社会制度的创造力,自然资源性生产力是土地、矿藏、山水、太空等自然世界,这两者貌似外在的资源,但完全可以通过各种各样的方式、手段包括创意力实现短期甚至长期的占有和使用。维系人脉关系、创造社会制度、占有自然资源在今天毫无疑问是一种智慧活儿,是一项难度系数极大的工作,绝不是简单的武力或体力所能实现。如若不进行长期、反复、专项的训练和培育,那么一切资源的拥有都有可能适得其反,要么让拥有的资源与自己反目为仇,要么被资源所抛弃。人类需要时刻处于警觉状态、时刻让自己熟悉和把握周遭的变化、时刻让自己处于不断吸收和不断武装的状态,当人类的知识场域和能力不足以适应和把握技术环境成长的速度时就是人类灭亡之际。人是如此,国家更是如此,大国之大就在于它时刻保持着强盛的学习力和前进的改造力。设计师没有精力去整合太多丰富而复杂的资源群落,而设计培育对此责无旁贷,必须培育和驯化出群体的人性、社会化的人力、联盟式的智慧,共同应对今天日新月异的技术进步和时代变迁。

二、设计创意力培育的原则

设计创意力的培育是一项系统性工程,也是一项长期性过程。大致说来,设计创意力培育应当遵循如下原则:

(一)循序渐进原则

设计创意力归根结底是对思维的培育,而设计创意的培育首先却是从人的环

---

① 【美】罗伯特·斯腾伯格,【美】陶德·陆伯特:《创意心理学:唤醒与生俱来的创造力潜能》(曾盼盼. 译),北京. 中国人民大学出版社,2009 年版,第 213 页。

② 成乔明:《内化经济:当下经济新范式之研究》,载《江苏第二师范学院学报(社会科学版)》2014 年第 7 期,第 61 页。

境和行为开始的,人最难以改变的就是精神、思想和思维本身。设计创意力是一种破旧的力量,即设计创意力的革命性。破除旧的行为和环境不难,但破除旧的思维却不容易,人的思维具有强大的稳定性和延续性,让一个人完全割断过往几乎不可能,所谓"蝴蝶效应"用在人身上就是指小时候的经历常常到老了都有潜意识里的影响,诚如中国一古话所言"一朝被蛇咬十年怕井绳"的暗示。美国心理学家做了一些调研,结果很有意思:"中风致死的数量几乎是所有意外事故致死总数的2倍,但80%的受试者却判断意外事故致死的可能性更大。人们认为龙卷风比哮喘更容易致死,尽管后者的致死率是前者的20倍。人们认为被闪电击中致死的概率比食物中毒要小,不过,前者致死率却是后者的52倍。得病致死是意外死亡的18倍,但两者却被认为概率相等。意外死亡被认为是糖尿病致死率的300倍,但真正的比率却是1∶4。"①人们的"以为"往往总是与事实相距甚远甚至截然相反,这些"以为"往往限制了人们的创造力,使人们偏离事实的道路越来越远。这恐怕也是创意大师与幻想者的本质区别。所以设计创意力的培育一定要从行为和表象开始,由表及里,慢慢调整和拨动思维的方式与格局。设计创意培育应当像催眠师施催眠术一样,对受眠者施以视觉、触觉感官上的诱导和抚慰并配合以语言听觉的暗示,最后一个响指之后就让受眠者渐渐沉入梦乡。

(二)反复修正原则

设计创意本身就充满着想象、概念、构思与种种的尝试,所以需要在不断的证实和证伪中寻求到准确的方向、定位和路径。许多的说法影响着人们的生活习性,如在电脑面前放盆仙人球能防辐射,因为仙人球具有强烈的吸附辐射的能力。经辐射检验仪监测,仙人球并不具备防辐射功效。另外,通过科学实验目前还没有发现防辐射的植物。如有人相信烧烤时戴隐形眼镜遇到高温会使隐形眼镜熔化而致盲。实验的数据表明这一说法不成立,合格的隐形眼镜在高温状态下依然是稳定的;还有一种说法认为超市小票有双酚A,摸多了会致癌。科学测定认为这是无稽之谈,虽然超市小票有双酚A,但每1g小票中含双酚A才0.0139g,它迁移到人体的量微乎其微,许多人相信熏艾条、放洋葱能去除甲醛,人们不但如此相信而且许多人家里也是这么做的。经测定,这种说法和做法对除甲醛根本就是无效的,最靠谱的做法还是通风。类似于这样凿凿有力的生活经验、人生感悟还有许多许多。人们其实一直都生活在误解和正解的混合体内,永远不存在所谓的绝对的真理。设计培育一定要在反复自检、反复内省的状态中给予人们相对更加准

---

① 【美】丹尼尔·卡尼曼:《思考,快与慢》(胡晓姣、李爱民、何梦莹．译),北京．中信出版社,2012年版,第120页。

确的指导,特别对设计创意的指导需要反反复复经过好多次的修正才能达到预想
的期望。在造物世界里,较准确的预想的期望是什么?那就是能顺应时代的变化、适应环境的需求,给予人们有效的帮助和用途。如评论界认为毕加索(Pablo Picasso)的《格尔尼卡》(见图8-

图8-7 毕加索名画《格尔尼卡》(百度图库下载)

7)反映的就是战争给人们带来的伤害,是战后的废墟。毕加索自己可不这么认
为,他说自己画的不过就是一个公牛头的各种形式而已。但这没有妨碍人们的坚
信,那毕加索除了闭嘴还能如何? 也许未来还会有人说这画的是斗牛士在斗牛
吧,那又怎样? 设计创意永远无法一步到位,人们的思维也会多元变化。所谓的
教育和训练不可能一成不变,永远追随时代做出相应的反应。能适合并验证当
下,设计培育就已经非常了不起。因为社会本身就是无限多样的形式:"社会和公
民自由一点都不像几何和形而上学里的命题,后者不存在中间状态,不是对就是
错。它们像日常生活中的所有其他事物一样,是由各种原始混杂在一起,而且处
于变化之中;根据每一个团体的特征和具体情况,人们享有它们的程度大不相同,
而且形成无限多样的形式。"[1]个体的思维世界变化多端,设计培育应当要尊重个
体的灵性、尊重原始的天性,给予提醒和善诱,当然是在有需要的时候及时出现,
且不是以创意权威的姿态出现,这样对于设计创意来说已经足够。

(三)及时总结原则

既然社会多变,就要进行有理有节的调配,而不是随波逐流,从而完全迷失掉
自己,尽管人类总是一再地让自己陷入迷惘。一个好的设计培育大师、设计创意
大师实际上就是帮助人们拨开迷雾、找到方向。这种拨不是演哑剧或仅仅做动
作,要能擅长给出合理的解释、理性的分析、逻辑的演绎、中肯的说服,而这一切都
需要从及时的总结做起。总结历史、总结失败、总结过往,然后在总结的基础之上
找到当下的存在,提出有力的解决方案。这不仅仅是设计理论家需要做的事,更
是设计师、设计教育者、设计创意者应当具备的职业灵敏性与职业素养。包豪斯
的第二任校长汉纳斯·梅耶(Hannes Meyer)虽然因为极"左"的政治倾向而让他

---

① 【美】尤瓦尔·莱文:《大争论:左派和右派的起源》(王小娥、谢昉.译),北京.中信出版
社,2014年版,第121页。

成为包豪斯走向衰落的负罪者,但作为一个设计教育家、建筑设计师、设计管理者,他对现代建筑的理论阐释不但富有超前的创意,而且直到现在都是现实的真实写照。他的学术敏感性以及理性的总结能力,毫无疑问是三任包豪斯校长中最出彩的。"在这个世界上,所有的一切事物都来自于某种程式:(功能乘以经济)……建筑是一个生物学的过程。建筑不是一个审美的过程……有些建筑所产生的效果大受艺术家们的推崇,这样的建筑没有权利存在下去。'延续传统'的建筑是历史主义的……新的住宅是……工业的产物,因此,它是专家们的创造:经济学家、统计学家、卫生学家、气象学家……法规、采暖技术的专家……建筑师么?他是一名艺术家,正在变成组织专家……建筑只不过是组织:社会组织、技术组织、经济组织、思想组织。"①这是梅耶在第四期《包豪斯》杂志上写的文章,谁说不是这样的呢? 直到今天,建筑设计包括所有现代化的建筑不都是 20 世纪初期梅耶所描述的这样子吗?! 当瓦尔特·格罗皮乌斯(Walter Gropius)(见图 8 –8)推崇建筑就是艺术加技术、设计加实用的时候,当然这也是格罗皮乌斯一生的追求,梅耶却旗帜鲜明地提出"有些建筑所产生的效果大受艺术家们的推崇,这样的建筑没有权利存在下去","建筑是一个生物学的过程","建筑不是一个审美的过程"。作为一个富有个性的建筑师,我们不能说梅耶不是在正话反说,但他在当时颇为露骨的说法却成为日后建筑世界的谶语。今天的都市建筑哪怕是乡间住宅还有多少是有艺术感的呢? 全球城市的雷同化正如梅耶所言"都来自于某种程式:(功能乘以经济)",多

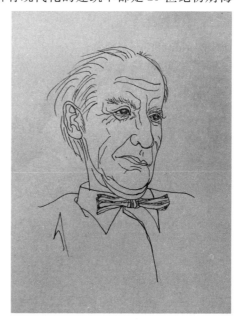

图 8 –8 瓦尔特·格罗皮乌斯肖像
(成乔明绘)

出来的种种缀饰也没有成为格罗皮乌斯所言的"艺术",而成为商业时代丑陋的标签。如果说格罗皮乌斯是建筑世界理想主义的总结者,那么梅耶就是商业世界赤裸裸的揭露者。揭露是设计培育对社会的提醒和警告,总结是设计培育对社会的

---

① 【英】弗兰克·惠特福德:《包豪斯》(林鹤. 译),北京. 生活·读书·新知三联书店,2001年版,第 195 页。

建立和创新,从这一点上来说,梅耶跟格罗皮乌斯并不矛盾。

（四）善于否定原则

设计创意就是一种破旧,设计培育就是一种立新,两者都有一个共同点,善于否定。

没有否定,为什么要创意? 不想否定,为何又要立新呢?

前人提出否定之否定,实际上就是要不断思索、不断辨别、不断证伪,以求达到向真理靠得更近一些。否定之否定不是要否认一切、倒过来看问题,而是要不停超越、永远向前看问题,是一种螺旋式上升的发展观。设计创意需要尊重个性化、唯一化、独特化,但也不要迷信于所谓的最佳状态、最佳结构,所有的

图 8 - 9　世界名表百达翡丽品牌的 LOGO 示意图
（成乔明绘）

“最”也只是“更”的意思,再美好的设计总有漏洞,再精准的设计总有偏差;不是肉眼看不出来的偏差就不叫偏差,就没有偏差。经验告诉我们,即使瑞士顶级的手表如百达翡丽(Patek Philippe)(见图 8 - 9)、江诗丹顿(Vacheron Constantin)、亨利慕时(Moser)、宝玑(Breguet)戴在手上一个礼拜不调整也会有走时上的误差。宇宙运转不是一成不变的,大自然的运转模式也会有意想不到的误差,何况是人造世界呢。善于否定,首先要有意于否定,随后要有依据否定,最后要有胆量否定。为什么凡众成不了创意大师、教育大师,因为凡众缺乏否定之念或者没有否定的实力或者缺乏否定的胆魄。在商业世界,利益成为人们权衡否定或肯定最靠谱的天平,那么创意的精准性就会大打折扣,即使在当代的商业世界之前,即没有纯然的市场经济的时代,一切的创造和社会活动方式就更加复杂。因为人治远远大于市场交换的法则,统治阶级的指挥充斥着更加多变的不确定因素,这种不确定让所谓的真理充满了权力的色彩,权力永远是“为我”的表现、掩盖“公允”界限的罪魁祸首,那么一切肯定就都成了交换利益的砝码。真正的创意大师都具备牺牲的精神,这一点无论是当代还是过往,都如此。生物性的大自然是弱肉强食的领地,人类社会的本质也不过如此,所以无论是大自然还是大社会,只有相对的精

确,只有游离的对错,我们没有理由死守着感觉到的现实而存在。设计领域就是一种对物性感觉的否定性领域,这种否定的危险远超过精神否定,无论是凡庸的权力者还是跟风的普众,都自以为能一眼看穿物性的本质,于是对有创意的表述和呈现,只要一物化立马就有可能遭来种种的责难与非议。遇到这种现象,设计创意者诚如对历史的尊重一样,谨记在心,对照辨别,诚实改进,守住自我,足矣。设计培育不仅仅要教会设计者否定的习惯,还应当传授设计者否定的力量,当然,别忘了一并教会设计者应对否定的态度和绝招。

三、慢设计思想与方法

当世界的进程表现得过快、当科技发展的速度空前,人类需要慢下自己的脚步,冷静一下,这样才不会太快地丢掉自己、遗失初心。"从历史经验来看,后发国家经济发展三部曲(起飞、巩固、成熟)是基本成立的,特别是对于体量巨大的中国经济而言。经历了长期腾飞后,中国经济循序进入巩固发展期,既属必然,也为应然。此时,放缓步子把把脉,舒缓一下浮躁、焦虑的心情,蓄氧充电,整顿好行装再起航,当是时下中国的理性选择。'慢生活'适逢其时。不过对中国而言,短期实现并非易事。如今若要中国全面转入'慢生活',就需要主动削弱追求经济高速发展的合力基础。"①"慢生活"其实就是追求舒适、健康、绿色、悠闲的生活,而这一切都必须建立在"慢设计"基础之上才会实现。当设计世界的进程太快、当设计发展的速度太快、当设计创意产生的跨度太大,是不是一定利大于弊呢?

其实不然。快是一种速度,但把速度当成最重要衡量标准的时候,存在诸多弊端:1. 品质难以保证,质量经不起推敲;2. 抄袭和仿制现象严重,设计浪费加重;3. 设计构思不周全,产品存有大量天然的漏洞;4. 设计师和设计管理者压力大,心态容易扭曲;5. 设计消费者应接不暇,容易失去自己正常的判定;6. 催生社会好大喜功的功利心;7. 给政府提供了弄虚作假制造数据的借口;8. 为了获得更多生产资源,严重破坏自然生态。弊端只有更多,没有最多。其实一切的设计经典没有不在慢工细作中打磨出来的。与现在三年、五年建一个新城,一年、两年推倒一个村镇的做法截然相反,中国古代的村落都经过很长时间慢慢建设和经营起来:"全村性的建设比较复杂,要花很长的时间。村落从草创到大致定型,这个过程在宗谱里记载得比较清晰连贯的是浙江省建德市的新叶村。叶氏的始迁祖叶坤于宋宁宗嘉定年间迁到玉华山下,第三世时叶氏分为里宅和外宅两派,里宅后来衰败,外宅则大盛。外宅派叶克诚被'辟任'为婺州路判官,他的儿子第四世叶

---

① 王恩学:《"慢时代"的中国需要精英的担当》,乐读(微信号:Ledu121)2016 年 2 月 17 日。

震'授江西安福县县尹,课最,擢刑部郎中,升河南廉访副使'。父子二人为玉华叶氏村落早期建设做了很多工作,主要的是:一、选定了叶氏聚落的位置,在道峰山之南,玉华山之东,以道峰山为'朝山';二、开渠从西侧的玉华山麓引来双溪水,不但满足了村人生活所需,也可以灌溉农田,排泄山洪;三、建造了叶氏宗祠西山祠堂和外宅派的宗祠有序堂,确定了村落主体的发展方向;四、在道峰山西北的儒源村兴建重乐书院,聘请元末大儒金仁山主持。"①金仁山在重乐书院主持工作的时间是1300年前后,而新叶村草创于宋宁宗嘉定年间,前后相差最少76年之久。也就是说,从选址开始到一个村落的生活、经济、教育、文化趋向稳定,七八十年是很正常的事情。事实上,没有一个世纪以上的酝酿,一个地区的文化谈不上所谓的积淀。

时间紧,速度快,是当下最大的生存表现。我们来看一些时下的具体表现:现代人最爱"快进"、狂点"刷新",评论要抢"沙发"、寄信要特快专递、拍照要立等可取,坐车选择高速公路和高速铁路,做事最好名利双收,理财最好是一夜暴富,结婚还要有现房现车现存款。而一些奋斗人士的座右铭总离不开"时间就是金钱,效率就是生命"此类的描述。中国南部的特大城市深圳在短短三十年间成为中国的"一线城市",在经历了飞速"快发展"之后,该市重新定位提出了"安全就是法律,顾客就是上帝"的理念,可是这句话,远没有"时间就是金钱"来得更响亮。"快餐""快递""快照""快洗""快车""快男""快女""快题"充斥我们的生活,体现了中国人内心的"着急"和"焦躁"。这是历史上"大跃进"思维的借尸还魂。快的本质就是抢时间、抢资源、抢物质。今天城市人的步行速度比十年前加快了10%,其中新加坡人的步行速度最快,中国深圳人的步行速度位居全球第四,而亚洲发展中国家的人均步行速度是欧美国家人均步行速度的1.5倍左右。快的本质除了功利泛滥,实在看不出还有其他的意味。快速让人们陷入想当然的出新出奇,还自以为这就是创意,结果粗制滥造的丑陋与千篇一律的重复设计构成了一个全新的生态环境。所谓设计产业管理、设计管理的本质被时代逼迫为一个表现:那就是追求效率。大国战略同样不能把效率作为核心使命,应当把效益当成行事准则,应当是效益指示下的效率观。

窃以为设计管理、设计产业管理的本质今天就只能有一个,那就是引领人们回归自己,教会现代人真正的生活。设计教育在于育人、育心、育智,健全人格、构筑心境、启智创新,技法只是入门之道,以天分和自学为上;管理的根本在于维系育化后劲;育是耐心、化是浸润、求之不得、偶有所成。设计的功能在于造物立意,

---

① 陈志华:《村落》,北京．生活·读书·新知三联书店,2008年版,第53页。

而后手艺,手艺之精在其心界,而后造物。这是一种功能,更是一种长期酝酿、慢慢成形的设计过程,快不得,更乱不得。设计管理重在培育慢工,慢工出大才,慢工出精品,循道服务才会慢下来,高品质的慢经营才能创大意、造大器、育大师。千年企业、百年品牌无不是高品质慢经营的结果。剧烈的市场竞争、紧张的项目运营不是靠突发奇想、博人眼球,是依靠长求、久思、苦练、勤问,功夫在平时! 所谓的"慢设计"就是要提倡慢观察、慢推理、慢体验、慢行动、慢结论,积累到了才能敏思而慎行、敏行而慎言、敏言而慎思。因为慢下来,所以记忆深刻而牢靠;因为记忆深刻而牢靠,所以信息资源更有效;因为信息资源有效,所以内化力与整合力更强;因为内化力和整合力更强,所以创造性更明显、创意力更稳定、一次成功率更高。慢设计的奥妙在于时间长、思考充分、结论可靠、技艺娴熟,看上去慢了,实质上成功率更高、稳定性更强;慢设计的基础在于有心、用心和尽心;慢设计的表现在于从心源而动、循心迹而表、造心道而立,传统手工艺、民间设计最为代表。其中从心源而动、循心迹而表、造心道而立也是慢设计最为重要的实现方法。什么叫以人为本的设计? 以人为本的设计无他,乃慢设计的表现,乃农耕时代伟大设计生态的延续与惯性,乃自然的本来面目,乃人类身心的天性所归。

慢是一种情调,然后才是一种智慧;慢是一种优雅,然后才是一种创意;慢是一种理想,然后也是一种生产力。当我们快得忘乎所以、不知所云、失去自己,我们实际上就已经毁灭了快的生产力,这个时候,谁更慢、谁更持久、谁更能稳定地作贡献,谁就拥有了更大、更强的生产力。设计创意固然追求耳目一新,但这还远远不够,创意的世界应当使人出其不意、耳目一新、回味无穷、意味隽永而又此情合道、此理芬芳! 就像千休利插在瓶中的一支牵牛花令捉刀的丰臣秀吉情意战栗、双腿发抖、激动不已一样,这就是文化的力量,这就是千古的美。文化和美在于攻心与持久而深刻的影响力,令人深思或触动麻痹的常态才是好设计至高无上的荣耀。今天的设计不是让设计人变成企业人,而是要让企业人具有设计精神;不是教会设计人赚钱,而是教会设计人服务和付出的精神;不是鼓励设计人逃避失败,而是教会设计人自信与自立。分辨社会、分清社会,然后告诉设计人如何适应社会并保持尊严,这才是设计教育的职责所在。设计管理和设计教育并非要让手艺人都变成企业家,而是要让设计企业都具有手艺精神,即慢、精和细腻化。手艺是一份衔接天地精神的心灵之道,设计师都应当收服我心、臻于手艺,如此才能生发出真正的设计创意来。正如格罗皮乌斯在《包豪斯宣言》中所言:"建筑师们,雕刻家们,画家们,我们全都必须回到手工艺去! 在艺术家和手工艺人之间没有本质的区别,艺术家是一位提高了的手工艺人。对每一个艺术家来说,精通一项手工艺是十分重要的。创造性想象力的主要源泉就在这里。"人生最可悲的事,莫过于——胸怀大志却又虚度光阴!

慢设计不是让大家罔顾效率、罔顾发展,只求自我,只求自我的舒适、休闲、自由与贪享,以至于丧失了事业心和追求意识与存在的价值。慢设计需要的是长期学习、深入思考、持续积累,在有限的光阴中获取到最真切的知识和能力,慢设计就是要求设计人不放松积累、不中断思考和学习,唯有如此才不会令大志堕落成虚无甚至空洞的幻想。"台上十分钟、台下十年功"就是这个道理,唯有功力真正深厚了才能自然而然地爆发出令人拍案叫绝的创意。慢不表示懒,更不表示不做,而是一种长线规划的态度;赶急就章的快不表示聪明和效率,只能说明浪费的时间太多。时间是挤出来的,时间不是等出来的,你若戏弄时间,时间就会彻底抛弃你。倒下的过去不是失败,放弃的未来永无翻身的机会,这就是慢设计思想。

四、设计爆发力是水到渠成的自然力

设计生产力分为三大类:核心设计生产力、基础设计生产力、辅助设计生产力。

核心设计生产力是设计创意力,基础设计生产力是管理力、技艺力、智慧力、信息力、名声力、人脉力、权位力、相貌力、物质力,辅助设计生产力是资源整合力。这三类设计生产力紧密地配合在一起,从而成为巨大的设计爆发力。

设计爆发力不是一日之功,而在于慢慢研究和培养、长期积累之后的爆发,是水到渠成的自然爆发力。这里有一个很有意思的案例可以说明一个人的设计创意的确是人生成长中水到渠成的爆发力。自 2016 年大年初一(2 月 8 日)《美人鱼》上映以来,以日平均票房超过两亿元的奇迹连连刷破纪录,不仅创下了单日票房 3.1 亿元、首周票房过 18 亿元的好成绩,还创下了连续 12 天单日票房过亿元的新纪录,至写作这段内容的时候,该电影已经是中国电影票房新冠军。截至 2 月19 日晚 18 点 10 分,《美人鱼》已实现票房 24.4 亿元,打破了 156 天前由电影《捉妖记》创下的中国电影票房的老纪录 24.39 亿元。①《美人鱼》在艺术上的成就这里不再细作分析,但其隐藏的、强大的现实主义或批判现实主义的社会意义与人文价值却是被媒体大肆宣扬的亮点、人们津津乐道的话题,恐怕这也是该电影引起社会巨大关注的关键。这个富有启迪性的关键与周星驰过去二十年的人生经历不无关系,且这部电影批判现实的成功无疑是水到渠成的。如对人类破坏生态、污染环境的批判,对人性自私自利、尔虞我诈的批判等,其中对地产开发业内

---

① 杨莲洁:《156 天,票房王座易主:〈美人鱼〉有望冲击 30 亿大关》,2016 年 2 月 20 日《北京晨报》,第 A21 版。

幕的揭露虽然只有电影开始部分的十多分钟,却非常深刻、准确和到位。房地产业是中国时下的支柱性产业,就这一点来说,该片也足以撼动人们的神经。"每日经济新闻"对此有过专门报道:"参与土地竞拍的开发商不代表他对这块地感兴趣(大家一起参与举牌,把土地价值托上去再说,总有人会接盘);老板评价土地是否值得的直观标准是出价比对手贵了多少(每加 100 万不过多做了一次应酬而已,所以拿到项目的价格永远是合理的);填海技术可以获得异常丰厚的收益(填海的成本是 20 万一亩,折合一平方米土地只有 300 元,价格非常低廉);拿不到土地,用入股的方式依然可以分一杯羹(小企业可靠建设项目的入股参与商业房地产的分红);地产开发商在什么程度上会忽略利润这个元素(为了实现企业转型往高端走,可牺牲地产利润)。为什么星爷对土地这个局如此了若指掌呢? 其实,自 1990年第一次出手至今,星爷已经在楼市赚了近 20 亿港元,是香港公认的炒楼之王。1990 年,刚刚在影坛崭露头角的周星驰在香港中环半山宝云道 12 号峰景花园买入了第一套豪宅,买入价为 475 万港元,此套物业一直未出售。1996 年 5 月份,周星驰以 8380 万港币买下普乐道五层楼豪宅,期间遭遇金融风暴曾一度沦为负资产。挺过去之后,2005 年,周星驰卖出普乐道 7 号套现 1.3 亿港元。2002 年,周星驰投资 3000 万港币买下旺角先达广场两间商铺,并以每月 23 万港币的价格出租;2004 年,周星驰以 4300 万港币将两间商铺卖出,租金加升值两年净赚 5500万。2004 年底,周星驰又以 2.1 亿港币买入尖沙咀加连威老道 4 层巨铺 Gi Mall,并在 2006 年初以 3.1 亿港币售出,一年多再赚 1 亿;同年,星爷还以 3.2 亿港币力压信和及华人置业,将普乐道 10 号收归名下,成为普乐道最大地主,星爷入主后,将项目命名为'天比高',重建成 4 座 3 层高的大屋,2009 年分别以 3.5 亿及 3 亿港币售出其中两座,买家分别来自英国及香港。2011 年,第三座屋以 8 亿港币售出,呎价达 9.6 万港币(约 88 万人民币/㎡),创下亚洲屋苑式洋房最高单价纪录。可以说,《美人鱼》里的那十分钟,正是周星驰二十余年买楼炒楼生涯的智慧凝结。所有人都说电影是假的,但是周星驰却用生命来营造这 93 分钟的真实。而真实,是世上最珍贵的品质。"① 我们不用怀疑,热爱电影艺术的周星驰赚的炒楼的钱,很有可能是他拍电影的储备金,特别当今天的电影制作成为烧钱的行当之后。所以说,《美人鱼》对房地产真相的准确揭秘完全是水到渠成的自然性爆发。因为周星驰用半生的阅历练就了自己的道行,电影中的桥段、故事的衔接就显得自然流畅,成为现实世界的写照。

---

① 《〈美人鱼〉竟看透了那么多地产真相? 你知道星爷炒楼有多赚吗?》,每日经济新闻(微信公众号:nbdnews)2016 年 2 月 16 日。

　　设计创意不是去挤牙膏、去编造、去胡诌,应当是长期慢体验、慢经历、慢思考之后的自然成熟、自然完善、自然爆发。设计创意力即水到渠成的自然爆发力。自然爆发力会更深刻、更真实、更动人,对时代的表述和反拨也更加具有说服力。所谓水到渠成就是强调成长性、自然性、积累性、轨迹性,只有积累到了、只要修为到了,才能表现出爆发性来。设计创意力的爆发是慢思想、慢设计的结果,是不断学习、思考、总结的结果,是一个持续试错、证伪直至修成正果的过程。不但要有奇思妙想,更要自然流畅、接地气、符合规律,这样的设计创意才贴合人心,才贴近大道,才能成为经典。大国在造物战略上的标志就是贴合人心、贴近大道,同时创造经典的能力在世界范围内遥遥领先。大国战略更是一个慢动作、远规划、大战略,可以远图超越、近守低谷,但一定要做到"高筑墙、广积粮、缓称王"。特别对于正在和平崛起的中国来说,大获全胜的关键尚在心态上的一个"慢"字诀,唯慢才会更稳妥、更扎实。

第九章

设计产业管理与设计事业管理

设计产业与设计事业表面上看来是相对而言的概念,设计产业更为强调营利的经济性,设计事业更为看重非营利的服务性,尽管两者都必须依赖社会化大生产向社会提供设计产品,但两者最大、最本质的区别就在于要不要赚钱的问题——设计品有没有充当赚钱的工具。其中,设计产业追求经济利润的最大化,设计事业追求设计服务的零利润甚至政策补贴性的负利润。有偿服务是设计产业最明显的标志,无偿服务是设计事业最突出的特征。

传统的看法一直认为设计产业偏重于经营流行设计、时尚设计、商业设计、大众设计,设计事业偏重于经营公共设计、公益设计、实验设计、高雅设计。道理其实很显然,设计产业的立足点就是市场性商业经营,是对市场需求的一种讨好,同时又是对消费欲望的一种引诱,设计产业好像就是为了繁荣设计市场、发展设计贸易、体现设计经济价值,所以从设计市场、设计生产和消费、设计经济活动发展的角度而言,迎合大众口味、引领消费时尚的流行设计、个性设计、商业设计、大众设计好像更能充任其代表。设计事业的立足点似乎总更高端,是为了公众效用、全民生活、民族精神、群体意识的未来而存在,所以从公众效用、全民生活、民族精神、群体意识的创新而言,公共设计、公益设计、实验设计、高雅设计等精英型设计无论从技法还是立意上而言好像更能充当代表。关键的问题出在究竟什么是高雅设计?什么又是流行设计?对于这个问题,在今天来说绝对属于老生常谈,而且是始终没有答案的老生常谈。因为,设计产业远不是我们想象的那样与设计事业泾渭分明甚至截然相反,设计产业与设计事业之间存在着某些天然的相通之处,特别从大服务的角度入手考察两者的时候,两者之间的相通之处显露无遗,这就是设计产业管理的战略意义同样可以上升到繁荣国家经济、弘扬民族精神之高度的原因。真正的大国应当是事业和产业齐头并进、全面繁荣。

第一节　设计事业管理的含义

设计不仅仅天生是事业,还是一项国家事业。因为设计强大的渗透力可以深入到人们生活的方方面面,换句话说,今天的生活和生产没有设计进入不了的空间。设计就是普及力和覆盖面最广大的造型形式。在内化经济时代,设计创意的高低直接决定了生存的品位、生产力的强弱,设计力,就是国家统治的软实力、感召力、治心力。对设计进行宏观政治性的管理其实从原始社会起就一直没有停歇过。如今的设计事业更为自由化、独立化和民主化,其强大的社会自治性功能开始凸显出来,设计在当代社会才真正意义上体现出了一种民众公共利益的特性,除了自治,设计并没有失去他治性管理。设计事业管理的主体不仅仅是指传统的政府、文化职能机构,还包括各种各样的社会性组织和投资者以及公众,立体型、生态型、网络型、协作型的管理主体格局在今天已经基本成形,管理的目的也逐渐统一而明朗,那就是战略性地为人服务。设计事业管理客体在今天也呈现出了新的发展态势,受管理者不再局限于传统意义上的设计事业单位或单位中的公益设计。如今的设计事业管理客体大致可以分为三类:1. 组织性管理客体包含了传统意义上的设计事业单位和各类设计性社会组织;2. 事务性管理客体指的是社会性、公共性、公益性、服务性的设计活动和设计行为;3. 意识性管理客体是一种公共服务意识、无私奉献精神,即设计理念和设计价值的重构。设计当为人服务,设计当以战略性高度和心胸来创造国家财富。

一、设计事业管理的本质:战略为本

提出设计事业管理的本质是战略为本,完全是相对于市场上设计产业管理的中短期目标而言的,设计产业管理的中短期目标都是围绕设计市场、围绕经济利润而展开,而绝大多数中小型设计企业在创业的前中期追求的就是在市场竞争中如何活下去、如何扩大商业活动的战果,前提是它们能够活到追求做大做强的那一天的话,自觉地把无偿性服务当作运营的一部分,其实并非设计产业管理天生的职能。设计事业管理却大不一样,它需要将设计当成一种事业,一种公众事业、服务事业来进行管理。设计事业管理的实质就是一种战略,战略本身就带有管理的意味。所谓战略为本,就是用战略的眼光、用战略的方法来对待设计事件和设计活动。

一个设计公司可以跟着别人跑,追着别人的后背吃灰尘,别人什么赚钱自己

也去生产什么,市场上什么流行自己也去蹚一脚浑水。中国过去二十年的设计行业就是追着欧美干着这样的事,结果中国只能落得个"山寨之王"的"美誉"。大家都生产汽车,我专攻轮胎;大家都生产西服,我专攻纽扣和领带;大家都生产电视机,我专攻显像管;错位生产,与众不同,方能得大成。战略性管理要有独特定位。

一个设计公司可以干一天算一天,可以干一票赚一票,也可以制订远大目标、选择好起点、规划好过程,步步为营、层层逼近越来越高的格局。蹚着商业的潮流、钻着市场的漏洞、赚着投机的钞票还乐此不疲,不是战略性管理,战略性管理要有长远眼光。

一个设计公司可以什么都能生产出来,在技术快速传播的时代,这不是难事,什么都能生产就什么风险都会存在,什么都能生产就可能什么都不是。能把一件商品生产到极致,生产到令别人望尘莫及,才是专家。现在的许多设计公司一味追求其全,结果护着了头却暴露了腚。全面布局不等于战略性管理,战略性管理要有专业理念。

一个设计公司可以养着一万人,以示其大,也可以养着十人,专做精品。大未必能够长久,能做得出精品才是硬道理。可精品不那么容易做得出,精品需要超过同行,精品需要给消费者带来超值的实惠,精品需要经久耐用又环保生态,精品需要投入深度的科研和创意。现在的许多设计公司一味追求其大。规模巨大不等于有战略性管理,战略性管理要有精品意识。

一个设计公司可以开办两年三年就上市圈钱,也可以用二十年三十年来奠定自身的地位。在资本疯狂流转的今天,快速膨胀型设计企业不在少数。资金来得快和成长神速,都不是战略性管理。没有时间的积累,没有经历的储备,没有成长的反复,必然底子薄、气量窄、见识短,脸皮再厚也只有等死的份。十年成林,百年树人,战略性管理要有持久耐力。

那么,究竟什么是战略性管理? 战略性管理就是:独特定位 + 长远眼光 + 专业理念 + 精品意识 + 持久耐力,缺一不可。设计事业管理其实就是战略性管理,是一种战略为本的管理。当然设计产业管理也可以成为战略管理,前提是循着商业之道有生产精品的能力、有赚远钱大钱的决心。

一个企业需要独特定位、长远眼光、专业理念、精品意识、持久耐力,一个国家、一个民族、一个人同样需要这五大类战略要素。这里的五要素论同样适用于大国战略。设计是造物活动,物当尽其所用,物要经久不衰,物能格心齐志,如此的物质世界方可与精神世界等量齐观,方可作为宝贵的财富值得珍藏。设计事业管理的战略为本就是要造出耐而易用之物且无偿地供社会使用,造物分三六九等,无用之物为下品,能用之物为中品,称用之物为上品,易用之物为妙品,耐而易用之物为神品。下表可以帮助我们理解五用之五品。

表9-1 物品设计生产的五大等级

物用程度	用度释义	物品级别	品级释义	设计水平
无用	不能满足需要	下品	废品 质量丧失	粗制滥造 华而不实
能用	基本满足需要 满足基本需要	中品	次品 质量劣等	粗制滥造 实而不精
称用	完全满足需要 满足物理需要	上品	功能齐全 质量可靠	用心设计 生产精良
易用	优质满足需要 满足完全需要 激活心理需要	妙品	功能齐全 质量优良 形制独特	精心设计 生产精湛
耐而易用	优质满足需要 满足完全需要 激活心理需要 满足精神需要	神品	功能齐全 质量优良 形制出色 经久不衰	精心设计 生产精湛 用料考究 经济实惠 犹如神造

从表9-1中我们可以看出造物活动的三六九等。要想设计生产出耐而易用的神品,就必须将简单的造物事件当成事业来做,只有将设计活动当成事业来干,才能制造出耐看、耐想、耐用而又方便使用、易于使用的物品来。任何一个活动如果当成事业来做,等于就是取法乎上,起码也能得其中。俗话说:人比人气死人,其实人比人就是自己跟自己较量。人天生具有惰性,人的失败往往是输在自己的惰性上,事情人人会做,但要做得好、做得漂亮却是一个挑战、一个自我的挑战。不断克服自我的惰性、不断超越自我的人就一定能超越别人。做事贵在用心,贵在精致,贵在细节处取胜,这需要拥有一颗"事业心"。设计可以将物质世界晋升到精神世界,可以将物质生产打造成品牌资本,可以将简单的造物活动提高到文化象征的高度,前提就是要将设计活动当成战略事业来进行管理,就是要从战略上来全面引导和控制设计事业的稳步推进。设计影响着人类生活的方方面面,人类的点点滴滴都离不开设计和造物,因为物质是人类赖以生存的基础和环境,毫不夸张地说,生活和世界的第一要义就是物化的呈现,有了空气、水、面包和延续的生命才能谈得上爱、理想、公平和真理!设计就是一个伟大的造物活动,就是延

续人类生命和理想的丰功伟业,岂能不当作事业来孜孜追求、精益求精?看不到这一点的设计师不能成为优秀的设计师,看不到这一点的国家和民族不可能拥有自己的设计和品牌,只有把设计当成战略事业来对待,才能真正创造出光辉灿烂的物质文明和精神文明,人类理想的高楼大厦才会稳固而直冲云霄。不仅仅是设计事业单位必须这么定位和要求自身,这个道理、这份事业心同样适合于设计企业和设计商业部类,即广义上的设计事业包含了设计产业。市场竞争的失败者往往就是缺乏这份内在的精气神,却又是那么的贪婪。

二、设计事业管理的职责:服务至上

自人类社会产生起,设计事业就像天赋神权一般是一种全民事业,任何一个政府都不可能摒弃设计广泛的全民性、普遍的适用性、深邃的精神性、快速的流传性而进行无设计化的政治统治,军事武器、监狱、镣铐、刑具包括军事学校、警察学校的设计、建构等都是用来加强政治统治的。设计的政治功能和事业属性尽管尚未变成普遍认知,但人们常常隐隐感觉到其内存的这一特性,只是一直以来人们以为这是设计的附带性能,从而忽略了设计本来就是一种国家事业的本质。但这不等于设计事业与政治行为可以混为一谈,我们不得不申明,设计与政治的最大区别在于:政治只为统治阶级服务,政治的本质不是服务而是征服;设计不仅为统治阶级服务,更为普罗大众服务,设计的本质既是归顺更是服务。政治试图征服的是普罗大众,设计归顺和服务的对象也是普罗大众,政治归于统治阶级阵营,设计归于普罗大众阵营。理想主义者常常宣扬政治为民的口号,但这仅仅限于口号,设计却大不一样。

设计为民即造物为民是实实在在的真相,政治口号不是决定政权稳定的关键。民有所生、民有所用、民有所养、民有所终才是决定政权是否能够稳定的关键,说到底,面对一个衣食住行皆有保障的政权,人民必定拥护;衣食住行的物质保障堪忧,人民必定会"闹事生非"。什么叫天赋人权,生存权是第一人权,然后才能谈得上公平权、发展权等,说到底,生存权是一切其他人权的基础。衣食住行,即设计的第一要务,首先满足大众的生存,然后才能谈得上大众的享受。

所以,设计事业管理虽然可以归结于政治背景之中,但又成了政治稳定的厚实基础,两者相辅相成、不可偏废。换句话说,对设计事业的管理很大程度上就是对民生、民用、民养的关注和投入,只是设计事业的管理能够更加深刻体现"帝德涵运,皇功懋洽。仁洞乾遐,理畅冥外"①之非政的公共人本思想。任何一种政权

---

①　(梁)释慧皎:《高僧传》(汤用彤．校注),北京．中华书局,1992 年版,第 288 页。

统治阶级如果真具有了非政的公共人本思想,就必定能取得"上天感怀,神灵降德"①之政绩。人民乃国家权力之根本、国家命运之靠山,所以人民在物质需求和精神需求两方面的和谐统一、平衡发展才是一国事业兴旺发达的标志,其中物质需求又是生之根本。

因为设计事业是国家事业,所以从事设计事业管理就基本是国策性的活动,不是该不该做,而是不得不做好的问题。设计事业作为国家事业有两层含义:

1. 设计天生就是为人服务的,任何有意义的设计都应该具有明确的服务性,服务性的第一大特征就是有用,第二大特征就是易用,所谓易用就是非常容易使用且不用花太高的成本就可以使用。像城市里的公交车、地铁不但有用,而且易用,票价便宜且四通八达,充分体现了公众服务性。设计一诞生就为了满足生活和社会的需要而被人们争相接受,碗用来盛饭、杯子用来喝水、锅用来烧菜、刀用来切割、鞋子用来护脚,一切的装饰和变形都不能影响正当的用途,而且这些日用品还不能价格过于昂贵,必须在人们正常的消费能力内才可以畅销。今天城市里的住房越来越紧张,也越来越昂贵。把住房当成昂贵的商品来进行暴敛横财不但不道德,也违背了民生民用民养的根本原则。如若政府不把"住"当成是服务性的事业来对待,必然造成人与人之间生态环境的落差越来越明显,特别对于收入平平或收入低下的困难群体来讲,这种"住"的困境会尤为突出。城市里的棚户区、贫民窟就是富人对生态环境掠夺的结果。

今天的设计呈现全球化融合的大趋势,许多融合与借鉴可以丰富自身设计的内涵与外延,但无论如何融合,设计通行的法则都不会被篡改,那就是服务于现实世界,要么就是对五花八门的虚幻和浮夸进行视觉的批判,负责任的设计师和设计实践都明白设计应该是现实世界的服务者。拿澳大利亚来说,当代的澳大利亚视觉文化充斥着本土和外来艺术家创作的多样性、差异性和一切可能性,这些多样性、差异性和可能性通过艺术的媒介和实践对虚幻的假象和现实世界之间的关系表达出坚决的怀疑。② 这种"怀疑"是对现实世界的遵从,是对浮华的否定,这说明了通行世界的设计都带有相同或相似的职责,那就是服务人类。

过分地给设计贴上流行和时尚的标签并不利于设计本身的发展,只会造成"虚幻的假象"。无论到什么时代,设计仍然要落实到生活本身上来,或满足物理之用,或满足心神之需,如果两者皆不具备,其服务功能就丧失殆尽。流行尽管炫目、时尚尽管新奇,一时风光之后消费者仍然可以敬而远之。设计"虚幻的假象"

① （梁）释慧皎:《高僧传》(汤用彤校注),北京. 中华书局,1992 年版,第 289 页。

② Bernard Smith. *Two Centuries of Australian Art*(London: Thames & Hudson, 2003), p6 – 7.

仍然应当要服从于"现实世界",否则,人们不但可以"表达出坚决的怀疑",而且完全可以对其置之不理。这一点在一切流行文化中恐怕都是适用的:"当我们考虑到流行和时尚的问题时,很少有人真正有机会和天分将自己的情感和观点传输给家人、朋友或同事以外的人们。政治家利用电子传媒散播自己的政治主张。演员们也这么做,但往往却说着别人的话。如果言论真的自由,小说家和新闻工作者能获得更多的读者,但读者的数量仍然是有限的。收音机、电视和电影已经成为人们最强有力的获取外界信息的工具。这些媒介为音乐最大限度地影响全球人民提供了方式手段。作为一个熟练的歌词创作人,他应该拥有与千万人交流的能力。这种理想的实现(随同你试图影响同时代人的愿望一起)将令你尽其所能。"①一切文化的传播都应该"撒播自己的主张",绝不是"说着别人的话",言下之意就是人们要学会表达自己的真情实感,尊重生活、尊重现实本身,哪怕是小说家和新闻工作者,也应当要尊重现实世界、为生活本身传递真言。收音机、电视、电影这些伟大的设计和发明创造,之所以称得上伟大,就在于它们是"最强有力的获取外界信息的工具",它们使音乐家、歌词创作人"拥有与千万人交流的能力",现代视讯技术正在改变世界。因为这些设计秉承了一个根本原则:立足现实本身,为整个世界提供最便利的服务。尽管这些设计也是商品,但它们也表现出了强大的"事业性"。

2. 国家的组织者和统治者应该从战略高度将设计的发展作为塑造民族意识和国家精神的切入口。设计如果天生就具有意识性、全民性和战斗性②,那么将设计提高到与政治、军事、法律、科学同等的高度来成为治理国家、服务民众的事业也就不足为奇甚至是理所当然。一个国家为什么要制造原子弹、氢弹、航空母舰?世界强国为什么都注重航空航天技术的发展?武器工业的发展是为了震慑对手并起到保家卫国的作用,航空航天技术的研发和实践是为了长己国之威风、树本国之声誉,皆为大用。

哪怕是绘画、美术、雕塑、艺术设计等,亦可以成为国治之利器。对于日治时期台湾美术的反殖民主义运动,当时的画评家王白渊先生称:"以台阳美术协会为中心的艺术运动,亦即是台湾民族主义运动在艺术上的表现。"其影响在成立之初就遍布全岛,因其受到"台湾文化协会"负责人蔡培火和"台湾地方自治联盟"主

① Southern Cross University. *Songwriting*: *School of Contemporary Arts*. (Lismore: Southern Cross University, 1999), p48.

② 这种战斗性不仅仅是一种政治意识形态的批斗性,也包括对现实世界具有强烈的揭示性、批判性和反拨性。附庸风雅的装饰风可能不失为一种设计尝试,但具有强烈现实主义精神的生活效用和社会效用同样不乏是设计精神中的"名门望族"。

干杨肇嘉等人的大力声援而被人们视为台湾知识分子在反殖民主义运动中光辉的文化象征。① 一个时代的统治者仅仅依靠武力只能逞匹夫之勇而难成大器,真正精明的统治者掌控的是人民的大脑而非人民的手脚,所以国歌、国徽、国旗等符号性、标志性的设计才具有了更强的号召力和凝聚力。民族主义者对设计的兴趣通常不在乎设计技法的本身,但他们往往能够让设计迸发更为耀眼的光芒。如20世纪初的澳大利亚,民族主义以其平静而普遍深入的姿态始终主宰了设计艺术的发展。1904年,弗雷德里克·马克库宾(Frederick McCubbin)作为民族主义者中最负盛名的画家完成了其三幅一联的巨作《先锋者》。该作成为澳大利亚发出独立宣言的标志。② 事实上,在阶级社会,设计从本质上来说表现了特定阶级的愿望——是特定阶级斗争的武器。但并非所有的艺术家都能充分认识到设计的这一阶级斗争功能。毕加索(Picasso)作为法国共产党党员曾有过与帝国主义者作英勇斗争的记录。马蒂斯(Matisse)就是世界和平运动光荣的一员。但他们却被人们偏执地认为是当时的资产阶级艺术家。③ 不管怎么说,或者又可以这样说,艺术家从属于哪个阶级并不重要,但艺术家对人民精神的影响力和公诉力一直都受到历代统治者的重视和发挥,除非这样的统治者不是艺盲也是文盲。当然也有像阿道夫·希特勒(Adolf Hitler)恐惧包豪斯设计(Bauhaus Dseign)那样的特例,说它是特例,那是因为希特勒将包豪斯设计当成政治上对立面的自由风了。

设计是造物运动,但这般造物却暗含着非常丰富的精神内核,设计创造的物理世界、物质视觉、物化环境可以化生出更广阔的精神财富和精神世界来。诚如元杂剧的兴旺发达即是现实物理世界的造化:"元代是我国历史上空前黑暗的时代。尖锐的阶级矛盾和民族矛盾,成为杂剧空前发展的主要动力,并且为杂剧的创作提供了丰富的内容。都市经济的畸形发展,为杂剧的流行准备了物质环境,同时也将市民阶层的思想感情注入了杂剧作品之中。文人受到统治者的歧视和迫害,与广大人民同其命运;他们和艺人在一起,深入民间,从事杂剧的创作,对杂剧的充实和提高,起到了重大的作用。在中国历史中,北方杂剧发展的最高峰所以出现在元代的初期,是有其原因的。杂剧在元代的变迁趋势,前后不同。在第一期中,杂剧的作家有56人,其生地大多在北方,其作品之可知者有348本。在三个时期中,第一期的作家最多,作品最多,其作品之流传到今天的也最多。这可

① 成乔明:《日治时期台湾绘画的反殖民主义运动》,载《南京艺术学院学报(美术与设计版)》2007年第1期,第63页。

② Bernard Smith, *Two Centuries of Australian Art.* (London: Thames & Hudson, 2003), p46.

③ Paul Mortier, *Art: Its Origins and Social Functions*(Sydney: Current Book Distributors, 1955), p19.

能与元代初期,接近政治中心的地区,其阶级斗争和民族斗争之特别尖锐有关。"①"都市经济"的"物质环境""市民阶层的思想感情"文人"和艺人一起,深入民间"、"接近政治中心的地区"等关键用语都说明了元杂剧出产于当时现实的物理世界、物质视觉、物化环境的历史真相。虽然没有脱离视觉的物体性,可设计却是带有强大的精神启迪意义的慢热型创造——稳固、具象、博大、深沉。既然如此,国家将重视这一艺术形式,可好好利用之,却不可忽视之。这就是广义的设计事业,包含了设计商业活动,但又立意于整个社会的发展。

统治阶级不但要尊重设计和设计师,更要自始至终善待设计和设计师。因为设计事业不仅仅是设计师个人之事业,实乃国家事业,其最本质的核心理念就是一国之政策、一国之统治、一国之力量,一定要将设计作为丰富国力、调和国力、显示国力的根本大法。我们常论综合国力,何谓综合国力? 政治军事是一极,科技经济是一极,文化艺术是一极,国际声誉是一极,两硬两软却都与设计息息相关,国际声誉同样包含了设计品牌和设计创意的无形资产。

设计事业作为国家事业是通过如下三个方面来体现的:

1. 政府对设计发展表现出了热忱的重视和扶植。如各国政府间组织的定期的设计创意交流活动,国际社会上的大型演艺活动、大型展览和大型拍卖活动以更加开放的姿态面对全球各国人民,设计活动铺天盖地的宣传攻势时时包围着现代生活和现代社会,奢侈品的国际性贸易、国际性交流活动不断加强等都体现了政府对待设计发展宽容、鼓励和扶持的态度,起码对本国全民性物质生产的推进在当今时代基本已经得到了各国政府的默认。这种默认很大程度上是要表现本国强大的工业生产以及本国具备的舒适的人居环境。

2. 设计活动的举办由社会力量自行决定,而不再由政权操纵,政府只在政策上给予引导。设计事业是一项公共福利性的国家事业,政府权力的淡出不是轻视设计事业,恰恰是将设计事业交予更为专业化、普众化的社会力量纵深发展。策划者、设计者、生产者、消费者的自治时代在设计界早于其他任何行业已经形成。奢华曾经代表精英享受,在社会力量的推动下,今天正在发生质的变化。奢华的现代定义很难清楚地界定,尤其是奢华和现代的关系已经被人视为相互对立。奢华是精英的,是基于文化教养或至少要迎合传统观念。而现代人雄辩滔滔,认为现代是平等的、民主的、包容一切的;似乎该打破神圣,和传统对比,才叫现代,但其实这两者的关系绝非如此简单的二元论,尤其奢侈品已经成为重要的西方产

---

① 杨荫浏:《中国古代音乐史稿(下)》,北京. 人民音乐出版社,1981 年版,第 510 页。

业:高价精品已是大量生产品。① 在今天的发展中国家,西方奢侈品也司空见惯,遍布大街小巷,这充分体现了现代政府莫大的宽容和开放,也表现出了现代商业传媒、现代科技产品不但无孔不入,而且极富诱惑力。所以当这些代表现代式的设计毫无保留地传递给公众的时候,公众不但表现出了极大的回应热情而且渴望参与其间②,这正体现了设计休闲化、生活化、自由化、平民化的趋势。

3. 公众的生活态度和社会情趣越来越成为设计发展形态的主宰力量。设计作为事业就是要强调它的普适性和民众性,起码绝不是政治势力的附庸,否则所谓的设计就不能称为事业,只能算统治意识的实物化。所以,现代设计的发展主要由公众的生活态度、人生意趣、社会关系来决定,任何统治者和统治阶级断不能扭曲人民大众之精神趣味。从现代办公环境的设计上看,我们能领略其中的含义:"自二十一世纪初,办公大楼的设计已不存在什么'绝对'模式了。那种传统的办公室设计方案是用高墙和门锁将管理者和员工隔开,秘书和办事员都有自己专用的办公桌和座位,而这样的传统做法如今已经失去了吸引力。代替传统设计的是敞开式的办公室空间,有少量的私人办公室是供管理者使用的,员工们共用一个敞开式的工作空间,仅仅用半高的隔板象征性地将各自的办公桌隔开……临时性的聚会地点和咖啡座席又正在日益打碎办公室内坚硬刻板的隔板。"③毫无疑问,是人们追求开放和社交的意识心理和渴望团队合作及和睦友好的工作态度决定了现代办公室工作场所反传统的发展形态。

设计事业是人民的事业,它必须依赖人民切身切心的体验和感受来抉择去或留,而政府所做的正应该是将设计生产与人民的身心健康融合起来。只要能实现这样的目标,政府的态度是浮在设计生活的表面还是隐身于设计生活的背后其实并不紧要,因为设计生于民心、愉悦民心、归于民心,与政权的强和弱其实无关。我们目前正活在所谓的品牌过渡期,不可讳言,这个时代,品牌如雨后春笋般地日益增加,要去判断何种为好或坏的品牌都已不甚容易。为了有智慧地征服这段过渡期,开拓货真价实的品牌时代,极需经过健全学习的专家。需要设计者拥有一种为要掌握顾客需求而跑遍大江南北进行研究,打造无论在何地推出皆问心无愧

---

① 【英】德耶·萨德奇:《被设计淹没的世界》(庄靖译),台北. 漫游者文化事业股份有限公司,2009 年版,第 152 - 153 页。

② 如近些年在电视中出现的《中国好声音》《星光大道》《鉴宝》等节目,不仅引起了强烈的社会性回应,而且观众积极报名登台亮相,体验明星的感觉。而网友积极参与电视节目之外的手机投票、网络投票活动等,更充分体现了现代人对普众文化参与的渴望。

③ Roger Yee, *Corporate Interiors* (New York:Visual Reference Publications Inc. , 2005), p7.

的名牌的工匠精神,乃当今世道。① 说到底,设计事业管理的根本目的就是要尽力让设计为人服务,服务至上是设计事业管理万流归宗的唯一指向。综上所述,设计产业管理与设计事业管理是大国战略的两个方面,就像一枚硬币的两面。

三、设计事业管理的特征

设计事业管理从狭义上说不是为了营利,但不排斥营利行为,主要是以为人民生活服务、提高全民物质和精神享受的品质和内在生命的崇高价值为终极目标的设计之社会性综合管理。其管理关注的是人,而且是最大多数的民众。哪怕是营利性的设计产业、设计企业、设计市场活动,也应该纳入国民经济服务体系的大框架之中来进行营运,以此最大化地实现设计事业的服务功能。从这个意义上来说,设计事业管理的特征与一般的企业管理、经济管理、工商管理是有区别的,而且在当下的时代,我国设计事业管理的主体不独指传统意义上的设计事业单位,还应该包括政府机关、企业、民间组织等一切的社会机构,对于其管理的特征,我们可以总结概括为如下几个。

（一）全民性

只要有合法权益的公民都应该属于设计事业管理的服务对象,所以传统意义上的设计事业单位的管理应当归入社会公共事业管理更为贴切,既然可以称为公共事业,那么全民性就是其最本质的属性。政府机关的利益在我国虽然也是属于民众所得,所谓“为人民服务”的精神使然,但政府机关对设计的管理活动依然主要应归于艺术行政管理,而且是由法律规定下来的规范性管理,因为依法行政是国策。但设计事业管理可以是法定性的,也可以是伦理道德性、生活习惯性、社会风俗性的。如小学和初中手工制作类课程的设定是教育部明文规定要义务完成的,但设计高等教育的形式和收费标准却仍然是一个社会的热点话题。又如对城市公共艺术雕塑和环境绿化的具体设计和规划就按照各地方的地形地貌、生活习惯、社会风俗而各行其便,如果严格由法律规范下来如何做,其可操作性和效果令人怀疑。设计事业管理针对的是所有的合法公民,公民享受设计事业服务的权利是天授其权,人只要一出生就应该自然获得享受该国社会公共设计福利的权利。任何人、任何组织都不得以任何借口剥夺一个合法公民的设计享受权。市场上各式各样的新式手机层出不穷,但大按键、大屏幕、简单功能的老年手机以及加了不良信息密码锁的儿童手机也没有完全取消,因为老人和儿童也有享用新兴科技提

---

① Cathy Yeon Choo Lee:《脱俗的设计经营》(博硕文化译),台北 . 博硕文化股份有限公司,2010 年版,第 38 页。

供生活便利的权利,尽管不是市场主流,但如果没有兼顾到部分人群的消费所需,那就是设计机构和设计师的失职。设计事业的规划、设置、分配、运营和利用应该兼顾绝大多数公民的权利,绝不应按照政权和社会权力的喜好而进行。特别是长官意识对待社会设计事业活动往往弊大于利,如国内的城市中心花园、城市形象建筑、城市美化工程的规划和修建往往不是按照城市居民的意愿来进行,哪怕是由财团投资的市政项目,往往也不得不看当地政府的脸色行事。同样,政府追求政绩、长官头脑发热导致的结果就是一座传统旧建筑说推就推,一段刚刚修建好的景观道路说扒就扒,还可能美其名曰"美化升级";而一些不伦不类、局促小气、模仿抄袭、奇形怪状的建筑,说建就建。这些设计事业的管理究竟是谁在"指挥"呢?长官!所以,我们前面不止一次地提到企业在社会管理上几乎无能为力,起码中国的企业更倾向于是一种政治企业,道理即如斯。美国的政治却是一种企业政治,所以美国的企业管理即社会管理、国家管理,中国的企业管理只能是企业内部的自我管理。设计事业管理其实应该归谁"指挥"呢?人民!

(二)服务性

什么叫设计事业管理的服务性,自然就是无偿为人民提供一切物质享受、精神生活、灵魂生存、生命发展便利的活动。这些活动对于管理者而言并非索取和自利,而应当是一种奉献和公利。所谓的服务强调的就是一种奉献精神和奉献行为。这种奉献并非单向的运动,实际上它也是一种双向互惠的运动形式。从行动生发的动机理论来看,无偿奉献追求的仍然是一种利好回收,当然这种利好回收对于绝大多数的公益事业活动主体来说,是一种隐藏的、附加值较高的、声誉响亮的利好。如政府的设计福利赢取了人民的归顺和拥护之心,是对其政权稳定的回报;如企业的公益性设计活动赢取了社会设计消费群体的好感和赞扬,是对其物质产品市场消费信任度的回报;如慈善活动家的设计慈善行为赢取了民众的敬仰和尊重,是对其个人名声和社会形象的回报。而传统设计事业单位的设计事业活动却是一种义务性、法定性的职责,只有将其设计事业职责履行完毕才能得到政府的认可和人民的认同,否则该单位就没有存在的必要,如隶属于国家机关的城市规划设计委员会、道桥结构安全研究院等。总之,设计事业活动的服务性赢取的是一种民心和民意,而非金钱利好,这与设计产业活动中的双赢有着质的区别,我们以下图示之。

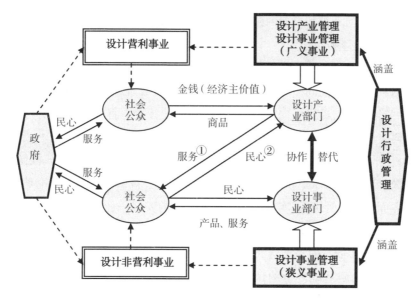

图 9-1　社会各设计部类之间的双赢模式图

从上图我们可以清晰地看到,设计服务贯穿着一切社会设计部门对社会公众的管理活动,如一切产品都有售后服务的保证,而这些服务对于服务者来说都会有相应的回报,而且回报远比经济利益上的回报更为普遍和深入社会的血肉。所谓"得人心者得天下",对政府如此,对一切社会设计部门来说,同样如此。对图9-1有几点说明:1. 设计行政管理即指政府职能部门对社会设计活动进行的管理,它可以分化成设计事业管理和设计产业管理,且各自都有各自的管理范畴;[③] 2. 设计事业管理不排斥营利性设计,广义的设计事业管理应当包含设计产业活动和设计经营活动;3. 营利性设计活动和设计行为同样可以当成事业来做,即从宏观战略的角度来经营设计活动,对于一个设计企业来说,以战略的长远眼光打造品牌企业即可视为事业;4. 公众对设计事业福利回报的"民心"远比经济回报更

---

① 此处指的是产业部门(生产、经营、消费部门等)和企业对消费者的服务,包括售后服务、社会慈善事业、公益活动,对社会文化、卫生、教育、安全等的无偿捐助活动等。

② 社会公众对产业部门主动承担的社会事业活动所做出的感情上的反应也应当是一种"民心",但这种民心对产业部门来说,大多数情况下属于一种经济附加值,也就是说产业部门主动承担的社会事业活动将会产生巨大的、潜在的、附加的经济回报力。这是广大消费者对产业部门市场情感和信任度的回报,产业部门主动承担其社会公共事业活动的做法不排除对这种经济附加值的追求和渴望。

③ 成乔明:《设计管理学》,北京．中国人民大学出版社,2013 年版,第 21 页。

重要,它既是对国家福利事业的感恩之心,也是对政府的支持之心,更是民族精神良性发展的社会基础。

(三)精神性

从图9-1中我们同样可以发现,社会设计事业管理重在构建社会精神,强调的是一种精神建设,即民心向善:以感恩之心回馈社会。首先我们要明白事业管理是如何实现精神建设的,不外乎两种途径:1. 精神宣扬,如文化、艺术、宗教、教育、娱乐、广告等方面的文艺公益事业活动;2. 物质保障,如交通、住房、社区环境、医疗保健、粮食供应、水电供应、退休养老等方面的公益事业活动。无论是物质还是精神方面的事业管理,其实都是为了追求人民的安居乐业、稳定幸福,而不是重在榨取市场利润、剩余劳动和剩余价值。根据美国心理学家亚伯拉罕·马斯洛(Abraham H. Maslow)的需求层次理论①,人类的需求是一级一级攀升的,体现了精神是建立在物质基础之上的认知。美国企业管理家理查德·巴雷特(Richard Barrett)进一步提炼和扩展了马斯洛的需求理论,将五层次需求提炼成四大需求,并扩充出人类需求的九大动机:1. 物质需求:A. 个人安全,B. 健康——当我们的个人安全和健康有保障时,我们的基本物质需求就能得到满足;2. 情感需求:A. 家庭、朋友,B. 自尊与被尊重——当我们与家庭、朋友保持密切的关系,在社会上受到尊重,自尊得到满足时,我们基本的情感需求就解放了;3. 心理需求:A. 教育、知识、成就,B. 实现个人成长——当通过接受教育、获取知识,并且取得成就,实现了个人的发展成长时,我们基本的心理需求就得到了满足;4. 精神需求:A. 生命有意义,B. 服务人类,C. 发挥作用——当我们发现所做的事情使自己的生命充满了意义,并促使自己在服务人类的过程中发挥作用时,我们的精神需求就得到了满足。而当实现了物质、情感、心理、精神的需求时,我们就实现了自我价值。② 所以物质世界的发展、发达与繁荣归根结底是为了实现人类的精神世界和理想境界。现代社会交往常常依托物质设计来充分体现自己的趣味、品位和身份档次,留什么发型包括将头发染成什么样的颜色、使用什么价位和品牌的化妆品、穿什么牌子的服装、使用什么牌子的手机、开什么样的车、选择什么样的社区居住以及经常到哪家餐厅吃饭都成为现代人社交圈子的象征,这种粗浅的行为动机可以成为人们的思维习惯,思维一旦习惯化就发酵成对应社会阶层深层次的精神境

---

① 马斯洛将人类的需求分成五层次:生理需求、安全需求、社会需求、尊重需求、自我实现需求,层层推进、级级攀升。

② 参阅美国通用电气公司(GE)[DB/OL]. http://www.fx - culture. com/show. asp? sid = 277176.

界。所以将设计归结为简单的物质生产而忽视其在社会精神培育上的强大功能不符合事实真相。

（四）非营利性

至此列出设计事业管理非营利性的特征应当已具有了一定的说服力和可信度。设计事业管理的着眼点在于培植社会精神和民族灵魂,社会精神和民族灵魂的精髓就在于协同人民树立追求富足、安定、和平、幸福、自立的共同理想和生命目标并实践之,简而述之就是要使所有的民众懂得爱与被爱、奉献与感恩并使之成为社会性的言行习惯。正所谓:"大道之行也,天下为公,选贤与能,讲信修睦。故人不独亲其亲,不独子其子,使老有所终,壮有所用,幼有所长,矜寡孤独废疾者,皆有所养;男有分,女有归;货恶其弃于地也,不必藏于力;力恶其不出于身也,不必为己。是故谋闭而不兴,盗窃乱贼而不作,故户外而不闭,是谓大同。"①显而易见,社会设计事业管理的根本目标在于构建大同社会,并不是为一己之福、一时之利而营结钻研,所以设计事业管理不宜与获取短暂的经济利益连接在一起,而应将社会公德、政府公信、党团公心、民众公益、生活公美的培育和确立作为管理的出发点和归宿点。这样恐怕才能真正实现古人提出的"是故谋闭而不兴,盗窃乱贼而不作"的理想社会。对于设计师而言,从自我做起的表现就是不要过分强调自己的自由精神,而应当将社会精神的构建与完善作为己任,诚如包豪斯培养设计师的定位:"这个世界已经有太多'自由艺术家'了:他们通常是对个别问题的少有天才,但却不可能以此谋生。包豪斯无意于为这一群体添砖加瓦。作为人类社会中的成员,包豪斯的学生必须学会面对实际问题以及精神问题。然而,如果其中一些学生在领会了训练中为其提供的实用材料和精神素材后,发展为'自由'艺术家,包豪斯当然也会感到高兴。这将是他们的个人成就。但只要他们还在包豪斯,就必须将自己视为设计师或手工艺人,并将为社会提供新思想和有用物品作为己任。这是工作坊训练的现实基础。"②设计区别于自由艺术之处就在于,自由艺术注重自我,设计必须关注他人、关注社会,最高深的设计不图一时之利,而是从战略上给予社会长远的福利——新思想和健康生态。

（五）自治性

设计事业管理与法律、产业、行政管理的不同之处还在于它强调和推崇的是一种自治性管理,所有的社会机构包括设计事业单位、设计企业、政府文艺管理部

---

① （春秋）孔丘:《礼记》（程昌明译注）,太原. 远方出版社,2004 年版,第 37 – 38 页。
② 【匈牙利】拉兹洛·莫霍利－纳吉:《新视觉:包豪斯设计、绘画、雕塑与建筑基础》（刘小路译）,重庆. 重庆大学出版社,2014 年版,第 20 页。

门、民间设计组织甚至具有社会公众影响力的各个设计领域的大师们,都应该充当社会设计事业的管理主体即管理者。如果再广泛一点看,非设计类的社会组织、社会机构、企业、政府等也都可以成为设计事业管理的主体。归根结底,这种管理发自民间,并以民间最小的成员组成单位如家庭、家族、工作单位、村组、乡镇、社区、城市等划片、划区进行自给式的管理,民众是决定这些设计走向的中坚力量。2008年的台湾大学儿童医院项目就充分展示了社会民众对设计事业的管理效能:"台大儿童医院的负责人希望我们(笔者注:龚书章团队)的设计可以与众不同,但不要做得像儿童乐园那样过于鲜艳和花哨。因为小朋友来到医院最好能安心、愉悦、安静,这样才不会吵到别人,自己也不会有抗拒的心理。为了营造出这种气氛,我特地邀请了一位非常年轻的绘本艺术家,希望可以和他一起合作这个案子,让小朋友觉得来医院不是一件恐怖的事,也不是一次坏的记忆。为了更好地缓解小朋友在看医生时紧张的心情,让他们有足够的安全感,我们特地咨询了心理学家。心理学家告诉我们,让小朋友有安全感的唯一方法是让他们扮演大人的角色去照顾其他人,而不是被照顾,这样他们就会产生一种心理投射,觉得自己处于强势的位置,进而产生安全感。于是,我们设计了许多小狗造型的椅子,让小朋友坐在上面等待医生,同时也让他们和小狗成为伙伴。这个项目做完后就拿到了当年的台湾室内设计大奖。受到这个项目的启发,台湾许多家医院都开始改造自己的室内设计风格,改变医院给人的一贯印象和氛围。"[①]政府以及社会力量不会去过问一个医院的室内装修应该怎么做,特别在装修项目完成之前。当然,在装修项目完成之后,谁都可以对其评价一通。但设计公司、设计团队必须想尽一切办法、动用一切社会关系和专业力量来努力将设计项目做到极致。医院、项目承办方、项目合作者甚至被咨询的"心理学家"在这个设计项目中都充当了显在的管理人,因为大家的意见都在综合意见中发挥了主观能动性。其实台大儿童医院装修项目中的真正管理人是潜在的儿童们,他们作为该项目的使用者和受惠人,他们没有出场的潜在意见决定了这个项目的最后结局。这就是设计事业管理的自治性:设计师仅是消费者的代言人,消费者意志往往自觉地左右着设计项目的动向和归宿。

---

① 龚书章:《从简单的物与象到空间的叙事与跨界》,庄雅典:《建筑与时尚:著名设计师演讲录》,北京. 北京大学出版社,2013年版,第122-123页。

第二节 设计产业管理属于广义的设计事业管理

谈到事业,在我们正常的理解中往往认为是不赚钱、不营利、享受国家财政供养的单位、部门和活动,随着公共社会学的兴起,社会性公共事业、公益事业的称呼开始流行起来,至此,事业实际上应该包含了通常理解的事业单位,如学校、科研院所等,还包含社会性公共、公益活动,如城市规划、医疗和养老保险政策等。这样的理解基本能够抓住事业的本质内涵,但是如果深入分析和细化解剖,我们会发现事业的内涵亦是一个丰富的知识系统。如设计作为一种事业,照此理解可以分解成两种含义,即文化艺术部门事业单位的称呼,如政府职能性的设计规划局、设计规划研究所等,这是一种机构和组织的性质类别;第二种就是指设计项目和设计工程本身的性质类别,往往特指某项设计项目的主体就带有服务性的定位和功能,像城市内外的公共交通设计、人居环境设计、公共建筑设计、国家大型工程项目设计等,这些设计活动本身就注重对地方或全局的服务功能,像长江上的三峡大坝、青藏铁路、沿海城市修建的跨海大桥工程等,从设计一开始就代表了政府为民的服务性质,而台北市中心的 101 建筑、上海中心大厦一开始的定位就代表了两个城市的建筑文化和商业形象。这一点完全取决于我们对"事业"一词的两种理解,即"事业"的第一层含义就是我们通常所言的"事业单位";"事业"的第二层含义就是我们通常所言的服务于民或地区战略形象的意味。

其实,"事业"在市场经济大潮泛滥的时期并非局限于不赚钱、不营利的活动,赚不赚钱、营不营利不是判定是不是"事业"的依据。广义的"事业"包含了产业、企业、市场化的运作行为,如德国、美国的汽车工业,瑞士的钟表产业,北欧国家的旅游产业,沙特的石油产业,中国瓷器和丝绸产业,这些是通行全球的营利行业,对于本国来说算不算是一种事业? 毋庸置疑,确立一个国家形象、支撑一国经济命脉、滋养一个民族人民的行业就是一种事业,对于本国来说就是本国的大事业。对于个人来说、对于企业来说都有自己的事业定位,这里的事业就是我们口中常说的"干事业""建功立业"之义。开工厂、办商场、做销售都可以当成事业来干,强调做事的长远战略和宏观规划,"事业"的第三层含义就是战略性地营利、战略性地发展,即做出一个丰功伟业的意思。这其实就是"事业"的第三层含义。综合一、二、三层含义的设计事业,其实就是一种广义的设计事业,广义的设计事业包含了设计产业,所以,设计产业管理其实属于广义的设计事业管理。

事业单位这一概念是我国特有的提法。1955 年第一届全国人大第二次会议

《关于1954年国家决算和1955年国家预算的报告》中首次使用了"事业单位"这一名词,并一直沿用至今。对事业单位概念的界定,存在着多种说法。①但概括说来,事业单位大致的特征是:1.经费由国家财政或事业经费开支;2.强调的是为工农业生产和人民文化生活等服务的活动行为;3.不是以为国家积累资金作为直接目的的单位;4.不同于党政机关、行政机构、党派和各类企业,但是由国家成立的社会组织;5.主要是代表政府执行社会公益目的如教育、科技、文化、卫生、体育、医疗等而存在的组织机构。归根结底,非营利、非政权类的公共服务性是事业单位最根本的本质特性。

本书所言的设计事业实指三层含义:设计性事业单位,公共服务性设计,设计职业的战略化表述。但这三层含义都必须灌注一个理念,那就是为民服务、战略事务,特别是从大国战略的层面来看,所谓的设计事业应当就是服务型设计,追求的是全民享用、为民谋利、好用有效且为国争光、享誉国际。所谓的设计事业管理就应当是服务型设计战略,宏观、长远的设计服务管理。

狭义的事业指事业单位,中义的事业指服务型事务,广义的事业指战略型长远规划,这样来谈论设计事业的概念和内涵更加明了,而且是颇为新颖地解释设计事业的方式方法。除了狭义事业,中义事业和广义事业都包含了非营利和营利活动。关于事业是否具有广义和狭义之分、是否包含了非营利和营利的问题,请看下面一段引文:"事业领域内存在多种组织、存在多种性质不同的活动。从活动性质划分,事业可以分为以实现社会公益目的、非营利性质的事业活动和以营利为目的的事业活动,前者属于公共事业,后者属于非公共事业。国家机关、事业单位、民办非企业单位及社会团体、企业等组织,以及公民个人均不同程度参与公共事业产品的生产、经营、组织管理等活动,但最主要的组织是国家、事业单位、民办非企业单位。提供公共事业服务与产品是国家的重要职责,同时,社会力量也介入公共事业活动、提供公共事业服务与产品,因此,从举办主体划分,公共事业可以分为国家事业与民办事业,如图。"②

事业 { 公共事业 { 国家事业 / 民办事业 } 非公共事业

赵立波先生的这段表述不但说明了事业肯定存在广义和狭义之分,如"公共事业＋非公共事业"即赵立波所谓的广义事业,"公共事业"即赵立波所指的狭义

① 赵立波:《公共事业管理》,济南．山东人民出版社,2005年版,第3页。
② 赵立波:《公共事业管理》,济南．山东人民出版社,2005年版,第11页。

事业。而且,赵先生还明确指出事业其实是包含了营利性活动的:"从活动性质划分,事业可以分为以实现社会公益目的、非营利性质的事业活动和以营利为目的的事业活动""民办非企业单位及社会团体、企业等组织"的"参与公共事业产品的生产、经营、组织管理活动"等就说明了不但企业、营利组织可以参与公共事业的活动,而且在这些活动中企业、营利组织还有可能获得了必然的利益,像市民广场、公益性公园、城市街道绿化带、公共体育设施的建设等中标单位不可能无偿提供服务,只是政府充当了埋单人。由政府埋单并服务于大众的工程项目尽管涉及了营利和买卖,对于大众来说这就是一种福利事业。赵立波提到的"民办事业"显然是由民间机构或个人埋单却服务于大众的项目,而其提及的"非公共事业"显然就是包含了产业、企业和个人的商业战略型发展活动。

设计事业可以不用纠缠于"公共事业"或"非公共事业"的问题,也不用纠结于营利或非营利的问题,如果用"社会管理"的概念来范定本书的"设计事业",不但可以避开争论,还可以让我们对设计事业的本质看得更加清楚:"'社会管理'是一个有丰富含义而论说不一的复杂概念。在英语中,'Society Administration'和'Society Management'之间也有显著不同。在北美英语语系国家和英联邦国家中,并没有哪个概念能够与中文的'社会管理'恰好吻合。即使是直译的'Society Administration'和'Society Management'也有所不同。'Society Management'有公共关系的意味,有时特指社会中介组织提供的公关和社会关系管理服务;有时则有社区自主管理的含义。在法语里,社会管理的对应概念为'Administration Societe',德语中为'Die Gesellschafliche Regierung',这两个概念与中文意义上的'社会管理'也有一定距离。而与中文'社会管理'较为接近的'Society Administration'也并不必然指代政府的社会管理职能,公共部门、私营部门,乃至第三部门都可以进行有效的社会管理。"①"公共部门、私营部门,乃至第三部门都可以进行有效的社会管理",本书所言的设计事业管理就是包含了公共部门、私营部门,乃至第三部门都可以进行的设计管理,而且是包含了商业、贸易等经济活动的一种"社会管理"。微软、苹果、奔驰、宝马包括中国的海尔、联想、华为等品牌不仅仅是商业上的王者,更是民族品牌、国家形象的代码和符号,它们可以做公益捐助事业,但它们本身的市场竞争表现往往牵动着整个市场的神经和国家的命脉,也代表了一国现代商业产品服务的高度和能力,这些企业、品牌、设计的管理已成为社会管理的一部分,起码是一个重要的环节。这样的设计企业、设计品牌、设计经营已经上升到设计事业的高度,这样的设计管理就是设计事业管理。所以,我们讨论的设计事业

---

① 陈振明:《理解公共事务》,北京. 北京大学出版社,2007 年版,第 264 页。

整体上属于一种社会管理范畴,既包含传统的设计型事业单位,也包含服务型设计公益活动,还包含一切的战略性设计行为和设计产业的经营活动。

　　本书对设计产业管理大国战略研究的立足点正是基于广义的设计事业管理而言,即通过广义的事业规划对国家、对政府在设计文化上的服务型功能、战略性意义所进行的专题性研究,而不仅仅关注设计产业的赚钱问题。一个民族、一个国家可以靠设计大发横财,诚如美国的飞机火箭、军舰大炮卖得就很好,但这种交易对于美国来说具有战略性意义,对于世界人民来说却不一定具有什么正向的服务型功能,武器设计和军火贸易属于美国的设计产业和国家事业,却不属于世界的设计事业且对世界来说属于牟取暴利的杀伤性破坏工具,只会增加别国人民生存的危机和生命的危险,亚太局势的紧张、中菲关系目前的恶化与美国大量军力深入亚洲不无关系。从这个意义上来说,设计事业的价值评判是相对的,时空和价值上都存在相对性,不能一概而论。如此可见,设计产业管理从事实上来说必然属于广义的设计事业管理,这是设计产业管理和设计事业管理的一致性和内联性。

第三节　设计产业管理与设计事业管理的区别

　　从广义的设计事业管理来看,包含了设计产业管理,但设计产业管理与狭义、中义的设计事业管理其实差别明显、差距较大。设计产业管理的目标主要还是追求市场营利,设计事业管理纵然不排斥设计企业,但也不可能把市场营利当作主要目标。设计企业的社会职能也是为消费者提供服务,但这种服务是有偿的,且这种有偿一定要价格大于成本,即有经济之利可图,否则设计企业就会放弃生产行为。设计事业单位、设计公益活动同样为消费者提供服务,但这种服务具有质的不同,即以关注民生、稳定民心、笼络民意为其根本,国家用各种手段帮助消费者支付了这种服务的成本。因为设计产业一定要迎合市场、吸引购买、获取营利,所以设计产业以量产为服务手段,如果投放市场不足以引起大众的认可和消费,就注定了生产上的失败,设计产业往往以大众的流行时尚为设计生产的准则,其产品也趋向于流行性设计产品。设计事业并非以市场需求为根本,而更加注重民众精神心理、意识形态上的培养和取向,强调国家主旋律对普众的引导与文化唤醒,所以无论从形式、素材、主题还是传播手段上来说,都较注重高大上的雅趣性、审美性和教育性,换句话说,设计事业更强调内容与形式上的高雅性。基于此,设计产业管理与设计事业管理的区别有下述五大类。

一、设计产生的动机不同

流行设计的设计者往往是设计领域的新秀,模仿能力较强而开拓创新能力稍敛,流行设计往往在设计材料、设计素材、设计形式或设计主题等方面更善于研究普通消费者的喜好并能在迎合大众趣味的前提下体现视觉构造力。其实,从整体上来看,流行的一定注定了易识别、易使用、易普及,视觉上的中庸性、审美上的普众性更为突出,因为,不为大家所欣赏和适用又如何能够流行呢? 高雅设计强调设计者在设计领域的既定地位和公认的名声,高雅设计的主题和立意往往积极向上,在设计材料、设计素材、设计形式等方面敢于开拓创新,充分体现个性化、实验性以及创造未来的经典,在立意上强调传递正统文化的价值观,能够树立社会的文化正能量,而在设计本身上能打破传统定式、开辟视觉新风。

二、设计受众的定位不同

流行设计一开始主要就是呈现给普通民众、社会群体以及大多数市场消费者欣赏、体验和消费,追求的是瞬时的普及和快速的营利。高雅设计最初主要是呈现给设计界的同行、学院派的学者、文化艺术管理人、职业批评人、专业的设计学习者和研究者、艺术悟性和艺术修养较高的消费者观赏鉴别和体验使用,当经过专业性的鉴别和认定之后就可以进入社会传播和宣传、驯化体系并逐渐成为社会化的普适价值;前者注重完型性、既定性、批量生产性、利润预判性和不易更改性,但设计精神上以较平泛的群众性认知水平、社会平均的认识能力为圭臬;后者注重试用性、可修正性、少量生产性、社会普及的循序渐进性,但设计精神上更强调开拓和创新。

三、设计流通的场所不同

流行设计常常流通于公众生活、工作的一切场所,尤以时尚性的大都市、大商场、大市场为主,这样可以让更多的民众能够看到、接触到、享受到,但商业产品没有机会和时间进行全面的、长期的试用与修整,完善的周期很短,只能采取长期的、滚动式的完型发展,如工业设计上"有计划地废除制度"就是一个利用一代又一代工业产品的代际更替发展模式完善消费者生活和生存体验的做法,因为要等产品完全成熟了再推向市场或许已经错过了市场的培植期或扩张期。高雅设计常常流通于专业性的比赛场、职业化的展示馆、广开思路的课堂和研讨会、规格和名气在行业内都较高的展示、博览、交流、销售机构等地方,这些地方往往是职业性专家同行相互交流、观摩的场所,经过职业性专家试用和鉴定、修正成熟才会推向社会,形成价值典范。

四、设计表现的方式不同

流行设计常常追求令人耳目一新之处,这样的耳目一新往往流于视觉、耽于感官、粗浅浮泛、夸张扭曲甚至哗众取宠,更多是从形式上追求身心刺激的新颖和畅快,因为流行设计就是要再现公众审美趣味上的普适性、程式性、习惯性和风俗性,以求博取畅销。一件新创造出来的高雅设计作品在普通老百姓甚至某些专家初次评鉴时可能生涩、隐晦、难解,它也可能令人耳目一新,但高雅设计的耳目一新往往全面深刻、富有内涵、耐人寻味,从内容到形式、从主题到技法都可能具备一致和谐的创新之处,因为高雅设计追求的就是创新,当然是注重文脉传承、意蕴深沉的创新,耳目上的震撼和爽快还在其次。当然,相比于某些高雅设计的艰涩难懂,流行设计作品通常在普通老百姓以及所有专家欣赏时表现得更加晓畅、简单、赏心悦目且更为贴近日常生活,许多批评家也会借此攻击高雅设计。

五、设计发展的趋势不同

流行设计贪图一时的畅销和高速的普及,设计效率、普及效率都是最高的设计形式,市场经济效益也可能会在短期内达到极度膨胀的程度,但流行的本质含义就是短命、就是"爽"一把就死。这正是流行的理念和流行一般性的宿命,这也成为"娱乐至死"精神在造物世界寄生下来的表现。高雅设计最终的发展趋势也是要走向通俗化、大众化和经典化,而不是高高在上、不食人间烟火直至自我毁灭,只是这种通俗化、大众化、经典化的过程远比流行设计缓慢得多、久远得多,也更深刻得多,当然其历史的延续时间也会更长、文化的奠基功能与改造潜力也会更大,大画家文森特·梵高(Vin-

图9-2 荷兰著名画家文森特·梵高
肖像(成乔明绘)

cent Willem van Gogh)(见图9-2)穷其一生之后才得以使他的画风风靡全球,但这已经属于很快的屌丝逆袭了,更多的非凡创造要等上数百年甚至上千年才有可能被拂去封尘,光照青史。任何一类高雅设计或一件高雅设计作品一旦得到了专家、学者以及社会设计精英阶层的认同和推崇,那么社会的宣传、推广活动就会反复告示和解析这类高雅设计或高雅设计作品,其结果必然加深社会和公众对它们的理解、认知、把握和喜爱,这样的设计作品迟早要通俗化和大众化并成为设计潮流不断引用的经典。

　　以上就是流行设计和高雅设计的主要差异和不同点,某种意义上说也是设计产业和设计事业之间的主要差异和不同点,设计产业管理自然更倾向于以生产流行设计为目标,设计事业管理自然常以生产高雅设计作为根本。尽管设计事业也是公众的、易用的、为民服务的设计,但不表示设计事业非营利性的无偿服务就注定其应该粗制滥造、恶俗鄙陋,相反,真正的设计事业应当是久远、深刻、创新的高雅设计,因为它以整个民族物质世界和精神理想的创新作为自己践行的事业。为什么说高雅设计才真正代表了设计事业管理的根本呢? 我们来看看高雅艺术普众化之后伦敦发生了什么就一目了然了:"当高雅艺术摆脱了宫廷的保护,赢得独立之后,伦敦吸引了大批意大利、法国、波兰、瑞典、德国和荷兰的作曲家、音乐家和艺术家。伦敦及其周边地区奢侈品产业发展迅速,主要因为胡格诺教徒的涌入,他们尽管被禁止离开法国,但还是追随因南特法令的废除而遭到驱逐的牧师来到伦敦。在此之前,胡格诺教徒盘根错节的家族垄断了路易十四王朝的装饰艺术行业。高雅艺术和奢侈品的市场扩展到贵族阶层之外。有'品味'的人,以及'中产阶级'的上层,拥有可任意支配的收入来满足他们的趣味。"[①]"经济扩张给艺术创作带来了新动力,培养了一批具有求知欲的新观众。社会雅致化与艺术的培养密切配合。"[②]高雅设计作为高雅艺术的典范,最初为皇家和精英阶层所独享,随着高雅设计的独立,其强大的普世精神和普众能力逐渐会影响到中产阶级进而"培养了一批具有求知欲的新观众",对高雅设计欣赏的人越来越多、高雅设计的消费越来越集中,自然而然就能培育出"雅致化"的社会来。这就是设计事业管理的根本,这种对社会物质世界、精神世界的审美能力和欣赏趣味的持续推进、不懈追求就是设计事业管理。所以,丝毫不顾事业性质的设计产业管理只能成为金钱的奴隶,只能将整个社会的理想堕落为低俗品位的陪葬品。

　　流行设计和高雅设计完全区分开也很难成功。古典的高雅也会在戏谑的潮

---

①　【美】温迪·J. 达比:《风景与认同:英国民族与阶级地理》(张箭飞、赵红英. 译),南京. 译林出版社,2011 年版,第 95 页:注释①。

②　【美】温迪·J. 达比:《风景与认同:英国民族与阶级地理》(张箭飞、赵红英. 译),南京. 译林出版社,2011 年版,第 72 页。

流中被肢解成现代的流行,如给蒙娜丽莎粘上两撇胡须、把罗丹(Augeuste Rodin)的"思想者"安坐在抽水马桶上、把梵高的"向日葵"印在裤腿上、把米洛斯的维纳斯做成了洗脸盆的立柱之后不但使设计产品畅销起来,而且很快就让这种设计创意成了一种普及全球的文化现象,令人赞叹于现代人的"幽默感"和"创造力"。设计事业管理归根结底就在于将高雅设计转变成流行设计,当然这种高雅设计要有足够改造社会的精神实力。如百老汇(Broadway)著名的音乐剧《剧院魅影》(*The Phantom of the Opera*)①是1986年由音乐剧大师安德鲁·劳埃德·韦伯(Andrew Lloyd Webber)执导始演的,几乎囊括了国际上所有重要的戏剧奖项:3项劳伦斯·奥利弗奖(Laurence Oliver Awards)、7项托尼奖(Tony Awards)等超过50个戏剧奖项,一直被奉为世界音乐剧的绝对经典之作,就是这样的高雅艺术在全球上演了20多年后也已经很难说它与流行艺术有何差别,这不仅是因为它有很高的知名度,关键是全球性亲自观看过该剧的观众已达到了5800万,全球票房已经达到了32亿美元。2004年12月至2005年3月该剧首次进入中国,在上海大剧院上演97场,尽管票价最低也要200元,最高2000元开外,但依然几乎场场爆满。同样声名显赫的20世纪最著名的音乐剧《猫》(*Cat*)②自1981年5月11日首演以来,已经获得过5项劳伦斯·奥利弗奖、6项托尼奖、3项格莱美奖(Grammy Awards),从而奠定了其不可动摇的高雅艺术之地位,成为世界上著名戏剧学院必定研究、讲授、演习的经典剧目。上演20多年来,《猫》已演出近9000场,曾以11种语言在26个国家被搬上舞台,全球7000万以上的人看过该剧,全球票房早就超过20亿美元,《猫》其实已经成为名副其实的通俗艺术。设计即文化,文化即设计。歌舞剧的故事叙述是设计,创作及选定能够触动人心的歌曲同样也是设计,演员的角色创造还是设计,甚至包括演员穿的衣服、鞋子、舞台结构、各种音乐效果……从所有元素皆协调搭配,成为一部完整的音乐作品到呈现在观众面前为止,全部的过程总归一句,就是一道设计流程。③《剧院魅影》《猫》从高雅到流行除了文学和表演成功,其声光电的视觉盛宴几乎开辟了一个舞台剧的新时代,并

---

① 音乐剧《剧院魅影》是根据小说家盖斯东·勒胡(Gaston Leroux)的同名小说(Le Fantom De L'opera)改编而成的,安德鲁·劳埃德·韦伯与理查德·斯蒂尔格(Richard Stilgoe)编剧,安德鲁·劳埃德·韦伯谱曲,歌词由查尔斯·哈特(Charles Hart)和理查德·斯蒂尔格填写。

② 音乐剧《猫》是根据诗人T. S. 艾略特(T. S. Eliot)在1939年出版的诗集《老负鼠讲讲世上的猫》(*Old Pussom's Book of Practical Cats*)改编而成的,安德鲁·劳埃德·韦伯编剧并谱曲,歌词由特拉维·拿恩(Trevor Nunn)改编。

③ Cathy Yeon Choo Lee:《脱俗的设计经营》(博硕文化译),台北．博硕文化股份有限公司,2010年版,第34－36页。

成为后来舞台剧美术设计的典范之作。

设计产业管理就是要创造流行设计,至于这样的流行最终能不能变成高雅或经典不是设计产业需要考虑的问题,设计产业管理的本来目标就是在规定的时间内获得经济利益的最大化,当然社会利益与经济利益都趋向最大化是设计产业管理者最希望看到的结果。而设计事业管理就是要推崇高雅设计,并努力使高雅设计流行起来。上文将两类设计样式分别归纳为两种设计管理的主打形式,恰恰是抓住了设计产业偏向于世俗性发展、设计事业偏向于严肃性发展的本质特性。

1. 设计产业偏向于世俗化发展的本质特征。设计产业的发展是精神经济①发展的必然结果,精神经济是时下经济,未来它也会成为"前期经济",现述的前期经济是农业经济、工业经济、资本经济的总称。随着精神经济时代的到来,知识、智慧、信息等非物质形态越来越彰显出其巨大的价值能量,其财富的本质也越来越受到人们的重视。② 当然精神经济不过是内化经济的精神所属部类,是内化经济时代的分支形式。设计产业包含了设计创意的产业、设计产品的产业,设计创意的产业从其生产、流通到消费过程来说基本属于纯精神类的文化产业,是文化产业的最高端,其主要的经营对象是非物化的创意以及金点子;设计产品的产业基本属于半精神类的文化产业或物质类的文化产业,其主要的经营对象是物化的设计品。文化商品与物质商品的首要区别就在于文化商品的精神性和脱物性,而艺术商品具有纯度最高的精神性和脱物性,无疑是文化商品的最高代表。③ 设计商品可以是文化商品,如篆刻、雕塑、书籍装帧、海报设计、广告设计、舞台美术设计、动漫设计等,也可以是物质商品,如建筑、服装、工业产品、环境设计、家居、交通设计等。设计产业的品质究竟高不高,就是看设计商品中文化性成分所占的比率,无论是文化商品还是物质商品,其设计都可以精耕细作、动人魂魄、感人肺腑,都可以成为精神产品的代表。如果用事业心去经营设计产业,设计产业就有可能上升到设计事业的高度并取得非凡的成就。这就是广义的设计事业包含了设计产业、设计企业的内生机制。当然,营利仍然是设计产业管理的原动力,要想营利就必须迎合消费者的需求,迎合的广度越广、迎合的深度越深,自然就越容易营

---

① 精神经济——这一概念首先是由李向民在《精神经济》一书中提出来的。笔者进一步认为非物品化的精神创意、物化商品的精神创意、精神创意的物化商品代表着精神经济的主要三种商品形态,成为支撑精神经济的三大主流商品。设计思想与设计哲学应该属于非物品化的精神创意、设计创意与概念设计应该属于物化商品的精神创意、设计产品应该属于精神创意的物化商品。

② 成乔明:《精神经济时代的到来与政府对策》,《中国工业经济》,2005 年第 3 期,第 37 页。

③ 成乔明:《艺术品市场疲软是江苏文化大省的"软肋"》,《东南文化》2007 年第 2 期,第 85 页。

利,即营利性的前提就是产品的世俗化。

2. 设计事业偏向于严肃性发展的本质特性。无论设计事业管理采用哪种设计样式,但它的管理目标仍然是在于服务和奉献,首先是为民众物质生活的创造进行服务和奉献,其次通过物质世界来凝聚民族精神、解放公众意识、尊重生命平等、发展公共事业,使人类的精神价值得到全面的普及和张扬。这种目标是飞扬的、崇高的、严肃而艰难的,甚至是螺旋式上升的,但人类从没有放弃过对这一目标的追求。设计事业管理关注的不是社会某一特定阶层、而是全体人民,吸纳的也不仅仅是精英设计、贵族设计或都市设计,还包含了深埋在广大老百姓生活中的民间设计、乡土设计和草根设计。设计事业管理的崇高感来自于对世间人格生命的尊重,来自于安民平天下的治世方略,来自于我能为世界和他人提供什么价值、他人的生命因我而会有什么不同的服务和献身理念。

设计事业管理排斥没有内涵的流行性,特别排斥同质化的设计,哪怕是非营利性的设计事业,那也必须贡献出设计师最内在的诚意去认真面对,这是设计师的职业道德。在全球建筑走向同质化的今天,我们来看看业界对其的批判,当有一些感触:"至今我仍认为建筑必然有现代主义的问题。以现代主义为基础的都市同质空间,也许因容易获利、搭建高楼,对人类世界有许多贡献,我并不否认;但另一方面,因为现代主义的同质化,人类社会被严重毁坏,这事实也的确存在。我一向主张'建筑应该有其他方向'。在东北这个仍存在共同体的地方进行复兴计划的同时,我也要大幅改变以现代主义为基础的建筑,以建筑师本来应该采取的态度,让建筑与社会相连接。"①建筑师伊东丰雄的话正告诉我们,"建筑师本来应该采取的态度"就是要"大幅改变以现代主义为基础的建筑",抛弃所谓的主义,让设计成果"与社会相连接"才是设计事业真正的要义。

事实上,营不营利并不是区分设计产业管理、设计事业管理的根本依据,究竟有没有将服务之心贯彻于设计之中,究竟有没有用战略之眼照亮设计经营才是区分设计产业管理、设计事业管理的关键。不管赚不赚钱,设计师都应当尽其所能将自己的设计转化成民众喜闻乐见的形式。年轻的学生往往认为艺术家的问题是学术性的、高深莫测的东西,不是简单的感知和思考所能把握。实际上,一个问题,若从创作者的角度来看,可以是任何事,若从对事件的观察或最微小的细节来看,则是对任一主题最深入理智的洞察。其任务是将这个"问题"转化为一种观众

---

① 【日】伊东丰雄、中泽新一:《建筑大转换》(祖宜译),台北. 联经出版事业股份有限公司,2013 年版,第 34 页。

能够理解并为之吸引的"形式"。① "学术性、高深莫测的东西"也可以成为设计商品，也可以转化成为民服务、为民谋福利并吸引民众的"形式"，而这个转化者就是设计师，这个转化环境可以是商业环境，这个转化机制可以是战略性的营利与服务。

设计产业作为一种设计商业经济活动的集合，其产业环境或产业空间是自由、公平、活跃的设计市场。脱离了市场，也就谈不上生产、消费与买卖，没有了买卖销售的经济行为就不再是产业。设计产业管理其实就是设计市场管理的综合性表现，其管理主体应该是政府职能部门、设计行会、国家派生的设计产业组织、传统的市场管理机构如工商和税务等；其管理的理论研究对象应该是政府职能部门、设计行会、国家派生的设计产业组织、其他市场管理机构指导和优化设计市场的种种举措和行事方式，并总结归纳出设计市场管理的一般规律；其管理客体应当是设计企业、设计商业组织、设计传媒机构、设计生产和消费行为以及其他市场中介组织；其管理目标应当就是保证设计产业从政策和运作实践两方面趋向科学化、合理化和民族化，同时也对设计市场的规范性、协调性、良性的发展做出及时的纠偏和指示。设计产业最大的本质就是要营利，而且是宏观意义上的国家性营利，是当今世界设计与金钱、精神与物质结合最为成功的新兴产物。设计产业落脚于制造业和实体经济，是大国战略的根。

设计产业管理和设计事业管理是设计管理系统中并驾齐驱的中观层面，从内生机制上来说都有强烈的服务性，都应当是一种战略管理，而非细微的战术管理。设计产业尽管以营利为目的，但它同样可以作为一项事业，一项国家事业来推进，从广义上来看，设计事业包含了设计产业，前提就是设计产业管理者必须深谙服务型设计战略的重要性，必须将服务型设计战略当成一项必修课搞精吃透。这不是要设计产业管理不考虑营利、放弃市场经营，而是要求设计产业管理者做一个有良心、有抱负、有责任感的服务者、奉献者，若真如此，一国一民族之设计产业必将市场繁荣、收益丰硕。大国总是擅长于将本国的事业在国际上产业化、将国际上的产业在国内事业化。

---

① 【匈牙利】拉兹洛·莫霍利－纳吉：《新视觉：包豪斯设计、绘画、雕塑与建筑基础》（刘小路译），重庆．重庆大学出版社，2014 年版，第 307 页。

第十章

设计产业的国际化交流管理

今天的国际化趋势越演越烈,无论是经济、市场、商业、工业生产、能源开发、城市建设、科技发展,还是人们的生活习惯、审美时尚、民族的文化发展、国家的教育事业等,都在与国际接轨。当然,中国制造也在力图冲向世界,中国声音也在依靠各种各样的手段和机会努力回响在世界各地。人类表面上开始出现一种大融合,从意识融合到行为融合,从当下融合到未来融合,人类似乎正在努力突破以往的大竞争局势、大冲突格局,实现资源的融通和创造的合力,进行优势的互渗和劣势的互补。当然,这种状况在民间和非政府的层面表现得更加明显,而融合之下涌动的政府间利益掠夺、军事称霸的表现其实并没有绝迹、没有消停。这是一个激流勇进的时代,这也是一个杀机四伏的时代,任何一个国家都不可避免会被卷进来,闯过去可以百年兴旺,倒下去只会成为列强的新殖民地——文化殖民地,并尝尽百年孤独。除了吃穿住行,众多国家目前都在大力发展自己的电影工业,而且是不约而同地大力发展,因为电影就是综合文化、综合设计。在电影界,美国好莱坞、印度宝莱坞各自称霸西方和东方,而中国电影、韩国电影、泰国电影、法国电影、德国电影、英国电影、意大利电影都在极力成就自己的精神世界,这些国家在电影上的成就也不容小觑。电影以文化攻心的方式通过互联网+院线制可以快速传遍全球,可以以最小的成本、从最深的内心培植亲己主义者。这是交流,这更是突破和自立。未来如果发生战争,顶多就是三五月硝烟的事情,而数年、数十年之外的战争是文化的攻心战。大国与大国之间的竞争越来越走心、越来越赤裸裸地文艺化和深刻化。

第一节　国家品牌确立的必由之路

保守来说,从现在开始到未来的二十年间,一轮全新的国际竞争和国际融合将会全面展开,这突飞猛进的二十年不是靠军事战争,而是靠军事力量＋文化力量的综合实力。国家品牌究竟是什么？说白了，就是一国在世界上的口碑和受人尊崇与向往的程度。经济发达但没有军事实力不能说品牌过硬，仅有军事实力但文化溃败也不能称品牌扎实。从军事的角度而言，美国、俄罗斯、中国、德国、英国、法国、日本、印度、意大利、以色列都是能够上数的，而军事强就必然可以断定经济不弱。哪怕像俄罗斯被人揶揄为民不聊生的状态，那也是因为它把经济实力大部分投入到军事竞备上了。因为先进的军事实力不但要有强大的设计生产技术的支撑，更要有用不完的钱拿来烧。但军事强大、文化溃败只能成为强盗，永远也成不了绅士，何来好口碑、好品牌呢？

一、国家品牌的内涵

这个问题不言自喻。国在、家在、人在，如今的中国人却是只求人在、家旺，鲜有追究国强不强的问题了，这是不再高谈政治的制度和理念造成的。有一类部门不得不宣扬国强不强的问题，他们就是政府。

无可厚非，评判政府的功绩和资本，就看他们将国家和地区建设得如何了。概而述之，国强和地区富裕是政府挺直腰杆的靠山。积贫积弱的国家，其政府也一定是低头哈腰、岌岌可危。国强看什么？我以为是硬件和软件！国强不强不是对一国孤立看待的，而在国与国比较中体现出来。在国与国的争端中，直接有效的硬件就是科技支撑下的军事，软件就是理念创造出的文化。经济是军事和文化的基础，一点不假。但经济基础再雄厚，不投向军事就会造成软腿，不投向文化就会造成智障。如此看来，我们今天的经济投向是有些偏颇。

世界上一切的古文明国家，如古希腊、古罗马、古巴比伦、古埃及、古印度等的灭亡，不是经济不发达，而是经济投向出了问题，如重享乐轻军事、重基建轻科研、重玄哲轻国谋、重防御轻进攻、重腐化轻廉举，所以当所谓的野蛮国家入侵的时候，几乎都毫无抵抗之力，其灰飞烟灭也是瞬间之事。历史告诉了我们如此简单的道理，我们却鲜有细致的分析。

首先看看中国今天的情况。铺天盖地的国强理论竟然变成了 GDP 理论，人们沾沾自喜的是高歌我们今天的 GDP 已经是世界第二，仅次于美国并超过了日本。GDP 是什么？不过是一个空洞的数据，而各级政府竟然堂而皇之地将对数据的追求当成了自己的主要职责。人民富裕、军事强大、科技先进、文化繁荣、政治安定才是强国、大国的标志，GDP 的考量只是手段，绝非目标。目标不明确，再大的 GDP 也是虚假繁荣。有资料显示，18 世纪以前中国和印度的 GDP 一直位居世界第一或者第二，从未跌出前三，而这两个国家恰恰是磨难最为深重的国家。印度的远古文明主要是"哈拉巴文化"，公元前 2300 年至公元前 1750 年的时候，哈拉巴文化应当就能够代表当时最发达的城市文明,但为世数百年就被周边的游牧民族所蚕食。到公元初,古印度高 GDP 的历朝文明无一不是被低 GDP 的游牧、野蛮人给消灭。一个不能保护自己文明的国家算不上真正的强国,一个没有抵抗力的 GDP 是弱不禁风和毫无意义的。拿中国来说,有学者总结出中国古代的人均 GDP 峰值是北宋时期,约占全球 22.7% 左右,根据对税收体现出来的黄金折价,当时的人均 GDP 已经高达 2280 美元。而蒙古人杀来时犹如秋风扫落叶般将宋朝废了,从而只给历史留下令人扼腕的"弱宋"之呼。元朝的 GDP 要比汉唐都要高出 100 亿美元,但它只存活了 90 多年。当年鸦片战争爆发时,中国 GDP 占全球三分之一,却被八国联军打得体无完肤。19 世纪前中期,中国的 GDP 约为英国的 7 倍,却在 1840—1842 年的鸦片战争中被英国击败。1870 年中国的 GDP 仍是英国的 1.8 倍,而且大于英法的总和,却没能阻止英法联军在 1860 年火烧圆明园的惨剧。1894 年甲午战争的时候,中国的 GDP 是日本的 9 倍,但中国却把"台湾"割让给了日本。这究竟说明了什么呢? 今天中国又在把 GDP 奉为国力发展的圭臬,悲啊! 我们敢说,中国的 GDP 自古以来就是虚空的、数字的堆砌,GDP 质量低劣、泡沫过剩导致中国自唐以后就从来没有成为过真正的强国。今天中国 GDP 的质量如何呢? 我没有做过详细的研究,但有人说今天中国 GDP 的构成主要是房地产、玩具、纺织品和烟酒,其中又以房地产贡献最大,恐怕不虚。

极富的清王朝成为极弱的受人打击的对象,在于它的 GDP 就是朝廷炒地皮炒出来的,皇家园林、私家园林以及价值连城的艺术品是其 GDP 的主要构成,最终成为招人眼红、任人抢夺的祸根。圆明园、颐和园、承德避暑山庄等皇家园林及其中无数的珍宝,就是清朝统治者把本可投资于近代工业或国家基础建设的人力、物力、财力用于祸国殃民的活标本。

房地产业的发展反复被世界其他国家所证明不可持续且危机重重,由于直接的土地资源导致经济数据直线上升的泡沫效益对人民来说有百害而无一利。政府从卖地、房地产建设中派生出来的巨量 GDP 只会带来民生的艰难和社会怨气的累积,由房地产业堆砌的 GDP 所付的代价是社会财富分配不均的进一步加剧,而贫富悬殊的进一步扩大继而会带来国家凝聚力的涣散和社会各种不稳定因素的活跃。城市、建筑、路道、桥梁的建了毁、毁了再建也是政府不断加高 GDP 的重要做法,这种虚高 GDP 导致的资源浪费、生态破坏、环境恶化必会在特定的时期给我们带来不可估量的打击。GDP 不能拯救中国,虚假繁荣的 GDP 尤其会大伤中国元气。绝不能把 GDP 当成面子工程来追求,GDP 的排名靠前靠后与人民并无本质的关系,人民最关注的是一元钱能买到什么、生活的成本是不是合理、生存的形式是不是廉价且丰富多彩。对于国家来说,GDP 是大是小未必能够真正代表国家的地位和受人尊重的程度,也未必就能创造出国家的品牌来。只有能够捍卫国家主权、保卫国家安全,在全球有一定威慑力的国家才能真正称得上强国,再加上具有丰厚的文化,就能构建出丰满的大国品牌。

　　强国之强在于其军事的反击力和文化的凝聚力之强,不是用一个 GDP 的数据说话,而是用行动和口碑说话。事实上 GDP 并不能代表经济本身,经济好坏最本质的特征在于人均产值和人均收入的大小、人均生活质量和人均消费能力的高低。欧美、日本的 GDP 是由成熟的机械、电子、造船、航天、汽车制造等传统产业和领先世界的现代产业如通信技术、生物工程、计算机、新材料、新能源、核技术等构成,这种新型、轻便、快捷的技术应用于任何一个产业包括军事产业,都会让该产业突飞猛进!这些才是 GDP 真正高含金量的组成。我们不是要彻底否定 GDP,只是唯 GDP 独尊的做法存在认识上的误区,而以"温州模式"圈地、卖地、推广房地产业来堆砌 GDP的做法尤为令人不齿。GDP 不能救中国,吹大的橡皮老虎终究没有能力吃人。唯有科技支撑下的军事硬件、理念创造出的文化软件才能使一个国家真正强大,这也是目前中国自救的两大法宝,更是中国复兴中国品牌的关键所在。

　　中国一直以来都是全球关注的焦点,不仅仅有事实上的地大物博、人口众多,还有五千年的文明发展史,还有近现代惊天动地的社会主义制度建设,更有壮烈的抗日战争、伟大的抗美援朝、出色的对越反击战、中印边境争夺战等。事实上,中国也是世界最不安定的一极,新疆问题、西藏问题、台湾问题、南海问题等何时停歇过? 当然,丰厚的资源必然也会成为别人抢夺的对象,中国丰富的人力、物力、财力包括文化资源都是美国及西方国家觊觎的对象;而不稳定因素和局部争端又往往会成为别人落井下石的契机。国际形势今后的发展并不利于中国的发展,有人提出以美国为首的发达国家阵营对中国已经形成了"C"形包围圈,有人断言如果海上防御受制于人的话,对中国将形成"O"形包围圈。总之,未来世界战争的热点地区,中国肯定算一个。同时,美国正在制订"常规快速全球打击"计划,旨在让美国获得 1 小时内打击全球目标的能力,一旦实现这一计划,美国用军事称霸全球几乎不再是空想。美国近来的论调是将中国、俄罗斯、朝鲜作为自己的"假想敌",不管如何,我们应当及时做出准备和应对,宁可信其有,不可轻其无,未雨绸缪总能有备无患,要不然真的开战,满地的房地产可不能当飞机、导弹使。我们不宣扬军国主义,但必要的军事科技、军事设计和研发产业还是必须要加大投入。真正的和平可能没有,但在相对和平年代里,这些军事科技、军事产业还可转向民用工业的发展。政治威慑力和军事进攻力恐怕才是世人眼中强国的标志之一,也是一国品牌的根基。

　　中国目前的核潜艇、战斗机、洲际导弹落后美国、法国及某些国家数十年之久，还没有自主生产出一艘航母，制海权、制空权都没有得到充分表现；而太空制导技术、卫星定位技术、高性能导弹芯片的研发、计算机甚至手机的芯体包括3G、4G无线通信领域的核心技术从全球范围来看，中国都不具备充分的发言权；今天中国人民解放军的实战能力、军备的实战技术究竟如何，也无从判断。强国的首要标志就是能保证国家安全，国家安全不是靠GDP的排名和豪华的房地产业，这个道理不用赘述。

强国的另一个标志：民族精神、民族文化。文化产业包括电影产业、演艺产业、出版产业、动漫产业等，而这些产业一直是欧美包括日韩这些年重头发展的行业，这些行业都是建立在设计产业的基础之上才能长足发展。一方面他们加强军事科研、加大军备投入，特别是美国，甚至向全球兜售战斗机、军舰、枪炮弹药，大发战争财；一方面他们又加大文化建设、文化宣传，好莱坞、百老汇、各种文化产品铺天盖地撒向全球，从而致使美国文化产品的出口创汇力近几年在国内竟然常常位居首位而超过了航空产品、电子产品的出口。文化是一个民族、一个国家活着的理由和精神支柱，更是一个国家品牌内涵的核心部类。

在未来的战争中，文化不仅可以凝聚国民精神、鼓舞国民斗志、团结国民力量，也必定能从宣传、道义、信心上分化敌人、瓦解对手，从而让敌方的人民和军人在未出征之前就丧失心灵的支撑和信念的坚强。真正的文化要起到固心或者攻心的作用。加固本民族、本国的信心和信念，攻击敌民族、敌国的信心和信念，大凡立志做强国的国家无一不这样来推进自己的文化战略。不要等到战争爆发了，再来利用文化、发展战争文化。在战争爆发之前就要有长远眼光，加大对文化特别是设计文化持久性的投入和建设；培育、创造出更多的宣传自身政治理念、宣扬自身制度优势、凸显自身国家魅力的高端文化来；花大钱培育和养护一大批立足本国、放眼世界、才华出众、忠于人民的艺术、设计和文化队伍；不遗余力将我们的高端文化精神演变为花样繁多的文化产品、设计品牌运输全球各地，让全球各地的人民了解中国、明白中国、热爱中国。文化是不战而屈人之利器，文化是未来战争的有机组成部分。文化战争的落脚点是从娃娃抓起，让中国娃娃理解和支持祖国的理想，让敌国娃娃从小就丧失交战中国的理念和信心。不管任务有多难，也要努力贯彻和落实之。看看今天的中国娃娃沉醉在美国、日本、韩国的动漫世界而不能自拔，看看今天的中国少年沉醉在欧美日韩的时尚文化而不能自悟，看看今天的中国官员沉醉在资产阶级超级腐化的物质享受中而不能自救，我们有什么理由因任务困难而一味为自己开脱呢？别人能做到，中国也能做到！强国之强，正是建立在科技发达之上的军事硬件和建立在理念超前之上的文化软件。文武双全的国家才是真正的强国，文武双全正是大国品牌的本质！

二、内功的整合

不管是军事还是文化,其根脉都是设计思想和设计实践,包括科技研发、文明形制其实都属于设计,属于一种大设计。大设计其实就是物质文明和精神文明创造的总和。军事发展的问题不是本书探讨的重点,这里不再展开,回归设计产业上来说,国家品牌确立的必由之路一定是打造本国设计、本国制造、本国创造的品牌之路。传统设计文脉的一脉相承切不可人为割断,因为传统是取之不尽的智慧源泉、创意源泉,不够尊重老祖宗留下来的创造性宝贝,就必然不具备开创未来新设计的实力。

电影《大话西游》(见图 10-1)是周星驰艺术生涯的问鼎之作、高峰表演,更是中国后现代电影的典范之作。其情节描述、人物塑造、角色设置、环境构建、表演限定其实都是对中国传统神话小说《西游记》的逆反。所谓的后现代其实就是超越和推翻已有一切的反传统,《大话西游》对《西游记》反得彻底、反得有水平、反得令人心疼又心碎,反出一个新的经典,前提就是对原

图 10-1 电影《大话西游》剧照(成乔明绘)

版《西游记》做深刻的解读、挖掘和重设计。后现代的本质不是糊弄和欺骗世界,同样应该是一种创造中的感动和震撼,恰如德国最负盛名的现代主义建筑大师密斯·凡德罗(Ludwig Mies Van der Rohe)摈弃一切的繁赘与装饰,而创造出"少即是多"的流通空间设计哲学,从而开启了建筑设计中大片的透明玻璃、简约的结构体系、爽朗的直线构架、通透的内外空间对流之风尚。国产电影中,《大话西游》也真正做到了传统启示上的逆反、逆反方式上的出新,如故事选材的反经典——对西游记原版故事的嘲讽;人物性格的反传统——唐僧的唠叨和孙大圣的好色;正邪之间的反定式——孙悟空的卑鄙和妖魔的痴情;美学传递的反视角——人性的

真实就是善恶、美丑、真假的统一,世间从来就没有高大全的人格。"无厘头"的表象背后应该是周星驰高超的演技和鲜为人知的艺术理想和精神追求——至尊宝的悲剧不是他一个人的,而是属于整个人类:发财致富不容易,宁静的生活不可能,单纯的爱情得不到,简单的做人成泡影,连上天都要捉弄人,把人变成一个不食人间烟火、绝情绝义、无家可归的怪物。人生背时,连喝凉水都塞牙,这是人类最大的痛苦和悲剧,也是《大话西游》所要严肃、认真表现的主题。艺术就应该是对世界醒目、集中、夸张式的控诉,而这一点似乎只有周星驰和《大话西游》深谙其道并表现得淋漓尽致。反其道而行之乃是为了突破固有束缚。人类巨大的想象力从来就没有停止过工作,而《大话西游》正是在一次想象之后的伟大创新。这不是游戏,而是一种对生命深沉的反思和对真理大无畏的探求。这就是整合,从内容到形式的大整合。

在设计文化上,我们整合什么? 整合传统意识,整合传统技艺,整合已有的认知水平和认知能力、整合世界本身的现实和理想之间的矛盾与顺应,整合自身与外界的对流与冲突。如果说《大话西游》是对传统文化的逆整合,那么另一部好莱坞大作《黑客帝国》(见图

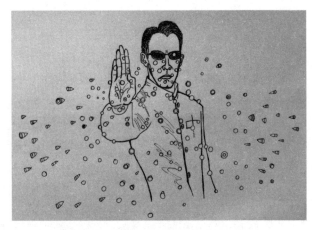

图10 - 2　电影《黑客帝国》剧照(成乔明绘)

10 -2)就是对现实技术的逆整合。《黑客帝国》可谓开启了现代电影技术、电影设计上全新的革命,称之为现代电影科技的开山之作一点也不为过,整个电影三部曲几乎是没有尿点的视觉盛宴。科技表现和武打动作是《黑客帝国》在设计上的第一个重大突破,其思想是人类自然思维与人类科技思维最直接的碰撞和较量,电影用令人叹为观止的形式将这种碰撞和较量赤裸裸地展现在世人面前:人性在面临现代科技时产生的时代性危机令人不寒而栗和发人深省,这是电影在主题设计上的第二个重大突破——科技的统治、机器的冷漠、温情的失落、人性的扭曲几乎是现代科技带给人类颠覆性的创伤。人类世界被迫生存于网络之中,网络杀手作为冷科技统治势力的化身与作为自然人类代言人的网络黑客之间展开了殊死搏斗。冷科技时代的网络杀手所向披靡、战无不胜,拥有极大的统治力和极强的杀伤力;代表自然世界的网络黑客依靠传统的善良、理解、人情和可爱,终究不是网络机器们的对手,并面临

着被消灭的危险！当然这种危险就是——冷科技时代自然人性丧失的危险、竞争时代脉脉温情霉变的危险、功利时代涓涓爱意消亡的危险！科技与市场经济如果不用来拯救人类，就只能摧毁人类——这就是现代科技文明与设计技术最大的悲哀！爱情作为永恒的主题在这部影片中的运用，最终使该片落入俗套：尼奥(Neo)也只有依靠爱情的力量才获取了最终的胜利。不过，导演沃卓斯基兄弟(Larry Wachowski、Andy Wachowski)不这么办又能如何呢？这部影片其实是对人类现代科技伦理和设计道德的一种宣战和警示！当然，花哨抢眼的动作设计、拍摄画面的视觉冲击、故事描述的纠缠含混、镜头剪辑的支离破碎不但没有削弱主题的表现，反而增强了对现代科技文明浮夸、投机、促迫、紧张气息感性的认知和理性的控诉。

整合可以是对对象的顺应，如将传统的符号特征无删减保留下来，融入现代表现之中；整合也可以是对对象的颠覆，将对象标榜的优势逆反设计之后给人看，恰如《大话西游》对传统的颠覆、《黑客帝国》对现实的批判皆属此类；整合也可以是顺应加逆反，如《大话西游》用尽各种反讽方式讽刺了我们对《西游记》一成不变的认知之后，最终还是要让由至尊宝化身而来的孙悟空陪着师傅唐僧去西天取经。总之，整合就是对经典、对现实深刻理解和剖析之后的再创造，吸收充分、剖析到位之后再出神入化地发挥创意，设计一个新的世界；整合还可以通过渗透进新的事物来篡改整合对象，如将大理石台面嵌入中国古式的八仙桌、用钢化玻璃替换掉中国式古典建筑的屋顶、用中国绸缎做成西服西裤、把外国缩小版的金字塔和埃菲尔铁塔搬进中国园林等，也是一种整合。整合首先是对传统和经典的尊重，是对现实世界的深度美化与和尺度的改进，是对未来世界充满期望和祝愿的开拓。恶意和一知半解的无厘头不叫整合。

一个国家要认真保护和尊重自家的历史、挖掘自家的宝贝、研究自家的传统，修炼好自身的看家本领，切不可将祖宗的家训和智慧抛得一干二净，更不可看不起自家深厚的积淀。传统技艺、传统的物质文化遗产、非物质文化遗产、传统的造物思想和精神哲学都需要严格地传承和严肃地解析以及严谨地发扬，在此基础之上尝试性地去整合、去改良、去创新。这就是我们对待传统文化应有的态度，也是创造国家文化品牌的第一步。

三、包装宣传的力量

宣传是点石成金的金手指。在互联网＋的时代，不懂包装宣传就一定会慢人三拍、跟着别人后面吃土。既然互联网已经给包装宣传提供了强大的传播工具和科技媒介，那么我们就没有理由把我们的宝贝敝帚自珍、深藏闺阁。今天的文化攻势主要就靠遍布全球的网络瞬间抵达全球。《三国杀》《梦幻西游》《笑傲江湖

OL》《天龙八部》《倩女幽魂 OL》等在线网络游戏,如果你仅仅认为它们就是动漫游戏就错了,它们其实还是一种文化宣传、精神食粮的包装形式。它们陪伴了全球年青人的青春时光,同样也笼络了全球年轻一代的心,诚如我们的青少年们对日本动画片《千与千寻》《名侦探柯南》(见图 10 – 3)、《哈尔的移动城堡》《海贼王》等的风靡与追随。

如电影《英雄》《十面埋伏》《满城尽带黄金甲》《无极》《十月围城》《道士下山》——中国第五代导演集体向西方商业电影宣战的结晶。相对于好莱坞模式来说,这些电影可以称为"东方模式"或"中国模式":心理世界——武侠精神、功夫情结、悲情意识;人物世界——中国传统的帝

图 10 – 3　日本动画片《名侦探柯南》角色形象(成乔明绘)

王、将相、侠客、美女;艺术世界——空灵、凄美、秀丽、清艳的东方理想;哲学世界——儒道佛的交错融合;视觉世界——中国功夫与现代科技的完美融合。中国观众对这些武侠片似曾相识却又略微陌生:题材的相识、人物的相识、动作的相识,表现方式和视觉感官的陌生。这些武侠片的特征——在情节上都以简单、精练、短小为主;在音乐上都以舒缓、婉约、清新而著称;在屏幕的画面上时而壮丽、时而艳丽、时而秀丽,追求色调和构图多风格的切换和融合;在武打动作上基本采纳了当下流行的舒缓的慢动作和多角度显现的方式。这些特征是现代商业电影惯用的包装与宣传的噱头,但故事情节、人物塑造与场景的呈现对于西方观众来说无疑充满神秘、新奇、东方式的诱惑力。这些商业电影国际性产业化的运作不仅仅是对好莱坞电影文化的抗衡,更是中国文化对西方世界的一种自发的反击。它们的终极目标不是中国市场,而是世界市场。它们的主打精神已不仅仅在于追求高额票房,更是要贯彻和体现东方文化艺术的集体理想,也是中国文艺界集体打包进行中国文化"导弹"包装宣传的精确"制导"能力的体现。

而像日本电影《男人们的大和》就是一部宣扬日本军国主义情结的大制作,该电影最大的成功就是在日本国内的高度煽情。"大和号"作为"二战"期间日本海上力量的象征,是集日本最精尖军事力量的综合体。但电影没有暴露其统治者欲

称霸世界的野心,而是用艺术化的手法宣扬了日本国内亲情、爱情、友情一次次破裂和消失的场景,借此表述了日本国内人民力量的单薄与脆弱。从电影来看,观者震颤于战争给日本人民带来的苦痛与灾难,于是观者开始同情弱小的日本人民却更加仇视貌似强大的敌人。事实上,"大和号"的全军覆没不是一种令人敬畏的壮烈和感动,恰恰是一种好战分子耻辱形象的崩塌和罪恶证据的销毁。受过日本侵略的国家有理由相信,"大和号"的建造不是为了保家卫国,而是为了发动更大的侵略性战争,"大和号"的覆灭是咎由自取、罪有应得,如果它不覆灭,那么将有更多无辜的邻国人民会死在它的炮口下。但《男人们的大和》用艺术化的表现屏蔽了日本主动发动侵略战争的历史,把自己打造成了战争的受害者,从而蒙蔽了广大的、不明真相的世界人民。该电影实际就是美化日本军国主义的包装宣传品,这与日本政府对本国人民自小实行国土贫弱的悲观主义的教育一脉相承,目的就是培育本国对邻国的仇富心理和掠夺意识。

这种虚假的包装宣传不仅仅在电影文化上容易发生,在一些商业宣传上更是常见。而网络作家马伯庸的一篇博文《少年 Ma 的奇幻历史漂流之旅》,更是揭示了发生在中国的一件奇葩事件。一个发生在民间博物馆内的奇特事件不仅颠覆了小马哥的"三观",也足以颠覆全世界的文物观与历史观。一个北方的中国农民想发财、想出名,于是就开办了一个博物馆,取什么名字不好,偏偏取名"冀宝斋",真不知道这让"荣宝斋"情何以堪。这个创造了"冀宝斋神话"的人叫王宗泉(村支书)。这个害人不浅的王宗泉在冀宝斋里收藏的宝贝包括(藏品名称后面的括弧是笔者所注,增加一些欣赏效果):1. 饰有现代式卖萌的卡通脸的乾隆年间的"黑地粉彩描金堆塑八宝双耳瓶";2. 雍正年间的"粉彩十二开光金陵十二钗大缸"(《红楼梦》出现在乾隆朝好吧);3. 明朝直径达 1.76 米的号称世界上最大的古代瓷盘(这要装多少只烤乳猪呀);4. 元青花鬼谷子下山图罐(比拍卖了 2.3 亿元的那个还高 12 厘米,竟然有好几个,这个二铺村好有钱呀,一定让华西村甘拜下风);5. 唐五彩人物纹瓷筒、瓷瓶,而且都是大块头,皆在 1.70 米以上高度(似乎是唐朝的三彩、明朝的五彩吧);6. 唐斗彩人物叙事大缸(大明成化年间才有斗彩);7. 隋朝"青花人物纹夔龙四系瓶"(青花开始升级了);8. 汉朝永平年间制的瓷器"五彩花卉人物纹大盖罐"(高竟达 1.92 米);9. 晋朝宫廷御赐的"斗彩'三英战赵云'葵口盘"(彻底服了);10. 东汉五彩刀马人物纹大长颈瓶一对,高 3.0 米(太牛×了吧);11. 晋代青花人物纹双耳瓶一对,高 60 厘米;12. 长 82 厘米的红山水晶蝉,标牌上标明距今 10000—6000 年(红山文化集中在距今 5500 年左右,以玉器、石器、陶器闻名,能雕出如此巨大的水晶蝉,绝对算得上国际第一蝉、世界级宝贝第一等);13. 商朝的瓷器红绿彩十二生肖(鸡冠头、哈巴狗,还有眼镜蛇,一个个动漫得不行的设计形象绝对让我们彻底喷饭);14. 那个全球人都知道的东汉陶器说唱俑竟然变成西周说唱俑(彻底晕倒);15. 商朝青花神话故事纹瓶(无语);16. 夏朝青花人物纹葫芦瓶(还没完了);17. 夏朝青花八宝纹罐(恨不得抽谁一个大嘴巴);18. 尧帝制造的青花人物纹罐(只好闭嘴了);19. 炎帝制造的青花人物纹罐(炎帝给他一棒槌,保证让他不死);20. 黄帝制造的五彩描金人物纹大罐(彻底亮瞎)。

这哪里是什么冀宝斋,整个就是河北冀州二铺村故宫嘛。奇怪的不是王宗泉想发财,奇怪的不是王宗泉想领导中国文博界,奇怪的不是王宗泉想重构中国造物文化的脉络和框架,奇怪的不是王宗泉把中国设计史向前推进了上万年。奇怪的事情就是——冀宝斋博物馆现在已经是国家 AAA 级旅游景区,衡水市"十馆一中心一剧院"重点项目之一。该馆还被确定为河北省少先队实践教育基地、衡水爱国主义教育基地,2013 年还成为河北第三批"省级科普基地"。这份包装宣传实在令世界震撼,令地球人寻死而找不到入口。

包装宣传也要实事求是、立足历史、尊重科学,如此胆大妄为信口开河、胡说八道,只会取笑于天下。如此说来,设计管理需要法律化、包装宣传的执法需要严肃认真化,破坏祖宗的遗产是罪,胡吹海夸祖宗的遗产同样是作孽,也是罪。

四、折服他者的勇气

中国中央电视台曾推出过《留住手艺》《探索·发现》之《手艺》《舌尖上的中国》等大型系列节目,同时中央电视台《九州戏苑》、河南卫视的《梨园春》、洛阳电视台的《河洛戏苑》、旅游卫视的《中国故事》等栏目也都摄制和播放过传统曲艺、传统工艺方面的系列纪录片,旨在为保护和宣传中国非物质文化遗产做一些基础工作。做这些节目需要勇气,它们根本无法将收视率作为追求的目标,不可能像《爸爸去哪儿了》《非诚勿扰》那样聚揽到爆棚的人气。在这样注重功利的时代,它们注定了是商业上的失败者和精神上的孤独者。中央电视台在 1983 年为了给今后的曲艺工作者留资料,曾经为曲艺老艺人们录制了一些传统节目,其中涉及的艺人们有双簧老艺人孙宝才、京韵大鼓表演艺术家良小楼、曹派单弦创始人曹宝禄、梅花大鼓表演艺术家尹福来、弦师韩德福、快板书艺术家高凤山、奉调大鼓表演艺术家魏喜奎,如今这些老艺术家都已作古,连当时的主持人都已离世,今天就更少有人想起这茬子了。而民间失传或即将失传的手工艺如"铺翠"绣法(孔雀羽毛织绣法)、锔瓷、燕京八绝之首花丝镶嵌、珐琅与唐卡工艺、西藏铸刀、织造夏布、核雕、米粒雕、捏泥人、吹糖、镪剪子磨菜刀等更是提不起现代年轻人的兴趣。总而言之,这些正是我们老祖宗赖以存活过的设计文化。腐朽的传统应该扫入垃圾箱,但珍贵的传统技艺永远都应该放置在历史的当下,供人们静静体验、品味、欣赏甚至享用。一个真正志向远大的民族应当想尽一切办法让传统的文化精华传承下来、发扬下去,因为这才是征服世界的力量。而将这些离现代生活渐行渐远的文化遗产完整地呈现出来,为我们及后人留下最珍贵的影像、最灿烂的回忆,需要见识和勇气。一个文化的传播者理应有这样的勇气:首先要相信自己关注的对象是价值巨大的;其次要相信这些遗产是全人类的宝藏,留存下来一定能造福和改造人类;最后要相信当下经济上的适度让利一定会受到后人的敬仰。同样,一个国家和民族立足世界的根本,最终还得要靠文化与精神征服别人。军事是短暂的,精神是长存的,在大融合、大和平的前提下,军事的控制更加不可能真正长久。

第一次见识日本大导演北野武(Kitano Takeshi),是从他的名作2003年版的《座头市》(见图10-4)开始的。这部电影是我最欣赏的日本电影。"座头市"是什么?座头市是日本小说史上最富魅力的、双目失明的民间游侠。同时,"座头"还是一种职称,乃日本盲人组织"当道

图10-4　日本电影《座头市》剧照(成乔明绘)

座"四大头衔中的最末一级,是以弹奏琵琶、筝、三弦琴或以说唱、按摩、针灸为业的盲人的职称。"当道座"是兴起于中世纪、盛行于江户时代保护盲人所从事行业的组织,其中的四大头衔分别是检校、别当、勾当、座头。"市"是一个盲人的名字。"座头市"应当理解成"名字叫市的盲人"。《座头市》真正打动我的不是武侠精神,不是故事情节,不是俊男靓女,不是五光十色的画面,而是刀、音乐、舞蹈和飙血镜头综合的艺术魅力。刀是影片中最主要的兵器。座头市的兵器同样是刀,座头市的刀长长的、细细的、雪亮雪亮的、冷冷的……像剑,但又的确是刀,因为有刀的弧度。这把刀锋利、无声、寂寞而又滴血不沾,算得上是标准的日本武士刀!座头市的刀不会随便乱拔,不到迫不得已不会拔刀,但你逼他出手时绝对快、准、狠,绝不拖泥带水,绝不犹豫不决。最潇洒的动作莫过于座头市出刀杀人之后还要抖一抖刀锋。这样一种细微的招牌动作,如果非要说有什么实际意义的话,我想最好的解释就是让血滑落,刀依然保持干净清新。座头市是盲人,普通的盲人,赌博、喝酒,偶尔说不定也

会去艺妓馆享乐一下子的普通盲人。但他却又是游侠,仗义救世的游侠。他凭什么救世? 凭他的武功、凭他的耳朵、凭他的心灵,凭他视力以外的感觉,凭他的刀。电影用 CG(计算机动画:Computer Animation)技术将刀划过身体之后的飙血镜头做了后期处理,从而弥补了传统日本电影中伤口呈雾状喷血的浮夸和虚假,CG 处理之后的飙血镜头使血在空气中缓缓地飞舞、形态诡异地变化,北野武这么设计并没有削弱观众的认可,却显得更加真实、更加纯粹、更加洗练、更加唯美,且为观众赢得了充分想象的余地! 那不是血,那简直就是生死对决时的豪放和悲壮,是人类争取或生或死的勇气和精彩。有人说这是北野武的暴力美学,我看其实是北野武性格中伤痕的、悲剧的情怀。正如丹纳(HippolyteAdolphe Taine)所说:"艺术家从出生到死,心中都刻着悲苦,把他因自己的苦难所受的悲伤不断加深。"①冷冷的刀、冷冷的色泽、冷冷的基调、冷冷的杀与被杀,古老的建筑、古老的服装、古老的舞蹈、古老的武打场面,让《座头市》乍一看就像一部老电影,怎么也不会想到是 21 世纪拍摄的电影,而飙血的电脑特技的运用让我们相信了它的当下性。而真正让我忍不住将《座头市》列为经典电影的东西,就是电影中贯穿的音乐和舞蹈艺术。整部电影的音乐都是由铃木庆一制作和配曲的,这位日本摇滚乐界教父级的人物在《座头市》中照样发挥出了惊人的创造力。尽管每一段的音乐都比较简短,却无比精悍,尽管旋律比较简洁、节奏却无比清脆爽朗;最精妙的是配器不仅仅是日本民间乐器的交错杂成,且层次清晰;更重要的是音乐的鼓点和劳动人民劳作的声音交织呈现又融为一体。这种配乐的编排方式让艺术和生活交融在一起,自然、生动、有趣、活泼又别具一格。《座头市》中的舞蹈编排也很精彩:第 6 分钟出现的农民的锄头舞、第 1 小时 6 分钟出现的小尾的花柳舞、第 1 小时 37 分钟出现的木匠们的劳作舞、第 1 小时 40 分钟出现的民间傩戏中的棍子舞都让人禁不住拍案叫绝,不能忘怀。而第 1 小时 44 分钟出现的演员们集体跳的踢踏舞更是令人震撼。这是电影结尾时的一段集体跳的带有"嘻哈"风味的踢踏舞,它让我们领略到了日本踢踏舞的魅力,如果日本真的有踢踏舞的话。编舞虽然简单,但节奏非常明快,动作爆发力非常强烈,动作整齐划一又变化有致。黄色与绿色的服装搭配所表现出来的喜庆和喜剧效果,将电影所要表达的情绪推向了高潮,也是对故事情节达到高峰时的情感宣泄,亦是对和谐社会、美好生活的向往。这是带有日本民间风味且狂野的踢踏舞,这是穿着和服跳的踢踏舞,这是木屐踩出来的踢踏舞,这是弯腰拍手跳出来的踢踏舞,这是北野武的踢踏舞,这是《座头市》式的踢踏舞,这是艺术超越一切界限的踢踏舞,这是你不能不去看的踢踏舞,这是令本书禁不住一定要描述的踢踏舞。北野武这么设计和呈现他的电影是骄

---

① 【法】丹纳:《艺术哲学》(傅雷译),北京. 人民文学出版社,1983 年版,第 36 页。

傲、是果敢、是自信的,他自信他整合的日本传统乡村场景、乡村生活、乡村设施、乡村劳作的技艺一定会征服世界,他做到了。

五、独乐乐不如众乐乐

北野武的《座头市》是一次日本民间曲艺、民间歌舞、民间工艺、民间文学的集体呈现,这是一种独乐乐不如众乐乐的精神。我们要感谢北野武先生,是他给了世界人民一次生活的愉悦和精神的享受。这部电影无疑给日本品牌又加了一份光和热。所谓国家品牌,不仅仅是对本国内部而言,主要是对整个世界而言才具有更加广阔的意义和效用。品牌的建立对内是凝聚力,对外是强大的感召力和诱惑力。国家品牌是一种外在信任感、认同感、加入感的升华。

所以,国家品牌是建立在独乐乐不如众乐乐基础之上的建构。

欧洲享誉世界的音乐组合神秘园(Secret Garden)融合了爱尔兰空灵缥缈的乐风、挪威民族音乐及欧洲古典音乐,创造出了恬静深远、自然流畅、沁人脾肺、意境悠长的乐曲风格。他们的曲子在听的过程中,便能使人不知不觉之中忘记现代生活的疲惫,进入到内心深处进行自我疗伤。他们有一首音乐,叫《命运的原野》(*Fields Of Fortune*),令人印象深刻。悠扬而深沉、舒缓而忧郁是这首曲子的主要风格。随情绪而引致的任意延长的 3 拍子节奏缓慢却不凝滞,音调多变而转承自然,是该乐曲的过人之处。中音充当主调,间或夹以高音和低音,暗示了平淡是生命本色;缓慢的主旋律充斥着深沉和忧郁气质,暗示了任何人生都是困难重重、迷雾渺茫而耐人寻味的。乐曲的配器上以竖琴、小提琴、中提琴、钢琴、风笛为主,多种乐器的交叉演奏增添了乐曲的多样性和变化性,丰富了旋律五彩斑斓的表现色彩。而各种乐器在竖琴延绵不断的伴奏下充分展现了自身长处,如竖琴的清澈、小提琴的响亮、中提琴的沉郁、钢琴的雄浑、风笛的绵长和悠远等。如此多的乐器和谐统一地融为一体,又依靠自身不同的音色、音质自然地表达了整首曲子的高低转承,如高音的清脆、干净,中音的舒缓、轻松,低音的低沉、浑厚,艺术功力之高非同一般。生命平淡而渺茫,命运多情而坎坷的特征在这首乐曲中通过乐器的选择和配合得到了充分的体现,而乐曲本身的旋律之美也无可挑剔。总之,这首乐曲内涵丰富、表达充分、至情至性,催人泪下。《命运的原野》乃人世间的落泪之美! 这得要感谢神秘园的两位成员挪威作曲家兼键盘手罗尔夫·劳弗兰(RolfLovland)和爱尔兰女小提琴手菲奥诺拉·莎莉(Fionnuala Sherry)给我们带来至真至诚的艺术享受。同时,两位音乐家深爱着自己民族的音乐和艺术,用他们伟大的创意发扬了他民族传统的修养与审美取向,为我们向世界分享中华民族的传统文化提供了可借鉴的范本。

　　无论是艺术家还是设计师,不仅仅是要向人们同乐共享艺术作品,也可以借助各类艺术作品以及设计产品分享生命内涵、人生感悟和精神价值。就这一点来说,一向以花哨的画面设计、场景设计、动作设计、高科技设计为价值取向的好莱坞电影也可能制作出耐人寻味、富有深意的电影来,如美法合拍的《血溅 13 号警署》(Assault on Precinct 13)就是这样的佳作。该电影在对正义与邪恶的界定和探讨上所做出的努力出类拔萃,令人深思。电影前半段色泽多变、光线亮丽、节奏明快,富有鲜活的生活气息,这是由于电影尚未涉及正邪之辨的主题。电影后半段色泽沉郁、光线灰暗、节奏缓慢,同时大量长镜头的使用使观赏者陷入情感摇摆不定、难以抉择和充满疑惑的犹豫感和不信任感——正义与邪恶之间应不应该存在不可逾越的鸿沟? 如果不存在必然的鸿沟,正义与邪恶是否会纠缠不清,丧失判断的标准? 正义与邪恶缘何会发生如此彻底和根本的转变? 如果说电影《训练日》(Training Day)揭露了警匪是一家的主题,那么《血溅 13 号警署》就彻底告诉了我们如果正义(名义上或身份上的正义)一旦转变成邪恶的话比邪恶更加邪恶,因为名义上的正义会歇斯底里甚至是不择手段地去维护自己虚假的卫道士的面具。由正入邪者的歹毒触目惊心,连名义上的邪恶对之都不屑和欲杀之而为快!而人性的丧失不过都是源自人之初的私欲。当然,所谓的正义和邪恶永远是相对的,具有极强的阶级性和欺骗性,在阶级社会这可能是永恒的真理! 人性的归属同样是一种相对而言,没有永远的傻子,也没有永远的聪明人。"笨鸟先飞"就是傻子向聪明人的过渡,"聪明反被聪明误"就是聪明人向傻子的转变。当爱因斯坦提出"广义相对论"的时候,西方科学界、哲学界一定在为自己人的发明创造而沾沾自喜。实际上,数千年前的中国人早已旗帜鲜明地提出一分为三的哲学观和世界观了:《易经》之"易"有三义——不易、变易和简易。不易在于"持人"之传承,变易在于"志己"之创变,简易在于"中和"之微变! 世间万事万物的演化都在于:立足不变之"宗"基础上的突变、微变或不变。"乾"卦之义乃:"天行健"基础上的"君子当自强不息",就是追求的"体"之稳固和"用"之变化,体用兼顾方称得上君子之为。其实,究竟"正义"是体宗,还是"邪恶"是体宗,抑或两者皆为"用"之象,但君子之为当是遵守道理之上的变通。正义与邪恶之辨不在能不能相互变通的问题,是在于该不该以及如何坚持正义的问题。世界万化不息,今因功利而导致人的本性也成无根之木而越渐沦落,正所谓"乱花渐欲迷人眼,浅草才能没马蹄"。《血溅 13 号警署》作为警匪暴力片没有陷入一般的商业暴力,其中充斥着深沉的伦理追问:世界千变万化,真理究竟在何方? 导演让 - 弗朗西斯·瑞切(Jean - François Richet)把他对这些哲学问题的深思提供出来,让大家分享共论,也希望通过自己拍摄制作的电影引起大家对正义、邪恶与利益、人性等诸多问题的深思。

无论是商业化的设计生产还是公益性的设计生产,使用功能尚在其次,从哲学的深度、思想的高度引起人们对正能量的渴望、培植人们正向的价值观、创造人类友好同乐的未来世界才是根本的战略意义。

我们对祖国的文化遗产和古代文明既不能妄自菲薄、想当然地认为腐朽甚至抛弃,更不能抱残守缺、沾沾自喜甚至认为别人都没文化而沉迷于孤芳自赏。对待传统和未来,一定存在着一个核心的规律:未来不在今天之后,而在昨天之前。未来就是过去的发展,立足于过去才会有未来,忘记自身过去的未来是别人的未来,不是自己的。就像今天中国的现代化设计生产,一味追逐欧美的现代科技、时尚潮流、生活体系,一味沉醉于西方传输过来的各种便利和快捷,而失去了本身的节奏和方略。这样的现代化不属于本国,不过是步人之后尘。今天有什么样的收获取决于昨日的种植,今天的种植又决定了明天的收获,这么简单的道理,一到强大的现代商业利益面前就兵败如山倒甚至被忘得一干二净,实在令人莫名惊诧。敢于把我们的国粹端出来,敢于把我们的传统端出来,敢于把我们的自主创造端出来,敢于把我们现当代的创意甚至想象端出来,关了门自娱自乐不如走出去让全世界一起"众乐乐"。例如可以通过互联网 + 中国国粹、互联网 + 中国民间工艺、互联网 + 中国地方戏曲、互联网 + 中国民间文学、互联网 + 中国古建筑、互联网 + 中国古典生活方式等,把中国文化遗产传遍全世界。"互联网 +"有三种思维方式:一是将互联网作为重要的传播媒介和手段;二是将互联网技术作为管理的方式,成为中国设计向中国创造转型的重要管理法;三是自我发展互联网技术,用中国传统的哲学理念、人文精神和思想成果、技术成就,推动中国式互联网技术的成熟和完善。

第二节　"一带一路"战略的启发

2013 年 9 月和 10 月,中国国家主席习近平在出访中亚和东南亚国家期间,先后提出共建"丝绸之路经济带"和"21 世纪海上丝绸之路"的重大倡议。这个倡议得到国际社会的高度关注,也表现出了国家领导人将历史传统与现代生活进行联动发展的高瞻远瞩。"一带一路"是对"丝绸之路经济带"和"21 世纪海上丝绸之路"的简称,它体现了中国在设计产业国际化交流发展上广阔的胸怀,体现了中国市场经济国际化战略管理上宏伟的气魄和胆略。它将充分依靠中国与有关国家既有的双多边机制,打造更加行之有效的区域性合作平台。"一带一路"战略是目前中国最高的国家级顶层战略,是中国"大国战略"之梦的具体落实,必将对未来的中国设计产业、文化产业等产生深远的影响。

国家发展改革委、外交部、商务部曾在联合发布的《推动共建丝绸之路经济带和21世纪海上丝绸之路的愿景与行动》中明确提出："发挥新疆独特的区位优势和向西开放重要的窗口作用,深化与中亚、南亚、西亚等国家交流合作,形成丝绸之路经济带上重要的交通枢纽、商贸物流和文化科教中心,打造丝绸之路经济带核心区。"这就将新疆作为中国西部门户的定位和功能转变为联系国内和国外重要的贸易集散地和文化进出交流的走廊与通道。西出新疆,途径哈萨克斯坦、乌兹别克斯坦、伊朗、土耳其、俄罗斯、荷兰,然后从荷兰折返向东南沿地中海抵达威尼斯。而21世纪海上丝绸之路将从中国东南沿海的福州出发,途经泉州、广州、海口、印尼、斯里兰卡、印度、肯尼亚、希腊,再穿过地中海抵达威尼斯,从而与陆上丝绸之路形成一个亚欧地区对接的经济、文化交流、贸易的闭环。国内将通过东北—蒙东经济区、京津冀经济区、丝绸之路经济带、长江流域经济带、东南沿海经济带、北部湾经济区,即"三区三带",把各地域文化、经济实现高度的交流和协同式发展,从而解决国内经济、文化、教育等发展不均衡的问题。这是一个宏伟的勾勒,也是一种除了互联网发散性、撒网性交流之外的线下准确性、定向性的交流。线上+线下、出去+进来、软件+硬件、自由+规划的文化、经济国际化交流模式由此开始全面形成。

截至2015年底,我国与"一带一路"相关国家贸易额约占进出口总额的四分之一,投资建设了50多个境外经贸合作区,承包工程项目突破3000个。① 2015年,我国企业共对"一带一路"相关的49个国家进行了直接投资,投资额同比增长18.2%。2015年,我国承接"一带一路"相关国家服务外包合同金额178.3亿美元,执行金额121.5亿美元,同比分别增长42.6%和23.4%。② 国家从地理规划上入手,创造出了世界性区域的地理经济新格局,而这一新格局的创建完全取法于历史,并对历史的过往进行了改造与完善,初步实现了革命性的设想。"一带一路"给中国设计产业协同式大发展带来了巨大的启发意义。

一、串联式走出去

把国内进行重新的设计产业地理区划,形成中国设计产业地理经营格局。如以长江为界,长江流域经济带将成为中国国内可南可北的设计产业分界线,分别以陆

---

① 《我国正从贸易大国向贸易强国迈进》,http://egov.xinjiang.gov.cn/rdzt/zwzt/gwyw/2015/259979_1.htm。

② 《2015年我国企业对"一带一路"相关国家投资同比增长18.2%》,http://www.qianinfo.com/index/34/42/4499725.html。

上丝绸之路和海上丝绸之路进行北部和南部的双串联,而长江沿江的中下游省份就可以成为中国文化产品、设计产品的国内集散地,北部和南部的产品皆可以汇集于此,然后再进行南北文化产品、设计产品的双向汇流。为什么以长江为界,毫无疑问,长江基本处于中国南北向的中部,将中国大陆一分为二,且长江作为中国大陆上最大的天然屏障,北部可以形成自由而四通八达的陆上交通网络,南部也可以形成自由而四通八达的陆上交通网络,南北交通网络可以在长江中下游流域形成片区性汇集,除了桥梁,主要还可以通过众多长江港口实现南北强大物流网络的"秒通"。其中重庆、湖北、江西、安徽、江苏、上海四省两市是这个汇集片区的主要中心地,而辽宁、天津、山东、江苏、上海、浙江四省两市又可以建成东部沿海地区文化产品、设计产品重要的出海集散地,福建、广东、香港、澳门可以形成辐射东南亚的出海集散地。其中,长江中下游的四省两市作为中国内部最大的文化产品、设计产品的"仓库"和"中转站",实现物流大转换。这样的设定不仅可以降低设计企业的运行成本,又可以实现物流效益的最大化,还可以实现国内一切商品最便捷的自由流通和互换,其中电商最讲究的"秒通"通过地区性的仓转系统会变得更快捷。其实无论线上还是线下贸易,都必须通过产品的物流系统才能抵达终端消费者,所以全面勾勒地理位置上的物流系统是一切设计产品现代化传播产业的第一步。天津可以设为中国北部一带物流仓转地,甘肃兰州可以设为中国西北部的物流仓转地,福州和南宁构成中国东南部和南部的物流仓转地,其中南宁可以并入海上丝绸之路的支线。这样可以将东北—蒙东经济区、京津冀经济区、长江流域经济带串联到丝绸之路经济带上。通过乌鲁木齐出口物流总仓转站输出去;南部可以将长江流域经济带、东南沿海经济带、北部湾经济区串联到福州、香港、澳门等大型总出海港输出去。

二、选择性引进来

从设计产品上来说,所有国家之间不外乎材质、工艺、造型、图案、用途、主题上的差别。所谓选择性引进来,就是要找到其他国家与本国设计产品上的差别,多引进一些其他国家独特、富有民族风情、能够代表其他国家文化精神的产品,而不是一股脑儿全部笼络进来。选择性引进来的视角不仅仅要广阔,还要注重甄别,同时,市场销路＋文化传播＋文化研究应该成为引进来的复合指标。引进来的问题其实经济效益尚在其次,文化成就的解剖和文化功能的研究更为主要。引进来的对象不仅仅包括设计项目和设计成品,设计半成品、设计技术、设计专利、设计规划和设想预案都可以引进来。如意大利是世界上最早发展建陶产业的国家之一,尽管他们的瓷器技艺在历史上是由马可·波罗(Marco Polo)从中国引入的,但很快他们就完成了精细化、自设计、纯手工的本土化转变,如今他们精妙的工艺、敬业的精神、精致的造型和图案、计算机技术与手工技艺的巧妙结合、产业化集群体系的构建和运作、新品种的研发等,都已经使意大利瓷器成为欧洲世界最受欢迎的设计产品,其制作也已达到世界上的顶尖水平。像这样的引进对象,显然对我国的设计水平和设计产业具有重要的启发意义。如果要与别国进行设计项目上的合作,还要结合本国的技术、经济、人才实力进行有所为有所不为。对于影响国内根本大局的项目尤其需要合作,要由国家顶层召集全国专家进行宏观的综合判定。习近平同埃及总统阿卜杜勒·法塔赫·塞西(Abdel Fattah al Sisi)会谈时就表示中方愿意参与苏伊士运河走廊建设。习近平强调,埃及是阿拉伯、非洲、伊斯兰和发展中大国。中国高度重视发展同埃及的关系,双方要发挥高层互访的引领作用,对彼此核心利益给予坚定支持,不断充实战略内涵。双方要将各自发展战略和愿景对接,利用基础设施建设和产能合作两大抓手,将埃及打造成"一带一路"沿线重点国家。中方愿参与埃及苏伊士运河走廊、新行政首都等大项目建设,愿同埃方扩大在贸易、融资、航天、能源、人力资源开发、安全等领域的合作。会谈后,两国元首见证了《中华人民共和国和阿拉伯埃及共和国关于加强两国全面战略伙伴关系的五年实施纲要》《中华人民共和国政府和阿拉伯埃及共和国政府关于共同推进丝绸之路经济带和21世纪海上丝绸之路建设的谅解备忘录》以及电力、基础设施建设、经贸、能源、金融、航空航天、文化、新闻、科技、气候变化等领域多项双边合作文件的签署。① 苏伊士运河是沟通红海与地中海重要的通道,对打通埃及与欧洲的水上联系具有重大的功能,也是中国海上丝绸之路必经之通道,所以苏伊士运河走廊的联合建设对于中埃两国都有着非凡的战略意义。

三、预先规划是行动指南

设计产业的国际化交流管理一定要预先做好规划,规划做得好才能够有的放矢、忙而不乱。国家性的规划一般是宏观的,当然对于一个设计企业来讲,企业规划、生产规划又基本是微观的。21世纪"一带一路"的提出和大力建设,就是中国宏观把握国际形势、重新审时度势之后的重大战略性规划,从全球范围来看,这是一个伟大的地理文化、地理经济串联式、圈围式的大整合;从范围内的双边关系来说,又有许多微观上的项目、机会,值得大家一起去深度挖掘、积极合作。

设计产业国际化交流的规划内容包含:1. 与哪些国家建立长期、稳定的交流与

---

① 《习近平同埃及总统塞西会谈:中方愿参与苏伊士运河走廊建设》,2016年1月22日《南京日报》,第A叠版。

合作关系,即深度性合作关系;2. 与哪些国家建立项目引领下的交流与合作关系,即选择性合作关系;3. 与哪些国家建立特定资源贸易促进下的交流与合作关系,其本质是追求两国之间有效的独特资源之间的互换,这种有效资源包含自然矿藏、生产性原材料、生产技术、独特的设计成果等,我们可以称之为定向性合作关系;4. 与哪些国家建立设计竞赛式的合作关系,设计竞赛是一种彼此间的对抗,对抗也是一种变相的合作,强大的对抗决定了强大的自己,这就是竞赛性合作关系。例如朝鲜半岛如今关系紧张,大家皆以为缘起于朝鲜私自核武化的战略发展。深度剖析,自抗美援朝以来,朝鲜一直就处于以美国为首的西方集团的压制之下,所谓"生于忧患",这是促进朝鲜在核武研制上一直没有放弃的心理机制。就这一点来说,日本人要比朝鲜精明得多,日本宣传自己是"无核国家",甚至坚持无核三原则,即不拥有、不制作、不运进。事实上如何呢?"二战"以前,日本就已经在开始研究核武器理论,"二战"后更是将核能研发与制造大量运用在民用工业上。截至2008年12月,日本的核电站达到55座,核电比例为30%。全世界都已关注到了一个事实,日本"二战"之后一直在大量储备核原料,多方数据显示,日本目前拥有的天然铀达到1300多吨、贫铀(铀-238)4000多吨,制造原子弹的原料钚54吨,另外还拥有大量钍和浓缩铀;日本核电装机占总装机的36%,其核能技术已达到世界先进水平;日本超高计算机的计算速度已经达到6000亿次/秒,这就是说日本已经完全可以在计算机上完成核爆炸的仿真实验,而根本不需要建造核反应堆。目前,日本拥有全世界唯一的大型螺旋核聚变实验装置,核聚变比核裂变释放的能量更大,日本的可控核聚变实验装置也属世界一流。日本在碳/碳复合材料领域中的技术优势一直受到世界瞩目,碳/碳复合材料涂抹在导弹弹头上,可以使高速飞行中的弹头达到有效降温。20世纪90年代,日本是最早把碳/碳复合材料使用在航天技术上的国家之一。日本还是火箭发射卫星技术方面的大国,日本宇宙科学研究所曾公布M-5火箭(日本独立研制的世界上最大的固体燃料火箭,现已退役)的运载能力可以把2000公斤的卫星射入250公里的高空、倾角成31度的低地球轨道,这个能力完全可以使2500—3000公斤重的弹头达到洲际射程。诸多国家认为日本已经具备在1—4个月内制造上千枚核弹的能力。种种迹象表明,日本在军事力量的研发、设计和生产上具有相当完善的规划预案,其政府在军事力量的建设和储备上意志牢固、步伐稳定、谋算精细且行动隐秘,对全世界具有极大的欺骗性和蒙蔽性。就这一点而言,不仅仅是朝鲜,日本所有的邻国包括中国都应该认真关注和警惕日本。和平年代将核技术大量用于民用工业上,一旦转入战时,可迅速生产出军用武器装备,这就是日本民、军用工业合二为一的策略。

预先规划是设计产业国际化交流管理的行动指南,规划内容还应该包含我们输出什么、我们引进什么,在国际和国内设计项目合作上我们保持什么立场,如何做好我们自己的版权和知识产权的保护工作,如何在不违反知识产权保护国际法的前提下有效吸收别人的长处和精华,如何保证设计产业人才的国际化自由流通,如何确定技术、工艺、设备输入与自主技术、工艺、设备输出的流程,等等。总体说来,对东南亚诸国要借助中国的地缘优势,持续实行传统文化、造物传统上的辐射力,同时对东南亚诸国这些年的开放程度、融合能力及其海洋文化建设上的成就进行学习和吸收;对欧亚大陆要充分运用“一带一路”的战略,认真建设好欧亚大陆新式的文化走廊、经济走廊,特别对欧洲在现代文明、现代工业和西式制造业上的巨大成就及对传统文化遗产保护上的成功典范进行认真研究和学习;对非洲和拉丁美洲特殊的风土人情、宗教信仰、文化遗产和特有的艺术创造进行关注和研究,同时他们也是我国生活日用工业产品、通信网络技术、现代电子产品、军事产品、国外援助资本、家电产业、教育培训产业最重要的市场构成;对待美国及部分北美地区,我们需要认真学习他们先进的现代科技、先进的管理技术、长足的人才引进机制、开放的现代艺术运营模式、新颖的时尚文化,同时应该勇敢地将我们的传统文明、艺术、制造业、经济、军事、教育上的新成就展示出来,保持强强对话到强强联合的态势。在对外设计产业国际交流上,中国应当显现遇弱不弱、遇强则强的大国风范。在与外国的经济合作上,要充分发挥亚洲基础设施投资银行(Asian Infrastructure Investment Bank)的作用,将中国的引导功能充分展现出来。

四、平等贸易是保障机制

21世纪“一带一路”战略的规划和实施尚处于初始起步阶段,还有许多的实质性工作需要细细谋划与循序渐进地步步落实,其中平等贸易是这个国际性合作交流战略的保障机制。首先要平等,其次是贸易,不是对外的无偿奉献,更不是对外的侵占掠夺。平等讲究和平、尊重、互助,贸易强调互通、交换、价值。和平基础上的互通、尊重基础上的交换、互助基础上的价值共享,最终都是为了大家的共赢与发展。这也是设计产业国际化交流管理的保障机制。

设计产业包括一切国际性的交流合作管理都应该以平等贸易为基本准则,合作期间谁打破这一条准则,就无法维系正常的交流合作。如上面提到的亚洲基础设施投资银行(简称亚投行:AIIB)的成立就充分体现了这一保障机制。在已经有了世界银行(World Bank)、亚洲开发银行(Asian Development Bank)的背景下为什么中国还要倡议成立亚投行呢? 在世界银行、亚洲开发银行包括美国和日本极不情愿甚至大力阻挠下,为何世界上众多国家都坚持主动地加盟亚投行呢? 这中间究竟存在哪些奥妙? 我们细细来分析,亚投行的产生是历史发展的必然,亚投行

的兴盛以及能获得多数国家的支持,与全球追求平等贸易的渴望分不开。2016 年
1 月 17 日上午,亚投行坐落于北京金融街的总部大楼正式启用。亚投行的创始成
员国 57 个,分布五大洲,其中联合国安理会常任理事国达到 4 个、西方七国集团
已占 4 席,20 国集团(G20)中占到 14 个,金砖国家全部加入亚投行。世界银行主
要受制于美国,亚洲开发银行主要受制于日本,而这两个银行分散到亚洲的投资
总额远远小于亚洲基础设施建设所需要的投资额,为了推动亚洲基础设施建设的
高速发展,一个主要专注于亚洲基础设施建设的专门性银行的成立就变得尤为重
要,经中国倡导,亚投行也就应运而生。亚洲如今的经济占全球经济总量的 1/3,
人口达到全世界的 60% ,是世界上经济增长潜力最大的地区。而每年亚洲内部基
础设施投资至少需要 8000 亿美元,其中 68% 用于新增基础设施的投资,32% 用于
维护和维修现有基础设施。毫无疑问,这是全世界最大的市场之一,对任何有投
资意向的国家来说都不可能主动放弃。而如此巨大的市场,没有多国的联合作业
又根本吃不下来。这就是亚投行必然会产生且必然大受欢迎又具有极大发展潜
力的内生机制,其根本还在于所有参与者都能从中获得不菲的利益。亚投行作为
设计产业巨大的投资机构,主要是对亚洲各国公路、铁路、桥梁、隧道、港口、机场、
矿藏开采、能源开发、物流运输、城市规划、水利工程、电力电网、通信工程、油气运
输、环境保护、农村和农业基础设施等方面的基础设施建设进行投资。亚投行成
立后的第一个投资项目就是"丝绸之路经济带"的建设,而这一重大工程项目就会
维系好多年以上。接受投资的国家当然可以从中提升和强化自身的建设工作,投
资者可以作为股东参与工程项目的运营和管理,也可以仅仅通过投资行为获得市
场营利。亚投行是股份制国际化企业,各成员国都是其中的股东,可以参与亚投
行股红分配和利润分成,同时各成员国也可以获得条件更加优惠的国家基础设施
建设的投资。出于对亚洲和中国的信任,诸多国家和国际经济体非常乐意加入亚
投行,最重要的是亚投行还能给亚洲乃至世界经济发展注入新鲜的血液和力量,
能给世界设计产业发展带来全新的契机。只有同生共荣的协作发展、平等贸易才
能获得所有参与者的拥护和支持,只有协同共赢、目标清晰的平等贸易才能推动
设计产业长久的发展,才能成为设计产业不断进步的保障机制。我们有理由相信
特别注重区域合作和紧密伙伴关系的亚投行一定会对亚洲的设计产业、设计工程
项目、设计市场的繁荣和发展带来持续性的、革命性的变化。

第三节 借鉴与模仿的技术路线

由于工业化时代的开启,中国要比西方欧美国家晚了 100 年至 200 年不等,中国科技化、信息化、自动化、数字化的革命要比西方欧美国家晚了 20 到 50 年不等。数字信息技术基本每五年是一个时代,也就是说,中国数字信息技术的积累要比西方国家晚 4 到 10 个时代。这就是中国在现代工业和数字信息技术方面还处于学习、模仿、借鉴地位的原因,这也是中国现代工业和数字信息核心技术仍然处于被领跑与追赶别人的原因。在时间上落后不一定就永远在技术和发展上落后,留学教育、项目合作、联合研究、科技贸易、人才引进、积极投入等方式都是克服起步晚且能实现技术和发展弯道超越、后来居上的有效方式,19 世纪 60 年代日本爆发的明治维新运动完美地证明了这一点。中国在 20 世纪 80 年代才开始走上真正的改革开放之路,由于国土宽广、行政区划繁复、传统人情社会盘根错节、商业功利泛滥控制人心、官僚横行,这些阻碍了中国现代工业化和高科技化自主性进程的速度和方向,从而让中国今天仍然处于设计制造、高科技生产借鉴与模仿的过渡性历史阶段。

一、过渡也是一种新常态

今天的中国仍然处于设计生产、高科技产品研制的过渡性历史阶段,过渡就是今天中国设计产业发展的新常态。过渡最主要的特征就是核心技术、新型设计成品主要向其他国家的设计创意进行模仿、借鉴甚至是复制。自己能够生产成品中许许多多的零部件,甚至在核心技术上自己也有一定的创新能力,但在工业化和商业化过程中又不具备制造出完整商业体系的实力或条件,有时候甚至需要多一点点时间才可以创造出完形的设计产品,但这多出来的一点点时间就有可能被其他国家抢了先机,丧失了自己产品值得推广的市场价值。换句话说,中国在设计核心技术、科技研发总体水平上与最先进的研究性、制造性、创造性发达国家如美国、德国、英国、法国、意大利、瑞典、日本、俄罗斯相比,还存在不容忽视的差距。这样的差距使中国只能处于世界设计产业、制造业加工工厂的位置,仍然在靠出卖廉价的劳动力赚取设计制造业的下游或末游利润,这个利润与整个的研发环节、中心生产环节相比已经变得微不足道。这是中国制造业与设计产业当前的新常态:自主研发的新产品的先进性与其他国家相比性能超越有限,容易被新产品、新技术甚至同类产品和同类技术所替代;普遍性常规产品的生产,模仿痕迹较重,缺乏个性与革命性;传统产品的生产与创新成本低廉、速度快速、技术更代频率较高但功能的延伸和可拓展性有限;总体上来说,中国制造、中国创造的产品略显粗糙,重复性复制特征明显。

　　如国产手表的机芯往往是瑞士进口、日本进口的更容易卖出;国产汽车的发动机、变速箱必须是欧美国家或日本产的更有销量,甚至国产战斗机的发动机基本还是装配进口发动机;手机或通信产品中的芯片必须依赖进口才能支撑中国"手机制造巨人"的称号,如果截断芯片的进口,中国信息产品制造业瞬间起码会崩塌半壁江山。早就听说中国已经成为世界第一涂料产量大国,但在世界范围内来看,中国涂料仍然处于中下水平,特别在环保型油漆涂料上来说,中国制造与荷兰、美国、日本相比还相差好几个等级。中国是建筑大国,但国内超高层建筑绝大多数竟然是聘请国外设计事务所进行操刀设计;可能存在崇洋媚外的嫌疑,但不可否认,这也是对自身建筑设计能力和水平不自信的表现。城市规划几乎全盘西化,中国古代风格城市规划的当代性应用或创新难得一见。中国供暖舒适家居最先进的技术和设备同样是欧美国家的舶来品;人造器官、心脑血管支架、心脏搭桥术中的血管替代品等,进口的就是比国产的更昂贵、更耐用也更安全。据悉,我国神5载人宇宙飞船还是20世纪70年代苏联的水平。株洲电力机车公司是我国最大的电力机车企业,在国内电力机车市场占有率保持在50%以上,可经内部消息透露,株洲电力机车的控制和动力核心技术仍然是对西门子技术的严重借鉴,甚至经常对西门子技术改进百分之十几之后算作自己独立研发的成就。总体上来说,中国作为世界制造大国正处于这一内外纠合、极力引进、认真解剖、全面模仿、快速改良性复制的过渡阶段。笔者以为,这个阶段无法绕过,这个阶段至关重要,中国仍然需要花10到20年在学习和追随中实现现代工业、现代科技研发、现代制造业上的独立和超越。且不同的设计生产行业将会用不同的时间实现独立和超越,凭借中国人的智商,这个过渡阶段自今日算起,不会超过30年,前提是,中国设计产业管理体制的改革要跟上,即全面认识设计产业对国家发展的革命性地位和价值,且地方政府官僚化政治风气彻底退出设计生产领域,将自由设计研发权真正交给设计生产的主体和市场需求。

二、养狼捕羊

　　什么叫养狼捕羊? 就是允许和鼓励中国人去全面引进、深入学习、大力模仿,用这种模仿和重复的力量快速提高自己创造的认知力和实践力。硬碰硬地在现代高科技研发、现代工业制造上去与先进国家进行对话和比赛,中国百分之百会输掉这一轮的竞争,因为我们根本没有人家那样在历史上按部就班形成的深厚积淀。中国陷在小农经济和君权控制模式中太久,以至于错过了现代工业、现代科技的幼年期,直接进入了青年甚至中年期。我们需要弥补一段漫长的幼年经历,那就是学习和模仿。在外国人眼中,或许会说中国人太会"山寨",甚至中国就是一个现代制造业"山寨版"的发祥地;也许外国企业对中国人恨之入骨,因为它们辛辛苦苦研制出来的技术和产品瞬间就被中国企业的仿造彻底挤垮,如 LV、香奈儿在中国的大卖场内大肆泛滥,且价格皆在一二百左右;也许外国人会称中国人就是造假成性的"狼",虎视眈眈的中国人是缺乏诚信的"恶狼"。这就怪了,难道中国人就应该将自己辛苦赚来的血汗钱被价格高昂的外国奢侈品榨得一滴都不剩吗?难道因为自己国家设计生产的技术不发达,就不能够在学习和借鉴中发展自己的技术和科研了吗?如果真是这样,我们就成了羊,科技和设计技术的大国不就成了对工业弱国疯狂掳掠的"狼"了吗?

　　市场经济的本质规律就是市场会自发地对先进产品、畅销产品进行大面积的复制性生产,从而推动供不应求走向供大于求,推动高价商品逐渐走向平价和超低价。历史反复证明,人类文明的推陈出新都是建立在向新思维、新点子、新创意的学习并将新思维、新点子、新创意普众化、广泛化基础之上得以实现的。古罗马在征服整个地中海之前就开始深入学习和模仿古希腊,政治体制、教育、文化艺术、城市规划、建筑设计无一不是模仿的对象,模仿者最后攻破了被模仿者。日本、韩国文化的整体风貌就是对古代中国的全面学习和模仿,风俗礼仪、人情风貌、社会体制、生活形式包括众多乡村建筑、日用器具、庭院家居、书法艺术等,至今仍然在日韩的现实生活中看到古中国传承下来的影子。佛教离开了印度在中国扎根,结果印度成了印度教的天下;犹太人创造了犹太教,但最后犹太人却发扬光大了基督教;基督教诞生于巴勒斯坦,结果被其他国家疯狂学习之后风靡全球,巴勒斯坦却成了伊斯兰教的中心;中国是道教土生土长的故乡,绝大多数中国人却信了佛教,而道教在东南亚诸国的信众比例远远超过中国大陆。历史一再证明,有计划地引进、借鉴,有选择地学习、模仿,有规律地吸收、改造,有目标地重复、创新,是前进和发展最有效的方式方法。今天他国口中的"山寨之国""粗制滥造的世界加工厂""唯利是图、不讲信誉的中国",怎么可以断定不是又一次革新和创造新人类的前奏与过渡呢?怎么可以断定不是中国即将引领世界科技和生产制造新潮流的伏笔和引子呢?中国可以宽容地对待韩国叫嚣着要将筷子、端午节、屈原申报为韩国"世界非物质文化遗产",因为中国足够自信、足够强大、足够深厚,因为中国相信区区韩国之流根本没这个实力动得了中国的文化奶酪。但在对待世界先进国家的设计产业时,中国一定不要像自己看待韩国那样被选择学习的对象看不起,一定要敢于竞争、敢于拼搏、敢于表达自己,一定要充分展现出自己在创造力上的"狼性"来,模仿还只是手段,创新和超越才是目的。让别人说去,该学习、该重复、该改进、该翻新、该创造还是要一如既往、永不放弃地坚持下去。千万别将别人吹嘘或现实中的创造和发明视为永远不可超越的"圣经",创新者的第一要务就是要敢于怀疑、敢于想象、敢于突破和创造,唯有靠实力超越的那一天,你才会相信:在强大面前爆发狼性,强大就会变成你眼中的绵羊!在强大面前丧失狼性,就永远成为任人宰割的羊。让那些诽谤中国的人说去吧!我们一定要培养中国的狼性,这样,那些先进发达的国家会变得不再可怕,会变成温驯而善良的羊。如果中国不想成为任它们宰割的对象,那就必须把它们变成可爱的肥羊。十五年后,如果中国没有变成一头真正的狼,就一定是一只等待被他国剥皮食肉的大肥羊。

三、搓揉术的绝顶智慧

麻将是中国的国粹,全世界,只有中国人开心而快乐地玩耍着"方城游戏"。

麻将就是道家思想在游戏上最大的体现,大家坐在一起推搡搓揉,把各种阴柔的谋略糅合到一起,发挥到博弈的顶峰。其中"筒"表示枪口的横截面;"条"表示用纹理编织成的鸟束,一条表示一只小鸟;"万"表示打鸟成功之后的奖赏和收成;"中"刷成红色,表示打中偷吃粮食的小鸟;"白板"表示放空炮,指没有打中小鸟;"东南西北"表示四面八方的鸟雀,也表示向四面八方开枪的意思;"发"自然指发财致富、囤粮万千之义;"春夏秋冬竹兰梅菊"表示一年四季的时间顺序。守护粮仓的士卒发明了麻将,也说明了麻将是"民以食为天"的深刻文化,时空交错,生存之道大于天。

在与世界各国进行设计产业的交流之时,不管是设计发达的国家,还是设计不发达的国家,每个国家都有可能是偷食中国收成的鸟雀,也都有可能成为中国设计的老师,也都有可能成为中国设计产业上的合作伙伴。中国首先要尊重每一个国家,然后对每一个国家的设计成果都要实行开放心态,引进来搓揉一番,然后再进行码牌,筑成方城。麻将的方城就像设计思想、设计成果、设计文化、设计工艺组合而成的设计库,中国需要建立全世界的设计库;抓牌就像从设计库中进行随机地抽样研究和资源整合;出牌就表示对暂时用不上的设计资源、设计元素进行剔除,放回设计库中;吃、碰或杠牌表示对预设目标用得上的设计资源、设计元素,通过有效资源和元素的整合与组织运用,达到最终的"和"牌;和牌实际就是一种创新和生产出来的新成果。这就是毛泽东所说的对"古为今用,洋为中用"的扬弃精神。

在对待世界各国的设计产业上,中国没必要硬碰硬,更没必要崇洋媚外或独自尊大,阴柔低调中统统吸收进来,认真地研究、深入地解剖、开放地整合、积极地创新,只有这样才能做到有根有据、有的放矢、永续发展。当下的低调、口头的谦逊不是弱势,只有静态地观察和构思、动态地实验与尝试,默默地创造、稳稳地收获,才是中国设计产业国际化交流管理的应有态度。在平稳与和缓、低调中积极吸收、认真研究、大胆模仿甚至复制就是中国快慢结合、进退有度发展中国设计产业的必然选择,起码目前是这样。

四、法度至上

所谓法度,就是法律制度、秩序规律。

法治一直以来就是现代中国追求的理想和目标,前提当然是要打破人治。

法治的好处自不用说,中国人并非不明白法治的优势,但在市场经济活动、产业运营过程中,总有利益大于法律的情况出现,而问题是这样的利益并非是照顾人民大众的既得利益,往往是少数人、掌权者、资源控制方瓜分了人民大众的利益,成为利益的实际得主。这些少数人、掌权者、资源控制方成了法律的代名词,使法律成为一纸空文。好在十八大之后,中共中央对干部中的腐败分子进行了彻底的清洗,接二连三的除虎大动作总算初步遏制住了人治的中国国情。2016 年 2 月份,《中共中央、国务院关于进一步加强城市规划建设管理工作的若干意见》(下面简称《意见》)正式印发,这一份中央文件首次将中国的城市规划列入法制化的视野。《意见》提出"凡是违反规划的行为都要严肃追究责任""建筑设计必须贯彻八字方针:适用、经济、绿色、美观,拒绝'大洋怪'的建筑""力争用 10 年左右时间,使装配式建筑占新建建筑的比例达到30%""到2020 年,基本完成现有的城镇棚户区、城中村和危房改造""我国新建住宅要推广街区制,原则上不再建设封闭住宅小区""城市公园原则上要免费向居民开放,限期清理腾退违规占用的公共空间"。① 很显然,在不长的一段时间内,推进上述各项中央决定的系列法律条款一定会陆续出台,中国城市规划建设的事业也一定会上升到一个新的台阶。这就是法度至上在设计产业上的具体体现。

法度至上的另一个方面就是一切设计行为、设计成果都应当符合事物发展的规律,遵循自然和社会前进的内在法则。设计要为人所用、要为世界的运行所用,只有符合实际法则的设计成果才能成为经典、成为价值的承载者,同时还要用发展的眼光来对待这些人类伟大的创造。没有任何一种设计成果能够永远占据时尚的潮头,但曾经红火的设计产品都应当永载人类史册,值得我们尊敬铭记。德国的历史尽管只有 1000 多年,但它一直被称为世界上设计生产的王国、人类创造

---

① 《重磅! 中央定调一件大事,将影响 7.5 亿人》,全球政史内幕(微信号:QQZSNM5588)2016 年 2 月 22 日。

性生产最严谨和产品质量堪称典范的国度。这绝对不是浪得虚名,自 19 世纪以来,德国制造几乎奠定了人类现代生活最重要的基石:自行车(1817 年)、口琴(1821 年)、纸浆(1843 年)、明信片(1865 年)、直流发电机(1866 年)、牛仔裤(1873 年)、细菌学(1876 年)、制冷机(1879 年)、有轨电车(1881 年)、摩托车(1885 年)、汽车(1886 年)、留声机(1887 年)、柴油机(1890 年)、滑翔机(1894 年)、X 射线(1895 年)、阿司匹林(1897 年)、火花塞(1902 年)、保温瓶(1903 年)、相对论(1905 年)、飞行棋(1905 年)、牙膏(1907 年)、咖啡滤纸(1908 年)、小熊糖(1922 年)、35 毫米相机(1925 年)、录音磁带(1928 年)、袋泡茶(1929 年)、现代高速公路(1932 年)、磁悬浮列车(1934 年)、喷气发动机(1936 年)、直升机(1936 年)、核裂变(1938 年)、电子显微镜(1938 年)、计算机(1941 年)、现代实用火箭和导弹(20 世纪 40 年代)、奶嘴(1949 年)、咖喱香肠(1949 年)、扫描仪(1951 年)、换鞋钉的足球鞋(1953 年)、膨胀螺栓(1958 年)、芯片(1969 年)、安全气囊(1971 年)、MP3 播放格式(1987 年)、电波手表(1991 年)、无氟冰箱(1993 年)、智能仿生腿(1997 年)、联动双电梯(2002 年)等,都是德国的发明创造。这些设计发明或科学发现给人类带来了巨大的进步和利益,尊重生活、尊重人性、尊重适用和生态精神正是德国人坚守的设计发明、科学创造的法度。难能可贵的是德国人没有把这些发明创造用于贪婪的经济营利,他们无私地向全人类贡献了他们聪明的智慧和高尚的情操,即在基础理论研究、人文哲学创造上,他们持之以恒,硕果累累。其他文化艺术和哲学上的成就我们不再列举,仅仅看看改变全世界的"生态学"(Ecology),也是由德国生物学家恩斯特·海克尔(Ernst Haeckel)于 1866 年发明的一个概念。所以说,除了希特勒这个另类,德国人整体上是将人性、生命、生活、善用、自然生态作为自己设计创造的至上法度。古有道家精神,近有德意志民族。中国设计产业的发展也一定要法度至上,既要遵循规律,又要强调法治。

第四节　从一部魔幻电影看文化品牌的输出

　　国家品牌归根结底是文化品牌,哪怕是造物活动、工匠技艺,假以时日也会累积下一个国家、一个民族的造物观、设计思想、技术体系、价值理念、生活品位、精神寄托,这就是文化。物质文化遗产是精神文化的形,精神文化是物质文化的神,形神兼备组成完整的国家文化,品牌也就有了身体的依托。军事其实也是大文化的组成部分,而军事打击力则是防御和进攻的武器。本节中的文化品牌是大文化品牌或综合文化品牌,综合文化品牌必须依靠不断的输出才能唱响。从中国魔幻

电影《白蛇传说》(见图 10 -
5)我们可以看出文化品牌该
如何实施输出战略。

**一、守住自己：从文化内
容上看**

　　谈及《加勒比海盗》《魔
戒》《哈利·波特》《纳尼亚传
奇》《木乃伊》《驱魔人》《暮
光之城》等系列电影，大家定

图 10 -5　电影《白蛇传说》海报(成乔明绘)

是印象深刻、津津乐道，甚至对其描摹的世界无比向往。这些从好莱坞传出来的
视听洪涛席卷全球，创造了好莱坞特有的魔幻文化。

　　魔幻电影在今天的世界影坛似乎只属于美国人的天下。

　　谈及魔幻电影，普通观众很难列举出能跟好莱坞世界抗衡的国度。

　　我们认为，真正拥有最久远、最丰富、最神奇的魔幻文化的地域大致只有三
个：埃及、希腊、中国。当然，三国度之前加上"古"字更适宜。

　　希腊神话、埃及传奇我们更多只能通过美国好莱坞大片才能领略，窃取完这
两国的古老神话，美国的下一个目标不会放过中国。《花木兰》(动画片)、《功夫
熊猫》(动画片)、《西游记》(拟拍电影)就是好莱坞对中国古老文化元素窃取并加
以使用的试水动作。

　　2011 年，中国拍出了自己的首部魔幻电影——《白蛇传说》(下面简称《白》)。
内容是文化本质，是无比坚硬的石卵；呈现手段虽然重要，但在强大的内容面前，
充其量只能算是酷似石卵的鸡蛋。石卵是实实在在表里如一的牢固厚重，鸡蛋是
外强中干不堪一击的敏感脆弱。好莱坞的魔幻世界要么盗用、要么生造，是活脱
脱的假石卵、真鸡蛋。他们的魔幻资源实际上操纵在别人手上。白蛇和许仙的故
事是《白》片的蓝本，该故事最晚起于中国的北宋或南宋，堪称中国的千古传说，在
中国具有一呼百应的情感基础，是不折不扣的中国石卵，甚至是玉石。原故事就
很精彩而凄美，一波三折，有文有武，血肉丰满且广为流传。如此深厚的文化底蕴
是这部电影的骄傲，也是《白》片驾轻就熟、演绎流畅的内在机制。编剧张炭、曾谨
昌、司徒卓汉在华人编剧界经验丰富、硕果累累，加之对民族文化理解深刻，所以
对原故事的改变和创新符合逻辑又富于想象。《白》片的成功得益于对传统文化
的熟稔和厚爱。现代文化的创生就应当充分立足于本身的文化内容，在自身的传
统文化中挖掘内涵、开拓延展是打造民族文化特色最直接、最有效的方法。因为，

民族的就是世界的。

二、多元内化：从技术方式上看

这里的多元内化指的是文化创作技术的多元化和借鉴后的融汇化。

《白》片在拍摄制作过程中大量借用了美国好莱坞式的科技手段，电脑特技技术更是不惜成本，大量使用。其爆发出来的能量使《白》片无论从角色造型、武器装备、动作设计、场景呈现、建筑形式等方面都克服了国产神话或同类电影传统制作表现上的失真感，呈现出大片气象。如盗取仙草那场戏可谓是《白》片制作中的重点桥段，制作组花了约4个月的时间才完成了这短短2分钟的戏份，而这2分钟的戏份包含了超过40个的特效镜头。其中涉及的技术非常多元而丰富，包括了三维建模、材质肌理的设计、角色动作的设计、拍摄镜头追踪、角色移位追踪、灯光变幻及渲染、粒子烟火效果设计、全CG合成及实拍、CG合成等。这么多特效集中在短时间内表现，在三维软件的使用上必须同时用到Autodesk Softimage 及 Autodesk Maya，Autodesk Softimage 负责制作三维角色，Autodesk Maya 负责粒子烟火的制造，在后期合成上又运用了 Adobe After Effects。这是一个非常费神劳力的精工细活，要想生动逼真，每一个制作和衔接都要自然连贯、细致精巧。

更可喜的是，《白》片的特效工作基本是由中国人自己完成的。三维数字动画和角色特效设计由香港两家中国公司联合完成，其中，悟童数码特效设计有限公司承担过《少林足球》《枪王之王》《花木兰》的特效制作；另一家万宽电脑艺术设计有限公司曾经完成过《头文字D》《霍元甲》《不能说的秘密》的特效制作，声音后期合成由中国顶尖的中影数字基地后期分公司完成，他们曾经完成过《天下无贼》《云水谣》《无间道》《神话》《让子弹飞》《建国大业》的声音后期合成。《白》片中只有部分特效是由韩国 Next Visual Studio 参与了制作。可以这么说，《白》片是真正意义上去好莱坞式的中国制造！

正是因为在制作技术上广泛地借鉴、模仿和本土化地转型，加之制作上的精耕细作、一丝不苟，所以《白》片从头至尾在技术表现上可圈可点，经得住推敲并征服了观众。如法海大战千年雪妖的片段飘逸空灵，法海与蝙蝠怪的打斗激情惊险，法海大败青蛇的场景玄幻华丽，法海竹林收狐妖的画面妖媚惊艳，法海与白蛇巷陌交手的景象细腻实在，水漫金山一役恢宏大气。六次战斗的共同特点就是：特效逼真流畅，令人大呼过瘾。这是中国电影界特效制作空前丰富集中、真实宏伟的第一片。尽管大量的形象和角色的构思带有强烈的仿好莱坞特征（像蝙蝠怪、雷峰塔内众魔的造型就酷似好莱坞电影中的鬼怪形象；蝙蝠怪居住的山群和万丈火焰深渊的设计在好莱坞电影中不乏此例；可爱的小老鼠形象的构思无疑偷学于好莱坞精灵、宠物的惯用思维；水漫金山的洪涛泛滥与好莱坞灾难片中的场景表现异曲同工等)，但这丝毫没有削弱《白》片开天辟地之价值。文化的可贵价值就在于传播、交流与相互融合。设计产业的国际化交流本来就是彼此欣赏、相互学习、共同提高。

三、不怕揭短：从创造心态上看

尽管《白》片开创了中国魔幻电影的新风，但毕竟是现代中国魔幻电影的开山之作，所以不足之处肯定难免。如白蛇和青蛇在原形上的设计太过拘泥于生物界的形状，但是又没有把握好尺寸比例的关系，所以蛇身前半段有些臃肿，影响到了两条美人蛇的视觉效果；众多故事情节之间还存在逻辑主线缺失的情况，从而导致段落性的拼凑感。《白》片一开始的定位就是好莱坞高科技大片风，在好莱坞魔幻电影独步天下的环境里，这样一种定位很容易使《白》片蒙上拾人牙慧、鹦鹉学舌之指摘，而在形制、风格上的处处模仿使电影失败的风险无形中加大。

尽管如此，《白》片没有呈现丝毫的自卑感，更不曾因为上述诸多的不利因素而瞻前顾后、耻于示人，而是由博纳影业、中影集团、巨力影视联合，高调地发行，并于2011年9月2日在威尼斯全球首映。这说明电影投资方、制作组以及导演对《白》片心中有数、充满自信，起码不怕揭短。这就是设计产业国际交流应该具有的心态，是骡子是马只有拉出来遛遛才能见分晓。因为《白》片的文化内容毕竟是全世界独一无二、货真价实的中国造，这种充分体现东方魔幻的神秘、婉约、凄美、空灵的艺术气质和文化内涵是任何一部好莱坞魔幻之作都无法比拟的。差别感和特异性才是不同文化品牌进行交流和碰撞的原动力，也才是吸引不同国家、不同民族的观赏者渴望相互交换、切磋的推动力。

文化内容、故事情节才是比科技手段更加宝贵、更加深刻的部分。尽管美国的制作技术高于中国，但人们进电影院不仅仅是为了欣赏科技本身，故事的精彩、精神的感动、艺术的熏陶才是观众追求的目标。内容与内容、技术与技术的同类比较也可以分出谁是鸡蛋，谁是石卵。无疑弱者是鸡蛋、强者是石卵，所以，单纯比较技术，中国是鸡蛋且美国是石卵。但如果从电影内容上比，就《白》片而言，中国可是烂熟于心、手到擒来，此时中国的电影内容一定是石卵，好莱坞同题材的制作就成了鸡蛋。作为文化大国，中国魔幻电影的内容素材实在太丰富了，因为中国是当之无愧的魔幻文学之大国，《山海经》《列仙传》《淮南子》《幽明录》《耳目记》《玄怪录》《神异经》《搜神经》《古镜记》《离魂记》《括异志》《稽神录》《太平广记》《封神榜》《西游记》《济公全传》《聊斋志异》《阅微草堂笔记》,包括梁祝、孟姜女、牛郎织女等无数的民间传说,哪一个不比《哈利·波特》《魔戒》更加丰富而感人呢?俯拾皆是的中国古代文学巨著才是拍摄魔幻电影最为核心和本质的生命,这个核心资源实实在在掌握在我们手上,美国人生硬捏造的急就章式的内容预示着好莱坞的魔幻电影最终会沦落为特技堆砌的花拳绣腿,其不堪一击是迟早的事。不怕揭短是因为内涵丰富、底气很足,就此看来,中国魔幻电影应该要雄起。

四、敢于表现:从经营勇气上看

在设计产业上的国际化交流上不怕揭短,就是必须要敢于表现,只有敢于表现才能在多方批评下获得完善和成长的认识,才能在充分的展示中获得广泛的认可,才会产生你来我往、协同发展的空间和可能。

在国际化交流过程中,展示其实就是经营,包括设计信息的传播和交流活动、国际化的设计巡展与巡演、设计产品的进出口贸易、设计项目和设计教育多国间的合作与交流、设计技艺的互通有无、设计传统的发扬与国际化推广等。所以这里的经营是包含了商业营销的一切运营、包装及传播的管理活动。

民族性的传统设计成就不因别人会说老了、没落了而没有勇气展示出来,当代性的时尚设计成就不因别人会说嫩了、幼稚了而不好意思传播出去,只要自家看得上、看得起的宝贝都应当勇敢地表现出去,坚持走自己的路并虚心地听取别人的意见,择取好的、善意的建议来完善与发展自己的设计。如上面提及的电影《白蛇传说》,前期广告宣传就坚持了大力推行的做法,4000万元的宣传费用在当时算得上相当可观。2011年2月12日《白》片在美国《综艺 Variety》杂志柏林电影节会刊上购买整页广告推介电影,2011年8月10日在北京举行新浪官网启动仪式,2011年8月29日在北京举行主题曲发布会,2011年9月22日在北京举行首映发布会。最终的商业回报和文化影响也令人振奋,据《中国电影报》提供的数据显示,《白》片2011年在国内成为国庆档票房冠军、当月内地总票房亚军,截至2011年10月31日,内地票房2.29亿;在国外上映后,首周以1600万美元左右的成绩击败《蓝精灵》登顶国际票房榜冠军,所谓首周也就是2011年9月29日至10月2日,还不含北美地区的票房,摘下了至2011年华语电影在全球票房市场的首个桂冠;《白》片在海外的版权卖出了从2002年至2012年华语电影的最好成绩;《白》片以唯一一部华语电影入围第68届威尼斯电影节展映单元,入围第16届釜山电影节午夜激情单元,入围西班牙巴塞罗那奇幻电影节和西班牙西切斯电影节并获最佳贡献奖,获第48届金马奖最佳视觉效果提名,获第31届香港金像奖"最佳视觉效果"与"最佳动作设计"奖提名,获第2届纽约中国电影节"亚洲最杰出导演奖",获第64届戛纳电影节展映单元优秀导演奖,作为唯一一部华语影片入围比利时布鲁塞尔奇幻电影节展映单元并获奖。这充分说明中国设计、中国制造在魔幻电影上已获得国际的认可,今后只要沿着这样的思路和理念大胆尝试、精益求精,中国式魔幻电影的设计与制造一定会获得更大的成功。

　　今天的设计产业不再是简单的某一国家与民族封闭式的需求与内流动问题,自由市场的国际化决定了世界性的设计产业正呈现一种急剧洲际性的对流或环流现象。资源从一个国家流向另一个国家就必然产生货币性或另一种资源的对流,这是双边贸易;发达的欧美世界将各种简单加工产业释放到发展中的亚洲、非洲、拉丁美洲,亚非拉的原料与劳动力价值经过简单组装返还到欧美世界,成品设计又倾销到亚非拉,亚非拉高消费产生的市场利润再次回归到欧美世界,就产生了世界性设计产业的大环流,这种大环流基本就是南北半球逆时针或顺时针的单向环流,设计产业呈现这样的格局是世界区域经济和文化特征决定的,不受任何国家或民族意愿的影响而转变。只有当发展中国家变成了新的发达国家,或发达国家逆转为发展中国家,这个大局势或许会发生新的调整或突变,而且这种调整或突变才是自然性行为,同样不以人们的意志所转变。今天的产业经济尚不够民主化和完全的自由化,欧美列强的法西斯意识依然在发挥着潜在的作用,那就是对弱者渴望的民主进行压制和打击。表面的自由贸易、自由市场的规则依然是掌握在强者手中的游戏规则,我们一定要相信非大同世界存在一种隐的规律:"法西斯主义对自由资本主义所造成之困局的解决方案,可以说是一种以所有民主主义制度(产业领域的、政治领域的)之清除为代价之市场经济的改革……这样一种(法西斯主义)运动在地球上之工业国家,甚至在若干只有些微工业化之国家的出现,不能如当时的人那样归因于地域的原因、国民特有的心性,或者历史的背景……事实上,一旦法西斯主义出现之条件具备了,没有一种背景——宗教的、文化的,或国家的传统——可以使一个国家免于遭受法西斯主义的侵袭。"①强弱分别很大,就一定存在征服与剥削,就一定存在法西斯主义。法西斯主义不受地域特征和文化背景的影响,任何国家也无法逃脱这一人类阶级社会的共性。特别在物质性生产、产业性市场贸易、能源与资源的产品化活动中,法西斯主义无疑会表现得更加深刻。当政治迫害和武力渗透遭到阻碍时,法西斯主义的意识形态就成了撬开他国思想金库的凶器并投放入尽可

---

　　① 【英】卡尔·波兰尼:《巨变:当代政治与经济的起源》(黄树民译),北京．社会科学文献出版社,2013年版,第392－393页。

能多的思想病毒。发展中的中国不能指望依靠仁德、善良和讲究道义的国情去避免法西斯主义对我们的包围和伤害。换句话说,我们必须依靠自身的强大和输出对冲世界法西斯主义对我们的盘剥与侵袭,即守住自己、多元内化,不怕揭短并敢于表现,将自己的设计创意力、制造生产力全面地发展起来,广泛地推广出去,从理念、技术、产品、服务四个方面整体性地打造中国设计产业的大格局,才能真正在世界上立稳脚跟,壮我中华,实现华夏之大国战略。

第十一章

结　论

2014 年 12 月,国家高层首次提出"中国制造 2025"这一概念,经过近半年的商讨和研究,2015 年 5 月 8 日,经李克强总理签批,国务院正式印发《中国制造 2025》,并向各省(区、市)、各制造行业传达要求贯彻执行的精神。所谓的"中国制造 2025",就是指到 2025 年,中国要从制造大国基本提升到制造强国,起码要为"制造强国"的中国奠定坚实的第一步。这是一个粗略的、总纲性的规划和方向,是对中国制造业所做的规格最高的国家级指示。甚至中央政府还成立了"国家制造强国领导小组",用于作为"中国制造 2025"战略的顶层领导机构。该领导机构由国务院相关领导担任组长,成员由国务院相关部门和单位负责人组成。领导小组办公室设在工信部,承担日常工作。

为什么中国突然重视起制造业并首次为制造业制定了十年发展规划? 一方面说明中国的制造业正在下行,形势不容乐观;一方面说明制造业在大国战略、国民经济发展、国家文化建设过程中作用巨大,诚如《中国制造 2025》中明确提出的:"制造业是国民经济的主体,是科技创新的主战场,是立国之本、兴国之器、强国之基。"这个地位之高几乎无与伦比,是"本"、是"器"、是"基"。这说明制造业是一切经济实力的基础性本体,是一切文化精神的物质性生命。皮之不存,毛将焉附,由此可见制造业对国家和民族的奠基功能。

制造业的立足之基就是设计活动,是狭义的、纯粹的设计行为,在这个基础之上加上机械化、工业化包括手工式的加工生产过程,就构成了完整的制造业。事实上,西方的设计行为在行业内规定是从设计构思到设计图纸完成;中国和日本工匠的设计行为与图纸完不完成没有必然关系,而是贯穿整个生产制造的过程,即一边生产制造一边完善设计计划,从而使生产制造本身就成了设计本身。事实上,设计产业的主体根本脱离不了制造业,即使数字运算化、电子信息化的设计如计算机、互联网、动漫游戏的设计也必须要依赖物质载体的制造业才能转化为广为应用的生产力。制造业就是设计产业最主体的部分,或者说,设计产业就是更为广阔的制造业,就是广大人民就业困难、收入低下等难题的破解之道。中央对制造业提出"2025"式的构想,实际上就是对设计产业国家性战略意义已经获得充分的认识并开始对设计产业的行政管理精练化、完善化、科学化,从政策高度全面推动中国设计产业重振雄风、再创辉煌,并最终实现中国之大国梦想。《中国制造2025》提出:坚持"创新驱动、质量为先、绿色发展、结构优化、人才为本"的基本方针,坚持"市场主导、政府引导,立足当前、着眼长远,整体推进、重点突破,自主发展、开放合作"的基本原则,以及"三步走"的战略目标。当然,目前中国制造最大的问题是缺乏精神力量,要想将制造大国提升为制造强国,第一步就是要重新认识制造的意义,重新树立制造精神。

中国制造当前的软肋就是缺乏两种精神:设计创意精神,精心制作精神。

近两百年来,中国的设计制造难得一见设计创意精神;近一百年来,中国设计制造的精心制作精神日渐衰落;近五十年来,中国完全丧失掉了中国古代设计制造大国的地位,且丧失得连一丝骨渣都找不到。工信部部长苗圩在全国政协十二届常委会第十三次会议上指出,全球制造业已基本形成四级梯队发展格局:第一梯队是以美国为主导的全球科技创新中心;第二梯队是高端制造领域,包括欧盟、日本;第三梯队是中低端制造领域,主要是一些新兴国家,包括中国;第四梯队主要是资源输出国,包括OPEC(石油输出国组织)、非洲、拉美等国。如此可见,中国设计制造产业今天的形势非常严峻,能不能发展好设计制造业很可能会影响中国的大国战略。

国务院总理李克强在2016年3月5日作政府工作报告时提出:鼓励企业开展个性化定制、柔性化生产,培育精益求精的工匠精神,增品种、提品质、创品牌。这是"工匠精神"一词首次出现在中央政府的工作报告中。由此可见,一个流通于设计理论界的哲学性、行业性甚至略带冷僻的术语登堂入室成为一国最高政府极为看重并力推的理念,可见当下的中国中央政府不但睿智而且果敢;也说明了中央政府对国内制造业当前的表现期望值并不高,中国设计和制造业不断的下行已经让国家领导层感受到了前所未有的压力,中国再不振兴设计制造产业,那么中国的国民经济将难以经受后面任何一种经济浪潮、金融风暴的冲击,更别说还面临美国窥伺在侧并随时可能爆发的经济甚至军事火并。当下提出"工匠精神",实在是无奈之举,但也是正值时候。

所谓"工匠精神",一为设计创意精神,二为精心制作精神,缺一不可。

从产品的设计制造上说,设计创意精神是要保证自己的设计富有个性、与众不同,视觉更新颖、工艺更巧妙、用途更完善;精心制作精神是对产品细致入微的制作要求,即产品质量的问题,产品质量需要一丝不苟、没有瑕疵,从选料、技师训练、工作流程、生产制作技术的管理上都要力求做到失误率零化的超越。优良的设计创意＋失误率零化超越的精心制作＝产品的高品质！这里的"零化"指的是趋零性的努力或向零靠近的趋势,不可能绝对达到零。高品质的产品才能引导生活的高品位,高品位的生活才能创造出国家和民族的精致！"精"指细节上的生气勃勃,"米"旁指像米粒一样的微观细节,"青"即指东方清晨的天色与年轻之意。"青出于蓝而胜于蓝",正说明了"青"蓬勃向上的生长与长生,"精"就成了在点点滴滴上都表现出的生气勃勃与持续发展。"精"可以延伸出精巧、精湛、精细,即设计的精巧、技艺的精湛、产品的精细。"致"是达到文饰的状态,产品达到文饰的状态就是达到一种美的极致,技艺之美指生产的技术非常娴熟;原料之美指生产加工对象经过了精挑细选;形态之美指视觉化的呈现无可挑剔;功能之美指产品的规划与生活之用进行了诚挚的对接;而四大类美都必须建立在态度之美之上才能同时出现,态度之美是设计制作无上精致的有力保障！如果说工匠精神的实质是敬业精神,其实就是精致主义的神圣体现。敬业精神必须通过精致主义的产品创造才能获得集中的呈现,没有精致主义的产品,就谈不上什么敬业精神。国家文化品牌、民族文化精神如果真实存在,那也必须通过本国、本民族精致主义的设计产品来获得证实。

中国作为工匠大国,工匠精神自古以来到半个世纪之前一直存在。农耕时代的精耕细作让中国不乏精致主义的物造与中国传统的文化品牌和民族精神,自上古三代到"中华民国",中国一直以慢工细活、精雕细琢、锲而不舍、精益求精、心手合一的造物享誉世界。新中国持续不断的运动和经济生产的改革开放让我国的工匠精神渐行渐远,迷失在红尘中。今天,中共中央重提工匠精神,其历史的伟大意义绝不亚于过往任何一次的文艺复兴,这是恢复中华民族之自信和声誉的必然抉择,亦是实现大国战略的心理准备。互联网时代同样需要工匠精神！中华民族的文化复兴还得要依靠工匠精神的回归与复燃！这就是设计产业管理的精神,这就是设计产业管理最宏大战略的布局与创造。这一布局、这一创造伴随着"大众创业、万众创新"与"工匠精神"的相继提出,越来越明确化,越来越生动活泼起来。

设计产业管理商业上的战略必须依赖文化的战略、民生的战略才能得以实现,如果抛弃了后面两个战略,商业战略不但会形同虚设,甚至会把中国人民引导向完全丧失自我的唯利是图之泥淖,至彼时,中国岂有民族之精神可言？如果不能很好继承中国曾经的工匠精神与精致主义的敬业心、服务心、创造心,中国的设计产业又如何能够解放社会生产力、创造新的生产关系、解除发展的桎梏、确立大国地位？设计产业是立国之本、兴国之器、强国之基,是确立大国地位的革命之利器、荣耀之实力。今天,美国、德国、英国、日本的制造业的确高于我们很多,但我们拥有不计其数的遗产内容、传统品牌、深厚技艺。在科技和新设计上不断探求,我们在模仿与学习中开始反转。尽管输在起步晚、起点低，但在进步的速度上从来都没有真正落伍。在商业管理的发展上，尽管我们面临着体制带来的种种不顺，但我们从来都没有真正停止过反思与修正。中国今日真正缺乏的是工匠精神——一种精致主义的生存理念和价值取向。中国今日真正缺乏的是一种慢下来、剖开来、建起来的勇气。将奔跑的步伐慢下来，将功利的运营剖开来，将人文的精神建起来！

中国设计产业管理的当务之急就是要提倡慢设计，在慢中求建设、求存在、求永续、求不败，这就是工匠精神之缘起处。唯有工匠精神是救国方略，唯有复兴中国制造业才是中国未来三十年的发展方向，唯有工匠精神才能造我之大国！与其在忙乱中迷恋功名、遗忘初心、遗失自己，不如在慢中脚踏实地、稳步前进，创造颠扑不灭的真理。中国古代儒道佛的精髓其实都在于这一点：万变如不变，初心胜万心！

附　录

二、表格

参考文献

一、主要古籍文献(按引用的顺序排列)

[1](西汉)司马迁:《史记》,北京:中华书局1959年版。

[2](春秋)孙武:《孙子兵法》,武汉:武汉出版社1994年版。

[3](梁)释慧皎:《高僧传》.汤用彤.校注.北京:中华书局1992年版。

[4](春秋)孔丘:《礼记》.程昌明.译注.太原:远方出版社2004年版。

二、主要现当代中文文献(按引用的顺序排列)

[5]刘志彪,安同良,王国生:《现代产业经济分析》,南京:南京大学出版社2001年版。

[6]《辞海》编辑委员会:《辞海》(普及本),上海:上海辞书出版社1999年版。

[7]李向民,王晨,成乔明:《文化产业管理概论》,太原:书海出版社、山西人民出版社2006年版。

[8]张景儒:《美国艺术市场管窥》,《美苑》1999年第6期。

[9]梁梅:《世界现代设计史》,上海:上海人民美术出版社2009年版。

[10]金冠军,郑涵:《全球化视野:传媒产业经济比较研究》,上海:学林出版社2003年版。

[11]杨志清:《欧洲影视业的出路何在》,《光明日报》1997年1月14日。

[12]成乔明:《设计管理学》,北京:中国人民大学出版社2013年版。

[13]成乔明:《设计项目管理》,南京:河海大学出版社2014年版。

[14]成乔明:《艺术产业管理》,昆明:云南大学出版社2004年版。

[15]成乔明:《艺术市场学论纲》,南京:河海大学出版社2011年版。

[16]成乔明:《艺术管理五层级管理模式的研究》,《长春理工大学学报(社会科学版)》2012年第9期。

[17]朱铭,荆雷:《设计史》(下),济南:山东美术出版社1995年版。

[18]成乔明:《艺术管理纵横谈》,《东南文化》,2004年第5期。

[19]梁思成:《中国古建筑调查报告(上)》,北京:生活·读书·新知三联书店2012年版。

[20]董伯信:《中国古代家具综览》,合肥:安徽科学技术出版社2004年版。

[21]迟文浚:《诗经百科辞典》(上),沈阳:辽宁人民出版社1998年版。

[22]成乔明:《精神经济时代的到来与政府对策》,《中国工业经济》2005年第3期。

[23]洪深:《戏剧导演的初步知识》,上海:中国文化服务社,"中华民国"三十四年十二月沪一版。

[24]成乔明:《艺术品市场疲软是江苏文化大省的"软肋"》,《东南文化》2007年第2期。

[25]乔磊:《美国哪些职业盛产富翁》,《理财周刊》2012年第6期。

[26]张玉玲:《中国文化产业"家庭"大盘点》,《光明日报》2010年6月16日。

[27]任小雨,黄作金:《2300点附近再现长阳,四大行业净流入近8亿元》,《证券日报》2011年10月25日。

[28]韩娜:《去年文化产业占GDP首超3%》,《北京晨报》2012年1月8日。

[29]陈涛:《国内文化产业总产值去年破4万亿》,《北京日报》2013年1月6日。

[30]刘奇洪:《该动动GDP的收入结构了》,《中国经济报告》2012年第5期。

[31]【韩】郑星姬:《中国人的整形热潮》,《东亚日报》2011年4月26日。

[32]成乔明,李云涛:《潜性教育论》,北京:光明日报出版社2012年版。

[33]成乔明:《内化经济:当下经济的新范式之研究》,《江苏第二师范学院学报(社会科学版)》2014年第7期。

[34]陈曦:《基于用户认知的工程机械产品视觉形象设计研究》,济南:山东大学2015年。

[35]曹巨江,程金霞:《色彩感知在机械产品人性化设计中的应用》,《机械设计与制造》2007年第4期。

[36]陈曦,周以齐:《基于用户认知的工程机械产品视觉形象设计研究》,《工程机械》2015年第1期。

[37]成乔明:《内化经济时代设计管理的历史性转变》,《设计艺术研究》2016年第1期。

[38]常晓庚:《"空间重新构筑"理论与未来"空间设计"趋势的解读》,《艺术与设计(理论)》2015年第4期。

[39]《那些影视剧"自来水"还能信吗?》,《扬子晚报》2015年11月28日。

[40]罗双江:《其妙工具让普通人能DIY筷子,这个发明让他"不小心"获顶级设计奖》,《扬子晚报》2015年11月26日。

[41]江瑜:《今天空气污染仍会持续》,《南京日报》2016年1月4日。

[42]江瑜:《南京给工地评星级促"主动控尘"》,《南京日报》2016年1月4日。

[43]《盘点2015科技大事件》,《南京日报》2016年1月1日。

[44]吴钩:《生活在宋朝》,武汉:长江文艺出版社2015年版。

[45]谢国忠:《再危机——泡沫破灭时,我会通知你》,南京:江苏文艺出版社2010年版。

[46]牟宗三:《心体与性体(下)》,长春:吉林出版集团有限责任公司2013年版。

[47]葛妍:《江底70米深处的世界级工程》,《南京日报》2016年1月2日。

[48]成乔明,孙来法:《艺术价值的当代性思考》,《文艺理论与批评》2009年第4期。

[49]李砚祖:《"材美工巧":〈周礼·冬官·考工记〉的设计思想》,《南京艺术学院学报

(美术与设计版)》2010 年第 5 期。

[50]成乔明：《艺术市场生态研究》，《艺术百家》2009 年第 3 期。

[51]成乔明：《设计管理学理论体系的生发方法研究》，《南京理工大学学报(社会科学版)》2014 年第 4 期。

[52]成乔明：《设计事业管理：服务型设计战略》，北京：中国文联出版社 2015 年版。

[53]魏玉祺：《脑门》，北京：中国经济出版社 2007 年版。

[54]《透过两会热词看到"中国信心"(解码会内会外)》，人民网 2015 年 3 月 9 日。

[55]《习近平首次系统阐述"新常态"》，新华网 2014 年 11 月 9 日。

[56]《宋人是如何防范"豆腐渣"工程的？(下)》，《南京日报》2016 年 1 月 1 日。

[57]《"e 租宝"一年半非法集资 500 多亿元》，《南京日报》2016 年 2 月 1 日。

[58]米娜：《这些迹象表明美国经济走向错误方向》，腾讯财经 2016 年 1 月 31 日。

[59]赵农：《中国艺术设计史》，西安：陕西人民美术出版社 2004 年版。

[60]叶继红：《传统技艺与文化再生——对苏州镇湖绣女及刺绣活动的社会学考察》，北京：群言出版社 2005 年版。

[61]王小斌：《徽州民居营造》，北京：中国建筑工业出版社 2013 年版。

[62]金文：《南京云锦》，南京：江苏人民出版社 2009 年版。

[63]陈宇飞：《文化城市图景：当代中国城市化进程中的文化问题研究》，北京：文化艺术出版社 2012 年版。

[64]汪民安：《什么是当代》，北京：新星出版社 2014 年版。

[65]《第十一届南京地产风云榜获奖榜单》，《南京日报》2016 年 1 月 22 日。

[66]《天津港爆炸事故调查报告公布：爆炸因硝化棉自燃，建议处分 5 名省部级》，《金陵晚报》2016 年 2 月 6 日。

[67]梁漱溟：《中国文化的命运》(珍藏版)，北京：中信出版社 2013 年版。

[68]向升：《中国设计师的作品闪耀巴黎高定时装周》，《金陵晚报》2016 年 2 月 7 日。

[69]李华：《数字艺术将抢画家饭碗？》，《广州日报》2016 年 2 月 2 日。

[70]王雅乐：《分期消费，江苏大学生花钱最狠》，《金陵晚报》2016 年 2 月 6 日。

[71]杜唐城：《谷歌公司前任 CEO 拉里·佩奇的幕后故事》，《金陵晚报》2016 年 2 月 7 日。

[72]成乔明：《设计管理的价值体系构建研究》，《设计艺术研究》2014 年第 5 期。

[73]尹定邦：《设计学概论》，长沙：湖南科学技术出版社 2013 年版。

[74]李砚祖：《艺术设计概论》，武汉：湖北美术出版社 2002 年版。

[75]符国群：《消费者行为学》，北京：高等教育出版社 2001 年版。

[76]陈志华：《村落》，北京：生活·读书·新知三联书店 2008 年版。

[77]杨莲洁：《156 天，票房王座易主：〈美人鱼〉有望冲击 30 亿大关》，《北京晨报》2016 年 2 月 20 日。

[78]成乔明：《日治时期台湾绘画的反殖民主义运动》．《南京艺术学院学报(美术与设计版)》2007 年第 1 期。

[79] 杨荫浏：《中国古代音乐史稿(下)》. 北京：人民音乐出版社 1981 年版。

[80] 龚书章：《从简单的物与象到空间的叙事与跨界》. 庄雅典：《建筑与时尚：著名设计师演讲录》. 北京：北京大学出版社 2013 年版。

[81] 赵立波：《公共事业管理》. 济南：山东人民出版社 2005 年版。

[82] 陈振明：《理解公共事务》. 北京：北京大学出版社 2007 年版。

[83]《习近平同埃及总统塞西会谈：中方愿参与苏伊士运河走廊建设》,《南京日报》2016 年 1 月 22 日。

三、主要外文译著（按引用的顺序排列）:

[84]【美】彼得·德鲁克：《管理的实践》,齐若兰. 译,北京：机械工业出版社 2007 年版。

[85]【英】珍妮·洛弗尔：《建筑表皮设计要点指南》,李宛. 译,南京：江苏科学技术出版社 2014 年版。

[86]【美】唐纳德·A. 诺曼：《设计心理学》,梅琼. 译,北京：中信出版社 2003 年版。

[87]【印度】J. 克里希那穆提：《智慧的觉醒》,宋颜. 译,重庆：重庆出版集团、重庆出版社 2010 年版。

[88]【美】罗伯特·斯腾伯格、【美】陶德·陆伯特：《创意心理学》,曾盼盼. 译,北京：中国人民大学出版社 2009 年版。

[89]【美】约翰·伦德·寇耿等：《城市营造》,赵瑾等. 译,南京：江苏人民出版社 2013 年版。

[90]【美】丹尼尔·卡尼曼：《思考,快与慢》,胡晓姣,李爱民,何梦莹. 译,北京：中信出版社 2012 年版。

[91]【俄】维克多·V. 瑞布里克：《世界古代文明史》,帅学良,刘军等. 译,上海：上海人民出版社 2010 年版。

[92]【德】乌尔里希·森德勒：《工业 4.0：即将来袭的第四次工业革命》,邓敏,李现民. 译,北京：机械工业出版社 2015 年版。

[93]【德】马克思等：《马克思恩格斯全集》(23 卷),中共中央马克思恩格斯列宁斯大林著作编译局. 编译,北京：人民出版社 1972 年版。

[94]【英】马歇尔：《经济学原理(上卷)》,朱志泰. 译,北京：商务印书馆 1964 年版。

[95]【美】亨利·德莱福斯：《为人的设计》,陈雪清,于晓红. 译,南京：译林出版社 2012 年版。

[96]【英】特里·伊格尔顿：《美学意识形态》(修订版),王杰,付德根,麦永雄. 译,北京：中央编译出版社 2013 年版。

[97]【美】爱德华·铁钦纳：《系统心理学：绪论》,李丹. 译,北京：北京大学出版社 2011 年版。

[98]【美】马克·罗伯特·兰克：《国富民穷：美国贫困何以影响我们每个人》,屈腾龙,朱丹. 译,重庆：重庆大学出版社 2014 年版。

[99]【美】菲利普·科特勒:《国家营销》,俞利军.译,北京:华夏出版社 2003 年版。

[100]【德】马克思等:《马克思恩格斯全集》(46 卷),中共中央马克思恩格斯列宁斯大林著作编译局.编译,北京:人民出版社 2003 年版。

[101]【美】马克·佩恩,E. 金尼·扎莱纳:《小趋势:决定未来大变革的潜藏力量》,刘庸安,贺和风,周艳辉.译,北京:中央编译出版社 2008 年版。

[102]【德】黑格尔:《精神哲学——哲学全书·第三部分》,杨祖陶.译,北京:人民出版社 2006 年版。

[103]【日】原研哉:《设计中的设计(全本)》,纪江红.译,桂林:广西师范大学出版社 2010 年版。

[104]【德】赫尔曼·艾宾浩斯:《记忆》,曹日昌.译,北京:北京大学出版社 2014 年版。

[105]【美】塔尔科特·帕森斯:《社会行动的结构》,张明德,夏遇南,彭刚.译,南京:译林出版社 2012 年版。

[106]【美】布莱恩·布朗奈尔:《建筑设计的材料策略》,田宗星,杨轶.译,南京:江苏科学技术出版社 2014 年版。

[107]【德】马克思:《政治经济学批判大纲(草稿)》(第三分册),刘潇然.译,北京:人民出版社 1963 年版。

[108]【德】马克思等:《马克思恩格斯选集》(第 4 卷),中共中央马克思恩格斯列宁斯大林著作编译局.编译,北京:人民出版社 1972 年版。

[109]【奥】维克霍夫:《罗马艺术:它的基本原理及其在早期基督教绘画中的运用》,陈平.译,北京:北京大学出版社 2010 年版。

[110]【美】布兰特·寇特莱特:《超个人心理学》,易之新.译,上海:上海社会科学院出版社 2014 年版。

[111]【韩】朴异汶:《艺术哲学》,郑姬善.译,北京:北京大学出版社 2013 年版。

[112]【美】爱德华·托尔曼:《动物和人的目的性行为》,李维.译,北京:北京大学出版社 2010 年版。

[113]【美】尤瓦尔·莱文:《大争论:左派和右派的起源》,王小娥,谢昉.译,北京:中信出版社 2014 年版。

[114]【英】弗兰克·惠特福德:《包豪斯》,林鹤.译,北京:生活·读书·新知三联书店 2001 年版。

[115]【英】德耶·萨德奇:《被设计淹没的世界》.庄靖.译.台北:漫游者文化事业股份有限公司 2009 年版。

[116]Cathy Yeon Choo Lee:《脱俗的设计经营》.博硕文化.译.台北:博硕文化股份有限公司 2010 年版。

[117]【匈牙利】拉兹洛·莫霍利-纳吉:《新视觉:包豪斯设计、绘画、雕塑与建筑基础》.刘小路.译.重庆:重庆大学出版社 2014 年版。

[118]【美】温迪·J. 达比:《风景与认同:英国民族与阶级地理》.张箭飞,赵红英.译.

南京:译林出版社 2011 年版。

　　[119]【日】伊东丰雄,【日】中泽新一:《建筑大转换》. 祖宜. 译. 台北:联经出版事业股份有限公司 2013 年版。

　　[120]【法】丹纳:《艺术哲学》. 傅雷. 译. 北京:人民文学出版社 1983 年版。

　　[121]【英】卡尔·波兰尼:《巨变:当代政治与经济的起源》. 黄树民. 译. 北京:社会科学文献出版社 2013 年版。

四、主要外文原著(按引用的顺序排列):

　　[122] Philip Kotler. Marketing Management: Analysis, Planning, Implementation, & Control. New Jersey: Prentice Hall Inc. , 1991.

　　[123] Biel A L. How Brand Image Drives Brand Equity. Journal of Advertising Research, 1992(6).

　　[124] Sato K. Context 2 Sensitive Approach for Interaction Systems Design: Modular Scenario 2 Based Methods for Context Representation. Journal of Physiological Authropology and Applied Human Science, 2004(6).

　　[125] Jonathan Cagan, Craig M. Vogel. Creating Breakthrough Products: Innovation from Product Planning to Product Approval. New York: Financial Times Prentice Hall, 2002.

　　[126] Marie Chana, Daniel Estevea, Christophe Escriba. A Review of Smart Homes – Present State and Future Challenges. Computer Methods and Programs in Biomedicine, 2008(91).

　　[127] G. Plekhanov. Art and Social Life. Moscow: Progress Publish, 1974.

　　[128] Hawkins D J, Best R S, Coney K A. Consumer Behavior. New York: McGraw – Hill, 1998.

　　[129] Bernard Smith. Two Centuries of Australian Art. London: Thames & Hudson, 2003.

　　[130] Southern Cross University. Songwriting: School of Contemporary Arts. Lismore: Southern Cross University, 1999.

　　[131] Paul Mortier. Art: Its Origins and Social Functions. Sydney: Current Book Distributors, 1955.

　　[132] Roger Yee. Corporate Interiors. New York: Visual Reference Publications Inc. , 2005.

后 记

　　基于文化产业大发展的历史背景,设计产业管理的理论研究早应被提上日程,且可以判定在中国立志于推动设计创意产业不断升级、中国制造向中国创造迈进的征程上,设计产业管理将发挥更为重要的作用。其实,设计产业管理实乃实现中国之大国理想的实践起点与理性视角。

　　中国具有人类最为悠久的造物史,今天在物质文明极大丰富的基础上,进一步加强设计产业管理,对于未来中国制造业的厚积薄发、技艺领先、科技超越不可估量。本书作为首倡设计产业管理的开蒙之作,系统论述了设计产业管理对现代生产和国力提升所拥有的战略意义,并界定设计产业管理乃大国战略的一个理论视角,从而公允地挖掘了设计产业管理的大境界和高规格。本书同时构筑了设计产业管理学术研究的理论体系,权当抛砖引玉,以促大家更好地重视和建设具有中国特色的设计产业管理。

　　本书付梓之时,感谢南京航空航天大学对本书出版给予的专门立项和部分资助。南京艺术学院副院长谢建明教授百忙之中为本书赐序。谢老师是我的博士生导师,即使在我毕业多年后也一直关注和支持我的每一步成长,特此向老师表示由衷的谢意。感谢中国社会出版社和北京中联学林的张金良先生、范晓虹编辑及其同仁对本书的出版所付出的辛勤劳动。感谢南京航空航天大学艺术学院和金城学院的领导、同仁们在日常工作中对我的关怀、帮助和鼓励,从而使我能够潜心科研,安心教书育人。同时也将本书倾情奉献给我年迈的母亲和妻儿,是你们给了我温暖的家和不懈追求的力量。

　　有人说书籍是人类攀登的阶梯,在完成了这第八部书的写作之后,我其实偶尔也会迷惑:人生行至此,回首,白驹过隙唯茫茫,一级阶梯一重天,迢迢长路向何方?举头,无尽银河,满眼星光。

成乔明

二〇一六年七月十一日于松绮菜园